JN161396

Base of Medical Science

放射線技師のための物理学

著 福田 覚

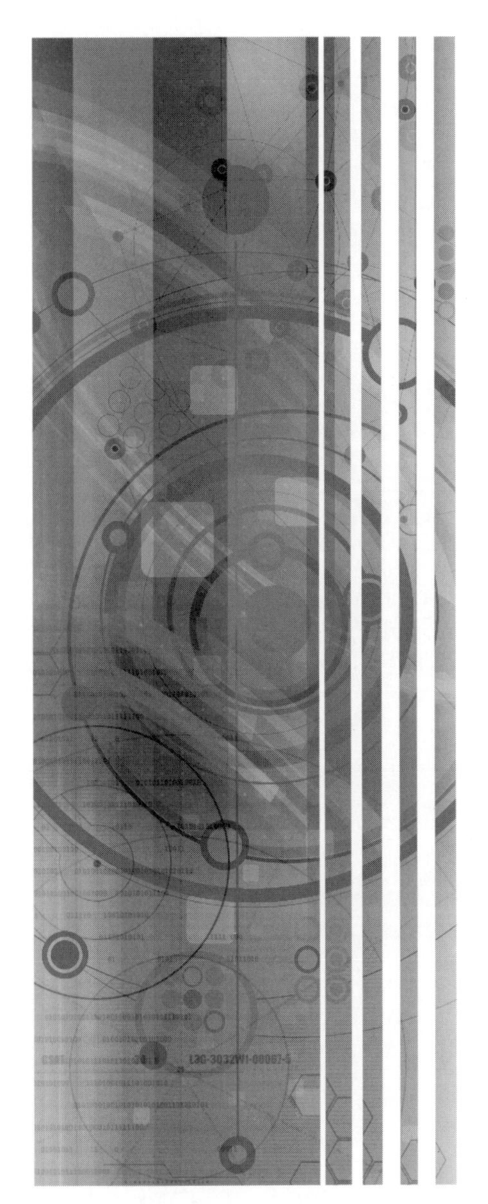

医療科学社

ISBN978-4-86003-473-3

ま え が き

本書は放射線技師を目ざす人や放射線業務にたずさわる人のための入門書である．放射線物理といえば，始めからなんとなく難しいと思い込んでいる人が多いと思われるので，初歩から応用までを取り入れ，特に放射線技師国家試験を受けようとする方々を対象にしている．

レントゲンによって発見されたX線，ベクレルやキュリーによって発見された放射能は医学において非常に重要である．それだけにその取り扱いと，放射線の照射は決して安易になされてはならない．専門的に十分な知識と技術が放射線技師にとって必要である．

これまではX線装置から情報をフィルムに記録していた．今ではそのようなものがほとんど自動化，数値化されるようになり，記録紙，フィルムあるいは磁気テープに保存できるようになった．現在の放射線医学の分野の発達は実に目覚しいばかりである．中でもコンピュータ断層写真撮影装置はX線の発見に匹敵するといわれている．X線CT，RI-CT，NMR-CT，超音波-CT，PETは放射線装置と電子計算機を組み合わせて像を作り出すので，これまでX線写真では見られなかった縦，横，斜めの断面像まで見られるようになった．また，ベータートロン，サイクロトロンといった治療用加速装置も設置されている．

このように，放射線は医学においても大変重要である．その本体を知ることによって安全で，人類にとって有用に使いうるものである．放射線技師は医学の一端を担う重要な使命を持っている．上に述べたように科学は日進月歩である．だから常に勉強しようという意志を持ってほしいものである．そこで，この1冊を作った次第である．そして，ここに出てくるいくつかの事項からほんの少しでも知識を蓄積することができれば著者の目的は達せられるのであり，考える態度を身につけてもらえば幸いである．

本書の構成は運動とエネルギー，光と電磁波，エックス線，原子と原子核などからなっている．運動とエネルギーと光と電磁波の項は広く浅くというつもりで取り上げた．1章，2章，3章は省略し第4章のX線から始めてもよいと思われる．一つの項目について必要な事項を説明し，それから導き出されるものの応用例を述べた．基本的な例題と問題をなるべくたくさん付け加えた．これらの練習によって国家試験の80％以上がとれるものと確信している．

〝鉛筆を手にとって，考え，紙の上に書いてみようとする態度〟——これこそ進歩する根源である．これは私の信ずるところであり，また，このようなものをまとめることは私自身のためでもある．読者の中にもし，この書の中から参考にするところが一つでもあれば誠に幸いである．

1991年1月

著　者

改訂に際して

第1版から5年が過ぎた．その間，足りなかったところや追加したいところがあった．改訂にあたり，その部分を改めること，また，平成5年に診療放射線技師法の一部が改正され，超音波診断装置，眼底写真撮影装置にも診療放射線技師に業務拡大されたので，それについて増補することを目的とした．

「診療放射線技師関係について」の概要は引用すれば次のようになっている．

(1)　業務の拡大

診療放射線技師の業務に，診療の補助として，磁気共鳴画像診断装置その他の画像による診断を行うための装置であって政令で定めるものを用いた検査を行うことが加えられている．

この政令で定める画像診断装置は，磁気共鳴画像診断装置，超音波診断装置，眼底写真撮影装置である．

(2)　その他の改正

近年とくにチーム医療の考え方が重要になってきていること等を踏まえ，診療放射線技師は，他の医療関係者との連携を図り，適正な医療の確保に努めなければならないとする規定が設けられている．

法律が改正されたからといって，今まで決められた仕事に従事していたものが，業務拡大で，仕事の量が増え忙しくなってしまうことや，これまで収得した技術の他に新しく学ばなければならないこと，その他いろいろなことから，急に業務が変わることはないと思うが，移行期を経て今後少しずつ改革されてくるであろう．

また，今回の改訂では特に図の追加に力を入れ，理解しやすいようにしたことである．今後も改良を加えてゆきたいと思います．

1996年2月

著　　者

三訂に際して

放射線技術者，すなわち，診療放射線技師，第一種，第二種放射線取扱主任者，X線作業主任者をめざす方々が，放射線物理学を学習するためのテキストとして編集してから，10年余が経過した．

著者はこれまでの授業経験を基に，今回，加筆や訂正を行い，内容が充実することをはかった．

第1章では問題の改正と解答の方法，説明の追加を行った．第2章では単位のまとめとコンデンサー接続の追加を行った．第3章では波動問題の改正と解法の追加，質量とエネルギーの項で，近似展開から運動エネルギーを導いた．第4章，第5章，第6章では問題の改正と解答と説明を加えた．第7章では問題の追加と中性子の測定について説明をつけ加えた．第9章では問題の追加とシュレーディンガーの波動方程式の解法について，つけ加えた．

何と言っても，わからない問題に出会ったとき，手助けとなるのは，まず教科書である．教科書によってわからない所を解決し，一歩一歩前進することが最良の方法と信ずる．本書がそのような一冊になれば，これほど喜ばしいことはない．

科学技術の分野に放射線が必要なことも事実である．この放射線を安全に，有効に利用する上においても，放射線の本性を知ることが重要である．

本書が放射線の安全管理者や放射線技術者にいつも利用されるように念願しつつ，改訂したのである．不備な点は，新しい事柄を採用して，よりよいものを作ってゆこうと考えている．

また，多くの読者のご意見をいただきたいと思います．

2000年9月

著　　者

目　　次

第1章　運動とエネルギー ……… 1

1・1　力と運動 ……… 2

1・1・1　物理現象と単位 ……… 2
1・1・2　力 ……… 6
1・1・3　速度と加速度 ……… 7
1・1・4　等加速度運動 ……… 9
1・1・5　放物運動 ……… 10
1・1・6　等速円運動 ……… 11

1・2　仕事とエネルギー ……… 15

1・2・1　仕事と仕事率 ……… 15
1・2・2　運動エネルギー ……… 16
1・2・3　位置エネルギー ……… 17
1・2・4　力学的エネルギー保存則 ……… 18

1・3　単振動 ……… 20

1・3・1　質点の位置 ……… 20
1・3・2　質点の速度と加速度 ……… 21
1・3・3　質点の周期 ……… 21
1・3・4　振動の方程式 ……… 21
1・3・5　振動のエネルギー ……… 22

1・4　運動量と力積 ……… 22

1・4・1　力　積 ……… 22
1・4・2　運動量保存の法則 ……… 23
1・4・3　衝　突 ……… 24

1・5　気体と圧力 ……27

1・5・1　理想気体の状態方程式 ……27
1・5・2　モル分子数 ……29
1・5・3　気体分子の運動と圧力 ……29

第2章　電気と磁気 ……35

2・1　電気と電子 ……36

2・1・1　電子と電流 ……36
2・1・2　一様な電界内での電子の運動 ……36
2・1・3　一様な磁界内での電子の運動 ……37
2・1・4　磁束密度 ……38

2・2　電気現象 ……40

2・2・1　クーロン力 ……40
2・2・2　電位差（電圧）……41
2・2・3　電界中の電荷の受ける力 ……41
2・2・4　電流と熱 ……41
2・2・5　ファラデーの電気分解の法則 ……42
2・2・6　電子の電気量と質量 ……43
2・2・7　比電荷の決定 ……43

第3章　光と電磁波 ……47

3・1　波 ……48

3・1・1　波　動 ……48
3・1・2　波の方程式 ……48
3・1・3　波の伝わり方 ……49
3・1・4　t°C における音速の求め方 ……50
3・1・5　共　鳴 ……51

3・2　光の性質 ……51
3・2・1　反射，屈折，回折，干渉 ……51
3・2・2　光の速度と振動数 ……53
3・3　電磁波 ……54
3・3・1　電磁波の性質 ……54
3・3・2　光の速度の測定 ……55
3・3・3　光と電磁波 ……56
3・4　マイケルソン・モーレーの実験 ……57
3・5　ローレンツ収縮 ……58
3・6　相対性原理の初歩 ……59
3・6・1　相対性原理から導かれる法則 ……59

第4章　X　線 ……67

4・1　X　線 ……68
4・1・1　電磁波と放射線 ……68
4・1・2　X線の性質 ……69
4・1・3　X線の発生条件 ……69
4・1・4　連続X線と特性X線 ……70
4・1・5　X線のエネルギースペクトル ……70
4・1・6　電子のエネルギー損失 ……74
4・1・7　X線の波動性（干渉） ……75
4・1・8　モーズレーの法則 ……76
4・1・9　X線の転換効率 ……81
4・2　放射線の単位 ……82
4・2・1　放射線のエネルギー ……82
4・2・2　放射線の用語と単位 ……83
4・2・3　いくつかの放射線用語 ……92

4・3　X線の減弱 ……93

4・3・1　距離の逆二乗の法則 ……93

4・3・2　吸収体による減弱 ……94

4・3・3　吸収係数 ……94

4・3・4　吸収の式 ……95

4・3・5　物質の厚さ ……97

4・3・6　X線の線質 ……97

4・4　X線と物質の相互作用 ……99

4・4・1　光電効果 ……99

4・4・2　コンプトン効果 ……105

4・4・3　電子対生成 ……110

4・4・4　光核反応 ……111

4・4・5　X線の散乱 ……111

4・4・6　真の吸収係数 ……111

4・4・7　X線の均等性 ……114

4・4・8　X線の吸収と原子番号 ……114

4・5　実効原子番号 ……120

4・5・1　実効原子番号の求め方 ……120

第5章　原子と原子核 ……125

5・1　原子の構造 ……126

5・1・1　水素原子のエネルギー準位 ……126

5・1・2　水素類似原子 ……129

5・1・3　光の放出 ……130

5・1・4　電子の状態 ……132

5・2　ド・ブロイの物質波 ……135

5・3　原子核 ……138

5・3・1　原子核の構造 ……138
5・3・2　原子質量単位 ……142
5・4　原子核のエネルギー ……142
5・4・1　結合エネルギーと核力 ……142
5・4・2　平均結合エネルギー ……143
5・4・3　魔法の数 ……146
5・5　核分裂 ……146
5・6　核融合 ……147
5・6・1　太陽エネルギー ……148
5・7　素粒子 ……151

第6章　放射能 ……159

6・1　放射能 ……160
6・1・1　放射線の種類と性質 ……160
6・1・2　放射能の単位 ……161
6・2　放射性元素の崩壊 ……161
6・2・1　α 壊変 ……161
6・2・2　β 壊変 ……164
6・2・3　γ 壊変 ……167
6・3　内部転換とオージェ効果 ……169
6・4　放射能の減弱 ……169
6・4・1　壊変と半減期 ……169
6・4・2　放射能 R との関係 ……170
6・5　放射性物質の逐次壊変 ……175
6・5・1　壊変式の解き方 ……175
6・5・2　放射平衡 ……177
6・6　壊変の系列 ……180

6・6・1　自然放射性系列と人工放射性系列 ……180
6・6・2　自然放射性元素 ……181
6・6・3　年代測定法 ……182
6・7　放射能の測定 ……183
6・7・1　検出器 ……183
6・7・2　絶対測定と相対測定 ……184
6・7・3　ポワッソン分布 ……184
6・7・4　ポワッソン分布の平均値と標準偏差 ……185
6・7・5　分解時間 τ と数え落しに対する補正 ……186
6・7・6　分解時間の測定 ……186

第7章　放射線と物質 ……191

7・1　α 線と物質との相互作用 ……192
7・1・1　α 線の吸収 ……192
7・1・2　α 線の飛程 ……192
7・1・3　α 線の内部被爆 ……193
7・2　β 線と物質との相互作用 ……194
7・2・1　β 線と物質の衝突 ……194
7・2・2　β 線の指数関数減弱 ……195
7・2・3　β 線の作用 ……196
7・3　中性子と物質との相互作用 ……199
7・3・1　中性子 ……199
7・3・2　中性子の性質 ……199
7・3・3　中性子の分類 ……200
7・3・4　中性子の発生 ……200
7・3・5　中性子と物質 ……201
7・4　重荷電粒子と物質との相互作用 ……203
7・4・1　重荷電粒子の阻止能 ……203

7・4・2　重荷電粒子の飛程 ……203
7・4・3　阻止能と線エネルギー付与 ……204
7・5　γ線スペクトル ……204
7・5・1　スペクトルピーク ……204
7・6　粒子加速器 ……209
7・6・1　コッククロフト・ウォルトン型加速器 ……210
7・6・2　バン・デ・グラフ型加速器 ……210
7・6・3　直線加速器 ……211
7・6・4　ベータートロン ……211
7・6・5　サイクロトロン ……212

第8章　画像診断装置 ……219

8・1　MR-CTの初歩 ……220
8・1・1　磁　場 ……220
8・1・2　原子核のスピンと磁気モーメント ……220
8・1・3　歳差運動とラーモア周波数 ……222
8・1・4　核磁気共鳴（NMR） ……222
8・1・5　スピンとラジオ波のベクトル ……224
8・1・6　緩　和 ……225
8・1・7　自由誘導減衰 ……226
8・1・8　スピン・エコー法 ……228
8・1・9　スライス面と傾斜磁場 ……228
8・1・10　MRI装置 ……229
8・2　X線CT装置 ……231
8・2・1　X線写真 ……231
8・2・2　X線CT ……233
8・2・3　画像の再構成 ……236
8・2・4　補正関数 ……240

8・3　超音波と超音波診断装置 ……242

8・3・1　超音波 ……242

8・3・2　分解能 ……249

8・3・3　電子走査型超音波診断装置の基本的構成 ……250

8・3・4　ドプラ法 ……253

8・4　眼底写真 ……257

8・4・1　眼底の構造 ……257

8・4・2　眼底カメラの分類と構成 ……258

8・4・3　眼底写真撮影時の注意 ……258

第9章　量子論のなりたち ……263

9・1　熱放射と光量子説 ……264

9・1・1　熱放射 ……264

9・1・2　光量子の仮説 ……265

9・2　シュレーディンガーの式の導き方 ……266

9・2・1　量子状態とエネルギー ……266

9・2・2　古典力学から量子力学へ ……266

9・2・3　シュレーディンガーの波動方程式の解法 ……267

9・2・4　水素原子に対するシュレーディンガーの波動方程式 ……274

第10章　数　表 ……279

10・1　統一原子量表（^{12}C＝12） ……280

10・2　物理定数 ……285

10・3　元素の物質定数 ……286

10・4　おもな放射性同位元素の崩壊図式 ……288

10・5　放射性崩壊系列 ……296

10・6　原子の核外電子配置 ……300
10・7　質量減弱曲線 ……302
10・8　いろいろな物質の質量吸収係数 ……303
10・9　いくつかの放射性同位元素 ……304
10・10　元素の周期律表 ……305
10・11　主要数学公式 ……306
索　引 ……307

第１章　運動とエネルギー

サイクロトロン

1・1　力と運動

1・1・1　物理現象と単位

物体の運動や波動，音や熱，電気や磁気，原子など物理学に出てくる現象を物理現象という．

このような物理現象には長さ，時間，質量，その他，測ることのできる量（物理量）が用いられている．そして，長さは1m，時間は1秒，質量は1kg，電流は1A（アンペア）というように，そのもとになる単位を基本単位という．また，基本単位を組み合わせてつくる単位を組立単位という．その他1Å（10^{-8}cm）といった補助単位もある．

1m，1kg，1秒単位をMKS単位，1cm，1g，1秒の単位をcgs単位という．両方の単位とも使うが，どちらかにそろえる．

(1)　ベクトルとスカラー

物理量のうちで長さや熱量のように大きさだけで決まる量をスカラー量といい，加速度，運動量のように大きさと方向を持つ量をベクトル量という．記号で $\vec{a}$，$\boldsymbol{A}$，$\overrightarrow{\mathrm{PQ}}$ で表す（図1･1）．

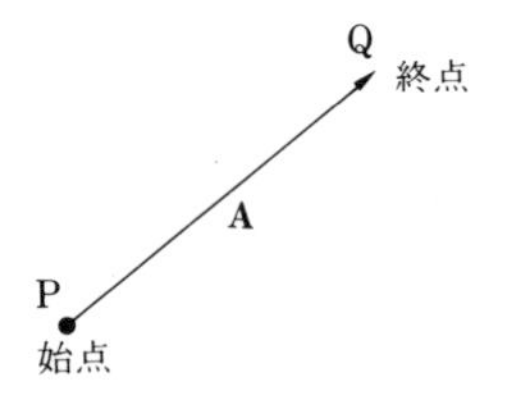

図1・1　ベクトルA

ベクトルの考えを使うことによって説明されるものに，核磁気共鳴の縦緩和，横緩和がある．

図1･2のように（y，z）平面上で，ベクトル M_0 はベクトル M_y とベクトル

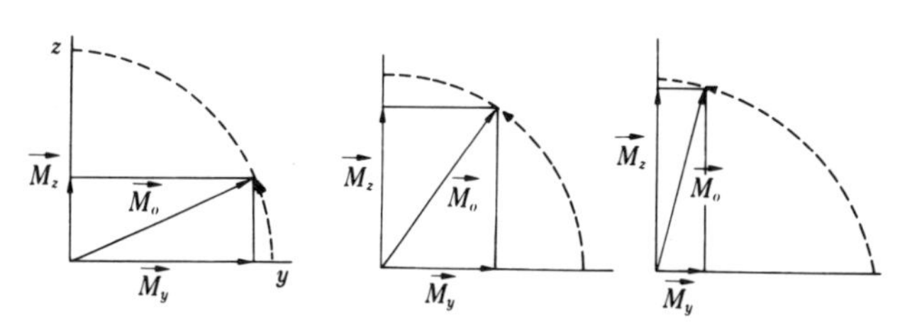

図1・2　磁化の復帰

M_z の和と考えられるので，磁化 $\overrightarrow{M_0}$ が y 軸上から起き上がり，z 軸まで移動するものとすると，$\overrightarrow{M_0}$ はかわらないが $\overrightarrow{M_y}$ はだんだん小さくなり，$\overrightarrow{M_z}$ はだんだん大きくなってゆく様子が理解される．

(2)　単　位

cgs 単位　(cm，g，秒)

MKS 単位 (m，kg，秒)

長　　さ　1 nm＝10^{-9} m　　1 km＝10^3 m　　1 Å＝0.1 nm＝10^{-10} m　　1 μm＝10^{-3} mm　　1 海里＝1852 m　　標準波長 ^{86}Kr(2 p_{10}→ 5 d_5) 605.78021095 nm　　1 fm＝10^{-15} m　　1 b＝10^{-28} m^2

質　　量　1 kg＝10^3 g　　1 トン＝10^3 kg
1 mg＝10^{-3} g　　1 amu＝1.6605655×10^{-27} kg＝931.5 MeV

時　　間　1 分＝60 秒　　1 時間＝60 分＝3600 秒　　1 日＝24 時間＝86400 秒
1 年＝365×24×60×60 秒＝31536000 秒

力　　　　1 N＝10^5 ダイン　　1 kg 重＝9.80665 N

圧　　力　1 バール＝10^5 N/m^2＝10^6 dyn/cm^2　　1 気圧＝101325 N/m^2＝101325 Pa　　1 torr (トール)＝1 mmHg　　1 mHg＝$\frac{101325}{0.76}$N/m^2＝133322.368 Pa　　1 Pa (パスカル)＝1 N/m^2

速　　度　1 m/s＝100 cm/s　　1 ノット＝1.852 km/hr

加 速 度　1 m/s^2＝100 cm/s^2　　1 ガル＝1 cm/s^2

絶対温度　T〔K〕＝273＋t℃

熱　　量　1 cal＝4.1868 J＝10^{-3} kcal

電　　流　1A=10^3mA=1クーロン/s　　1ボルト=10^3mV

抵　　抗　1MΩ=10^3kΩ=10^6Ω

磁　　界　1AT/m=4π×10^{-3} oe（エルステッド）

磁束密度　1Wb/m²=10^4ガウス= 1〔T〕(テスラ)

(3) エネルギー

1エルグ：1ダインの力で1〔cm〕動かすときの仕事

1ジュール：1ニュートンの力で1〔m〕動かすときの仕事

1kg重・m=10^3×10^2g重・cm=10^3×980×10^2ダイン・cm=9.8×10^7エルグ=9.8ジュール

1ワット=1$\dfrac{\text{ジュール}}{\text{s}}$=$10^7\dfrac{\text{エルグ}}{\text{s}}$

1ジュール=1N・m=1W・s

1馬力=76kg・m/s=746ワット

表1・1　10^nのよみ方と記号

10^{12}	10^9	10^6	10^3	10^{-6}	10^{-9}	10^{-12}
テラ	ギガ	メガ	キロ	マイクロ	ナノ	ピコ
T	G	M	K	μ	n	p

表1・2　エネルギー換算

eV	erg	J	cal
1	1.602×10^{-12}	1.602×10^{-19}	3.827×10^{-20}
6.242×10^{11}	1	10^{-7}	2.388×10^{-8}
6.242×10^{18}	10^7	1	0.23884
2.613×10^{19}	4.187×10^7	4.1868	1

(4) 力の単位

N（ニュートン），dyn（ダイン）である．

$$1\,\text{N}=1\,\text{kg}\,\frac{\text{m}}{\text{s}^2}=1\,\frac{\text{kg}\cdot\text{m}}{\text{s}^2}$$

$$1\,\text{dyn}=1\,\text{g}\cdot\frac{\text{cm}}{\text{s}^2}=1\,\frac{\text{g}\cdot\text{cm}}{\text{s}^2}\quad\therefore\quad 1\,\text{N}=10^5\text{dyn}\qquad 1\,\text{J}=10^7\text{erg}$$

問題 1．次の問に答えなさい．

1．1m³は何cm³か．

2．10Nは何dynか．

3．360 km/h は何 m/s か.

4．1b (バーン) とは何か.

5．1eV とは何か.

表1・3　SI組立単位

量	単　位	単位記号	他のSI単位による表し方	SI基本単位による表し方
面積	平方メートル	m^2		
体積	立方メートル	m^3		
密度	キログラム/立方メートル	kg/m^3		
速度，速さ	メートル/秒	m/s		
加速度	メートル/(秒)^2	m/s^2		
角速度	ラジアン/秒	rad/s		
熱伝導率	ワット/(メートル・ケルビン)	$W\cdot m^{-1}\cdot K^{-1}$		$m\cdot kg\cdot s^{-3}\cdot K^{-1}$
周波数	ヘルツ (hertz)	Hz		s^{-1}
力	ニュートン (newton)	N	J/m	$m\cdot kg\cdot s^{-2}$
圧力，応力	パスカル (pascal)	Pa	N/m^2	$m^{-1}\cdot kg\cdot s^{-2}$
エネルギー 仕事，熱量	ジュール (joule)	J	N・m	$m^2\cdot kg\cdot s^{-2}$
仕事率，電力	ワット (watt)	W	J/s	$m^2\cdot kg\cdot s^{-3}$
モル濃度	モル/litre	mol/l		
光束	ルーメン (lumen)	lm	cd・sr	
照度	ルクス (lux)	lx	lm/m^2	
輝度	カンデラ/平方メートル	cd/m^2		
電気量，電荷	クーロン (coulomb)	C	A・s	s・A
電圧，電位	ボルト (volt)	V	J/C	$m^2\cdot kg\cdot s^{-3}\cdot A^{-1}$
静電容量	ファラド (farad)	F	C/V	$m^{-2}\cdot kg^{-1}\cdot s^4\cdot A^2$
電気抵抗	オーム (ohm)	Ω	V/A	$m^2\cdot kg\cdot s^{-3}\cdot A^{-2}$
コンダクタンス	ジーメンズ (siemens)	S	A/V	$m^{-2}\cdot kg^{-1}\cdot s^3\cdot A^2$
磁束	ウェーバー (weber)	Wb	V・s	$m^2\cdot kg\cdot s^{-2}\cdot A^{-1}$
磁束密度	テスラ (tesla)	T	Wb/m^2	$kg\cdot s^{-2}\cdot A^{-1}$
インダクタンス	ヘンリー (henry)	H	Wb/A	$m^2\cdot kg\cdot s^{-2}\cdot A^{-2}$
電界の強さ	ボルト/メートル	V/m		$m\cdot kg\cdot s^{-3}\cdot A^{-1}$
誘電率	ファラド/メートル	F/m		$m^{-3}\cdot kg^{-1}\cdot s^4\cdot A^2$
電流密度	アンペア/平方メートル	A/m^2		
磁界の強さ	アンペア/メートル	A/m		
透磁率	ヘンリー/メートル	H/m		$m\cdot kg\cdot s^{-2}\cdot A^{-2}$
起磁力，磁位差	アンペア	A		
放射能	ベクレル (becquerel)	Bq		s^{-1}
吸収線量	グレイ (gray)	Gy	J/kg	$m^2\cdot s^{-2}$
線量当量	シーベルト (sievert)	Sv	J/kg	$m^2\cdot s^{-2}$

(注) Systême International d'Unités 国際単位系(SI)　　(理科年表(1995))

1・1・2　力

物体に力が作用すると力の大きさに比例し，質量に反比例する加速度を生ずる．これを運動の第二法則という．

質量 m，力 F，加速度 α とすれば

$$F \propto m\alpha$$

$$\therefore \quad F = km\alpha \quad (k\ \text{は比例定数})$$

ここで，F，m，α の単位を適当に選べば $k=1$ となる．故に次のように表すことができる．

$$F = m\alpha \tag{1.1}$$

問題 1．次の問に答えなさい．

1．質量10kgの物体に何Nの力を作用させると加速度が1m/s² になるか．

2．質量100kgの物体に10Nの力を作用させるとき生ずる加速度はいくらか．

3．5Nの力を作用させたとき加速度が2m/s² になった．質量を求めよ．

(1)　速さ v

単位時間当たりの移動距離をいう．単位はm/s，cm/s，km/hなどを使う．

$$v = \frac{S}{t} \tag{1.2}$$

(2)　加速度

単位時間当たりの速度変化をいう．単位はm/s²，cm/s² で表し，

$$\alpha = \frac{v}{t} \tag{1.3}$$

である．例えば，重力加速度は $g=9.8\,\mathrm{m/s^2}$ である．

【例題1－1】 質量1kgの物体に働く重力の大きさはいくらか．

【解】 $F=m\alpha$ から　$F = 1\,\mathrm{kg} \cdot 9.8\,\dfrac{\mathrm{m}}{\mathrm{s^2}} = 9.8\,\dfrac{\mathrm{kg \cdot m}}{\mathrm{s^2}} = 9.8\,\mathrm{N}$

【例題1－2】 地球は半径 $6.37 \times 10^6\,\mathrm{m}$ の球である．地表にある質量1kgの物体に働く引力はいくらか．ただし，地球の質量は $5.98 \times 10^{24}\,\mathrm{kg}$ とする．

【解】 万有引力の法則から $F=G\cdot\dfrac{M\cdot m}{R^2}$　$G=6.67\times10^{-11}$〔$\mathrm{Nm^2/kg^2}$〕

$$F=6.67\times10^{-11}\cdot5.98\times10^{24}\times1/(6.37\times10^6)\fallingdotseq9.8\,\mathrm{N}$$

【例題 1－3】 地球の質量と平均密度を求めよ．地球の半径を 6370 km とする．

【解】 $F=mg=G\cdot\dfrac{M\cdot m}{R^2}$　　$\therefore\quad M=\dfrac{gR^2}{G}$

$$g=9.8\,\mathrm{m/s^2},\ R=6.37\times10^6\,\mathrm{m},\ G=6.67\times10^{-11}\,\mathrm{Nm^2/kg^2}$$

$$\therefore\quad M=\frac{9.8\times(6.37\times10^6)^2}{6.67\times10^{-11}}\fallingdotseq5.97\times10^{24}\,〔\mathrm{kg}〕$$

$$\rho=\frac{M}{\left(\dfrac{4}{3}\pi R^3\right)}=\frac{5.97\times10^{24}}{\dfrac{4}{3}\times3.14\times(6.37\times10^6)^3}\fallingdotseq5.5\,\mathrm{g/cm^3}$$

地表の密度は大体 $2.79\,\mathrm{g/cm^3}$ で，Al，Si が主である．平均密度は $5.5\,\mathrm{g/cm^3}$ であるから，地球の内部は重金属が多いといえる．

1・1・3　速度と加速度

直線上に原点 O をとり，時刻 t_1 における質点の位置を x_1，時刻 t_2 における質点の位置を x_2 とすると平均の速さ $\hat{v}$ は次のように表わすことができる（図 1・3）．

$$\hat{v}=\frac{x_2-x_1}{t_2-t_1}$$

また，時刻 t_1 における瞬間の速さ v は $t_2\to t_1$ の極限値をとって

$$v=\lim_{t_2\to t_1}\frac{x_2-x_1}{t_2-t_1}=\lim_{\Delta t\to0}\frac{\Delta x}{\Delta t}$$

と表すことができる．

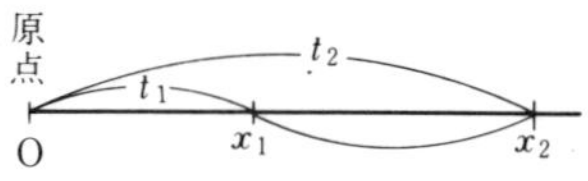

原点　t_1　t_2　O　x_1　x_2

図 1・3

(1)　微分法における表し方

時刻 t および $t+\Delta t$ における質点の位置を $f(t)$，$f(t+\Delta t)$ とすると，$x=f(t)$ から　$\Delta x=f(t+\Delta t)-f(t)$

$$\therefore\quad \frac{\Delta x}{\Delta t}=\frac{f(t+\Delta t)-f(t)}{\Delta t}=\hat{v}$$

である．そこで，$\varDelta t \to 0$ の極限値をとって

$$v=\lim_{\varDelta t \to 0}\frac{\varDelta x}{\varDelta t}=\lim_{\varDelta t \to 0}\frac{f(t+\varDelta t)-f(t)}{\varDelta t}=f'(t)$$

これは速度を表し，t の関数を1回微分すると得られることを示している．

$$v=f'(t)=\frac{dx}{dt} \tag{1.4}$$

同様にして，加速度は単位時間あたりの速度変化であるから，t の関数を2回微分すれば得られる．

$$\varDelta v=v(t+\varDelta t)-v(t)$$

$$\therefore \quad \alpha=\lim_{\varDelta t \to 0}\frac{\varDelta v}{\varDelta t}=\lim_{\varDelta t \to 0}\frac{v(t+\varDelta t)-v(t)}{\varDelta t}=v'(t)$$

$$\therefore \quad \alpha=v'(t)=\frac{dv}{dt}=\frac{d^2x}{dt^2} \tag{1.5}$$

【例題1－4】 原点Oより x 軸上の動点Pの位置が $x=4t-t^2$〔m〕で与えられている．

(1)速度はいくらか．

(2)加速度はいくらか．

(3) $t=3$ 秒後の速度の値を求めよ．

【解】 x を2回微分して，$x'=4-2t$　$x''=-2$ また　$x'_{t=3}=4-6=-2$

答　(1)　$2(2-t)$m/s，(2)　-2m/s^2，(3)　-2m/s

【例題1－5】 x 軸上において t 秒後における動点Pが $x=12t-t^3$〔m〕で与えられている．$t=1,2,3$ 秒後における速度，加速度の値を求めよ．

【解】 $v=x'=\dfrac{dx}{dt}=12-3t^2=3(4-t^2)$

$$\alpha=\frac{dv}{dt}=\frac{d^2x}{dt^2}=-6t$$

速度，加速度はそれぞれ $t=1$ のとき $v=9$m/s，$\alpha=-6$m/s^2・$t=2$ のとき $v=0$m/s，$\alpha=-12$m/s^2．$t=3$ のとき $v=-15$m/s，$\alpha=-18$m/s^2 動点Pの運動についての説明

1．$0<t<2$ のとき $\dfrac{dx}{dt}>0$ であるからP点は x 軸上を正の向きに $v=3(4-t^2)$ m/s で進む．

2．$t=2$ のとき $\dfrac{dx}{dt}=0$ であるからP点の速さは0 m/s，加速度は -12 m/s^2

3．$t>2$ のとき $\dfrac{dx}{dt}<0$ であるから，P点は x 軸を負の向きに $v=3(4-t^2)$ m/s で進む．

1・1・4　等加速度運動

初速度を v_0 とすると加速度 α は(1.3)式から $\alpha=\dfrac{v-v_0}{t}$，v は t 秒後の速度である．これより　$v=v_0+\alpha t$

平均速度は $\hat{v}=\dfrac{v_0+(v_0+\alpha t)}{2}=v_0+\dfrac{1}{2}\alpha t$

故に移動距離 S は

$$S=t\cdot\left(v_0+\frac{1}{2}\alpha t\right)=v_0t+\frac{1}{2}\alpha t^2$$

上の二式から t を消去すると　$v^2-v_0{}^2=2\alpha S$

以上をまとめると，

1．$v=v_0+\alpha t$　(1.6)

2．$S=v_0t+\dfrac{1}{2}\alpha t^2$　(1.7)

3．$v^2-v_0{}^2=2\alpha S$　(1.8)

S は(1.6)式を積分してもよい．$S=\displaystyle\int_0^t(v_0+\alpha t)dt=v_0t+\frac{1}{2}\alpha t^2$

問題 1．次の場合の加速度を求めよ．

1．初め止っていた物体が動きだし0.5秒後に10 m/s になっていた．

2．動きだして，一定の割合で速さを増し，5秒後に25 m 進んだ．

3．36 km/hr で動いていた物体がブレーキをかけ25 m 進み止った．

4．初速 v_0 が2 m/s で5秒後に6 m/s になった．

問題 2．初速度が8m/sで右側方向に等加速度運動して，8秒後には左側方向に16m/sの速さに変化した．

(1)　加速度はいくらか．

(2)　5秒後の物体の位置を求めよ．

(3)　折返し点での時刻はいくらか．

問題 3．x 軸上に $v=20-4t$ の速度で動く物体の位置を求めよ．ただし，$t=0$ のとき $x=5$ とする．

問題 4．スカラー m とベクトル $\vec{a}, \vec{b}$ について誤っているのはどれか．

1．ベクトルの内積 $\vec{a}\cdot\vec{b}$ はスカラー量になる．

2．$\vec{a}=m\vec{b}$ となるのは $\vec{a}\perp\vec{b}$ のときである．

3．ベクトルの内積では $\vec{a}\cdot\vec{b}=\vec{b}\cdot\vec{a}$ は成立しない．

4．$m\vec{a}$ はベクトル量である．

5．ベクトルの内積では $\vec{a}\neq 0, \vec{b}\neq 0$ でも $\vec{a}\cdot\vec{b}=0$ となることがある．

問題 5．次のうち誤っている組合せはどれか．

1．電力…………仕事量/時間

2．圧力…………力/面積

3．力……………質量×加速度

4．仕事量………力×時間

5．エネルギー…距離/時間

1・1・5　放物運動（鉛直上方に投げた物体の運動）

等加速度運動の式に　$\alpha=-g$ を代入すると

$$v=v_0-gt$$

$$s=v_0t-\frac{1}{2}gt^2$$

$$v_0{}^2-v^2=2gs$$

が得られ，鉛直上方に投げ上げた物体の運動を表している．自由落下の式を求めるときは上の式で $v_0=0$ とし，$g\to -g$ とする．

$$v=gt$$

$$s=\frac{1}{2}gt^2$$

$$v^2=2gs$$

〔放物運動を行う例〕

一様な電界内では電子は放物運動を行う（図1・4）．電子の質量を m，電子の電荷を e クーロンとし，電界 E に垂直に v_0 ではいってきたものとする．電子が電界から eE の力を y 方向に受けるので

$$F=ma_y=eE \qquad \therefore \quad a_y=\frac{eE}{m}$$

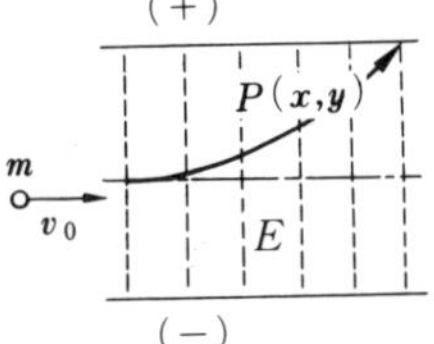

図1・4　電界中の電子の運動

x 方向には等速度運動を行うので $a_x=0$ となり，

速度は，$v_x=v_0$，$v_y=a_y\cdot t=\frac{eE}{m}\cdot t$ である．

$P(x,\ y)$ の位置は $x=v_0t$，$y=\frac{1}{2}a_yt^2=\frac{1}{2}\frac{eE}{m}t^2$

故に t を消去すると　$y=\frac{eE}{2mv_0{}^2}x^2$　となって放物運動を行う．

1・1・6　等速円運動

半径 r の円周上を等速度で運動する物体がある．質点Pが時間 t の間に距離 l 移動し，角度 θ ラジアン回転したとする．

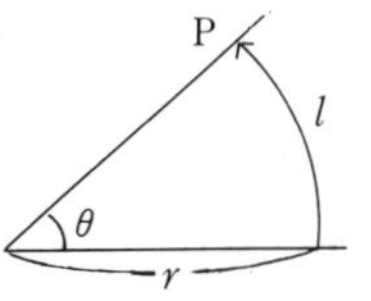

図1・5　角速度 ω

(1)　**角速度**（図1・5，図1・6）

単位時間に回転する角を角速度といい ω で表わすと，

$$\omega=\frac{\theta}{t}\cdots\cdots\text{角速度} \qquad (1.9)$$

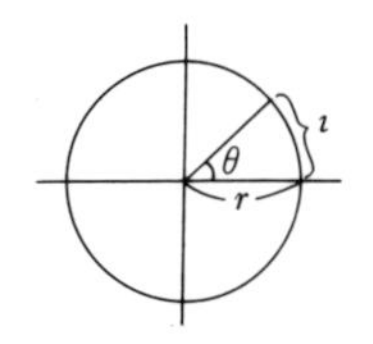

図1・6　ラジアン

円周の長さは $2\pi r$ で，一周は 2π ラジアンである．円弧の長さを l とするときの角を θ〔rad〕ラジアンとすると

$$2\pi r : l = 2\pi : \theta$$

$$\therefore \quad l = \frac{2\pi r \cdot \theta}{2\pi} = r \cdot \theta$$ と求められ

$\therefore$　速度 v は　$v = \dfrac{l}{t} = \dfrac{r \cdot \theta}{t} = r\omega$

また周期は $T = \dfrac{2\pi r}{v} = \dfrac{2\pi r}{r\omega} = \dfrac{2\pi}{\omega}$　　(1.10)

と求められる．

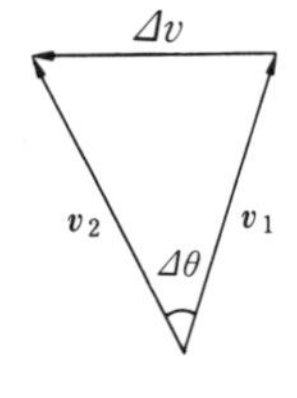

図1・7　加速度，α の向きは円の中心になる

(2)　加速度 α

図1･7において，ベクトル v_2 とベクトル v_1 の差が Δv であるから

$v_2 - v_1 = \Delta v$　また　$\Delta v = v \cdot \Delta\theta$ である．

$\dfrac{\Delta v}{\Delta t} = v \cdot \dfrac{\Delta\theta}{\Delta t}$　そこで　$\Delta t \to 0$ の極限値

$$\alpha = \lim_{\Delta t \to 0} \frac{\Delta v}{\Delta t} = \lim_{\Delta t \to 0} v \cdot \frac{\Delta\theta}{\Delta t} = v\omega \tag{1.11}$$

$$\therefore \quad \alpha = v\omega = r\omega^2$$

これを求心加速度または向心加速度という．

(3)　遠心力 F，求心力

第二法則より，遠心力（求心力）は次の式になる．

$$F = m\alpha = m \cdot \frac{v^2}{r} = mr\omega^2 \tag{1.12}$$

【例題1－6】　半径50 cmの周上を4秒間に10回転している物体の周期 T，角速度 ω，加速度 α，速度 v を求めなさい．

【解】　$T = \dfrac{4}{10} = 0.4$〔s〕　角速度 $\omega = \dfrac{2\pi}{T} = \dfrac{2\pi}{0.4} = 15.7$〔rad/s〕　加速度

$\alpha = 0.5 \times (5\pi)^2 = 123.25$〔m/s²〕　速度　$v = 0.5 \times 5\pi = 7.85$〔m/s〕

〔円運動の例〕

(1)　水素原子は中心に原子核があり，そのまわりを電子がまわっている．

この時の求心力は電気力（クーロン力）であり，クーロン力は $\dfrac{e^2}{r^2}$ である．

これが遠心力 $\dfrac{mv^2}{r}$ とつり合っているので

$$\frac{e^2}{r^2}=\frac{mv^2}{r}$$

と表すことができる．しかし，原子の世界で電子がどのような運動を行っているかを，上の式のみでは解くことができない．上式の他に角運動量 mvr を考えて，解決するのである．

その結果電子は原子核のまわりを，速度 2×10^6 m/s で，回転数 6.6×10^{15} 回/s という，想像を絶するスピードでまわっていると考えられる．

(2)　一様な磁界内で電子は円運動を行う（図1･8）．電子が磁界 B に速度 v で垂直にはいってくる場合，電子は磁界からローレンツ力 evB を受ける．

このローレンツ力は常に磁界にも電子の運動方向にも直角に働く．したがって，磁界内での電子の速さは一定である．

$$\therefore\quad F=evB=\frac{mv^2}{r}$$

$$\therefore\quad r=\frac{mv}{eB}$$

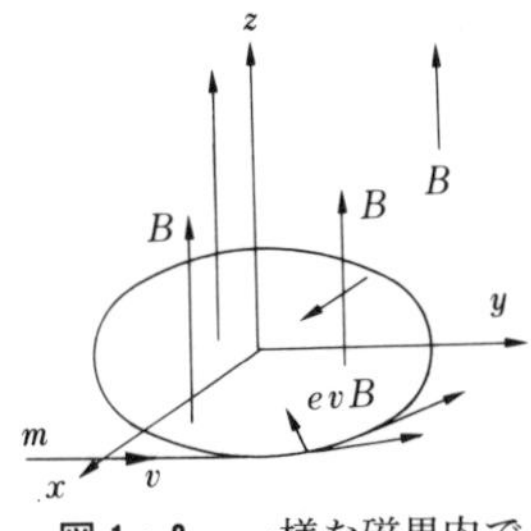

図1・8　一様な磁界内での電子の運動

(3)　ローレンツ力

陰極線（電子線）に磁界をかけるとその軌道が曲げられるが，力の方向は電子線の流れの向きにも磁界の向きにも直角になっている．ベクトルの合力になっている方向に力を受ける．これをローレンツ力という．これはフレミングの左手の法則と同じである．

ローレンツ力は電子線の運動方向に直角に働くので方向は変えるが電子にする仕事は0である．だから電子の運動エネルギーは一定になる．これをサイクロトロン運動とよぶ．

【例題1－7】　地球の角速度を求めよ．

【解】　$\omega=\dfrac{2\pi}{T}=\dfrac{2\times3.14}{24\times60\times60}=7.24\times10^{-5}$ rad/s

【例題1－8】　赤道上の線速度を求めよ．

【解】　$v=r\omega=6370\times10^3\times7.24\times10^{-5}=4.63\times10^2$ m/s

問題 1．半径1mの周上を5秒間に25回転している円運動がある．速度，加速度，角速度及び周期を求めよ．

問題 2．半径50cmの車輪を持つ自転車が0の速度から出発し，12秒後に20m/sの速さになり，後は等速度になった．このとき平均角加速度はいくらか．また速度一定のとき線速度はいくらか．

【例題1－9】 原点を中心として半径 r の円周上を等速円運動している点Pの座標がP$(x,\ y)$ で表わされているとき速度，加速度を求めよ．

x，y は時間 t の函数で

$$x = r\cos\omega t,\quad y = r\sin\omega t$$

とする．ただし，ω は角速度である．

【解】 t を消去すると，$x^2+y^2=r^2(\sin^2\omega t+\cos^2\omega t)=r^2$ であるから，これは円軌道を表す（図1・9(a)）．x 方向，y 方向の速度はそれぞれ微分して

$$v_x=\frac{dx}{dt}=-r\omega\sin\omega t$$

$$v_y=\frac{dy}{dt}=r\omega\cos\omega t$$

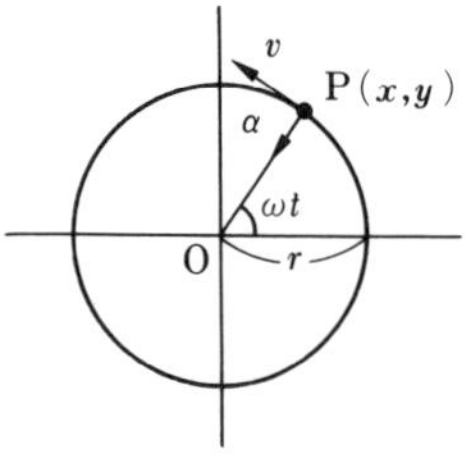

合成すると

$$v=\sqrt{{v_x}^2+{v_y}^2}=\sqrt{r^2\omega^2(\sin^2\omega t+\cos^2\omega t)}$$

$$\therefore\quad v=r\omega$$

図1・9 (a)

また，加速度は

$$\alpha_x=\frac{dv_x}{dt}=\frac{d^2x}{dt^2}=-r\omega^2\cos\omega t$$

$$\alpha_y=\frac{dv_y}{dt}=\frac{d^2y}{dt^2}=-r\omega^2\sin\omega t$$

合成すると

$$\alpha=\sqrt{{\alpha_x}^2+{\alpha_y}^2}=\sqrt{r^2\omega^4(\cos^2\omega t+\sin^2\omega t)}$$

$$\therefore\quad \alpha=r\omega^2$$

【例題1－10】 加速度 α と速度 v は垂直であることを説明せよ．

【解】　$v=(v_x,\ v_y)=(-r\omega\sin\omega t,\ r\omega\cos\omega t)$

$$a=(a_x,\ a_y)=(-r\omega^2\cos\omega t,\ -r\omega^2\sin\omega t)$$

内積を作ると

$$\therefore\quad v\cdot a=r^2\omega^3\sin\omega t\cdot\cos\omega t-r^2\omega^3\sin\omega t\cdot\cos\omega t=0$$

$$\cos\theta=\frac{a\cdot v}{|a|\cdot|v|}=\frac{v_x\cdot a_x+v_y\cdot a_y}{\sqrt{{v_x}^2+{v_y}^2}\cdot\sqrt{{a_x}^2+{a_y}^2}}$$　より

$$v_xa_x+v_ya_y=0\quad\therefore\quad\cos\theta=0\ \text{だから}\quad\theta=90^\circ\quad\therefore\quad a\perp v$$

【例題1-11】　図1・9(b) で $\overrightarrow{\mathrm{OP}}$ と v は垂直であり，$\boldsymbol{a}$ は円の中心を向くことを説明せよ．

【解】　$\overrightarrow{\mathrm{OP}}=(x,\ y)$ とすると，$v=\omega(-y,\ x)$，$a=-\omega^2(x,\ y)$ である．

$$a\cdot v=-\omega^3(-xy+xy)=0$$

$$\therefore\quad a\perp v$$

$$v\cdot\overrightarrow{\mathrm{OP}}=\omega(-y,\ x)\cdot(x,\ y)$$

$$=\omega(-xy+xy)=0\quad\therefore\quad\overrightarrow{\mathrm{OP}}\perp v$$

また，$a=-\omega^2(x,\ y)$ であるので　$a=-\omega^2\cdot\overrightarrow{\mathrm{OP}}$

よって，$\omega^2\cdot\overleftarrow{\mathrm{OP}}$ とすると $\boldsymbol{a}$ は円の中心を向く．

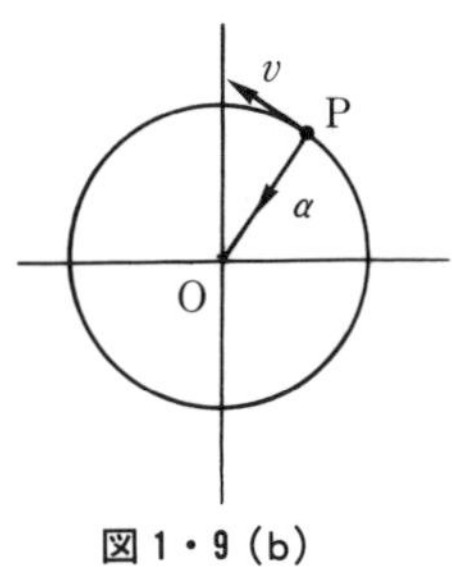

図1・9 (b)

1・2　仕事とエネルギー

1・2・1　仕事と仕事率

仕事 W は作用した力 F と移動距離 s との積（力×距離）で与えられる．

$$W=F\cdot s$$

一般的には　$W=F\cdot s\cos\theta$　である（図1・10)．

仕事率 P は単位時間になれる仕事をいう．

$$P=\frac{W}{t}=\frac{F\cdot s}{t}=F\cdot v$$

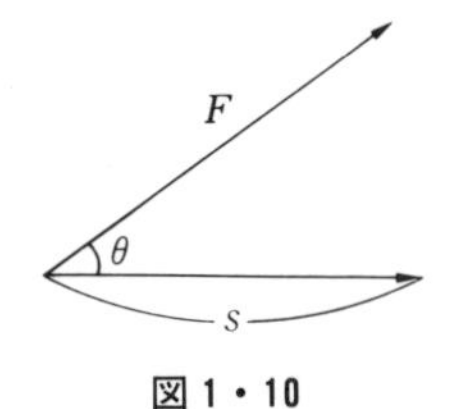

図1・10

【例題1-12】 体重60kgの人が高さ10mの階段を8秒でかけ上がるときの馬力はいくらか.

【解】 8秒間にした仕事量　W〔kg·m〕=60×10=600〔kg·m〕

P=600/8=75 kg·m/s=75/76≒1馬力

1・2・2　運動エネルギー

質量 m の物体が速度 v で運動しているとき，この物体が完全に静止するまで他の物体に仕事をすることができる．このことを〝エネルギーを持つ〟という．その大きさ，エネルギー E（単位はジュールまたはエルグ）は

$$E=\frac{1}{2}mv^2 \tag{1.13}$$

で表すことができる．これを示しておく．

$$\alpha=\frac{v_0-v}{t} \quad \text{から} \quad v=v_0-\alpha t$$

物体が静止したとき $v=0$ である．また第2法則から $F=m\alpha$ よって　$\alpha=\dfrac{F}{m}$

$$\therefore \quad v_0-\frac{F}{m}t=0$$

$$\therefore \quad t=\frac{mv_0}{F}$$

$$s=v_0t-\frac{1}{2}\alpha t^2=v_0\cdot\frac{mv_0}{F}-\frac{1}{2}\,\frac{F}{m}\left(\frac{mv_0}{F}\right)^2=\frac{mv_0{}^2}{2F}$$

$$\therefore \quad F\cdot s=\frac{1}{2}mv_0{}^2$$

これを改めて，E で表し，$E=\dfrac{1}{2}mv^2$　これが運動エネルギーである．

微分法を使って運動エネルギーを求めてみる．

第2法則から　$F=m\alpha$

$$F=m\alpha=m\frac{dv}{dt}=m\cdot\frac{d^2x}{dt^2} \qquad \text{両辺に} \frac{dx}{dt} \text{をかけると}$$

$$F\cdot\frac{dx}{dt}=m\frac{dx}{dt}\frac{d^2x}{dt^2}=mv\frac{dv}{dt}=\frac{d}{dt}\left(\frac{1}{2}mv^2\right)$$

積分すれば

$$\int F dx=\frac{1}{2}mv^2$$

$F\cdot dx$ は力×距離でこれは仕事を表している．これが運動エネルギーである．

【例題 1-13】 質量 2 kg の物体が速度 4 m/s で運動しているときの運動エネルギーを求めよ．

【解】 $E=\frac{1}{2}mv^2=\frac{1}{2}\times 2\times 4^2=16\,\mathrm{kg\cdot m^2/s^2}=16\,\mathrm{N\cdot m}=16$〔J〕.　　答 16 J

1・2・3　位置エネルギー

(1)　一般の力に対する位置エネルギー

図1・11において，質量 m の物体を x から $x+\Delta x$ まで移動させるときの仕事 ΔW は

$$\Delta W=-F\cdot\Delta x$$

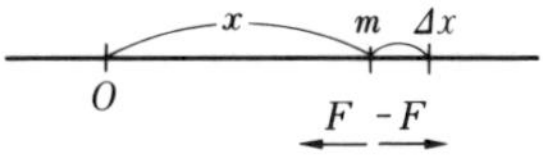

である．ΔW を位置エネルギーといい ΔU_p で表す．

$$\therefore\quad \Delta U_p=-F\cdot\Delta x$$

図1・11　位置エネルギー

(2)　重力による位置エネルギー

地面から高さ h にある質量 m の物体は地面に落下するまでに仕事をすることができる．

$$F=mg,\quad s=h$$

よって，$W=F\cdot s=mgh$　　(1.14)

すなわち，重力による位置エネルギーは $U=mgh$ と表すことができる．

【例題 1-14】 地上 100 m のビルの屋上にいる質量 50 kg の人の位置エネルギーはいくらか．

【解】 $U=mgh=50\times 9.8\times 100=49000\,\mathrm{J}$

(3) 弾性による位置エネルギー

$F=kx$　……（フックの法則から）

∴　$F\cdot dx=kx\cdot dx$（0から x まで伸ばすのに必要なエネルギーは）

$$\int F\cdot dx=\int_0^x kxdx=\frac{1}{2}kx^2$$

$$\therefore \quad U_p=\frac{1}{2}kx^2 \qquad (1.15)$$

(4) 万有引力による位置エネルギー

万有引力は　$F=G\dfrac{M\cdot m}{R^2}$　である。

$$\therefore \quad U_p=\int_\infty^R \frac{GM\cdot m}{R^2}dR=-G\cdot\frac{M\cdot m}{R} \qquad (1.16)$$

問題 1．100gの物体を40m/sで真上に投げたとき，3秒後における速さと高さ，その時の運動エネルギーと位置エネルギーを求めよ．

問題 2．100gの物体をつるすと5cm伸びるバネがある．これを10cm伸ばしたときの位置エネルギーはいくらか．

問題 3．300kgの物体が50m/hrの速さで動いているときの運動エネルギーを求めよ．

問題 4．1KeVのエネルギーを持つ中性子の速度はいくらか．ただし中性子の質量は 1.675×10^{-27} kg，1eV＝1.602×10^{-19}J とする．

1・2・4　力学的エネルギー保存則

外力が働かないかぎり運動エネルギーと位置エネルギーの和は一定である．これを力学的エネルギー保存の法則という．

図1･12で，高さ h_0 における位置エネルギーを mgh_0，運動エネルギーを $\frac{1}{2}mv_0^2$ とすると，エネルギーの総和 E_0 は

$$E_0=\frac{1}{2}mv_0^2+mgh_0$$

t 秒後におけるエネルギーの総和 E は

$$E=mgh+\frac{1}{2}mv^2$$

とする．ここで $h_0=s+h$，$2gs=v^2-v_0{}^2$ とすれば

$$E=mg(h_0-s)+\frac{1}{2}m(v_0{}^2+2gs)$$

$$=mgh_0+\frac{1}{2}mv_0{}^2$$

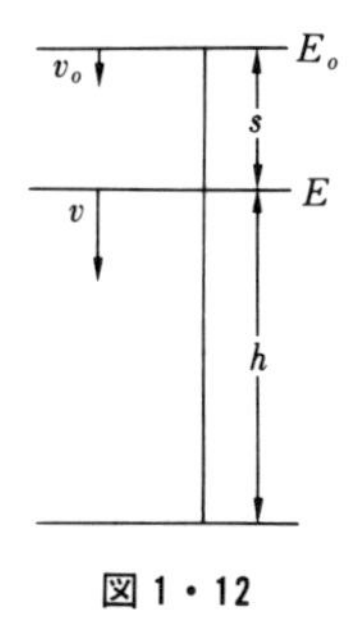

図1・12

故に，$E=E_0$　エネルギーの総和は高さにかかわらず一定である．(図1・12)．微分法を使って証明すると次のようになる．運動方程式から　$m\dfrac{d^2x}{dt^2}=F$　また，$\varDelta U_p=-F\cdot\varDelta x$ から，

$$F=-\frac{dU_p}{dx} \text{ である．}$$

$$\therefore\quad m\frac{dx}{dt}\cdot\frac{d^2x}{dt^2}=-\frac{dx}{dt}\frac{dU_p}{dx}$$

$$\therefore\quad mv\frac{dv}{dt}=-\frac{dU_p}{dt}$$

$$\therefore\quad \frac{d}{dt}\left(\frac{1}{2}mv^2\right)=-\frac{dU_p}{dt} \qquad\qquad \frac{d}{dt}\left(\frac{1}{2}mv^2+U_p\right)=0$$

よって，$\dfrac{1}{2}mv^2+U_p=$一定　(1.17)

すなわち，運動エネルギーと位置エネルギーの和は一定である．

【例題 1-15】　$x=r\cos\omega t$ で単振動している物体の運動エネルギーと位置エネルギーの和は一定である．ω を一定としてこれを証明せよ．

【解】　$v=\dfrac{dx}{dt}=-r\omega\sin\omega t$，$\dfrac{1}{2}mv^2=\dfrac{1}{2}mr^2\omega^2\sin^2\omega t$，$x=r\cos\omega t$

$$\therefore\quad \frac{1}{2}kx^2=\frac{1}{2}kr^2\cos^2\omega t=\frac{1}{2}mr^2\omega^2\cos^2\omega t\quad (k=m\omega^2)$$

故に，$\dfrac{1}{2}mv^2+\dfrac{1}{2}kx^2=\dfrac{1}{2}mr^2\omega^2(\sin^2\omega t+\cos^2\omega t)=\dfrac{1}{2}mr^2\omega^2$（一定）

この式から運動エネルギーと位置エネルギーの和は一定である．

太陽，地球，月に関する定数

	太　陽	地　球	月
質量	1.989×10^{30} kg	5.974×10^{24} kg	7.348×10^{22} kg
半径	6.960×10^{5} km	6378.137 km	1738 km
体積	1.4126×10^{18} km^3	1.08332×10^{12} km^3	2.199×10^{10} km^3
表面重力	2.74×10^{2} m/s^2	9.80665 m/s^2	1.666 m/s^2
平均密度	1.41 g/cm^3	5.525 g/cm^3	

地球の公転半径　1.49598×10^{8} km

軌道平均速度　29.78 km/s

子午線にそう全周　40009153.2 m

太陽と地球の質量比　330000：1　半径比　109：1

地球と月の質量比　80：1　半径比　11：3

1・3　単振動

x，y 平面上で等速円運動をしている質点の運動は x 軸または y 軸に正射影すると原点を中心に上下または左右に運動する．このように上下運動または左右運動を単振動という．

1・3・1　質点の位置（図1・13）

$x=r\cos(\omega t+\varphi)$　ただし，rは振幅，ωは角速度，$\omega t+\varphi$は位相である．

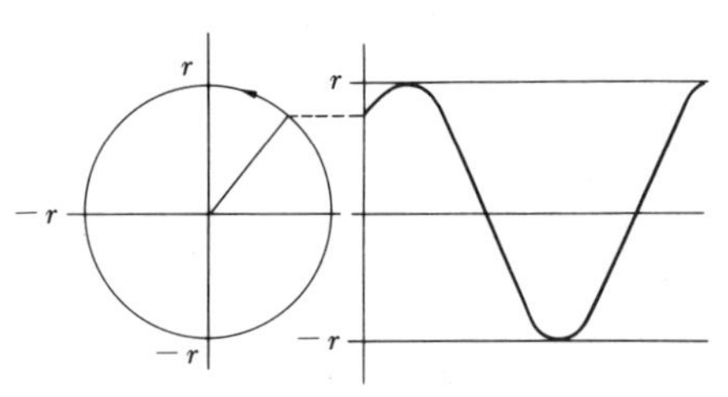

図1・13　単振動

t を $t+\dfrac{2\pi}{\omega}$ とおくと

$$r\cdot\cos\left\{\omega\left(t+\frac{2\pi}{\omega}\right)+\varphi\right\}=r\cos(\omega t+\varphi)=x$$

$\therefore \quad \dfrac{2\pi}{\omega}$ は周期である.

$$\therefore \quad T=\frac{2\pi}{\omega} \tag{1.18}$$

1・3・2　質点の速度と加速度

質点の位置を

$$x=r\cos(\omega t+\varphi) \tag{1.19}$$

とすれば，質点の速度は (1.19) 式を t について微分して

$$v=\frac{dx}{dt}=-r\omega\sin(\omega t+\varphi) \tag{1.20}$$

質点の加速度 α は (1.19) 式を t について 2 回微分して

$$\alpha=\frac{dv}{dt}=\frac{d^2x}{dt^2}=-r\omega^2\cos(\omega t+\varphi)=-\omega^2 x \tag{1.21}$$

1・3・3　質点の周期

$F=m\alpha \qquad \therefore \quad F=-m\omega^2 x$　また，$F=-kx$ であるから，

$$k=m\omega^2$$

$$\therefore \quad \omega=\sqrt{\frac{k}{m}} \qquad \therefore \quad T=\frac{2\pi}{\omega}=2\pi\sqrt{\frac{m}{k}}$$

【例題 1-16】 0.1 kg のおもりをつけると 10 cm 伸びるバネに 0.5 kg のおもりをつけたとき単振動の周期を求めよ.

【解】 $k=\dfrac{0.1\times 9.8}{0.1}=9.8\,\mathrm{N/m}$　　　$\therefore\ T=2\pi\sqrt{\dfrac{0.5}{9.8}}\fallingdotseq 1.42$ 秒

1・3・4　振動の方程式

x 軸上の定点から距離 x に比例する力を受けて x 軸上で行う振動運動を単振動という．復元力は $F=-kx\,(k>0)$ であるので，運動方程式は

$$m\frac{d^2x}{dt^2}=-kx$$

となり，この微分方程式の解は次の式で与えられる．

$$x=A\cos(\omega t+\varphi) \qquad \left(\omega=\sqrt{\frac{k}{m}}\right)$$

1・3・5　振動のエネルギー

位置エネルギー U は

$$U=-\int_0^x(-kx)dx=\frac{1}{2}kx^2=\frac{1}{2}kA^2\cos^2(\omega t+\varphi)$$

運動エネルギー T は

$$T=\frac{1}{2}mv^2=\frac{1}{2}m\left(\frac{dx}{dt}\right)^2=\frac{1}{2}kA^2\sin^2(\omega t+\varphi)$$

全エネルギー E

$$E=T+U=\frac{1}{2}kA^2=\frac{1}{2}m\omega^2A^2$$

エネルギー E は，振幅 A の2乗に比例する．津波の振幅は大きく，破壊力は大きいのである．

【例題1-17】 質量100gの物体をつるすと2cm伸びるスプリングがある．これを2cmのばしたときのエネルギーはいくらか．

【解】 $F=k(l-l_0)=kx$

$$100\times980=k\times2 \quad \therefore \quad k=980\times50=49000$$

$$\therefore \quad E=\frac{1}{2}kx^2=\frac{1}{2}\cdot49000\times2^2=98000=9.8\times10^4 \text{ エルグ}$$

1・4　運動量と力積

1・4・1　力　積

速度 v で運動している物体に力 F が t 秒間働いて，速度が v' に変わったものとする．(1.3)式から加速度 α は次の式で表される．

$$\alpha=\frac{v'-v}{t}$$

また，力 F は第2法則から　$F=m\alpha$

$$\therefore\quad F=\frac{m(v'-v)}{t}$$

$$\therefore\quad F\cdot t=mv'-mv \tag{1.22}$$

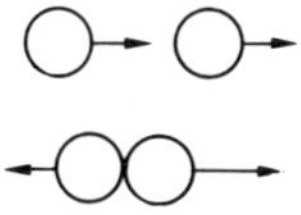

図1・14　衝　突

ここに出てきた力×時間($F\cdot t$)を力積(図1・14)という．質量×速度$=mv=p$ は運動量といわれる．力積は運動量の差で表すことができる．

1・4・2　運動量保存の法則

質量 m_1，m_2 の二つの球が速度 v_1，v_2 で運動している．そして衝突後両球の速度が v_1'，v_2' になったものとすれば

m_1 について：$(-F)t=m_1v_1'-m_1v_1$

m_2 について：$(F)t=m_2v_2'-m_2v_2$

この二式から

$$m_1v_1+m_2v_2=m_1v_1'+m_2v_2' \tag{1.23}$$

これを運動量保存則という．

【例題1-18】　図1・15のようにポロニウム（^{210}Po）は α 壊変して鉛の同位元素（^{206}Pb）にかわる．このときの核反応式は

$$^{210}\mathrm{Po}\rightarrow{}^{206}\mathrm{Pb}+{}^{4}\mathrm{He}$$

で表される．α 粒子 ^{4}He のエネルギーを5.3MeVであるとすれば鉛の反跳エネルギーはいくらになるか．

【解】　^{206}Pb，^{4}He の運動エネルギーをそれぞれ E_M，E_m とし，また，その速度を V，v とする．運動量の変化は

$$MV=mv$$

である．これより　$V=\left(\frac{m}{M}\right)v$

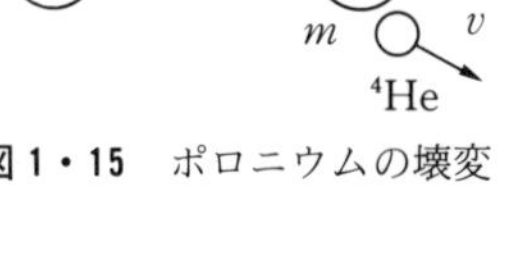

図1・15　ポロニウムの壊変

$$E_M=\frac{1}{2}MV^2$$
$$=\frac{1}{2}mv^2\cdot\left(\frac{m}{M}\right)=5.3\cdot\left(\frac{4}{206}\right)$$
$$=0.1\,\mathrm{MeV}$$

1・4・3　衝　突

二つの物体が力を作用し合い，運動状態が変わる場合を衝突という．

二つの物体の質量を m_1，m_2 とし，衝突前後の速度をそれぞれ v_1，v_2，v_1'，v_2' とする．その時外力の作用がないものとすれば

$$m_1v_1+m_2v_2=m_1v_1'+m_2v_2'$$

エネルギーについては，力学的エネルギー以外に変わるもの ω があれば

$$\frac{1}{2}m_1v_1^2+\frac{1}{2}m_2v_2^2=\frac{1}{2}m_1v_1'^2+\frac{1}{2}m_2v_2'^2+\omega \tag{1.24}$$

である．$\omega=0$ であるときエネルギーは保存されるといい，弾性衝突という．また，$\omega\neq0$ のときエネルギーは保存されず，何らかの形でエネルギーを失う．これを非弾性衝突という．

$$m_1(v_1-v_1')=m_2(v_2-v_2')=p\ (\text{運動量}) \tag{1.25}$$

$$m_1(v_1^2-v_1'^2)=m_2(v_2^2-v_2'^2)+2\omega$$

$$\therefore\quad \frac{v_2'-v_1'}{v_1-v_2}=1-\frac{2\omega}{p(v_1-v_2)}\equiv e \tag{1.26}$$

e は反発係数またニュートンの反発係数という．

$e=0$ のとき　$v_2'=v_1'$ となり，二つの球はいっしょになって運動する．これを完全非弾性衝突という．

$e=1$ のとき，エネルギーは失われず，完全弾性衝突という．原子や分子の運動がこれにあたる．

衝突後の速度は

$$v_1'=\frac{(m_1-em_2)v_1+m_2(1+e)v_2}{m_1+m_2}$$

$$v_2' = \frac{(m_2 - em_1)v_2 + m_1(1+e)v_1}{m_1 + m_2} \tag{1.27}$$

$$p = m_1(v_1 - v_1') = \frac{m_1 m_2}{m_1 + m_2}(1+e)(v_1 - v_2) \tag{1.28}$$

$$\omega = \frac{1}{2}p(1-e)(v_1 - v_2)$$

$$= \frac{m_1 m_2}{2(m_1 + m_2)}(1-e^2)(v_1 - v_2)^2 \tag{1.29}$$

同一直線上を質量の等しい物体が v_1，v_2 で運動しているとき，完全弾性衝突では速度が入れかわるのみである．

【例題 1-19】 運動量保存則とエネルギー保存則を使い，中性子（^1n）が中性炭素原子（^{12}C）に衝突する場合，^{12}C の最大反跳エネルギーを求めてみよう（図 1•16）．

【解】 ^1n と ^{12}C の質量を m，M とし，衝突前のそれぞれの速度を v，V また，衝突後のそれぞれの速度を v'，V' とする．

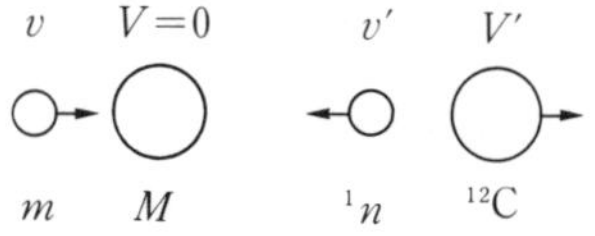

図 1・16　中性子と炭素原子の衝突

運動量保存則 (1.23) 式から

$$mv + MV = mv' + MV'$$

ここで，$V=0$（静止している）とおき，m で割って v' を求める．

$$v = v' + \frac{M}{m}V'$$

$$\therefore \quad v' = v - \frac{M}{m}V' \tag{1.30}$$

エネルギー保存則 (1.24) 式から

$$\frac{1}{2}mv^2 + \frac{1}{2}MV^2 = \frac{1}{2}mv'^2 + \frac{1}{2}MV'^2$$

再度 $V=0$ とおき $\frac{1}{2}m$ で割って(1.30) 式を代入する．

$$v^2 = v'^2 + \frac{M}{m}V'^2$$

$$=\left(v-\frac{M}{m}V'\right)^2+\frac{M}{m}V'^2 \qquad \therefore \quad V'\left(\frac{M}{m}+1\right)=2v$$

これより ^{12}C の速度が求められる．

$$V'=\frac{2v}{\left(\dfrac{M}{m}+1\right)}$$

また，最大反跳エネルギーは

$$E=\frac{1}{2}MV'^2=\frac{1}{2}M\left(\frac{2v}{\dfrac{M}{m}+1}\right)^2=\frac{1}{2}mv^2\cdot\frac{4\cdot\dfrac{M}{m}}{\left(\dfrac{M}{m}+1\right)^2}$$

となり，$m=1$，$M=12$ とおけば

$$E=\frac{1}{2}mv^2\cdot\frac{4\times12}{13^2}=0.28\times\frac{1}{2}mv^2$$

ここで，$\frac{1}{2}mv^2$ は ^1n の運動エネルギーであるから，一例として $\frac{1}{2}mv^2=1$ keV とおけば，^{12}C の最大反跳エネルギーは 0.28 keV となる．

〔三電子生成〕(P 110)

入射光子エネルギーが 2.04 MeV 以上のとき三電子生成が起きる．運動量保存則とエネルギー保存則から

$$\frac{h\nu}{c}=3mv \quad \cdots\cdots(1)$$

$$h\nu+m_0c^2=3mc^2 \quad \cdots\cdots(2)$$

$$m=\frac{m_0}{\sqrt{1-\left(\dfrac{v}{c}\right)^2}} \quad \cdots\cdots(3)$$

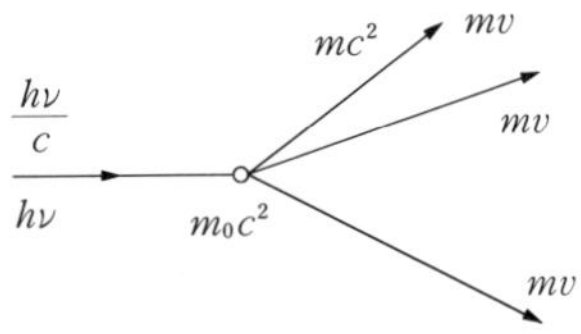

図1・17　三電子生成

(1) から $h\nu=3mvc=3mc^2\cdot\left(\dfrac{v}{c}\right)\cdots(4)$

(3)，(4) を (2) に代入する．

$$3\cdot\frac{m_0c^2}{\sqrt{1-\left(\dfrac{v}{c}\right)^2}}\cdot\left(\frac{v}{c}\right)+m_0c^2=3\cdot\frac{m_0c^2}{\sqrt{1-\left(\dfrac{v}{c}\right)^2}}$$

$$\therefore \quad 3\left(\frac{v}{c}\right)+\sqrt{1-\left(\frac{v}{c}\right)^2}=3 \cdots\cdots(5)$$

$$\sqrt{1-\left(\frac{v}{c}\right)^2}=3-3\left(\frac{v}{c}\right)=3\left(1-\frac{v}{c}\right)$$

$$v \fallingdotseq c$$

$$\therefore \quad 5\left(\frac{v}{c}\right)=4 \cdots\cdots\cdots\cdots\cdots\cdots\cdots\cdots\cdots (6)$$

$$h\nu+m_0c^2=\frac{3m_0c^2}{\sqrt{1-\left(\frac{4}{5}\right)^2}}=5m_0c^2$$

$$\therefore \quad h\nu=4m_0c^2=4\times0.51=2.04\ \mathrm{MeV}$$

1・5　気体と圧力

1・5・1　理想気体の状態方程式

(1)　ボイルの法則

気体の圧力 P，気体の体積 V，温度を T とする．温度一定の条件で圧力を変化させると体積が変わり，次の式が成立する．

$$PV=\text{一定} \qquad (1.31)$$

気体の質量 m，二つの状態の密度を d_1，d_2 とすると $d_1=\dfrac{m}{V_1}$，$d_2=\dfrac{m}{V_2}$

$$P_1V_1=P_2V_2 \qquad \therefore \quad \frac{d_1}{d_2}=\frac{P_1}{P_2}$$

(2)　シャールの法則

圧力を一定にして，温度を変化させると体積がかわる．温度 1℃ 上昇するごとに 0℃ の時の体積の $\dfrac{1}{273}$ ずつ増加する．

$$\frac{V}{T}=\text{一定} \qquad (1.32)$$

(3)　ボイル・シャールの法則

上の二つを一つの式にまとめて表すことができ，一定量の気体の体積は絶対温度に比例，圧力に反比例する．これをボイル・シャールの法則という．

$$\frac{PV}{T}=\frac{P'V'}{T'} \tag{1.33}$$

T〔K〕$=273+t$°C　　T：絶対温度目盛にとる．単位はK（ケルビン）

$$\frac{P_1}{d_1T_1}=\frac{P_2}{d_2T_2}$$

気体の密度は圧力に比例し，絶対温度に反比例する．

圧力 P　1気圧$=1.013\times10^6$ dyn/cm²　1 torr＝1 mmHg

760 mmHg$=1.013\times10^5$ N/m²　　1バール$=10^5$ Pa（パスカル）

1 mmHg$=1.333\times10^2$ N/m²　　1 Pa＝1 N/m²

気体1モルの体積$=22.4\,l=22.4\times10^3$ cm³

標準状態，0°C，1気圧で気体定数を R とすれば

$$R=\frac{PV}{T}=\frac{1.013\times10^5\times22.4\times10^{-3}}{273}=8.31 \quad \text{J/K・mol}$$

$$=0.082\,l\text{・atm/°C・mol}$$

理想気体の状態方程式は　$PV=RT$　と表される．

(4)　実在気体の状態方程式

$$\left(P+\frac{a}{V^2}\right)(V-b)=RT \tag{1.34}$$

実在気体（分子の大きさと分子間力は無視できない）の状態方程式は Van der Waals によって導かれ，a，b は定数で表1・4のような値である．

表1・4

	a(l^2・気圧/mol²)	b(cm³/mol)
水素	0.245	26.7
酸素	1.32	31.2

(5)　照射線量と補正係数

気体はX線を照射すると電離する．この現象を利用して，X線量を測定することができる．このような測定装置を電離箱という．電離量は温度，圧力，

密度によって変化するので，照射線量は基準の時の線量を基にして補正しなければならない．

基準時大気条件を温度 T_1，気圧 P_1，そのときの照射線量 X_1，また，測定時大気条件を温度 T_2，気圧 P_2，照射線量を X_2 とすると

$$\frac{X_1 T_1}{P_1}=\frac{X_2 T_2}{P_2} \tag{1.35}$$

である．次の式を大気補正係数 k という．

$$k=\frac{P_1}{P_2}\cdot\frac{T_2}{T_1}$$

ただし，P〔kPa〕，T〔K〕とする．

1・5・2　モル分子数

炭酸ガス CO_2 の分子量は $(12+16\times2)=44$ であるから 1 モルは 44 グラムである．これをモル分子数という．0℃，1 気圧で 1 モルの気体の体積は 22.4 l で，この中に含まれる分子数はアボガドロ数 6×10^{23} 個である．

1・5・3　気体分子の運動と圧力（図 1・18）

（気体分子は球形と仮定し，完全弾性衝突するものとし，お互いに衝突しないものと仮定する）．

1 辺 l である立方体をとる．その中で 1 つの分子が 1 つの壁に向かって速度 v で運動している．距離 l 進む時間は l/v 秒かかる．1 往復する時間は $2\cdot l/v$ 秒である．1 秒間に $v/(2l)$ 回往復する．1 秒間に 1 つの壁に衝突する回数は $v/2l$ である．運動量の変化は力積に等しく

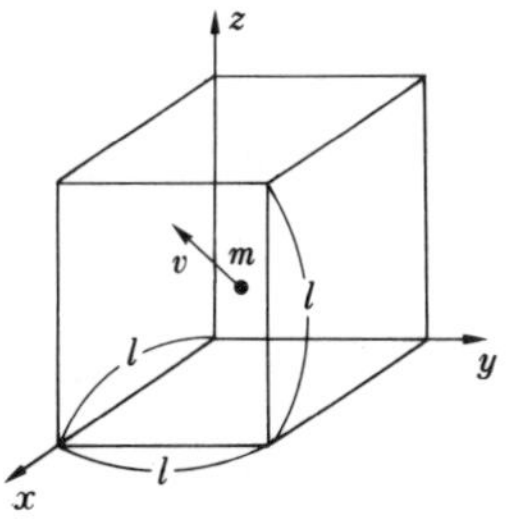

$$mv-(-mv)=2mv$$

である．1 つの分子によって壁が 1 秒間に受ける力積は

$$\frac{v}{2l}\cdot 2mv=\frac{mv^2}{l}$$

図 1・18

気体分子の数は非常に多いものとし，その $\frac{1}{3}$ が1つの壁に向かうものとすれば単位時間あたりの力積は1つの壁全体に及ぼす力である．これを面積 l^2 で割れば，圧力 Pdyn/cm² が得られる．

$$P=\frac{N}{3}\frac{mv^2}{l}/l^2=\frac{1}{3}N\frac{mv^2}{l^3}=\frac{N}{3}\frac{mv^2}{V} \tag{1.36}$$

故に，$PV=\frac{N}{3}mv^2$　となってボイルの法則が理論的に導かれたことになる．

運動エネルギー E は

$$E=\frac{1}{2}mv^2$$

$$\therefore\quad PV=\frac{2}{3}N\cdot E\ (\text{一定})$$

$$P=\frac{Nm}{V}\frac{v^2}{3}=\frac{1}{3}\rho v^2 \qquad \text{密度}\ \rho=\frac{Nm}{V}$$

$$\therefore\quad v=\sqrt{\frac{3P}{\rho}} \qquad \text{分子量}\ M=Nm \qquad \frac{1}{2}mv^2=\frac{3}{2}\frac{R}{N}T$$

$$\therefore\quad v=\sqrt{\frac{3RT}{M}}$$

$$=158\sqrt{\frac{T}{M}}\ [\text{m/s}] \tag{1.37}$$

また，理想気体の状態方程式から

$$PV=RT$$

$$\therefore\quad \frac{2}{3}N\cdot E=RT$$

$$\therefore\quad E=\frac{3}{2}\frac{R}{N}T \quad \left(\frac{R}{N}=k\ \text{とおけば}\right)$$

$$E=\frac{3}{2}kT\ (\text{ただし，1モルの気体について}) \tag{1.38}$$

k をボルツマン定数という．$k=1.38\times10^{-23}$〔J/K〕

【例題1-20】　0℃における水素分子の速さはいくらか．

$$v=\sqrt{\frac{3RT}{M}}=\sqrt{\frac{3\times 8.31\times 10^7\times 273}{2}}\fallingdotseq 1840\,\mathrm{m/s}$$

【例題 1 -21】　0℃，1気圧で酸素分子の速さはいくらか．

$$v=\sqrt{\frac{3P}{\rho}}=\sqrt{\frac{3\times 1.013\times 10^6}{0.00143}}\fallingdotseq 460\,\mathrm{m/s}$$

【例題 1 -22】　0℃で 0.76 mmHg の圧力で 1 cm³ の酸素中にふくまれる分子数を求めよ．ただし，アボガドロ数を 6.02×10^{23} とする．

【解】　0℃，1気圧，760 mmHg で酸素 1 モルの占める体積は 22.4 l である．よって 0.76 mmHg の体積 V は

$$\frac{0.76\cdot V}{273}=\frac{760\times 22.4}{273}$$

$$\therefore\quad V=22.4\times 1000\,[l]$$

この中に 6×10^{23} 個の分子がある．よって 1 cm³ 中には

$$\frac{6\times 10^{23}}{22.4\times 1000\times 10^3}=2.68\times 10^{16}\text{ 個}\cdots\cdots(\text{答})$$

【例題 1 -23】　塩の結晶は Na と Cl が規則正しく並んでいる．1 辺が 5.628×10^{-8} cm の立方体の中に Na および Cl の原子がそれぞれ 4 個ずつ入っているものとして塩の結晶 (NaCl) の密度を求めよ．ただし，原子量は Na＝23，Cl＝35.5 とし，アボガドロ数は 6.02×10^{23} とする．

【解】　この立方体の体積 V は

$$V=(5.628\times 10^{-8})^3=178.26\times 10^{-24}\,\mathrm{cm}^3$$

である．NaCl の分子量は 58.5 であり，NaCl の 1 モル中にはアボガドロ数 (6.02×10^{23}) 個の NaCl を含んでいる．

NaCl 4 個の質量 m は

$$m=\frac{58.5}{6.02\times 10^{23}}\times 4=38.87\times 10^{-23}\,\mathrm{g}$$

故に，NaCl の密度 ρ は

$$\rho=\frac{m}{V}=\frac{58.5\times 4}{6.02\times 10^{23}}\times\frac{1}{(5.628\times 10^{-8})^3}=2.18$$

答　2.18 g/cm³

練 習 問 題

1. 鉛直上方に投げ上げた場合，物体が，最高点に到達する時間と最高点からもとの位置まで落下する時間は等しいことを証明せよ．
2. 初速30〔m/s〕で真上に投げ上げた物体の t 秒後の高さを h〔m〕とする．$h=30t-5t^2$ で与えられるとき，物体が最高点に達するまでの時間と4秒後の速度を求めよ．
3. 質量100 kgの物体が100 km/hで運動しているときの運動エネルギーを求めよ．
4. 単振り子の長さを1 mとするとその周期はいくらか．ただし，重力加速度を9.8 m/s² とする．
5. 0℃，1気圧における水素分子の $\sqrt{\bar{v}^2}$ はいくらか．ただし水素分子の密度は0.00009 g/cm³ とする．
6. 30℃の一定量の気体の圧力を一定にし温度を100℃にすると体積は何倍になるか．
7. 温度15℃，圧力2気圧，体積5 l の空気は25℃，1.2気圧にすれば体積はいくらになるか．
8. 水1モル（18g）の体積は18 cm³ である．水の分子を球形と考えて，その半径を求めよ．ただし，アボガドロ数を 6×10^{23} とする．
9. 0℃における単原子分子，気体1 molの内部エネルギーはいくらか．ただし，$R=8.3$〔J/mol·K〕とする．
10. 圧力を101.325 kPa，温度20℃のとき照射線量は150レントゲンであった．温度25℃で照射線量が145レントゲンとすれば圧力はいくらか．
11. 電子の質量は 9.1×10^{-28}g である．これをエネルギーに換算せよ．ただし，$1\,\mathrm{eV}=1.6\times10^{-12}$ erg である．
12. 中性子が原子核と衝突したとき，弾性散乱後の原子核の反跳エネルギーを求めよ．

■解　　答

1・1・1　**1**．1．$10^6\,\mathrm{cm^3}$　　2．$10^6\,\mathrm{dyn}$　　3．$100\,\mathrm{m/s}$　　4．$10^{-28}\,\mathrm{m^2}$ のことで核反応断面積という．　5．1電子ボルトのことで，1ボルトの電位差で電子を加速するとき電子の得る運動エネルギーをいい $1\,\mathrm{eV}=1.602\times10^{-19}$ J である．エネルギーの単位で，放射線に用いる．

1・1・2　**1**．1．$10\,\mathrm{N}$　　2．$0.1\,\mathrm{m/s^2}$　　3．$2.5\,\mathrm{kg}$

1・1・4　**1**．1．$20\,\mathrm{m/s^2}$　　2．$2\,\mathrm{m/s^2}$　　3．$-2\,\mathrm{m/s^2}$　　4．$0.8\,\mathrm{m/s^2}$

2．1．$-3\,\mathrm{m/s^2}$　2．$2.5\,\mathrm{m}$　3．$\dfrac{8}{3}\,\mathrm{s}$　　**3**．$x=5+20\,t-2\,t^2$　　**4**．2，3

5．4，5

1・1・6　**1**．$10\,\pi\,\mathrm{m/s}$，$100\,\pi^2\,\mathrm{m/s^2}$，$10\,\pi\,\mathrm{rad/s}$，$\dfrac{1}{5}\,\mathrm{s}$　　**2**．$\dfrac{10}{3}\,\mathrm{rad/s^2}$，

$\dfrac{5}{3}\,\mathrm{m/s}$

1・2・3　**1**．　$v=10\,\mathrm{m/s}$，$h=75\,\mathrm{m}$，$\dfrac{1}{2}mv^2=5\,\mathrm{J}$，$mgh=75\,\mathrm{J}$

2．$9.8\times10^5\,\mathrm{erg}$　　**3**．$2.89\times10^{-2}\,\mathrm{J}$　　**4**．$4.36\times10^5\,\mathrm{m/s}$

練習問題の解答

1．$v_0t-\dfrac{1}{2}gt^2=t(v_0-\dfrac{1}{2}gt)=0$ より $t=0$，$\dfrac{2v_0}{g}$ また，$v_0-gt=0$ より最高点に達するまでの時間は $t=\dfrac{v_0}{g}$　　$\therefore\ \dfrac{2v_0}{g}-\dfrac{v_0}{g}=\dfrac{v_0}{g}$　　2．t 秒後の速度は $h'=30-10t$　最高点では　$h'=0$　$30-10t=0$ $\therefore$ $t=3$〔秒〕，$t=4$ とする．

$30-10\times4=-10$〔m/s〕

3．$E=\dfrac{1}{2}mv^2=\dfrac{1}{2}\times100\times\left(\dfrac{10^2}{3.6}\right)^2\fallingdotseq3.86\times10^4\,\mathrm{J}$　　4．$T=2\pi\sqrt{\dfrac{1}{9.8}}=2.00\,\mathrm{s}$

5．$\sqrt{\bar{v}^2}=\sqrt{\dfrac{3P}{\rho}}=1837\,\mathrm{m/s}$　　6．$\dfrac{V}{30+273}=\dfrac{V'}{100+273}$　　$\therefore V'=\dfrac{373}{303}V$ $=1.23\,V$　　7．$\dfrac{2\times5}{15+273}=\dfrac{1.2\times V'}{25+273}$　$\therefore V'=\dfrac{298}{288}\times\dfrac{10}{1.0}=8.622$〔$l$〕

8．$18=6\times10^{23}\times\frac{4}{3}\pi r^3$ より　$r=\sqrt[3]{\frac{18}{6\times10^{23}}\times\frac{3}{4\times3.14}}$　$r=2\times10^{-8}$ cm

9．$U=\frac{3}{2}RT=\frac{3}{2}\times8.3\times273\fallingdotseq3400$ J　　10．$P'=P\times\frac{T}{T'}\times\frac{X}{X'}=101.325\times\frac{293}{298}\times\frac{150}{145}=103$〔kPa〕　　11．$E=mc^2$ より $E=9.1\times10^{-31}\times(3\times10^8)^2$〔J〕$=\frac{81.9\times10^{-15}}{1.6\times10^{-19}}$〔eV〕$=51.1\times10^4$〔eV〕　$\therefore E=0.51$ MeV（この問題はこれから先，特に重要である.）

12．余弦法則と運動量保存則，エネルギー保存則を用いる.

$(mv')^2=(mv)^2+(MV)^2-2(mv)(MV)\cos\theta$……(1)

$\frac{1}{2}mv^2=\frac{1}{2}mv'^2+\frac{1}{2}MV^2$……(2)

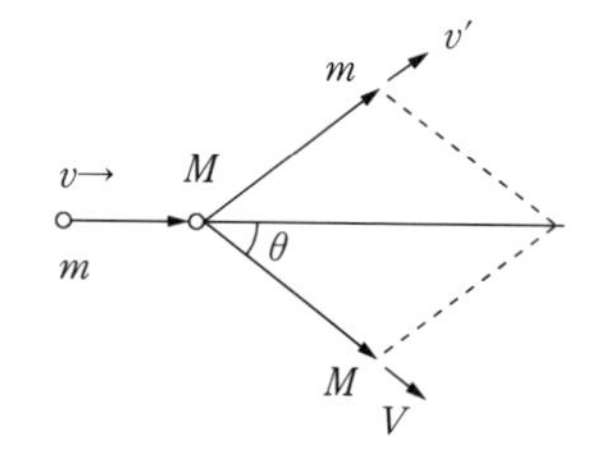

(1)，(2) から

$\frac{1}{2}mV^2=\frac{mv(m+M)MV}{(m+M)^2}\cos\theta$

$=\frac{1}{2}mv^2\cdot\frac{4mM}{(m+M)^2}\cdot\frac{(m+M)V}{2mv}\cdot\cos\theta$

$(m+M)V=2mv\cos\theta$　$\therefore$　$\frac{(m+M)V}{2mv}=\cos\theta$

$\therefore$　$\frac{1}{2}MV^2=\frac{1}{2}mv^2\cdot\frac{4mM}{(m+M)^2}\cdot\cos^2\theta$

$E=\frac{1}{2}MV^2$，$E_0=\frac{1}{2}mv^2$，$\theta=0°$ とすると

$E=\frac{4mM}{(m+M)^2}E_0$

第 2 章　電気と磁気

アセビの花(軟 X 線写真)

2・1　電気と電子

2・1・1　電子と電流

(1) 電　子

物質は原子からできており，この原子は正の電気を持った原子核とそのまわりを回っている負の電気を持った電子とからなりたっている．そして，正の電気の数と負の電気の数が同数であれば電気的に中性であるという．

熱電子……フィラメントなどを熱したとき飛び出す電子をいう．

自由電子……金属中を自由に動きまわることのできる電子をいう．

光電子……金属面に光を当てたとき飛び出す電子をいう．

軌道電子……原子核のまわりをまわっている電子をいう．

(2) 電　流

導線の断面を1秒間に通過する電気量を電流の大きさという．1秒間に1クーロンの電気量が流れるときの電流の大きさを1〔A〕(アンペア) と決める．

(3) 真空放電と陰極線

放電管内を真空にし，高電圧をかけると真空放電が起きる．この時陰極から陽極に向かって走る電子の流れを陰極線という（図2・1）．

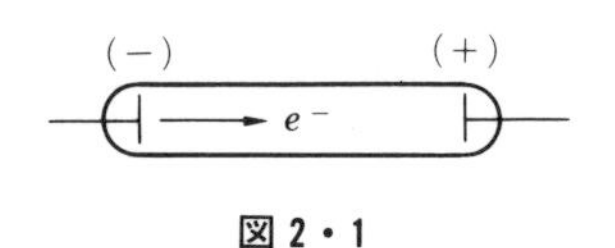

図2・1

2・1・2　一様な電界内での電子の運動

電子の質量 m〔kg〕，電荷 e〔クーロン〕とし，電界に垂直に v_0 の速度ではいってきた．電子は電界から eE〔N〕の力を y 方向に

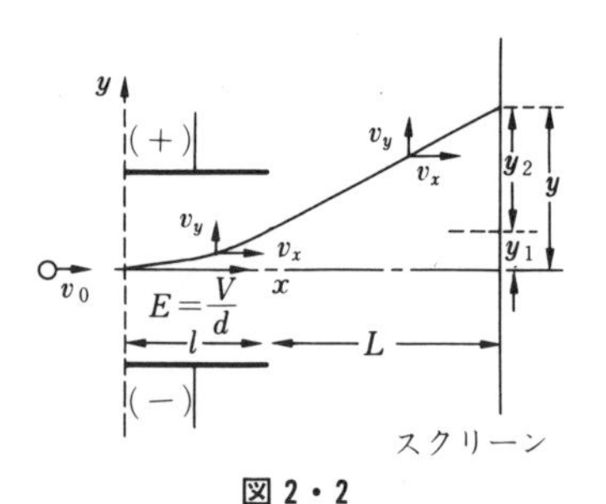

図2・2

受ける．y 方向の加速度は $\alpha_y=\dfrac{eE}{m}$，x 方向には力がはたらかない．$\alpha_x=0$

電子の x 方向，y 方向の速度成分を v_x，v_y とする（図2•2）と

$$v_x=v_0,\quad v_y=\alpha_y t=\frac{eE}{m}t$$

電子の位置を $P(x, y)$ とすると

$$x=v_0 t,\quad y=\frac{1}{2}\alpha_y t^2=\frac{1}{2}\frac{eE}{m}t^2$$

この二つの式から t を消去すれば

$$y=\frac{eE}{2m{v_0}^2}x^2$$

となる．これは，電子が電界内では放物線を描くということである．

【例題 2－1】 電子は電界 E を出た後図2•2のどのような点に到達するか．

【解】 $x=v_0 t_0$ から $x=l$ とすれば $t_0=\dfrac{l}{v_0}$ 電子が電界を出るまでの時間．

$\therefore$　電界を出た後 $v_x=v_0$,　$v_y=\dfrac{eE\cdot t_0}{m}=\dfrac{eEl}{mv_0}$ の速度を持つ．

$\therefore$　$y_1=\dfrac{eE}{2m}{t_0}^2=\dfrac{eEl^2}{2m{v_0}^2}$

スクリーンとの距離を L とすれば $x=v_0 t$ から，L〔m〕進むのに $\dfrac{L}{v_0}$〔s〕かかる．

$\therefore$　$y_2=v_y\cdot t=v_y\cdot\dfrac{L}{v_0}=\dfrac{eEl}{mv_0}\cdot\dfrac{L}{v_0}$

したがって，求める点 y は次のような点になる．

$$y=y_1+y_2=\frac{eEl^2}{2m{v_0}^2}+\frac{eElL}{m{v_0}^2}$$

スクリーン上の y を測定して比電荷 $\dfrac{e}{m}$ の値を求めることができる．

2・1・3　一様な磁界内での電子の運動

電子が磁界に垂直に速度 v〔m/s〕ではいってくると，電子は磁界からローレ

ンツ力 $\boldsymbol{F}$〔N〕$=ev\boldsymbol{B}$ を受ける（図2･3）．

このローレンツ力は，電子の運動方向と磁界の方向のいずれにも直角に働く．磁界内での電子の速さは一定である．

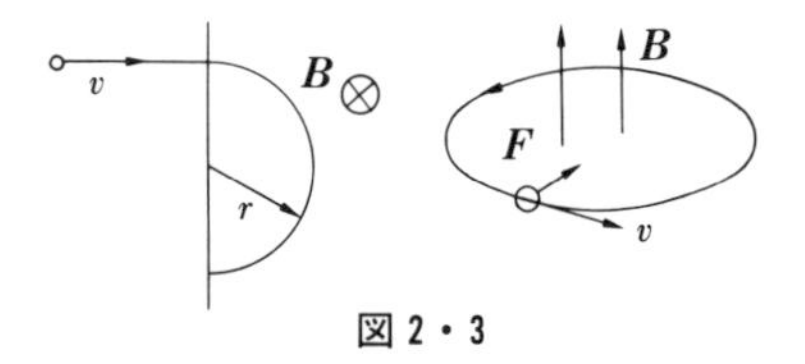

図2・3

【例題2－2】 図2･3において磁界内での電子の運動は，磁界に垂直な面内でどのような運動を行うか．

【解】 向心力 $F=evB=\dfrac{mv^2}{r}$　∴ $r=\dfrac{mv}{eB}$　∴ 半径 r の等速円運動を行う．

円運動の周期　$T=\dfrac{2\pi r}{v}=\dfrac{2\pi m}{eB}$

周波数は　$\dfrac{1}{T}=\dfrac{eB}{2\pi m}$，角周波数は　$2\pi\nu=\dfrac{eB}{m}$

2・1・4　磁束密度

(1) 磁　界

空間内に磁石をおくときそのまわりに磁気力が働く，この空間を磁界または磁場という．

(2) 磁界の強さ

磁界内におかれた単位正磁極 1 Wb（ウェーバー）の磁気量に働く力を磁界ベクトルとよび，$\vec{H}$ で表す．

磁界 H の中に m_0 の磁極をおいたとき磁極のうける力 F は

$$\vec{F}=m_0\vec{H}$$

で表される．これより，1 Wb の磁極に働く力の大きさが 1 N であるとき磁界の強さを 1〔A/m〕または 1〔N/Wb〕，〔Nm/A〕と決める．

(3) 磁束密度

磁界の強さ H(A/m) と透磁率 μ をかけたものを磁束密度といい，B〔Wb/m^2〕で表す．

$$\vec{B}=\mu\vec{H}$$

$$\mu=\frac{4\pi}{10^7}\doteqdot 1.26\times 10^{-6}\,[\mathrm{H/m}]$$(ヘンリー/メートル)

磁束密度の単位は1〔$\mathrm{Wb/m^2}$〕でテスラ〔T〕ともいう．核磁気共鳴装置に出現する0.5テスラ，1テスラという単位も同じものである．

1 $\mathrm{Wb/m^2}$＝10000ガウス，これは1 $\mathrm{cm^2}$ に10000本の磁力線が通っていることを表す．

(4) 磁束（ウェーバー）

磁束密度 B〔$\mathrm{Wb/m^2}$〕のところで，面積 S〔$\mathrm{m^2}$〕を磁界に垂直に貫く磁力線の本数は $B\cdot S$ 本となって，これを磁束（単位はWb）という．

等量の磁極を1mはなれておいたとき，互いの間に働く力が $F=6.33\times 10^4$ $(=10^7/(4\pi)^2)$ N となる磁極の強さをいう．

(5) 磁気能率（磁気モーメント）〔J/T〕

図2•4のように平行磁場 B に長さ l の磁性体がある．N 極では mB，S 極では $-mB$ が働く．従ってこの対は偶力をなし，そのモーメントは

$$mB\cdot l\sin\theta=m\cdot l\cdot B\sin\theta$$

で与えられる．

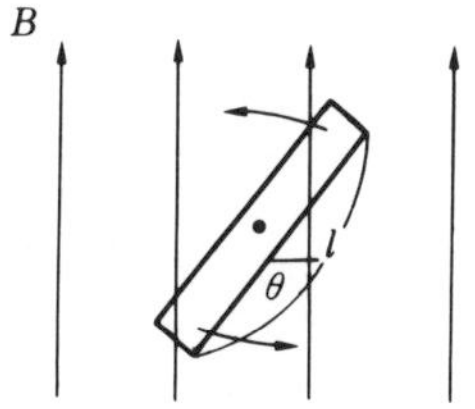

図2・4 磁気能率

$m\cdot l$ を p で表し磁気モーメントという．

$$p=m\cdot l$$

電子の磁気モーメント　9.2847701×10^{-24} J/T

陽子の磁気モーメント　1.4106076×10^{-26} J/T

中性子の磁気モーメント　9.6623707×10^{-27} J/T

【例題2－3】 導線に100Aの電流を流したとき1mの距離における磁束密度を求めよ．ただし，透磁率を $\mu=1.26\times 10^{-6}$〔H/m〕とする．

【解】 磁界の強さ H は

$$H=\frac{I}{2\pi r}=\frac{100}{2\times 3.14\times 1}=15.91\,[\mathrm{A/m}]$$

したがって，磁束密度は

$$B=\mu\cdot H=1.26\times 10^{-6}\times 15.91=20\times 10^{-6}\,[\mathrm{Wb/m^2}]$$

2・2　電気現象

2・2・1　クーロン力

二つの電荷の間に力が働く．これを静電気力という．同種の電荷は互いに反発し，異種の電荷は互いに引き合う．真空中でr〔m〕はなれている二つの電荷Q_1，Q_2の間に働く力F〔N〕(図2.5)は

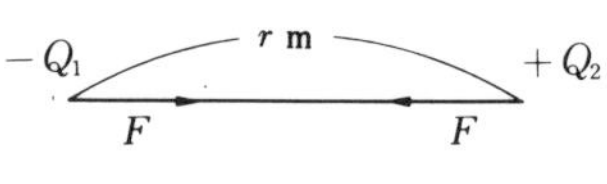

図2・5　クーロン力

$$F=k_0\frac{Q_1\cdot Q_2}{r^2}$$

である．ただし，$k_0=\dfrac{(3\times10^8)^2}{10^7}=9.0\times10^9$〔N・m²/C²〕

1c　1m　1c
F〔N〕
1c　1cm　1c
F〔dyn〕

図2・6　F〔N〕とF〔dyn〕

MSK単位系では　$F=9\times10^9\times\dfrac{1^2}{1^2}=9.0\times10^9$〔N〕

cgs単位系では　$F=9\times10^{14}$〔dyn〕故に，図2.6から

1クーロンと1 cgs esu (静電単位) との関係は次のようになる．

$$F=\frac{x^2}{100^2}=9\times10^{14}\text{dyn}$$

$$\therefore\quad x=3\times10^9$$

$$\therefore\quad 1\text{クーロン}=3\times10^9\text{静電単位}$$

【例題2－4】　真空中に－50 CGSesuと＋80 CGSesuの電荷が5 cmの距離においてある．お互いに引き合う力はどれほどか．

【解】　$F=\dfrac{Q_1\cdot Q_2}{r^2}=\dfrac{50\times80}{5^2}=160\,\text{dyn}$

【例題2－5】　真空中に10クーロンと20クーロンの電荷が10 cmの距離においてある．その間に働く力は何kg重か．

【解】　$F=k_0\dfrac{Q_1\cdot Q_2}{r^2}=9\times10^9\times\dfrac{10\times20}{(10\times10^{-2})^2}/9.8=1.8\times10^{13}\,\text{kg重}$

2・2・2　電位差（電圧）

$1J = 1C \cdot 1V = 1C \cdot V$

電圧の単位はボルトである．1クーロンの正の電気量を運ぶのに要する仕事が1〔J〕であるときの二点間の電位差を1ボルトという（図2・7）．

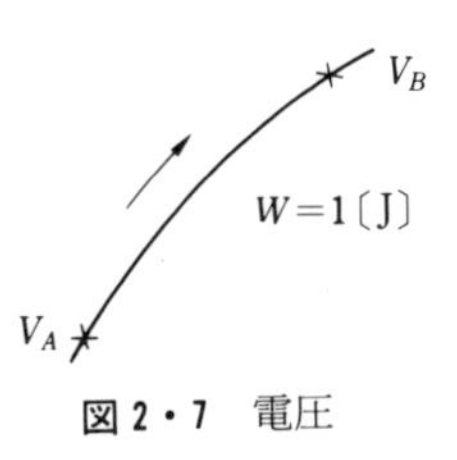

図2・7　電圧

二点間の電圧　$V_{AB} = V_B - V_A$

2・2・3　電界中の電荷の受ける力

電界 E の中に電荷 Q クーロンを置くとき受ける力は F〔N〕とすると

$$F = Q \cdot E$$

である．電界の単位は V/m である．なお，$\dfrac{N}{C} = \dfrac{N \cdot m}{C \cdot m} = \dfrac{J}{C \cdot m} = \dfrac{V}{m}$ だから，電界の単位で $\dfrac{\mathrm{N}}{\mathrm{C}}$ と $\dfrac{\mathrm{V}}{\mathrm{m}}$ は同じものである．

2・2・4　電流と熱

電流のなす仕事は熱になる．t 秒間に発生する熱量を H〔cal〕とし，電流 I，電圧 V，抵抗 R とすれば，4.2 J が 1 cal に相当するから

$$\text{熱量 } Q \text{ ジュール} = VIt = I^2Rt = \frac{V^2}{R}t$$

(1)　$H\,\mathrm{cal} = \dfrac{1}{4.2}VIt = 0.24\,VIt$〔cal〕$= 0.24\,VQ = 0.24\,Wt$

(2)　電力量 kWh　　W〔J〕$= P \cdot t = IVt$　　$1\,\mathrm{Watt} = \dfrac{1\mathrm{J}}{1\mathrm{s}} = VI$

(3)　電力 P　　$P = I \cdot V = I^2R = \dfrac{Q}{t} = \dfrac{V^2}{R}$

【例題 2－6】　10 Ω の抵抗に 2 A の電流を流すとき，1時間に発生する熱量は何 cal．

【解】　$H = 0.24 \times I^2Rt = 0.24 \times 2^2 \times 10 \times 60 \times 60 = 34.6\,\mathrm{kcal}$

【例題 2－7】　100 V，50 W の電熱器の抵抗は何 Ω か，このとき，10分間

つけたままにしたときの電力量は何 J か．

【解】　$50 = I \times 100 \quad I = 0.5\,(\mathrm{A}) \quad 50 = 0.25R \qquad \therefore \quad R = 200\,[\Omega]$

$$W\,[\mathrm{J}] = 100 \times 0.5 \times 10 = 500\,[\mathrm{J}]$$

【例題 2－8】　100 V，500 W の電熱器を 10 分間つけたとき，何 cal の熱が発生するか．

【解】　$H\,\mathrm{cal} = 0.24 \times 100 \times 5 \times 10 = 1200\,\mathrm{cal}$

【例題 2－9】　電流が 32 mA であるとき毎秒通過する電子の数はいくつか．

【解】　$\dfrac{32 \times 10^{-3}}{1.6 \times 10^{-19}} = 2 \times 10^{17}$ 個

【例題 2－10】　X 線管の電圧 50 kV とする．100 mA の電流を 0.1 秒間流したときタングステン陽極の温度は何度になるか．ただし，タングステンの大きさは 10 mm×5 mm×2 mm とし比熱は 0.036，電圧，電流は実効値とする．

【解】　発熱量 $H = 0.24 \times 50000 \times 0.1 \times 0.1$

$$= 120\,[\mathrm{cal}]$$

熱伝導率が 0.4 であるから

$$120(1 - 0.4) = 72\,[\mathrm{cal}]$$

タングステンの体積$= 10 \times 5 \times 2 = 100\,\mathrm{mm}^3 = 0.1\,\mathrm{cm}^3$

タングステンの質量＝比重×体積$= 19.3 \times 0.1 = 1.93$

故に，$H = mct$ より

$$t = \frac{H}{m \cdot c} = \frac{72}{1.93 \times 0.036} = 1036\,[^\circ\mathrm{C}]$$

約 1000 度になる．

2・2・5　ファラデーの電気分解の法則

$$化学当量 = \frac{原子量}{原子価}$$

$$グラム当量 = \left(\frac{原子量}{原子価}\right)\ グラムの元素の量$$

1．電気分解によって析出する物質の質量は，通った電気量に比例する．

2．一定の電気量で析出する物質の質量は，その化学当量に比例する．

2・2・6　電子の電気量と質量

1クーロンとは電気分解によって，銀の1.118 mgを析出させるに必要な電気量をいう．銀（原子量107.88）の1グラム当量を析出させるのに必要な電気量は1ファラデー（1 F=96 500クーロン）である．銀は1価の陽イオンで1グラム当量は107.88 gである．銀の107.88グラム中に含まれる銀イオンの数はアボガドロの法則により，6.02×10^{23}個である．銀イオンが6.02×10^{23}個集まると96 500クーロンになると考えれば，イオン1個の電気量（電気素量）が求められることになる．

$$\frac{96500}{6.02\times10^{23}}=1.602\times10^{-19}\text{ クーロン}$$

よって，電気素量は1.602×10^{-19}クーロンとなる．

2・2・7　比電荷の決定

磁場中で電子の受ける力Fは$F=Bev$で与えられる．ただし，B〔Wb/m²〕磁場の強さ，電気素量eクーロン，電子の速度v〔m/s〕である（図2･3）．

力はフレミングの右手の法則により運動の方向と垂直に働く．磁界内では，電子はFを求心力とする円運動を行う．加速電圧をVとする．

$$F=\frac{mv^2}{r}=Bev \qquad \therefore \quad r=\frac{mv}{Be} \qquad eV=\frac{1}{2}mv^2$$

$$\therefore \quad \frac{e}{m}=\frac{v}{rB}=\frac{2V}{r^2B^2}$$

ここに出てきた$\frac{e}{m}$を比電荷という．半径rを測定することによって比電荷の値を測定することができる．電気素量eと比電荷の値$\left(\frac{e}{m}\right)$を利用して電子の質量を求めることができる．eと$\frac{e}{m}$の値はそれぞれ$e=1.602\times10^{-19}$C，$\frac{e}{m}=1.785\times10^{11}$ C/kgであるから，電子の質量mは次の式より求められる．

$$\frac{e}{\left(\frac{e}{m}\right)}=\frac{1.602\times10^{-19}}{1.758\times10^{11}}=9.1\times10^{-31}\,\text{kg}$$

また，水素原子の質量を m_{H} とすると

$$\frac{e}{m_{\text{H}}}=9.573\times10^{7}\,\text{C/kg}$$

これより

$$\frac{m_{\text{H}}}{m}=\frac{1.758\times10^{11}}{9.573\times10^{7}}=1836.4$$

よって，水素原子の質量は電子質量の 1 836 倍となる．

練習問題

1．1.602×10^{-19}〔J〕の運動エネルギーを持った電子が，磁束密度 1 Wb/m² の一様な磁界に垂直な面内で等速円運動をしている．電子の電荷を 1.602×10^{-19} クーロン，質量 9.1×10^{-31} kg とするとき，

(1)　電子の速度はいくらか．

(2)　円運動の半径はいくらか．

(3)　電子の回転の周期を求めよ．

2．1 Wb/m² になる磁界の強さはいくらか．ただし，透磁率は $\mu_0=1.26\times10^{-6}$ H/m とする．

3．8 アンペアの電流を抵抗 100 Ω の導線に流すとき，1 分間に発生する熱量はいくらか．

4．二つの金属球に 5×10^{-6} クーロンの等しい電荷を与えたとき 50 cm の距離にある両球に働く電気力を求めよ．ただし，$k_0=9.0\times10^{9}\,\text{N}\cdot\text{m}^2/\text{C}^2$ とする．

5．1 Wb の磁極から 2 m はなれた点の磁界の強さを求めよ．ただし，$k=6.33\times10^4$とする．

6．磁気に関する単位の名称と記号で正しいのはどれか．

A. 起磁力……………A

B. 磁気モーメント…J/T

C. 磁界の強さ………A/m

D. 磁束………………Wb/m^2

E. 磁束密度…………T/m^2

7．図 2.8 の回路において AC 間を 100 ボルトにした．

(1) 合成抵抗はいくらか．

(2) 電流 I を求めよ．

(3) BC 間の電圧を求めよ．

(4) 電流 I_1 を求めよ．

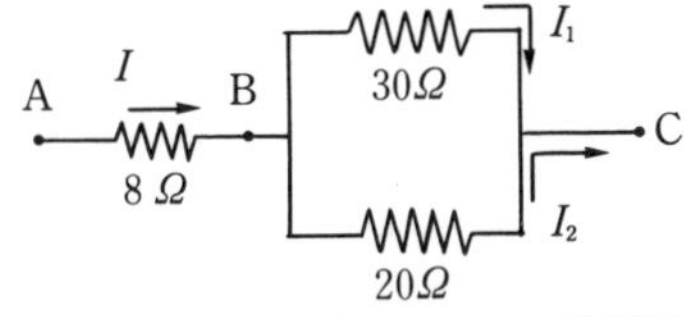

図 2・8　抵抗と電流．オームの法則による計算

8．A 側に S を接続したとき

(1) Q_2 に蓄えられる電荷を求めよ．

(2) V_1 の電圧はいくらか．

次に S を B 側に接続したとき．

(3) V_3 の電圧はいくらか．

(4) Q_3 に蓄えられる電荷はいくらか．

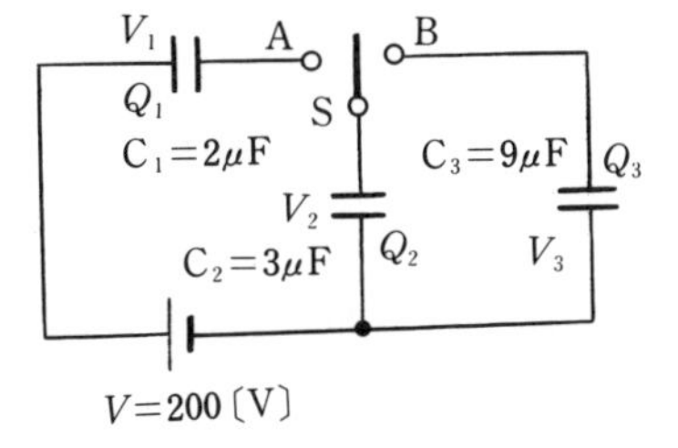

図 2・9　コンデンサーの接続

9．α 壊変の際のクーロン障壁 U_P を求めよ．

$$U_P=\frac{Q_{Pb}\cdot Q_\alpha}{4\pi\varepsilon_0 r}$$

$${}^{210}_{84}P_0 \rightarrow {}^{206}_{82}Pb+{}^{4}_{2}He$$

$Q_{Pb}=82\times1.6\times10^{-19}$，$Q_\alpha=2\times1.6\times10^{-19}$

$\varepsilon_0=8.8542\times10^{-12}$ とする．

練習問題の解答

1．(1)　$v=\sqrt{\dfrac{2E}{m}}$ より　5.96×10^5 m/s　　(2)　$m\dfrac{v^2}{r}=Bev$ より $r=\dfrac{1}{B\cdot e}\times\sqrt{2mE}$　∴　3.37×10^{-4} cm　　(3)　$T=\dfrac{2\pi r}{v}=\dfrac{2\pi\cdot m}{Be}$　∴　3.57×10^{-11} s

2．$B=\mu_0 H$ から　$H=7.9\times10^5$ A/m　　3．$Q=0.24\times I^2\times Rt$ から　92 kcal

4．$F=k_0\dfrac{Q_1\times Q_2}{R^2}$ を使い 0.9 N　　5．$F=k\dfrac{mm'}{r^2}$ で，$6.33\times10^4\times\dfrac{1}{2^2}=1.58\times10^4$ A/m　　6．A，B，C が正しい．　　7．(1)　$\dfrac{1}{20}+\dfrac{1}{30}=\dfrac{1}{R}$　∴　$R=12\Omega$ 全抵抗は $12+8=20\Omega$　　(2)　$V=IR$ より $100=I\times20$　∴　$I=5$〔A〕　　(3)　$V=5\times12=60$〔V〕　　(4)　$60=I_1\times30$　∴　$I_1=2$〔A〕

8．A に接続したとき直列であるから　$V_1+V_2=V=200$〔V〕

また，$Q=Q_1=Q_2$

合成容量は　$\dfrac{1}{C}=\dfrac{1}{2}+\dfrac{1}{3}$　　∴ $C=\dfrac{6}{5}\times10^{-6}$〔F〕

1．$Q=CV$ より

$Q=\dfrac{6}{5}\times10^{-6}\times200=240\times10^{-6}$〔C〕

2．$Q=C_1V_1$ より　$240\times10^{-6}=2\times10^{-6}\times V_1$　∴　$V_1=120$〔V〕

次に S を B 側に接続すると並列になる．

$Q=Q_1+Q_2$，$V=V_2=V_3$

合成容量は $C=C_2+C_3=3\times10^{-6}+9\times10^{-6}=12\times10^{-6}$〔F〕

3．$Q=CV$ より　$240\times10^{-6}=12\times10^{-6}\cdot V_3$　∴　$V_3=20$〔V〕

4．$Q_3=C_3\cdot V=9\times10^{-6}\times20=1.8\times10^{-4}$〔C〕

9．^{206}Pb の半径$=1.4\times10^{-15}\times\sqrt[3]{206}=8.26\times10^{-15}$ m

^{4}He の半径$=1.4\times10^{-15}\times\sqrt[3]{4}=1.82\times10^{-15}$ m

$$U_P=\frac{82\times1.6\times10^{-19}\times2\times1.6\times10^{-19}}{4\times3.14\times8.8542\times10^{-12}\times(8.26+1.82)\times10^{-15}}$$

$=37.88$ J$=23.2$ MeV

これがトンネル効果として説明される．

第３章　光と電磁波

トカゲのＸ線写真

3・1　波

3・1・1　波　動

ある一点に引き起こされたエネルギーが次々に伝わってゆく現象を波動といい，波を伝える物質を媒質という．ここでは波の性質を調べてゆく．

(1) 波長，周期

波長とは，次の同位相になるまでの長さで，λ で表す（図3•1）．そして，1波長に要する時間を T で表し周期という．

(2) 波の速度

波の伝わる速さを v とすると

$$v=\frac{\lambda}{T}$$

である．また，振動数 ν は

$$\nu=\frac{1}{T}$$

で表される．よって，波の速さは

$$v=\nu\lambda$$

である．

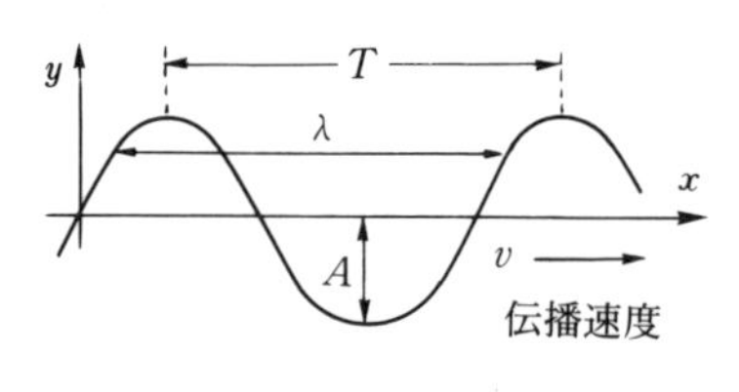

図3・1　波　動

(3) 波の種類

波には振動方向が進行方向と平行な縦波または疎密波（音波）と振動方向が進行方向に垂直な横波（光）がある．

3・1・2　波の方程式

(1) x の正の向きに伝わる正弦波

振幅 A，波長 λ，T は周期とし，t を時刻とすると波の標準形は

$$y = A\sin 2\pi\left(\frac{t}{T} - \frac{x}{\lambda}\right) \tag{3.1}$$

波の速度 $v = \nu\lambda$　$\nu = \frac{1}{T}$

波動が　$y = f(x - vt)$　で表されるとき，波動方程式

$$\frac{\partial^2 f}{\partial t^2} = v^2 \frac{\partial^2 f}{\partial x^2}$$

が成り立つ．

【例題 3－1】 波の方程式が

$$y = 3\sin \pi(8t - 4x)$$

のとき，振幅 A，周期 T，波長 λ，速度 v を求めよ．

【解】 $y = 3\sin 2\pi\left(\frac{t}{0.25} - \frac{x}{0.5}\right)$ よって，振幅＝3，$T = 0.25$，$\lambda = 0.5$，$v = 2$

【例題 3－2】 $y = 6\sin 8\pi\left(\frac{t}{4} - \frac{x}{20}\right)$cm のとき波の速さ v はいくらか．

【解】 $y = 6\sin 2\pi\left(\frac{t}{1} - \frac{x}{5}\right)$

$$v = 5 \times \frac{1}{1} = 5\text{cm/s}$$

3・1・3　波の伝わり方

(1)　波の回折

障害物の後に回りこむ現象（図 3・2(a)）をいう．

図 3・2(a)　波の回折．仕切板に1つのスリットをあける．この点が波源となって波は伝わる．この波を素元波という．

(2)　波の干渉

波が互いに強めあったり，弱めあったりする現象（図 3・2(b)）をいう．

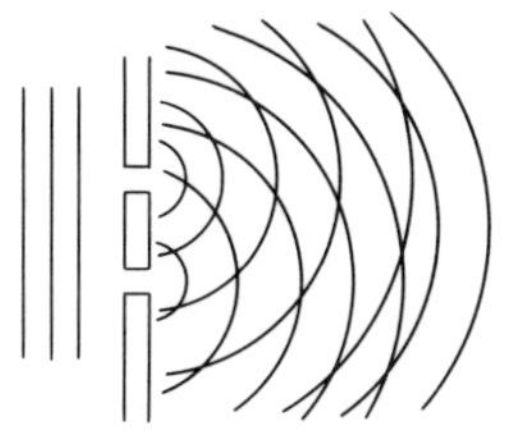

図 3・2(b)　波の干渉．仕切板に2つのスリットをあける．二つの元素波は互いに干渉する．

(3)　フレネル-ホイヘンスの原理

波が伝播するということは波の干渉を考えると説明がつく（図 3・2(b)）．仕切

板に無数のスリットをあけるということは仕切板をとり去ることと同じである．このことから，素元波の相互干渉の結果波は伝わる．

3・1・4　t°Cにおける音速の求め方

0°C，1気圧における音速を v_0 とし，

$\rho_0=1.293\,\mathrm{kg/m^3}$（空気の密度）$\gamma=1.4$,

1気圧 $=1.013\times10^5$〔N/m²〕とすると v_0 は次のようになる．

$$v_0=\sqrt{\frac{\gamma P_0}{\rho_0}}=\sqrt{\frac{1.4\times1.013\times10^5}{1.293}}=331.2$$

また，体積 $V=\dfrac{M}{\rho}$（M：分子量）と

$PV=RT$ から　$V=\dfrac{RT}{P}=\dfrac{M}{\rho}$ となる．

$$\therefore\quad \frac{P}{\rho}=\frac{RT}{M}$$

ここで求められた $\dfrac{P}{\rho}$ を $v_t=\sqrt{\gamma\cdot\dfrac{P}{\rho}}$ に代入する．

$$v_t=\sqrt{\frac{\gamma P}{\rho}}=\sqrt{\frac{\gamma RT}{M}}$$

$$\therefore\quad \frac{v_t}{v_0}=\sqrt{\frac{T}{T_0}}\quad v_t=v_0\sqrt{\frac{T}{T_0}}=v_0\sqrt{\frac{273+t}{273}}$$

$$=v_0\sqrt{1+\frac{t}{273}}=v_0\left(1+\frac{1}{273}t\right)^{\frac{1}{2}}$$

$$\therefore\quad v_t\fallingdotseq331\left(1+\frac{1}{2\times273}t\right)$$

よって，t°Cにおける空気中の音速は

$v_t=331+0.6t$

で表わされる．20°Cにおける音速は

$v=331+0.6\times20=343$〔m/s〕とすればよい．

二次近似式は次のようになるがあまり実用的でない．

$v_t=331+0.6t-0.00056t^2$

音の速度

	速度（m/s）
空気中（15°C）	340
水中	1480
鉄	4900
ガラス	5200

3・1・5　共　鳴

(1)　固有振動

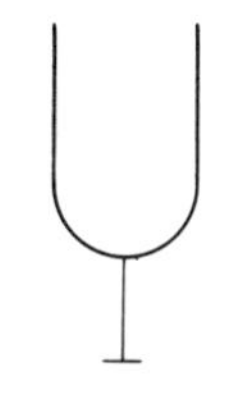

図3・3　音　叉

図3・3のような音叉をたたくと，音叉は振動を続ける．これを自由振動という．この時の振動数はこの音叉に固有な値であって，固有振動数といわれる（図3・3）．

(2)　強制振動

周期的に外力を加えて振動を続けさせるとき，外力と同じ振動を起こす．これを強制振動という．この例は，つり橋を周期的な歩調で運動する時などに起きる．

(3)　共　鳴

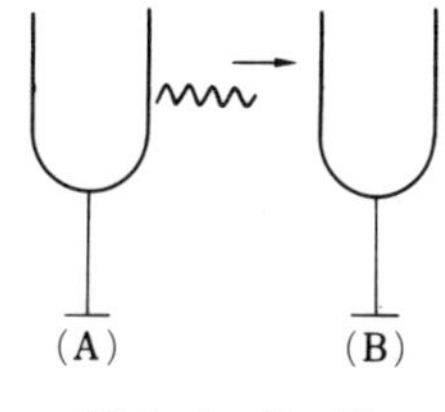

図3・4　共　鳴

図3・4で(A)の音叉で振動させると，(B)の音叉が鳴り始める．このように，外力の振動数が振動体の固有振動数に等しいとき，振動体の振幅は特別に大きくなる．この現象を共鳴あるいは共振（図3・4）という．

これと同じ現象がNMRである．外力として，RF（ラジオ波）を用いている．

3・2　光の性質

3・2・1　反射，屈折，回折，干渉

(1)　光の屈折

光は異なる媒質に入射しても振動数はかわらないが，速度，波長が変わる．そのため屈折率がでてくる（図3・5）．媒質Ⅰでの光速を v_1，媒質Ⅱでの速度を v_2 とすれば次の式が成り立つ．また，入射角 i と反射角 i' は等しい．

i：入射角，r：屈折角とする．

$$\frac{\sin i}{\sin r}=\frac{v_1}{v_2}=\frac{\lambda_1}{\lambda_2}=n_{12}$$

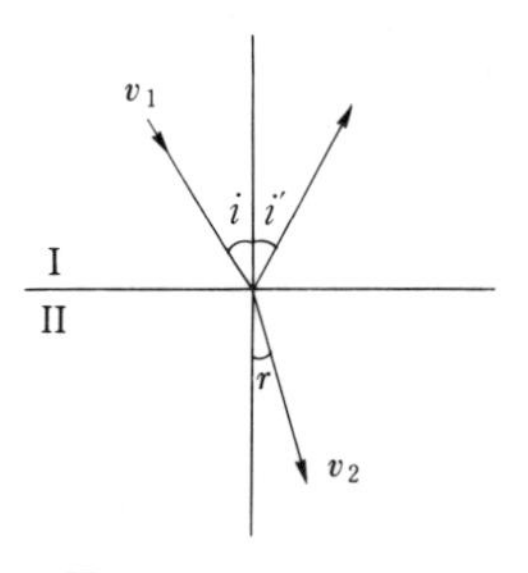

図3・5　光の反射と屈折

(2)　光の回折

波が障害物の後に回りこむ現象である.

回折の度合は波長が長いほど大きく，波長が短くなるほど直進性を示すようになる.

光が波動であるにもかかわらず影ができるのは光の波長に対して物体があまりにも大きすぎるため，光の回折性はうすれて直進するように見える．これに対して音波の場合，ドアの後に立っていても音がきこえるのは，波長が大きいので回折の度合も大きくなり，はっきりとききとれる.

(3)　光の干渉

波が重なり，強めあったり弱めあったりする現象である.

光が波動である根拠は

1．シャボン玉に色がつく.

2．顕微鏡に分解能がある.

3．物質中の光速度は真空中の光速度より小さくなる.

4．ニュートン環

5．ヤングの実験

などである．これらはいずれも光の干渉の性質を示している．図3•6はヤングの実験により光源の波長を求める方法を示した．X線も光の一種であるから干渉，回折を起こす．これはラウエの斑点からわかる.

(4)　ヤングの干渉実験（図3.6）

$$r_1 \sim r_2=\sqrt{l^2+(d+x)^2}-\sqrt{l^2+(d-x)^2}=\frac{2x\cdot d}{l}$$

$$\therefore\quad \frac{2\cdot x\cdot d}{l}=2n\cdot\frac{\lambda}{2}$$

$$\therefore\quad \lambda=\frac{2\cdot x\cdot d}{n\cdot l}$$

として光の波長が求められる．

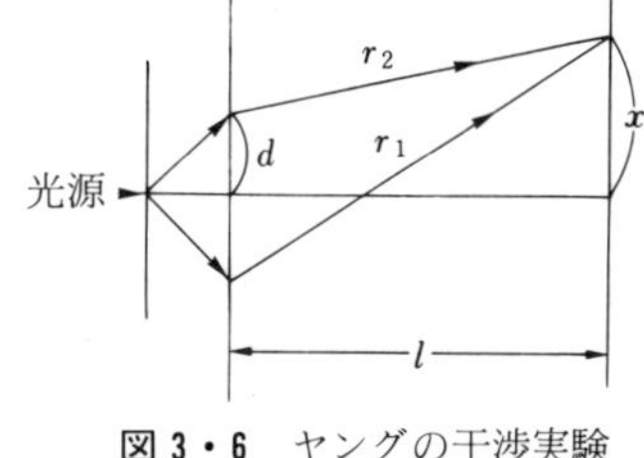

図3・6　ヤングの干渉実験

【例題 3－3】　ヤングの干渉実験（図3・6）において，スリットの間隔を0.6mm，lを1mとしたとき，明るい縞と次の明るい縞の間は1mmであった．光の波長はいくらか．

【解】　$\lambda=\dfrac{0.06\times0.1}{100}=6\times10^{-5}\,\mathrm{cm}$

3・2・2　光の速度と振動数

光速度c，波長λ，振動数νとすると　$c=\lambda\nu$　$c=3\times10^{8}$〔m/s〕である．反射，屈折でも振動数は変わらないが，波長，速度は変化する．

波長が大きいほど屈折率が小さい．波長が短いほど散乱を受ける．

問題 **1**．赤色光と紫色光を比較したとき大小関係を調べよ．（>，=，<）

1．波長	赤色光		紫色光
2．振動数	〃		〃
3．真空中の速さ	〃		〃
4．ガラス中の速さ	〃		〃
5．空気中の速さ	〃		〃
6．回折の度合	〃		〃
7．屈折率	〃		〃
8．散乱の度合	〃		〃

【例題 3－4】　屈折率が2.35の物質中での光速度はいくらか．

【解】　$\dfrac{2.35}{1.0}=\dfrac{3\times10^{8}}{v}\qquad\therefore\quad v=1.28\times10^{8}\,\mathrm{m/s}$

【例題 3－5】　波長0.5μmの光の水中での速度，振動数を求めよ．水の屈折率は1.33とする．

【解】　$\dfrac{1.33}{1.0}=\dfrac{3\times10^{8}}{v}\qquad\therefore\quad v=2.25\times10^{8}\,\mathrm{m/s}$

$$\lambda\nu=c \qquad \therefore \quad \nu=\frac{c}{\lambda}=\frac{2.25\times10^{8}}{5\times10^{-7}}=4.5\times10^{14}\,\mathrm{Hz}$$

【例題3－6】 真空中において，水銀の発する光の波長は5461Åである．次のものを求めよ．ただし，ガラスの屈折率は1.5とする．

1．この光の振動数はいくらか．

2．この光のガラス中での速さと波長はいくらか．

【解】

1．$\nu=\frac{c}{\lambda}=\frac{3\times10^{8}}{5.461\times10^{-7}}=5.5\times10^{14}\,\mathrm{Hz}$

2．$\frac{5461}{3640}=\frac{3\times10^{8}}{v_2}$　$v_2=2\times10^{8}\,\mathrm{m/s}$，$\lambda=\frac{5461}{1.5}=3640\,\text{Å}$

［ドプラ効果］

速度V，振動数f_0の発音体が速度vで運動している．この音波を速度uで運動している人がきくときその振動数fは，次の式になる．

$$f=\frac{V-u}{V-v}\cdot f_0$$

3・3　電磁波

3・3・1　電磁波の性質

(1)　真空中の伝播速度

電場と磁場の変化が次々と空間をつたわっていく．これが電磁波（図3•7）である．

真空中の誘電率　$\varepsilon=8.85\times10^{-12}$ (F/m)

真空中の透磁率　$\mu=1.26\times10^{-6}$ (H/m)

光速度 $c=\frac{1}{\sqrt{\varepsilon\mu}}=\frac{1}{\sqrt{8.85\times10^{-12}\times1.26\times10^{-6}}}$

$=3\times10^8$ m/s

⑵　**電磁波の種類**（表3・1）

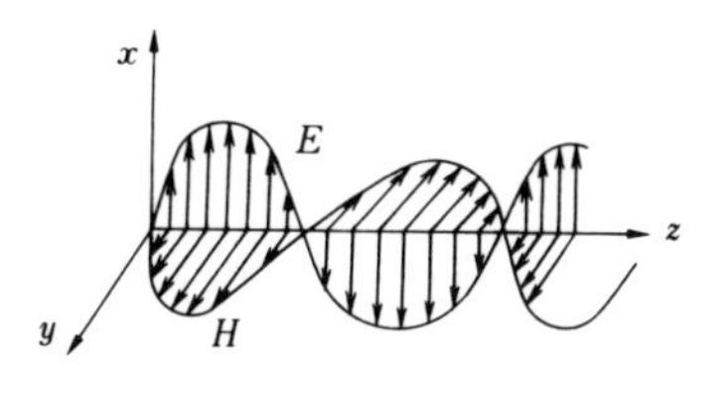

図3・7　電磁波

電磁波を波長領域により大別すると，

①電　波：波長0.1mmより長い電磁波

②光　線：約0.5nmから0.1mmまでの電磁波

③放射線：0.5nmより短い電磁波

のように分けられ，電波，光線および放射線のいずれを問わず横波である．

電波は，波長によって長波，中波，短波などに分けることもあり，また，周波数によってLF（低周波），HF（高周波）などに分けることもある．

表3・1　電波の種類

帯域番号	略称	周波数範囲	波長範囲	呼称	通称
4	VLF	3～30kHz	10～100km		
5	LF	30～300kHz	1～10km	キロメートル波	長波
6	MF	300～3000kHz	100～1000m	ヘクトメートル波	中波
7	HF	3～30MHz	10～100m	デカメートル波	短波
8	VHF	30～300MHz	1～10m	メートル波	超短波
9	UHF	300～3000MHz	10～100cm	デシメートル波	短波
10	SHF	3～30GHz	1～10cm	センチメートル波	センチ波
11	EHF	30～300GHz	1～10mm	ミリメートル波	ミリ波
12		300～3000GHz	100～1000μm	デシミリメートル波	

V(very)，U(ultra)，S(super)，E(extremely)，M(medium)，H(high)，F(frequency)．

電磁波の波長は，周波数の範囲が広く，20けた以上にもまたがるので便宜上，つぎの単位を用いる．

0.1nm＝1Å（オングストローム）　　1 000Hz＝1kHz（キロヘルツ）

1 000kHz＝1MHz（メガヘルツ）　　1 000MHz＝1GHz（ギガヘルツ）

1 000GHz＝1THz（テラヘルツ）

3・3・2　光の速度の測定

光の速度はフイゾーによって初めて地上で測定され，3.133×10^8 m/sという値が得られた．

フーコーは実験室で光速度を測定し，$2.986\times10^{8}\,\mathrm{m/s}$ を得た．水中での光速度は真空中の光速度より小さいことをみい出した．現在知られている光速度の正確な値は $2.997925\times10^{8}\,\mathrm{m/s}$ である．

水中での光速度は $2.25\times10^{8}\,\mathrm{m/s}$ である．

また，光速度の値は真空の透磁率 $\mu_0=1.256\times10^{-6}\,\mathrm{H/m}(=4\pi\times10^{-7})$，誘電率 $\varepsilon_0=8.85\times10^{-12}\,\mathrm{F/m}(=(4\pi)^{-1}\cdot c^{-2}\times10^{7})$ の値から求められる．

$$\varepsilon_0\mu_0=\frac{1}{c^2}\ (c\ \text{は光速度})$$

レーマーは，木星の衛星の観測から $3.02\times10^{8}\,\mathrm{m/s}$ を得た．

【例題3－7】 波長5000Åの光の振動数はいくらか．

【解】 $\nu=\dfrac{c}{\lambda}=\dfrac{3\times10^{8}\mathrm{m/s}}{5000\times10^{-10}}=6\times10^{14}\mathrm{Hz}$

3・3・3　光と電磁波

マックスウェルの理論によれば，

1．電磁波は純粋に横波だけが可能．

2．真空中を伝わる電磁波の速度は光速度の観測値と一致する．

3．光に対する屈折率が電気的な量である誘電率によって与えられる．

4．光も電磁波もマックスウェルの基本方程式をみたす．

上のような理由から，マックスウェルは光の電磁波説を唱えたが，しばらくは認められなかった．それは実験的検証がなかったからである．

光学も電磁気学も，どちらも独立して発達した学問であったが，マックスウェルの理論からこの二つは同じものとなったのである．ただ，波長が異なるので，ちがった性質を示すのである．

3・4　マイケルソン・モーレーの実験

マックスウェルによって電磁波が発見され，電磁波は光と同じくエーテルの横波であることが結論された．エーテルが地球の運動に対し，動いているか，静止しているか精密な光の干渉実験を Michelson と Morley の二人が行った．

図 3•8(a)から

$$OM_1 : t_{\parallel} = t_{OM_1} - t_{M_1O}$$

$$\therefore \quad t_{\parallel} = \frac{l}{v+c} - \frac{l}{v-c}$$

$$= \frac{2l}{c} \cdot \frac{1}{1-\left(\frac{v}{c}\right)^2} \qquad (3.2)$$

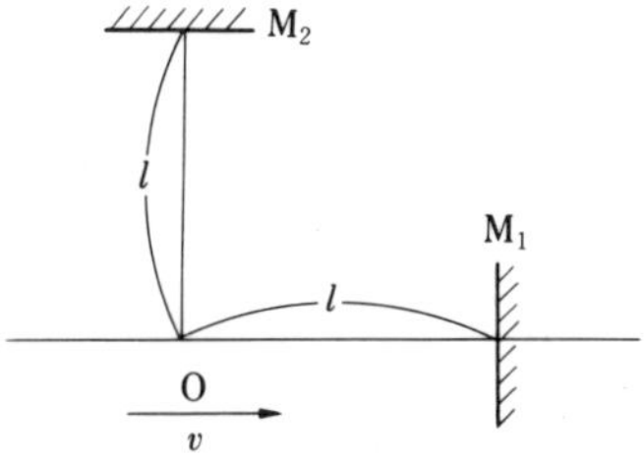

図 3・8(a)

図 3•8(b)から

$$OM_2 : t_{\perp} = 2t_{OM_2}$$

$$\therefore \quad t_{\perp} = \frac{2l}{\sqrt{c^2-v^2}} = \frac{2l}{c} \cdot \frac{1}{\sqrt{1-\left(\frac{v}{c}\right)^2}} \qquad (3.3)$$

そこで，この時間差を計算すると

$$t_{\parallel} - t_{\perp} = \frac{2l}{c}\left\{\frac{1}{1-\left(\frac{v}{c}\right)^2} - \frac{1}{\sqrt{1-\left(\frac{v}{c}\right)^2}}\right\}$$

$$= \frac{2l}{c} \cdot \frac{1}{\sqrt{1-\left(\frac{v}{c}\right)^2}}\left\{\frac{1}{\sqrt{1-\left(\frac{v}{c}\right)^2}} - 1\right\}$$

$$\fallingdotseq \frac{l}{c} \cdot \frac{v^2}{c^2}$$

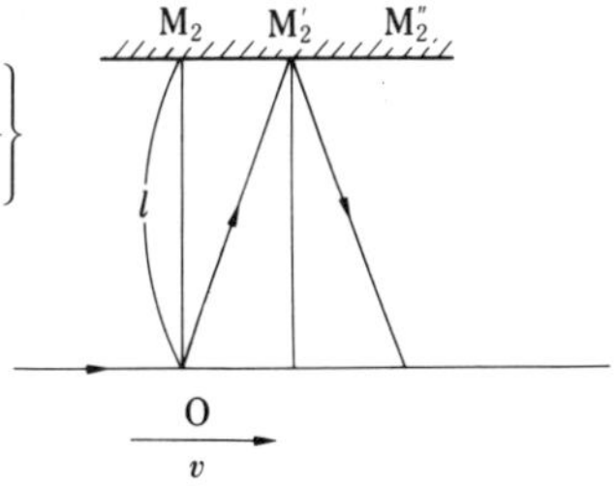

図 3・8(b)

マイケルソン・モーレーはナトリウム（波長 5890 Å）を用い，距離を $l=11$ m とした，v は地球の速さで，30 km/s，c は光の速度である．

$$\therefore \quad t_{\parallel}-t_{\perp}=\frac{l}{c}\cdot\left(\frac{v}{c}\right)^2=3.7\times10^{-16}, \quad \left(\frac{v}{c}=1.0\times10^{-4}\right)$$

$$\therefore \quad 位相差は\ \frac{t_{\parallel}-t_{\perp}}{T}=0.19$$

90°回転すると 0.19×2＝0.38 となり位相差が明→暗となって見分けられるはずであるが，この実験では見分けられなかった．

時間差 $t_{\parallel}-t_{\perp}$ が光の振動数の $\frac{1}{2}$ 周期に相当すると干渉する．そこで，マイケルソン・モーレーはエーテルの静止説を否定し，エーテルは地球と共に動いているものと考えた．

3・5　ローレンツ収縮

ローレンツは，速度 v で運動している物体は，運動方向に $l\sqrt{1-\left(\frac{v}{c}\right)^2}$ だけ収縮するものと仮定した．これをローレンツ収縮という．そうすると，

$$t_{\parallel}=\frac{2l\sqrt{1-\left(\frac{v}{c}\right)^2}}{c}\cdot\frac{1}{1-\left(\frac{v}{c}\right)^2}=\frac{2l}{c}\cdot\frac{1}{\sqrt{1-\left(\frac{v}{c}\right)^2}}=t_{\perp}$$

となって，結局　$t_{\parallel}=t_{\perp}$　　$t_{\parallel}-t_{\perp}=0$

この結果は，時間差が求められないということを示している．これよりローレンツは静止エーテル説を肯定し，エーテルは地球の運動とは無関係に静止しているものとした．

このようにエーテルは地球に対して静止しているのか，動いているのか全くわからないことになった．この矛盾を解決するために相対性原理が考えられた．アインシュタインの結論によれば，光は粒子であり，光量子であるので，エーテルの動きには無関係であるということであった．

3・6　相対性原理の初歩

マイケルソン・モーレーやローレンツによって得られた式をもとに，アインシュタインは，時間と空間がどのように表わされるかということを調べ，次の二つの公理を導入した．

1．相対性の原理

相対的に等速度で運動するすべての座標系において，物理現象は同一の形式で記述することができる．いいかえれば特別な法則はないということである．

2．光速不変の原理

光の速度は光源の運動によらず常に一定速度 c を持つ．

3・6・1　相対性原理から導かれる法則

(1)　速度の加法

速さ U で運動している飛行機から，同じ方向に速度 V で運動する物体を発射したとする．この同方向に運動している物体は止まっている人から見ると

$$W=U+V \tag{3.4}$$

の速さを持っているように見える．ところが，ローレンツ変換によると

$$W=\frac{U+V}{1+\dfrac{U\cdot V}{c^2}} \tag{3.5}$$

になる．つまり，光速度だけは止まっている人が見ても，動いている人が見ても常に光速度である．普通の物体は $U+V$ より小さくなる．

速度が大きくなると単純にたすことはできない．

問題 1．上の例で $U=V=20$万 km/s とするとき，速度の加法によればいくらになるか．

(2) ローレンツ変換

K-系における球面の方程式は

$$x^2+y^2+z^2=(ct)^2 \qquad (3.6)$$

これをK′-系から見た球面の方程式は

$$x'^2+y'^2+z'^2=(ct')^2 \qquad (3.7)$$

光速度は両座標共に一定 c である（図3•9）.

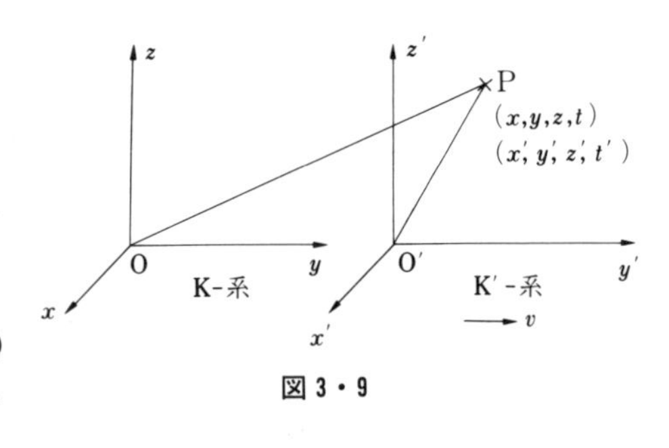

図3・9

図3•9からわかるように，K系上から見た点P(x, y, z, t)の座標とK′系上から見た点P(x', y', z', t')の座標の間には次の関係が成り立たなければならない．こうすればK系とK′系とは対等な式になる．

$$\begin{cases} x'=k_1(x-vt) \\ y'=y \\ z'=z \\ t'=k_2t-k_3x \end{cases}$$

これらを(3.6)式に代入する．

$$\{k_1(x-vt)\}^2+y^2+z^2=\{c(k_2t-k_3x)\}^2$$

$$\therefore \quad (k_1{}^2-c^2k_3{}^2)x^2+y^2+z^2+(k_1{}^2v^2-c^2k_2{}^2)t^2-2(k_1{}^2v-c^2k_2k_3)xt=0$$

この式が恒等的に成り立つためには次の式が成り立つように k_1，k_2，k_3 を決めるとよい．

$$\begin{cases} k_1{}^2-c^2k_3{}^2=1 \\ k_1{}^2v^2-c^2k_2{}^2=-c^2 \\ k_1{}^2v-c^2k_2k_3=0 \end{cases}$$

これらを解いて

$$k_1=k_2=\frac{1}{\sqrt{1-\left(\dfrac{v}{c}\right)^2}} \qquad k_3=\frac{v}{c^2}\cdot\frac{1}{\sqrt{1-\left(\dfrac{v}{c}\right)^2}}$$

よって，ローレンツ変換式は次のようになる．

$$\begin{cases} x'=\dfrac{x-vt}{\sqrt{1-\left(\dfrac{v}{c}\right)^2}} & (3.8) \\ y'=y & (3.9) \\ z'=z & (3.10) \\ t'=\dfrac{1}{\sqrt{1-\left(\dfrac{v}{c}\right)^2}}\left(t-\dfrac{vx}{c^2}\right) & (3.11) \end{cases}$$

(3)　時間間隔の伸び

$$t_2=\frac{1}{\sqrt{1-\left(\frac{v}{c}\right)^2}}\left(t_2'+\frac{v}{c^2}x_2'\right)$$

$$t_1=\frac{1}{\sqrt{1-\left(\frac{v}{c}\right)^2}}\left(t_1'+\frac{v}{c^2}x_1'\right)$$

$$t_2-t_1=\frac{1}{\sqrt{1-\left(\frac{v}{c}\right)^2}}\left\{(t_2'-t_1')+\frac{v}{c^2}(x_2'-x_1')\right\}$$

K′-系内の定点 $x_2'-x_1'$ を K-系から Δt 秒間観察すると，$x_2'-x_1'=0$ から

$$t_2-t_1=\frac{1}{\sqrt{1-\left(\frac{v}{c}\right)^2}}(t_2'-t_1') \tag{3.12}$$

となって，K-系の観測者は K′-系の観測者より時間間隔が長い．

【例題 3－8】　上記の現象の例として μ 粒子がある．これは地上約 10 km のところで発生し，平均寿命 2×10^{-6} 秒で消滅する．しかし，この μ 粒子を地上でいくらでも観察しうるのは相対性理論どおりに時間が伸びているからである．このわけを説明せよ．

【解】　μ 粒子の速度を $V=0.998c$ とすると，K′-系では

$$V\times t'=0.998c\times2\times10^{-6}\fallingdotseq600\,\mathrm{m}$$

600 m くらいしか走ることができないことになる．

K-系の地上の計算では時間は

$$t=\frac{2\times10^{-6}}{\sqrt{1-\left(\frac{0.998c}{c}\right)^2}}=32\times10^{-6}\,\mathrm{sec}$$

となるので

$$V\times t=0.998c\times32\times10^{-6}=1\times10^4\,\mathrm{m}=10\,\mathrm{km}$$

となり，これが地上で観察されるのである．

(4)　同時刻の決定

K-系内の二点 $P_1(x_1)$，$P_2(x_2)(x_2\neq x_1)$ で同時に $(t_1=t_2)$ 現象が起きたものとする．これを K′-系から観察すると

$$t_2'=\frac{1}{\sqrt{1-\left(\frac{v}{c}\right)^2}}\left(t_2-\frac{vx_2}{c^2}\right)$$

$$t_1'=\frac{1}{\sqrt{1-\left(\frac{v}{c}\right)^2}}\left(t_1-\frac{vx_1}{c^2}\right)$$

$$t_2'-t_1'=\frac{1}{\sqrt{1-\left(\frac{v}{c}\right)^2}}\left\{(t_2-t_1)-\frac{v}{c^2}(x_2-x_1)\right\}$$

$t_1=t_2$ から

$$t_2'-t_1'=\frac{1}{\sqrt{1-\left(\frac{v}{c}\right)^2}}\cdot\frac{v}{c^2}(x_1-x_2) \tag{3.13}$$

$x_2\neq x_1$ だから $t_2'-t_1'\neq0$ である．K-系内で同時刻に現象が起きても，K′-系からこれを観測すると同時刻ではない．

(5)　長さの収縮

K′-系で長さ $l'=x_2'-x_1'$，これを K-系から観測すると $l=x_2-x_1$

$$x_2'=\frac{1}{\sqrt{1-\left(\frac{v}{c}\right)^2}}\cdot(x_2-vt_2)$$

$$x_1'=\frac{1}{\sqrt{1-\left(\frac{v}{c}\right)^2}}\cdot(x_1-vt_1)$$

$$x_2' - x_1' = \frac{1}{\sqrt{1-\left(\frac{v}{c}\right)^2}}(x_2 - x_1) \quad \cdot\ (t_1 = t_2)$$

$$\therefore \quad l = l'\sqrt{1-\left(\frac{v}{c}\right)^2} \tag{3.14}$$

K′-系の長さ l' はK-系からみると $\sqrt{1-\left(\frac{v}{c}\right)^2}$ 倍短くみえる．これはローレンツ収縮と同じ結果になる．

(6)　質量の増加

二つの球が衝突する場合K′-系で，$u = u_0\sqrt{1-\left(\frac{v}{c}\right)^2}$ である（図3•10）．運動量の変化は $2m_0u_0 = 2mu$ である．

$$\therefore \quad 2m_0u_0 = 2mu_0\sqrt{1-\left(\frac{v}{c}\right)^2}$$

したがって，$m = \dfrac{m_0}{\sqrt{1-\left(\frac{v}{c}\right)^2}}$　(3.15)

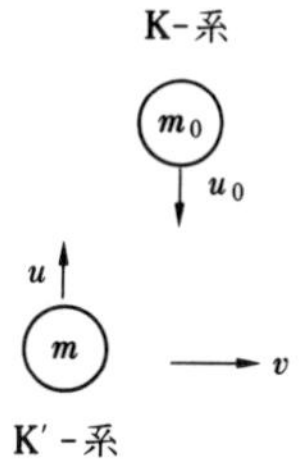

K-系
m_0
u_0
u
m
v
K′-系

図3・10

$m > m_0$ となって，速度が増すと質量が大きくなることを示している．

放射性物質から放出される β 線は電子の流れであるが，電子のスピードが大きいため静止質量より，2倍も3倍も大きく観察されるのである．

問題 2．$v = 0.95\,c$ のとき m を求めよ．

(7)　質量とエネルギー

仕事 W は，ニュートン力学と同じように力 F と移動距離 S との積で与えられる．$W = F \cdot S$ である．質量 m の物体に力 F が働いて，dS 動いたときの物体のエネルギー増加 ΔE は $F \cdot dS$ である．

$$\therefore \quad \Delta E = \int F \cdot dS,\ \text{第二法則から} \quad F = ma = m\frac{dv}{dt} = \frac{d(mv)}{dt}$$

$$\Delta E = \int \frac{d}{dt}(mv) \cdot dS = \int \frac{dS}{dt} \cdot d(mv) = \int v \cdot d(mv)$$

しかるに，$m=\dfrac{m_0}{\sqrt{1-\left(\dfrac{v}{c}\right)^2}}$ より $v=c\cdot\sqrt{1-\left(\dfrac{m_0}{m}\right)^2}$ である．

$$\Delta E=\int c\cdot\sqrt{1-\left(\frac{m_0}{m}\right)^2}\cdot d\left\{mc\cdot\sqrt{1-\left(\frac{m_0}{m}\right)^2}\right\}$$

$$d\left\{m\cdot\sqrt{1-\left(\frac{m_0}{m}\right)^2}\right\}=\sqrt{1-\left(\frac{m_0}{m}\right)^2}+\frac{1}{\sqrt{1-\left(\frac{m_0}{m}\right)^2}}\cdot\left(\frac{m_0}{m}\right)^2$$

ゆえに，

$$\Delta E=\int c^2\cdot dm$$

$\Delta m=\int dm=m-m_0$ とおけば

$\Delta E=c^2\Delta m$ 改めて $\Delta m=m$ とおくことにより

$$E=mc^2=\frac{m_0c^2}{\sqrt{1-\left(\frac{v}{c}\right)^2}} \tag{3.16}$$

質量 m〔kg〕の物質は mc^2〔J〕のエネルギーで表すことができる．質量とエネルギーは等価であり $E=mc^2$ ということである．

(3.16)式を展開すると次のように書きかえられる．

$$E=m_0c^2+\frac{1}{2}m_0v^2+\frac{3}{8}m_0\frac{v^4}{c^2}+\frac{5}{16}m_0\frac{v^6}{c^4}+\cdots \tag{3.17}$$

$\dfrac{v}{c}\ll 1$ であれば第3項以下は省略できる．

$$E=m_0c^2\left(\frac{1}{\sqrt{1-\left(\frac{v}{c}\right)^2}}-1\right)=\frac{1}{2}m_0v^2$$

これはニュートン力学の運動エネルギーを表している．

【例題 3－9】 100万ボルトで加速した電子の速度と質量はいくらか．

【解】 速度が大きいので(3.16)式を使って計算しなければならない．

$$E=mc^2-m_0c^2 \qquad \left(m=\frac{m_0}{\sqrt{1-\left(\frac{v}{c}\right)^2}}\right)$$

$$\therefore\quad E=\frac{m_0c^2}{\sqrt{1-\left(\frac{v}{c}\right)^2}}-m_0c^2$$

$$\frac{m_0c^2}{\sqrt{1-\left(\frac{v}{c}\right)^2}}=E+m_0c^2 \quad \text{(移項して)}$$

$$\sqrt{1-\left(\frac{v}{c}\right)^2}=\frac{m_0c^2}{E+m_0c^2}$$

$$1-\left(\frac{v}{c}\right)^2=\left(\frac{m_0c^2}{E+m_0c^2}\right)^2$$

$$\therefore \quad \left(\frac{v}{c}\right)^2=1-\left(\frac{m_0c^2}{E+m_0c^2}\right)^2$$

$$\therefore \quad v=c\cdot\sqrt{1-\left(\frac{m_0c^2}{E+m_0c^2}\right)^2}$$

ここで，$E=1.0\,\mathrm{MeV}$．

$m_0c^2=0.5\,\mathrm{MeV}$ を代入すると，

$v=0.941\,c$ と求められる（表3・2）．

$c=3\times10^8\,\mathrm{m/s}$ だから

$v=2.8\times10^8\mathrm{m/s}$

次に質量は(3.15)式に

$v=0.941\,c$ を代入して

$$m=\frac{m_0}{\sqrt{1-\left(\frac{0.941c}{c}\right)^2}}$$

$$=\frac{m_0}{\sqrt{1-0.941^2}}=2.95m_0$$

$$\therefore \quad 2.95\times9.1\times10^{-28}$$

$$=26.8\times10^{-28}$$

$$\left(\begin{array}{l}\text{答}\quad v=2.8\times10^8\,\mathrm{m/s}\\ \qquad m=26.8\times10^{-28}\,\mathrm{g}\end{array}\right)$$

表3・2

質量	速度	E
$1.0005m_0$	$0.031c$	0.0002MeV
1.002	$0.06c$	0.001MeV
1.02	$0.195c$	0.01MeV
1.05	$0.3049c$	0.025MeV
1.2	$0.544c$	0.1MeV
1.5	$0.745c$	0.255MeV
2	$0.866c$	0.51MeV
3	$0.943c$	1.02MeV
4	$0.968c$	1.53MeV
5	$0.979c$	2.04MeV
6	$0.986c$	2.55MeV
7	$0.989c$	3.06MeV
8	$0.992c$	3.57MeV
9	$0.993c$	4.08MeV
10	$0.994c$	4.59MeV
20	$0.9987c$	9.69MeV
30	$0.9994c$	14.79MeV
40	$0.99968c$	19.89MeV
50	$0.99979c$	24.99MeV
60	$0.99986c$	30.6MeV
80	$0.99992c$	40.29MeV
100	$0.999949c$	50.49MeV
250	$0.9999874c$	101.49MeV

電子が $E=1\,\mathrm{MeV}$ で加速されると光速の94.3%になり，質量は $3\,m_0$ 倍になる．また，質量が $10\,m_0$ 倍になるエネルギーは4.59 MeV であり，光速度の99.4%のときである．m_0は電子の静止質量

電子の質量と速度およびエネルギーを表3・2に示した．

問題 3．光速の87％で運動している電子の質量は，静止質量の何倍か．

問題 4．500 KV で加速した電子の速度（m/s）を求めなさい．

問題 5．電子の質量が静止質量の5倍となる速度（m/s）を求めなさい．

問題 **6**．電子の速度が $v=2.91\times10^8$ m/s のとき，質量（kg）を求めなさい．

問題 **7**．質量 2.488×10^{-28} kg は何 MeV になるか．

問題 **8**．電子の運動エネルギーが 15 MeV のとき，質量は静止質量の何倍か求めなさい．

■解　答

3・2・4　**1**．1．>，2．<，3．=，4．>，5．=，6．>，7．<，8．<

3・6・1　**1**．$\dfrac{20+20}{1+\dfrac{20\times20}{30^2}}=27.69$ 万 km/s　　**2**．$m=\dfrac{m}{\sqrt{1-\left(\dfrac{0.95c}{c}\right)^2}}\fallingdotseq3\,m_0$

3．2倍（表3･2を利用する）

$$m=\frac{m_0}{\sqrt{1-(0.87)^2}}=\frac{1}{0.4930517}m_0=2.03m_0$$

4．$mc^2=0.5+0.511=1.011$

$$v=c\sqrt{\frac{(mc^2)^2-(m_0c^2)^2}{(mc^2)^2}}=c\sqrt{\frac{(1.011)^2-(0.511)^2}{(1.011)^2}}$$

$$=0.86286c=2.59\times10^8\ \text{(m/s)}$$

5．$m=\dfrac{m_0}{\sqrt{1-\left(\dfrac{v}{c}\right)^2}}$ であるので $v=c\sqrt{1-\left(\dfrac{m_0}{m_0}\right)^2}$

$$v=c\sqrt{1-\left(\frac{m_0}{5m_0}\right)^2}=0.98c=2.94\times10^8\ \text{m/s}$$

6．$m=\dfrac{9.1\times10^{-31}}{\sqrt{1-\left(\dfrac{2.91\times10^8}{3\times10^8}\right)^2}}=37.43\times10^{-31}$ kg

7．$\dfrac{2.488\times10^{-28}}{1.6605\times10^{-27}}\times931.5=139.57$ MeV

8．$\dfrac{15.51}{0.51}=30.4$ 倍

第4章　X　線

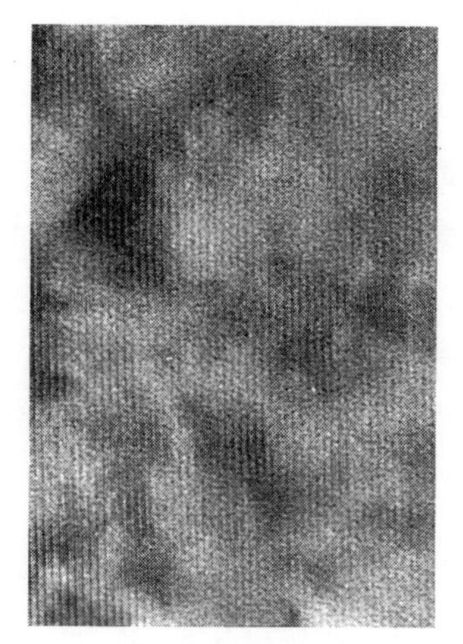

モリブデンの結晶（100万倍）

4・1　X 線

4・1・1　電磁波と放射線

放射線は，電磁放射線と粒子放射線に大別することができる．

(1)　粒子放射線

電子，陽子，α 粒子……のような粒子の流れで，質量と電荷を持つ．

(2)　電磁放射線

X 線は光子の流れで，質量と電荷を持たない．3×10^8 m/s の速度を持つ．

(3)　直接電離放射線と間接電離放射線

放射線は直接電離放射線と間接電離放射線に分けることができる（表 6•2）．

X 線の本体は電磁波で，高速の電子が原子核の近傍を通るとき発生する．そして，波動と粒子の性質を持っている．電場と磁場との振動方向はどちらも進行方向と直角の面内にあって，互いに垂直であり，横波である（図 4•1）．

電磁波には，波長の短いものから長いものまで存在する（図 4•2）．

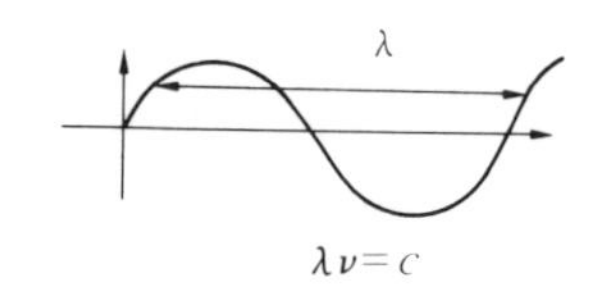

図 4・1　横　波

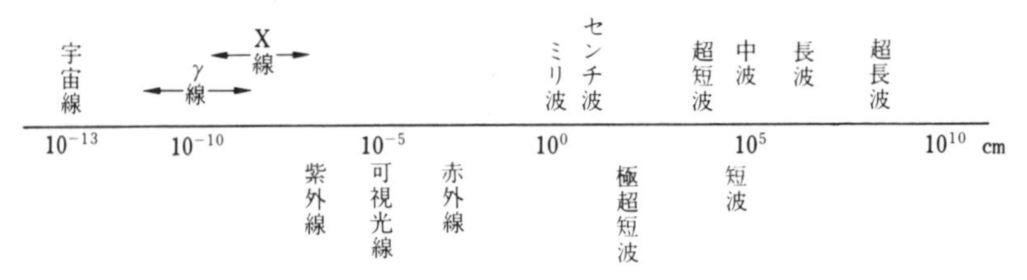

X線は，波長が$0.1\times10^{-8}\sim15\times10^{-8}$cm程度の電磁波である．

図 4・2　電磁波の分類

【例題 4－1】 振動数 6×10^{15} Hz の光の波長はいくらか．

【解】 $\lambda\nu=c$ より

$$\lambda=\frac{c}{\nu}=\frac{3\times10^{8}}{6\times10^{15}}=5\times10^{-8}\,[\mathrm{m}]$$

4・1・2　X 線の性質

1．いろいろな物質を透過する（透過作用）（図 4•3）．

2．蛍光物質にあたり蛍光を発する（蛍光作用）．

3．写真乾板を感光させる（写真作用）．

4．直進する．

5．電界，磁界の作用を受けない．

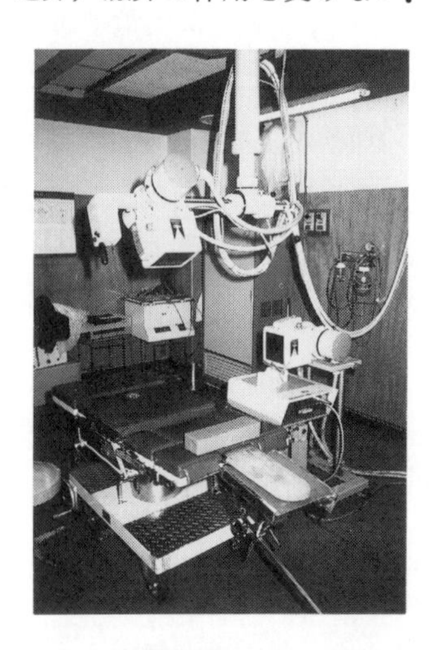

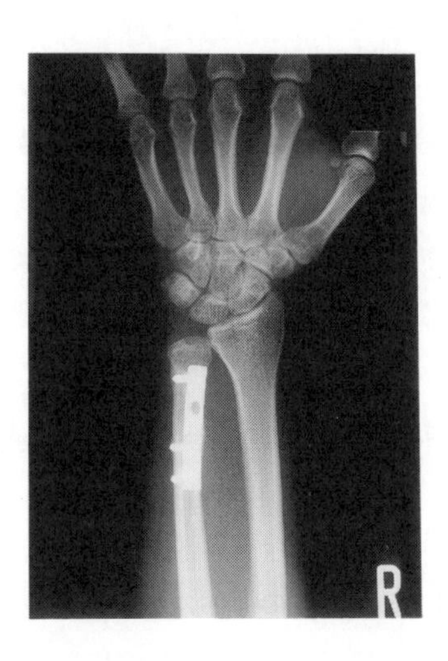

図 4・3　X 線撮影装置（左）と手の X 線写真

4・1・3　X 線の発生条件

X 線管は図 4・4 に示す構造になっている．フィラメントからの熱電子が高電圧で加速され W 陽極に衝突する．この時，電子エネルギーの 99％は熱になり，1％が X 線になる．陽極は高隔点で高原子番号物質により作られている．

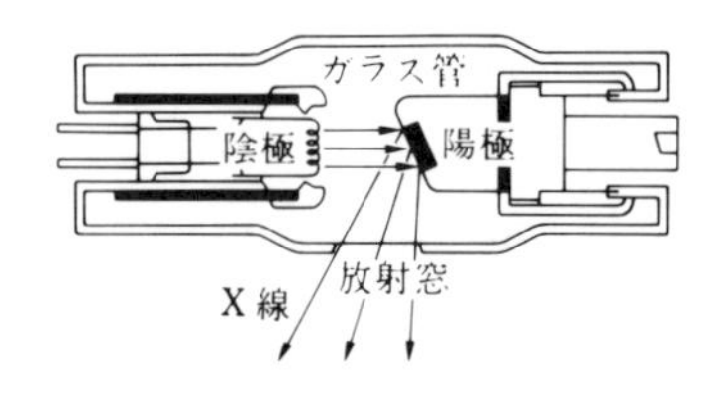

図4・4 X線管の構造

4・1・4 連続X線と特性X線

1．連続X線……最短波長から長波長に分布する．

2．特性X線……一定のエネルギー（波長）を持つ．

(1) 連続X線の発生

制動放射線または阻止X線ともいう．高電圧で加速された電子が原子核の近傍を通過するとき，原子核は質量と電荷が大きいので，電子はその方向に大きく曲げられ減速される．この時，高速電子の運動エネルギーの一部は電磁波として放出される（これが連続X線である）が，ほとんど熱にかわってしまう．

(2) 特性X線の発生（図4•6，図4•7，表4•1）

特性X線は，軌道電子が高い軌道から低い軌道に移るとき，発生する．各軌道のエネルギー差だけ放出するので，一定エネルギーとなる．

波長の順に$K\alpha$，$K\beta$……と呼ぶ．表4•3に各元素の特性X線の波長を示した．特性X線のことを固有線ともいい，未知元素の検出に利用する（図4・7(b)）．

4・1・5 X線のエネルギースペクトル

初速vの電子が最終速度v_0になったとすると，失った運動エネルギーは次のようになる．

$$\Delta E=\frac{1}{2}mv^2-\frac{1}{2}mv_0^2$$

ただし，m：電子の質量，ΔE：失った運動エネルギー

また，プランクの光量子説から，$E=h\nu$である．ただし，h：プランク定数，ν：X線光子の振動数，E：光子のもつエネルギー．

なお，電圧 V で加速された電子の運動エネルギー E は $E=e \cdot V$ である．

$$\therefore \quad \frac{1}{2}mv^2=h\nu$$

$$\therefore \quad \lambda=\frac{hc}{E} \quad (\lambda\nu=c)$$

電子の速度は $0 \leqq v_0 \leqq v$ の範囲にあるので，電磁波の波長は $v_0=0$ のときを最短波長（$\lambda_0=hc/E$）として，$\boldsymbol{\lambda_0} \leqq \boldsymbol{\lambda} < \infty$ に分布する連続スペクトルを示す電磁波（連続 X 線）が発生する．

阻止線と固有線は，一定電圧以上で同時に発生するが，量的には阻止線を占める割合が多く，医学上利用されるのは連続 X 線である（図 4•5）．

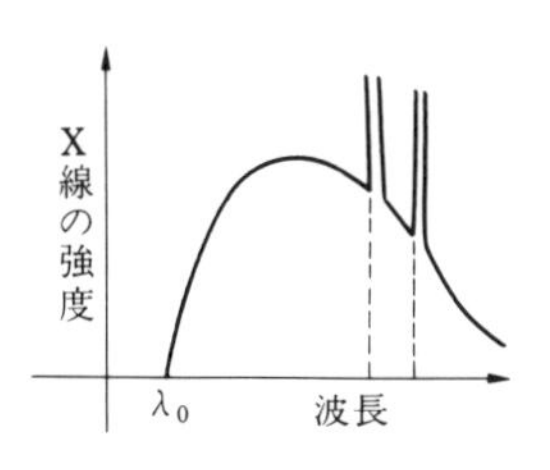

図 4・5　モリブデン陽極のX線スペクトルで35kVの場合

(1)　最短波長

電子の電荷 e クーロン，電圧 V〔kV〕とすると，電子の運動エネルギーは次の式で与えられる．

$$E=V \cdot e \times 10^3 \ (\text{ジュール})$$

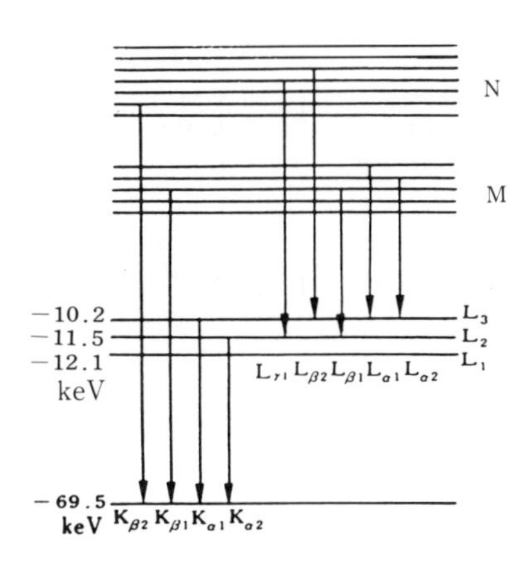

図 4・6　特性X線発生機構（タングステン原子）

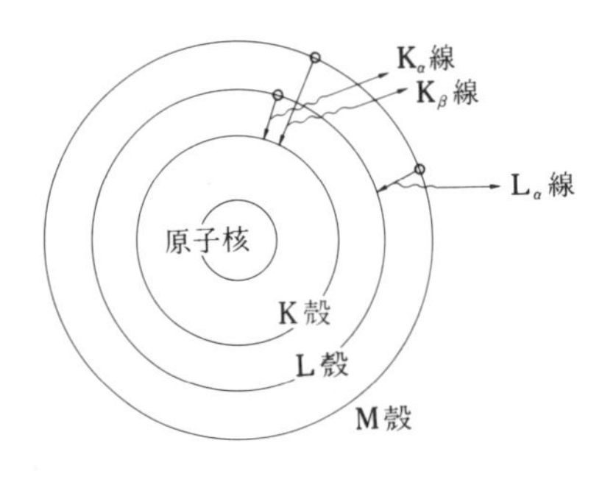

図4・7(a)　特性X線の発生

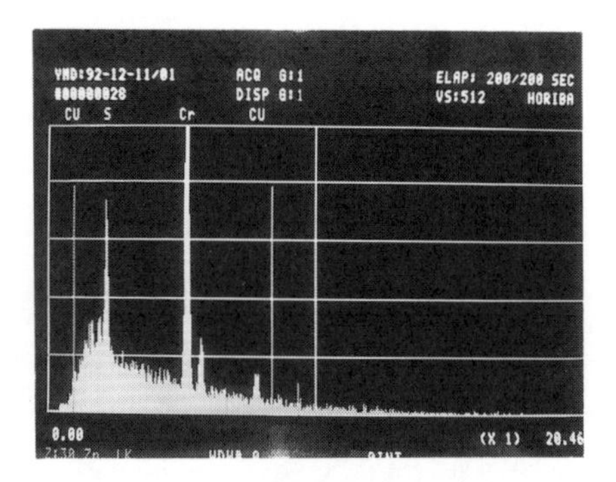

図4・7(b) 特性X線による元素分析

表4・1　タングステン原子の特性X線とエネルギー

特性X線	遷移	X線エネルギー (keV)	X線強度比
$K_{\beta 2}$	N_2, N_3—K	69.089	5
$K_{\beta 1}$	M_3—K	67.236	15
$K_{\beta 3}$	M_2—K	66.950	10
$K_{\alpha 1}$	L_3—K	59.310	100
$K_{\alpha 2}$	L_2—K	57.972	50
$L_{\gamma 1}$	N_4—L_2	11.284	10
$L_{\beta 2}$	N_5—L_3	9.961	20
$L_{\beta 3}$	M_3—L_1	9.817	40
$L_{\beta 1}$	M_4—L_2	9.671	50
$L_{\beta 4}$	M_2—L_1	9.523	30
$L_{\alpha 1}$	M_5—L_3	8.396	100
$L_{\alpha 2}$	M_4—L_3	8.333	10

最短波長は，この運動エネルギーを完全に光子エネルギーに変換した場合である．

$$\therefore \quad V\cdot e\times 10^3\times 10^7 \ (\text{エルグ}) = hc/\lambda_0$$

$$\therefore \quad \lambda_0=\frac{hc}{V\cdot e}=\frac{6.63\times 10^{-27}\times 3\times 10^{10}}{1.60\times 10^{-19}\times V\times 10^{10}}=\frac{12.42}{V\,[\text{kV}]}\times 10^{-8}\,\text{cm}$$

λ_0 を λ_{min} とすると

$$\lambda_{\min}=\frac{12.42}{V}\,\text{Å} \tag{4.1}$$

$\lambda_{\min}$：最短波長〔Å〕，V：管電圧〔kV〕．これをDuane-Huntの法則という．

【例題4－2】 管電圧60 kVのとき，発生するX線の最短波長は何nmか．

【解】 $\lambda_{\min}=\dfrac{1.24}{V}\,\text{nm}=\dfrac{1.24}{60}\,\text{nm}=0.02\,\text{nm}$

(2) 分布曲線

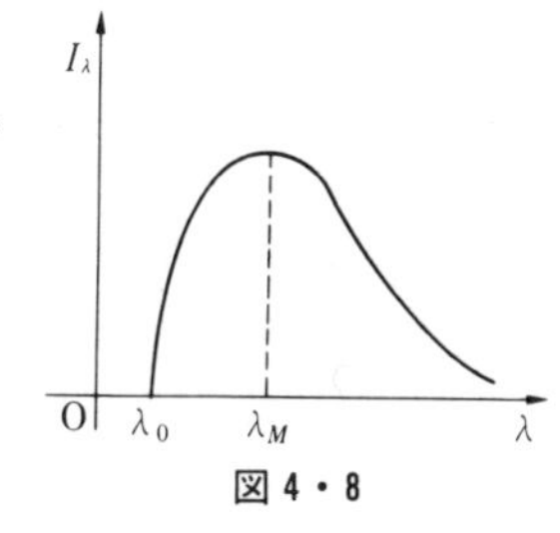

図4・8

X線光子の振動数ν，X線光子の強度I_ν，k_0，a，bは定数，Z：原子番号である．

$$I_\nu=k_0Z\{(\nu_0-\nu)+bZ\}，\text{または，}$$

$$I_\lambda=\frac{k_0}{\lambda^2}\{Z(\frac{1}{\lambda_0}-\frac{1}{\lambda})+aZ^2\}$$

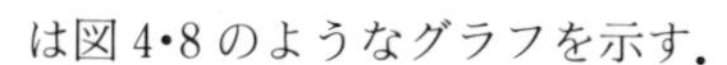
は図4•8のようなグラフを示す．

次に，この曲線の極値を求めてみる．

$\lambda\nu=c$，$I_\nu d\nu=I_\lambda d\lambda$を利用し，$I_\lambda$を微分すると，

$$\frac{dI_\lambda}{d\lambda}=-\frac{2k_0Z\lambda}{\lambda^4}\left\{\left(\frac{1}{\lambda_0}-\frac{1}{\lambda}\right)+aZ\right\}+\frac{k_0Z}{\lambda^4}$$

極大値は$dI_\lambda/d\lambda=0$から

$$\frac{k_0Z}{\lambda^4}\left\{2\lambda\cdot\left[\left(\frac{1}{\lambda_0}-\frac{1}{\lambda}\right)+aZ\right]-1\right\}=0$$

$$\therefore\quad \lambda=\frac{3}{2}\cdot\frac{\lambda_0}{1+a\lambda_0Z}$$

これをλ_Mで表し，最強波長という．例えば，$a=0$とすると最強波長λ_Mは，$1.5\lambda_0$となる．通常λ_Mは最短波長の1.3〜1.5倍である．

問題 **1**．周波数1000 kHzの電磁波の波長及びエネルギーを求めよ（1 eV＝1.602×10^{-12} ergとする）．

問題 **2**．X線管の陽極電圧20 kV，50 kV，100 kVのとき，X線の最短波長はいくらか．

問題 3．X線管から出るX線の最短波長が1.24×10^{-9} cmのとき，両極間の電位差（管電圧）はいくらか．また，1.24×10^{-4} nmのとき何MVか．

問題 4．光子エネルギーが250 keVの，エックス線の波長〔Å〕はいくらか．

問題 5．100 keV，10 MVのX線の波長は何nmか．

4・1・6　電子のエネルギー損失

軌道電子との衝突によるエネルギー損失を衝突損失という．

制動放射線の発生によるエネルギー損失を放射損失という．

衝突損失により，励起，電離，特性X線の発生などが起きる．

放射損失により，高速電子が原子核の傍を通るとき大きく曲げられ，制動され，エネルギーの一部を制動放射線として放出する．

$$-\left(\frac{dE}{dx}\right)_{\mathrm{coll}}=0.153\rho\frac{Z}{A}\frac{1}{\beta^2}\left\{\log\frac{E(E+mc^2)^2\beta^2}{2I^2mc^2}+(1+\beta^2)-(2\sqrt{1-\beta^2}-1+\beta^2)\log 2+\frac{1}{8}(1-\sqrt{1-\beta^2})^2-\delta]\right\}$$

（δ：密度効果による補正項でエネルギー増大と共に大きくなる．I：励起エネルギー）Bethe－Blochの式

$$-\left(\frac{dE}{dx}\right)_{\mathrm{rad}}=Nr_0{}^2\frac{Z^2}{137}(E+mc^2)\left\{4\log\frac{2(E-mc^2)}{mc^2}-\frac{4}{3}\right\}=3.44\times10^{-4}(E+mc^2)\frac{Z^2}{A}\rho\left\{4\log\frac{2(E+mc^2)}{mc^2}-\frac{4}{3}\right\}$$

（r_0：古典電子半径，N：1 cm³中の原子数）Heitlerの式

放射損失と衝突損失の比は近似的に

$$\left(\frac{dE}{dx}\right)_{\mathrm{rad}}\Big/\left(\frac{dE}{dx}\right)_{\mathrm{coll}}\fallingdotseq\frac{ZE}{1600\,m_0c^2}\fallingdotseq\frac{ZE}{800}$$

で表すことができる．

問題 1．図4•9において，鉛と水の放射損失と衝突損失が同じになる電子エネルギーはいくらか読みとれ．

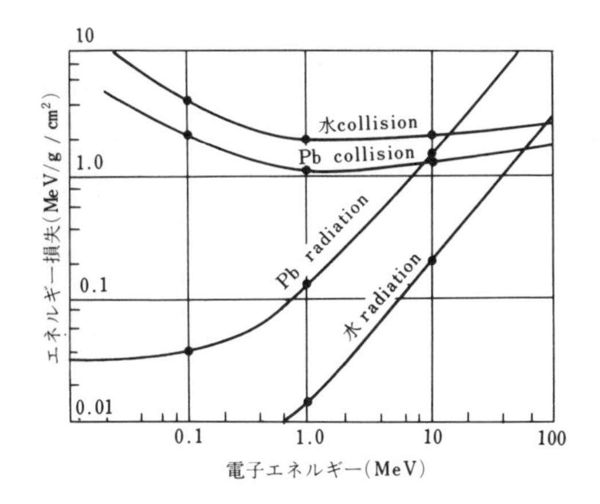

図4・9　水と鉛の衝突損失および放射損失

4・1・7　X線の波動性（干渉）

(1)　Braggの反射条件

結晶は原子が規則正しく配列し（図4•10(a)），全方向に格子を作っている．格子間隔 d はX線の波長とほぼ同じである．X線を角度 θ で照射すると，結晶の第1面，第2面で反射するものがある．それぞれの面に反射した場合，光路差が生じ，X線の干渉が起きる（図4•10(b)，4•10(c)）．

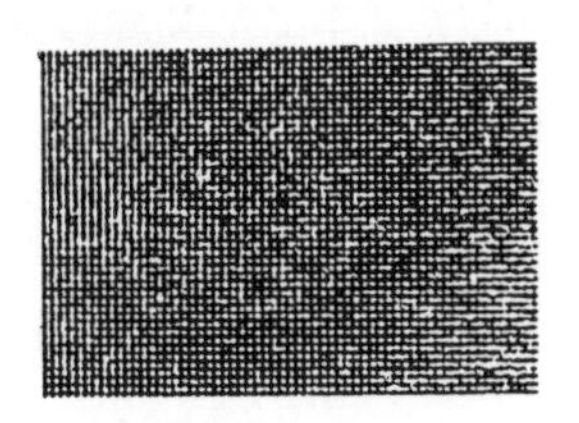

図4・10(a)　Al(200)面の2Å結晶格子像

$\angle MPQ=\theta$ とすれば $MQ=NQ=d\sin\theta$

$2\,d\sin\theta=(2\,n)\cdot\dfrac{\lambda}{2}$…強める．

$2\,d\sin\theta=(2\,n+1)\cdot\dfrac{\lambda}{2}$…打ち消す．

$\therefore 2\,d\sin\theta=n\lambda$…ブラッグの条件

ただし，d：格子定数，n：反射次数

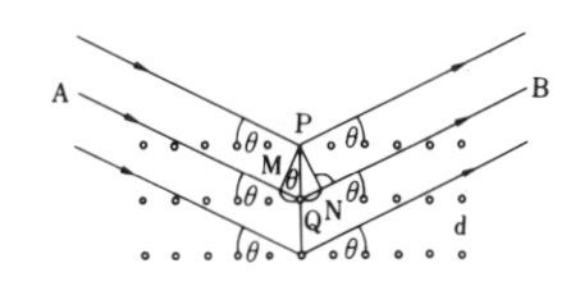

図4・10(b)　結晶によるX線の反射A：入射X線，B：反射X線，θ：入射角，d：格子定数

【例題4－3】　岩塩の格子定数は $d=$

2.81Åである．波長が1.44ÅのX線がこの面で反射するときの反射角を求めよ．

【解】 $\sin\theta=\dfrac{\lambda}{2d}=\dfrac{1.44\times10^{-8}}{2\times2.81\times10^{-8}}$

$=0.256\qquad\therefore\quad\theta\fallingdotseq15°$

問題 1．塩化カリウムの格子定数は3.14Åである．X線をこれにあて第1の反射のピークは$\theta=5°25'$であった．このX線の波長はいくらか．

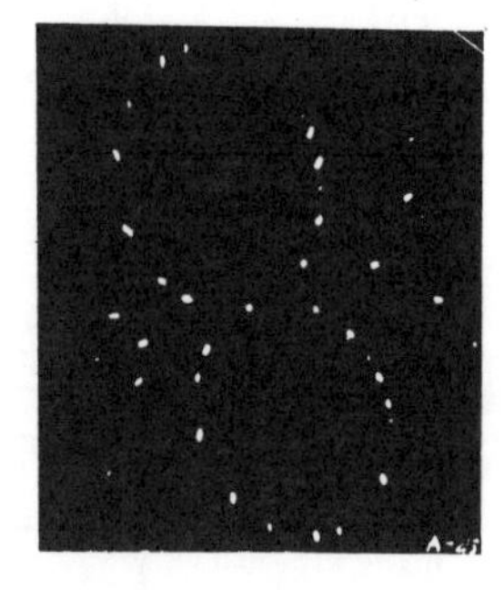

図4・10(c) アルミニウムのX線回折像，0.5mmAl，40kV 20mA，10分

【例題4－4】 未知の結晶の格子定数は2.8×10^{-10}mであった．この結晶にX線を照射したら2次のピークが25°方向にあった．当てたX線の波長を求めよ．

【解】 $\lambda=\dfrac{2d\sin\theta}{n}=\dfrac{2\times2.8\times10^{-10}\times\sin25°}{2}\fallingdotseq1.2\times10^{-10}$m

4・1・8　モーズレーの法則

モーズレーがこの法則を発見した当時は原子，原子核について不明なところが多かった．

すなわち，原子番号Zは周期律表の順番だけであったのである．モーズレーの発表によりZの意味がはっきりしたのである．逆にこの法則から順番のはっきりしなかったFe，Co，Niの順番がはっきりした．そして，固有線（特性X線）の放出と原子構造との関係が明らかにされた．

いろいろな元素にX線をあてたとき，放出される特性X線の振動数とその元素の原子番号との関係で，振動数と原子番号との間には次の関係がなりたつ．

$$\frac{1}{\lambda}=\nu=\mathrm{R}(\mathrm{Z}-\sigma)^2\left(\frac{1}{n^2}-\frac{1}{m^2}\right)\qquad(4.2)$$

ここに，R：リードベリ定数，σ：しゃへい定数，n，mは整数，たとえば，Kα線について$\sigma=1$，である．これをモーズレーの法則という．

$$\frac{1}{\lambda_{K\alpha}}=\nu_{K\alpha} \text{ とすれば } (Z-1)=\sqrt{\frac{\nu_{K\alpha}}{\frac{3}{4}R}}$$

いくつかの元素についてZとの関係を示してみると表4・2のようになる.

表4・2　モーズレーの実験値

	Z	$\sqrt{\frac{\nu}{\frac{3}{4}R}}$		Z	$\sqrt{\frac{\nu}{\frac{3}{4}R}}$
Ca	20	19.00	Fe	26	24.99
Ti	22	20.99	Co	27	26.00
V	23	21.96	Ni	28	27.04
Cr	24	22.98	Cu	29	28.01
Mn	25	23.99	Zn	30	29.01

$K\alpha$ では

$$\nu_{K\alpha}=\frac{3}{4}R(Z-1)^2=R(Z-1)^2\left(\frac{1}{1^2}-\frac{1}{2^2}\right)$$

$L\alpha$ では

$$\nu_{L\alpha}=\frac{5}{36}R(Z-7.4)^2=R(Z-7.4)^2\left(\frac{1}{2^2}-\frac{1}{3^2}\right)$$

一般に $\nu=R(Z-\sigma)^2\left(\frac{1}{n^2}-\frac{1}{m^2}\right)$　n, m は整数

【例題4-5】 Caの $K\alpha$ 線の波長が3.360 Åであるとすれば，Moの $K\alpha$ 線の波長はいくらか.

【解】 $\lambda=3.36\times\frac{(20-1)^2}{(42-1)^2}\fallingdotseq 0.72(\text{Å})$

【例題4-6】 ある元素の発する固有線（$K\alpha$ 線）の波長が3.360 Åである．リードベリー定数を $1.097\times10^7\,\text{m}^{-1}$ として，この元素は次のうちのどれか.

1．Ne　2．Al　3．P　4．Ca　5．Cr

【解】 モーズレーの法則から

$\frac{1}{\lambda}=R(Z-1)^2\left(\frac{1}{1^2}-\frac{1}{2^2}\right)$ として，Zを求めると

$$Z=\sqrt{\frac{4}{3\lambda R}}+1=\sqrt{\frac{4}{3\times3.360\times10^{-10}\times1.097\times10^7}}+1=20$$（答　Ca）

また，表4・3(1)より，Caであることもわかる.

問題 1. (1) $K\alpha$線が1.936 Åであればこの元素は何か. (2) $K\alpha$線が0.165 Åでは元素名は何か.

表4・3(1)　特性X線の波長：K系Å　(理科年表(1995))

線		$\alpha_{1.2}$	α_1	α_2	β_1	β_3	β_2	K吸収端
近似的な強度		150	100	50	15		5	
Li	3	230						226.953
Be	4	113						106.9
B	5	67						64.6
C	6	44						43.767
N	7	31.603						31.052
O	8	23.707						23.367
F	9	18.307						18.05
Ne	10	14.615			14.460			14.19
Na	11	11.909			11.574	11.726		11.48
Mg	12	9.889			9.559	9.667		9.512
Al	13	8.339	8.338	8.341	7.960	8.059		7.951
Si	14	7.126	7.125	7.127	6.778			6.745
P	15	6.155	6.154	6.157	5.804			5.787
S	16	5.373	5.372	5.375	5.032			5.018
Cl	17	4.729	4.728	4.731	4.403			4.397
Ar	18	4.192	4.191	4.194	3.886			3.871
K	19	3.744	3.742	3.745	3.454			3.437
Ca	20	3.360	3.359	3.362	3.089			3.070
Sc	21	3.032	3.031	3.034	2.780			2.757
Ti	22	2.750	2.749	2.753	2.514			2.497
V	23	2.505	2.503	2.507	2.285			2.269
Cr	24	2.291	2.290	2.294	2.085			2.070
Mn	25	2.103	2.102	2.105	1.910			1.896
Fe	26	1.937	1.986	1.940	1.757			1.743
Co	27	1.791	1.789	1.793	1.621			1.608
Ni	28	1.659	1.658	1.661	1.500		1.489	1.488
Cu	29	1.542	1.540	1.544	1.392	1.393	1.381	1.380
Zn	30	1.487	1.435	1.439	1.296		1.284	1.283
Ga	31	1.341	1.340	1.344	1.207	1.208	1.196	1.196
Ge	32	1.256	1.255	1.258	1.129	1.129	1.117	1.117
As	33	1.177	1.175	1.179	1.057	1.058	1.045	1.045
Se	34	1.106	1.105	1.109	0.992	0.993	0.980	0.980
Br	35	1.041	1.040	1.044	0.933	0.933	0.921	0.920
Kr	36	0.981	0.980	0.984	0.879	0.879	0.866	0.866
Rb	37	0.927	0.926	0.930	0.829	0.830	0.817	0.816
Sr	38	0.877	0.875	0.850	0.783	0.784	0.771	0.770
Y	39	0.831	0.829	0.833	0.740	0.741	0.728	0.728

Zr	40	0.788	0.786	0.791	0.701	0.702	0.690	0.689
Nb	41	0.748	0.747	0.751	0.665	0.666	0.654	0.653
Mo	42	0.710	0.709	0.713	0.632	0.633	0.621	0.620
Tc	43	0.676	0.675	0.679	0.601		0.590	0.589
Ru	44	0.644	0.643	0.572	0.573	0.562	0.561	0.561
Rh	45	0.614	0.613	0.617	0.546	0.546	0.535	0.534
Pd	46	0.587	0.585	0.590	0.521	0.521	0.510	0.509
Ag	47	0.561	0.559	0.564	0.497	0.498	0.487	0.486
Cd	48	0.536	0.535	0.539	0.475	0.476	0.465	0.464
In	49	0.514	0.512	0.517	0.455	0.455	0.445	0.444
Sn	50	0.492	0.491	0.495	0.435	0.436	0.426	0.425
Sb	51	0.472	0.470	0.475	0.417	0.418	0.408	0.407
Te	52	0.453	0.451	0.456	0.400	0.401	0.391	0.390
I	53	0.435	0.433	0.438	0.384	0.385	0.376	0.374
Xe	54	0.418	0.416	0.421	0.369	0.360	0.359	0.359
Cs	55	0.402	0.401	0.405	0.355	0.355	0.346	0.345
Ba	56	0.387	0.385	0.390	0.341	0.342	0.333	0.331
La	57	0.373	0.371	0.376	0.328	0.329	0.320	0.318
Ce	58	0.359	0.357	0.362	0.316	0.317	0.309	0.307
Pr	59	0.346	0.344	0.349	0.305	0.305	0.297	0.295
Nd	60	0.334	0.332	0.337	0.294	0.294	0.287	0.285
Pm	61	0.322	0.321	0.325	0.283			0.274
Sm	62	0.311	0.309	0.314	0.274	0.274	0.267	0.265
Eu	63	0.301	0.299	0.304	0.264	0.265	0.258	0.256
Gd	64	0.291	0.289	0.294	0.255	0.256	0.249	0.247
Tb	65	0.281	0.279	0.284	0.246	0.246	0.239	0.238
Dy	66	0.272	0.270	0.275	0.237	0.238	0.231	0.231
Ho	67	0.263	0.261	0.266				0.223
Er	68	0.255	0.253	0.258	0.222	0.223	0.217	0.216
Tm	69	0.246	0.244	0.250	0.215	0.216		0.209
Yb	70	0.238	0.236	0.241	0.208	0.209	0.203	0.202
Lu	71	0.231	0.229	0.234	0.202	0.203	0.197	0.196
Hf	72	0.224	0.222	0.227	0.195	0.196	0.190	0.190
Ta	73	0.217	0.215	0.220	0.190	0.191	0.185	0.184
W	74	0.211	0.209	0.213	0.184	0.185	0.179	0.178
Re	75	0.204	0.202	0.207	0.179	0.179	0.174	0.173
Os	76	0.198	0.196	0.201	0.173	0.174	0.169	0.168
Ir	77	0.193	0.191	0.196	0.168	0.169	0.164	0.163
Pt	78	0.187	0.185	0.190	0.163	0.164	0.159	0.158
Au	79	0.182	0.180	0.185	0.159	0.160	0.155	0.153
Hg	80	0.177	0.175	0.180	0.154	0.155	0.150	0.149
Tl	81	0.172	0.170	0.175	0.150	0.151	0.146	0.145
Pb	82	0.167	0.165	0.170	0.146	0.147	0.147	0.141
Bi	83	0.162	0.161	0.165	0.142	0.143	0.138	0.137
Po	84	0.158	0.156	0.161	0.138		0.133	0.133
At	85							0.130
Rn	86							0.126
Fr	87							0.123

Ra	88							0.119
Ac	89							0.116
Th	90	0.135	0.133	0.138	0.117	0.118	0.114	0.113
Pa	91							0.110
U	92	0.128	0.126	0.131	0.111	0.112	0.108	0.108

さらに詳しくは，ASTM Data Series, DS 37 (X-Ray Emissin Line Wavelength and Two-Theta Tables の項) を参照.

表 4・3(2)　特性 X 線の名称

$K_{\alpha 1}$	$L_3 \rightarrow K$	$L_{\alpha 1}$	$M_5 \rightarrow L_3$
$K_{\alpha 2}$	$L_2 \rightarrow K$	$L_{\alpha 2}$	$M_4 \rightarrow L_3$
$K_{\alpha 3}$	$L_1 \rightarrow K$	$L_{\beta 1}$	$M_4 \rightarrow L_2$
$K_{\beta 1}$	$M_3 \rightarrow K$	$L_{\beta 2}$	$N_5 \rightarrow L_3$
$K_{\beta 2}$	$N_2, N_3 \rightarrow K$	$L_{\gamma 1}$	$N_4 \rightarrow L_2$
$K_{\beta 3}$	$M_2 \rightarrow K$	$L_{\gamma 2}$	$N_2 \rightarrow L_2$

表 4・3(3)　特性X線の波長L系 Å

線		α	α_1	α_2	β_1	β_2	線		α_1	α_2	β_1	β_2	γ_1
近似的な強度		110	100	10	50	20	近似的な強度		100	10	50	20	10
Na	11						Y	39	6.449	7.456	6.211		
Mg	12						Zr	40	6.070	6.077	5.836	5.586	5.384
Al	13						Nb	41	5.725	5.732	5.492	5.238	5.036
Si	14						Mo	42	5.406	5.414	5.176	4.923	4.726
P	15						Tc	43					
S	16						Ru	44	4.846	4.854	4.620	4.372	4.182
Cl	17						Rh	45	4.597	4.605	4.374	4.130	3.944
Ar	18						Pd	46	4.368	4.376	4.146	3.909	3.725
K	19						Ag	47	4.154	4.162	3.935	3.703	3.523
Ca	20	36.393			36.022		Cd	48	3.956	3.965	3.739	3.514	3.336
Sc	21	31.393			31.072		In	49	3.752	3.781	3.555	3.339	3.162
Ti	22	27.445			27.074		Sn	50	3.600	3.609	3.385	3.175	3.001
V	23	24.309			23.898		Sb	51	3.439	3.448	3.226	3.023	2.852
Cr	24	21.713			21.323		Te	52	3.290	3.299	3.077	2.882	2.712
Mn	25	19.489			19.158		I	53	3.148	3.159	2.937	2.751	2.582
Fe	26	17.602			17.290		Xe	54					
Co	27	16.000			15.698		Cs	55	2.892	2.902	2.683	2.511	2.348
Ni	28	14.595			14.306		Ba	56	2.776	2.785	2.567	2.404	2.242
Cu	29	13.357			13.079		La	57	2.665	2.674	2.458	2.303	2.141
Zn	30		12.285		12.009		Ce	58	2.561	2.570	2.356	2.208	2.048

Ga 31		11.313		11.045		Pr 59	2.463	2.473	2.259	2.119	1.961
Ge 32		10.456		10.194		Nd 60	2.370	2.382	2.166	2.035	1.878
As 33		9.671		9.414		Pm 61	2.283		2.081		
Se 34		8.990		8.735		Sm 62	2.199	2.210	1.998	1.882	1.726
Br 35		8.375		8.126		Eu 63	2.120	2.131	1.920	1.812	1.657
Kr 36						Gd 64	2.046	2.057	1.847	1.746	1.592
Rb 37		7.318	7.325	7.075		Tb 65	1.976	1.986	1.777	1.682	1.530
Sr 38		6.863	6.870	6.623		Dy 66	1.909	1.920	1.710	1.623	1.473

表 4・3(4)　特性 X 線の波長 L 系 Å

線	α_1	α_2	β_1	β_2	γ_1	線	α_1	α_2	β_1	β_2	γ_1
近似的な強度	100	10	50	20	10	近似的な強度	100	10	50	20	10
Ho 67	1.845	1.856	1.647	1.567	1.417	Pb 82	1.175	1.186	.982	.983	.840
Er 68	1.785	1.796	1.587	1.514	1.364	Bi 83	1.144	1.155	.952	.955	.786
Tm 69	1.726	1.738	1.530	1.463	1.316	Po 84	1.114	1.126	.921	.929	.786
Yb 70	1.672	1.682	1.476	1.416	1.268	At 85					
Lu 71	1.619	1.630	1.424	1.370	1.222	Rn 86					
Hf 72	1.569	1.580	1.374	1.327	1.179	Fr 87	1.030		.840	.858	.716
Ta 73	1.522	1.533	1.327	1.285	1.138	Ra 88	1.005	1.017	.814	.836	.694
W 74	1.476	1.487	1.282	1.245	1.098	Ac 89					
Re 75	1.433	1.444	1.238	1.206	1.061	Th 90	.956	.968	.766	.794	.653
Os 76	1.391	1.402	1.197	1.169	1.025	Pa 91	.933	.945	.742	.774	.634
Ir 77	1.352	1.363	1.158	1.135	.991	U 92	.911	.923	.720	.755	.615
Pt 78	1.313	1.325	1.120	1.102	.958	Np 93	.890	.901	.698	.735	.597
Au 79	1.277	1.288	1.083	1.070	.927	Pu 94	.868	.880	.678	.719	.579
Hg 80	1.242	1.253	1.049	1.040	.897	Am 95	.849	.860	.658	.701	.562
Tl 81	1.207	1.218	1.015	1.010	.868						

M 系は理科年表を参照のこと．

4・1・9　X 線の転換効率

1．X 線の総エネルギーは原子番号 Z に比例する（図 4・11）．

2．発生した X 線の総エネルギーは電圧 V の 2 乗に比例する（図 4・12）．

3．管電圧 V，管電流を I とすると，陰極線エネルギーは毎秒 VI となる．

4．X 線の総エネルギーは管電流に比例する．

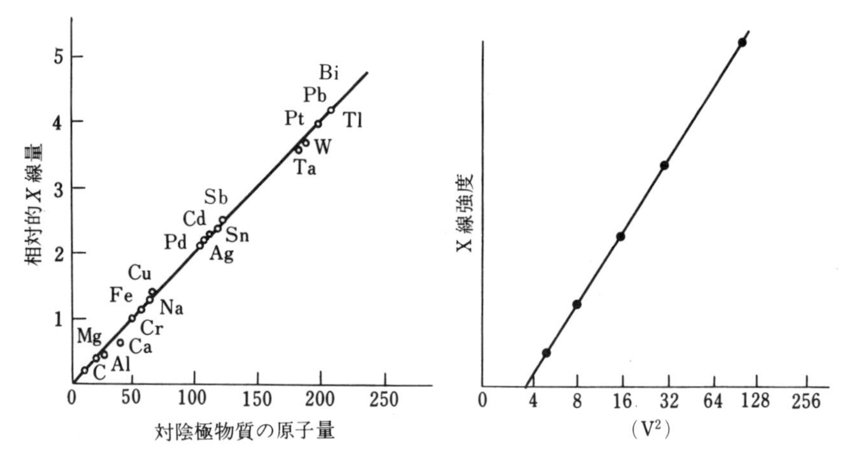

図4・11　X線量と対陰極物質の原子量（レントゲンの取扱い方　裳華房(1981)）

図4・12　X線の強度と電圧(菊地原図)

$$\text{X線の転換効率}=\frac{\text{X線の総エネルギー}}{\text{陰極線総エネルギー}}$$

から，比例定数を η_0 とすると

$$\frac{\eta_0\cdot Z\cdot V^2 I}{V\cdot I}=\eta_0\cdot Z\cdot V \tag{4.3}$$

である（$\eta_0=1.1\times10^{-9}$ である）．これをX線の転換効率という．

【例題4－7】　W陽極で，加速電圧100 kVのときX線の発生効率を求めよ．

【解】　発生効率$=1.1\times10^{-9}\times74\times10^5=81.4\times10^{-4}$　　∴　0.814％となる．残りの約99％は熱にかわってしまうのである．

4・2　放射線の単位

4・2・1　放射線のエネルギー

1 eVはエネルギーの単位で，1.602×10^{-12} ergである．電子だけでなく，他の粒子（α 粒子）や中性子線などにも使われる．

⑴ 放射線の強さ

放射線の強さは放射線の進行方向に垂直な単位面積を毎秒通過するエネルギーをいい，単位は erg/cm^2•s，eV/cm^2•s，W/cm^2 で表される．

⑵ 放射線の量

放射線の量は，放射線の強さを時間で積分したものであって，単位面積あたりのエネルギーであり，単位は erg/cm^2 である．

4・2・2 放射線の用語と単位（表 4•8，表 4•9）

⑴ 照射線量（exposure）

特別単位として 1 R（レントゲン）が使われてきたが，現在では C/kg を使うように改正された．CGS 単位では 1 R とは，乾燥空気 0.001293 g に放射線を照射して，電離作用により空気中に発生したイオン対によって 1 esu の電気量が運ばれるような X 線，γ 線の量ということになる．この 1 R を SI 単位で表わせば「光子（X 線，γ 線）の照射により空気 1 kg あたりに発生する 2 次電子により作られたイオン対の電気量で 2.58×10^{-4} C になるような X 線 γ 線の量」である．1 R 単位は X 線，γ 線のみに使用され，数 KeV～数 MeV のエネルギー範囲に適用される．

標準状態で，電子の電荷を 4.80×10^{-10} esu とすれば，空気 1 ml では 2.083×10^{9} 個のイオン対となり，1 g では 1.61×10^{12} 個となる．これにより，1 R とは空気 1 ml 中に 2.083×10^{9} 個のイオン対を作る X 線，γ 線の量であり，空気 1 g 中に 1.61×10^{12} 個のイオン対を作る X 線，γ 線の量であるということができる．

これを式で表わせば

$$\frac{1\,\mathrm{esu}}{4.802\times10^{-10}}\times\frac{1}{0.001293}=1.610\times10^{12}\ \text{イオン対/g}$$

となる．

空気中に 1 個のイオン対を作るのに必要なエネルギーは 34.0 eV であるから，

1 R のX線は1mlの空気に 7.06×10^4 MeV，1gの空気に 5.47×10^7 MeVのエネルギーを与えることになり，また，$1\,\mathrm{eV}=1.602\times10^{-12}$ ergであるから，1gの空気では87.7ergのエネルギーを与えることになる．これより，1 R とは1mlの空気が 7.06×10^4 MeVのエネルギーを吸収するX線，γ 線の量であるということができ，1gの空気が 5.47×10^7 MeVのエネルギーを吸収するX線，γ 線の量であるということができる．

また，1Rは1gの空気中でX線，γ 線の失ったエネルギーが87.7ergに相当する量であり，軟部組織では98ergに相当する量ということになる．

これを式で表せば

$$34\,\mathrm{eV}\times1.61\times10^{12}=5.47\times10^7\,\mathrm{MeV/g}$$

$$5.47\times10^7\times1.602\times10^{-12}=87.7\,\mathrm{erg/g}$$

となる．空気中に1クーロンの電荷を生ずるのに相当するエネルギーは

$$2.108\times10^{20}\times1.602\times10^{-12}=3.37\times10^8\,\mathrm{erg}\cdot\text{クーロン}$$

$$2.58\times10^{-4}\times3.37\times10^8=8.69\times10^4\,\mathrm{erg/g}$$

である．照射線量をMKS単位で求めてみると

$$1\,R=\frac{1\,\mathrm{esu}}{1\,\mathrm{cm^3}}=\frac{1\,\text{クーロン}}{3\times10^9\times1\,\mathrm{cm^3}}=\frac{1\,\text{クーロン}}{3\times10^9\times0.001293\times10^{-3}\,\mathrm{kg}}$$

$$\therefore\quad 1\,R=2.58\times10^{-4}\,\mathrm{C/kg}\qquad 1\,\text{クーロン}=3\times10^9\,\mathrm{esu}\qquad(4.4)$$

となる．これまでのものをまとめて式で表せば，1 R とは次のように表すことができる．

$$1\,R=\frac{1\,\mathrm{esu}}{0.001293}\ \text{乾燥空気}$$

$$=\frac{1\,\mathrm{esu}}{1\,\mathrm{cm^3}}\ \text{標準状態（0℃，1気圧）}$$

$$=2.083\times10^9\ \text{イオン対}/\mathrm{cm^3}\ \text{標準状態}$$

$$=1.61\times10^{12}\ \text{イオン対}/\mathrm{g}\ \text{乾燥空気}$$

$$=7.07\times10^4\,\mathrm{MeV/cm^3}\ \text{標準状態}$$

$$=5.47\times10^7\,\mathrm{MeV/g}\ \text{乾燥空気}$$

$$=2.58\times10^{-4}\,\mathrm{C/kg}$$

1R のX線，γ 線が空気1kg中に作るイオン対の数は次のようになる．

$$\frac{2.58\times10^{-4}}{1.602\times10^{-19}}=1.61\times10^{15}\ \text{イオン対/kg}$$

(2) 吸収線量

吸収線量の単位はラッド〔rad〕であり，1rad は物質 1g あたり 100erg のエネルギーを吸収するX線，γ 線の量である．この単位はあらゆる物質，あらゆる放射線に用いることができる．

表4・4

人体の放射線の線量（rad）	全身照射の人体への影響
25	臨床症状特になし
50	リンパ球の減少
100～200	宿酔症状
250	30日以内に5％死亡
400	30日以内に50％ 〃
600	30日以内に100％ 〃

$1\,\text{rad}=10^{-2}\,\text{J/Kg}=100\,\text{erg/g}$

$1\,\text{Gy}=100\,\text{rad}$　（Gy：グレイ）

$1\,\text{rad}=100\,\text{erg/g}=6.24\times10^{7}\,\text{MeV/g}$

表4・4は人体に対する吸収線量と全身照射のときの人体への影響を示した．例えば400radの放射線量を全身に照射すると30日以内に50％死亡すること $LD_{50(30)}$ を表している．

(3) 線量当量

線量当量は吸収線量と線質係数QFと補正係数との積で表されるが非常に複雑である（表4・5，表4・7，表4・10）．

$1\,\text{rem}=10^{-2}\,\text{Sv}$（Sv：ジーベルト）

$1\,\text{rem}=1\,\text{rad}\times\text{RBE}$（RBE生物学的効果比）

【例題4－8】　4Ciの ^{60}Co の点線源から30cm離れた地点の1分間の積算線量を求めよ．ただし，^{60}Co の照射線量率定数を $1.32\,\text{R}\cdot\text{m}^2/\text{h}\cdot\text{Ci}$ とする．

【解】　30cmにおける1時間あたりの照射線量を $x\cdot\text{R/h}$ とすれば，

$$x=1.32\times4\times\left(\frac{100}{30}\right)^2=58.67\ \text{R/h}$$

$$\therefore\quad 58.67/60=0.98\ \text{R/min}$$

(4)　放射能

放射性物質が1秒間に1壊変するとき，放射能の強さを1ベクレル〔Bq〕といい，特別単位として1キュリー〔Ci〕を使うこともある．

$$1\,\mathrm{Bq} = \frac{1\,壊変}{1\,秒} \tag{4.5}$$

$$= 2.7 \times 10^{-11}\,\mathrm{Ci}$$

1キュリー〔Ci〕$= 3.7 \times 10^{10}\,\mathrm{Bq} = 3.7 \times 10^{10}\,\mathrm{dps} = 37\,\mathrm{GBq}$

(5)　生物学的効果比（RBE）

表4・5

放射線	X線，γ線，β線	熱中性子	高速中性子	α粒子
RBE	1	5	10	20

放射線の生物に対する効果は放射線の種類や照射される部位によって吸収線量が同じでも異なる．その度合が生物学的効果比（*RBE*）である（表4･5，表4･10）．基準放射線は水中の *LET* が 3 keV/μm，線量率が 0.1 Gy/min の X線，γ線である．また，人体への影響を考慮し，放射線の人体当量を表す単位が rem（レム）である．

$$\mathrm{RBE} = \frac{ある効果を得るのに必要な基準放射線の量\ [\mathrm{rad}]}{同じ効果を得るのに必要な試験放射線の量\ [\mathrm{rad}]}$$

(6)　最大許容集積線量

一定時点における集積線量をいい，科学技術庁告示（第11条）によって算出される数値が定められている．

$$D = 5\ (N - 19)$$

ただし，N は年齢，D は最大許容集積線量〔rem〕

(7)　*W* 値

W 値は各種気体中で，荷電粒子によりイオン対1個を生成するための平均エネルギーであって，空気の *W* 値は34　eV である（表4･6）．

$$W = \frac{E}{N}\ 〔\mathrm{eV}〕$$

表4・6　各種気体のイオン対1個を作るに要する平均のエネルギー（W値）

気体の種類	1keV 以上の電子に対する W〔eV〕	1.82MeV の電子に対する W〔eV〕	5MeV の α 粒子に対する W〔eV〕
He	42.3		42.7
Ne	36.6		36.8
Ar	26.38±0.04	26.66	26.38±0.04
Kr	24.2		24.1
Xe	22.0		21.9
H_2	36.3		36.33±0.07
N_2	35.0	36.68	36.39±0.04
O_2	30.9		32.5
空気	33.88±0.06		34.97±0.05
H_2O	30.02		37.6
CO_2	32.9	34.37	34.5

（アイソトープ手帳 日本アイソトープ協会編(1980)）

(8)　線エネルギー付与（LET）L_Δ（$\mathrm{Jm^{-1}}$, keV/μm）

線エネルギー付与は物質を通過する荷電粒子がその飛程の単位長あたりに局部的に物質に与えるエネルギーをいい，単位はkeV/μmである．200 kVのX線は水において3 keV/μmである（表4•7, 表4•10, 図4•13）．LETは荷電粒子に放して適用される．

表4・7　放射線防護のために用いられる線エネルギー付与（LET）と線質係数QF

水中の LET keV/μm	QF 値
3.5 以下	1
3.5—7.0	1—2
7.0—23	2—5
23—53	5—10
53—175	10—20
175 以上	20

（ICRP Publication 26）

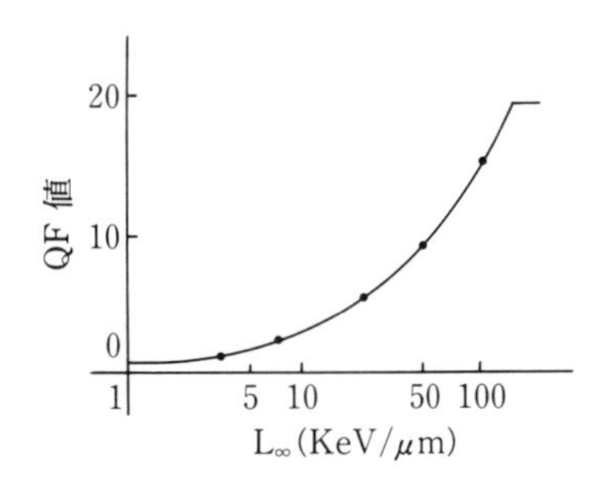

図4・13　LET_∞(KeV/μm)

(9)　粒子フルエンス（流量）Φ

粒子フルエンスは断面積dsの球に入射する粒子の数dNをdsで割ったもの

表4・8　放射線の量および単位に対する表　(NBS Handbook 84. P68)

名　称	記号	次元	単位		
			MKSA	CGS	特殊
付与されたエネルギー(積分吸収線量)		E	J	erg	g　rad
吸収線量	D	EM^{-1}	J kg^{-1}	erg g^{-1}	rad
吸収線量率		$EM^{-1}T^{-1}$	$Jkg^{-1}s^{-1}$	erg $g^{-1}s^{-1}$	rad s^{-1}etc
粒子フルエンスまたはフルエンス(流量)	Φ	L^{-2}	m^{-2}	cm^{-2}	
粒子束密度	φ	$L^{-2}T^{-1}$	$m^{-2}s^{-1}$	$cm^{-2}s^{-1}$	
エネルギーフルエンス	F	EL^{-2}	Jm^{-2}	erg cm^{-2}	
エネルギー束密度または強さ	I	$EL^{-2}T^{-1}$	$Jm^{-2}s^{-1}$	erg $cm^{-2}s^{-1}$	
カーマ	K	EM^{-1}	J kg^{-1}	erg g^{-1}	
カーマ率		$EM^{-1}T^{-1}$	J $kg^{-1}s^{-1}$	erg $g^{-1}s^{-1}$	
照射線量	X	QM^{-1}	C kg^{-1}	esu g^{-1}	R(レントゲン)
照射線量率		$QM^{-1}T^{-1}$	C $kg^{-1}s^{-1}$	esu $g^{-1}s^{-1}$	R s^{-1} など
質量減弱係数	μ/ρ	L^2M^{-1}	m^2 kg^{-1}	cm^2g^{-1}	
質量エネルギー転移係数	$\frac{\mu_{tr}}{\rho}$	L^2M^{-1}	m^2 kg^{-1}	cm^2g^{-1}	
質量エネルギー吸収係数	$\frac{\mu_{en}}{\rho}$	L^2M^{-1}	m^2 kg^{-1}	cm^2g^{-1}	
質量阻止能	$\frac{S}{\rho}$	EL^2M^{-1}	J m^2kg^{-1}	erg cm^2g^{-1}	
線エネルギー付与	L	EL^{-1}	Jm^{-1}	erg cm^{-1}	keV$(\mu m)^{-1}$
1イオン対をつくるための平均エネルギー	W	E	J	erg	eV
放射能	A	T^{-1}	s^{-1}	s^{-1}	Ci(キュリー)
比ガンマ線定数	Γ	QL^2M^{-1}	Cm^2kg^{-1}	esu cm^2g^{-1}	$Rm^2h^{-1}Ci^{-1}$ など
断面積	σ	L^2	m^2	cm^2	b
空気カーマ率定数	Γ_δ	EL^2M^{-1}	J m^2kg^{-1}	erg cm^2g^{-1}	$m^2GyBq^{-1}s^{-1}$
粒子ラジアンス	p		$m^{-2}s^{-1}Sr^{-1}$		
エネルギーラジアンス	r		W $m^{-2}Sr^{-1}$		
シーマ	C		J kg^{-1}		Gy
線量当量	H		J・kg^{-1}	erg・g^{-1}	rem

(注) E：エネルギー　M：質量　L：長さ　T：時間

表4・8を使って，1R/sの照射により5cm^3 の電離箱に流れる電流を求めてみる．
1R/s＝2.58×10^{-4} C・kg^{-1}・s^{-1}，5cm^3×0.001293g・cm^{-3}・×10^{-3}＝6.5×10^{-6}kg，1A＝1C・s^{-1}より〔C・kg^{-1}・s^{-1}〕・〔kg〕＝〔C・s^{-1}〕＝〔A〕となる．故に，2.58×10^{-4}×6.5×10^{-6}＝1.67×10^{-9}＝1.67〔nA〕

表4・9　単位の新旧規則

旧規則	新規則
（旧単位）	（新単位）
キュリー（Ci）	ベクレル（Bq）
レントゲン（R）	クーロン毎キログラム（C/kg）
ラド（rad）	グレイ（Gy）
レム（rem）	シーベルト（Sv）
$1Ci=3.7\times10^{10}Bq$	
$1R=2.58\times10^{-4}C/kg$	
$1rad=10^{-2}Gy$	
$1rem=10^{-2}Sv$	

であり，次の式で表す．単位は cm^{-2}，m^{-2} で表される．

$$\Phi=\frac{dN}{ds}\ [m^{-2}]$$

⑽　エネルギーフルエンス F

エネルギーフルエンスは断面積 ds の球に入射する全粒子エネルギーの総和 dE_{tr} を ds で割ったものであり，次の式で表す．単位は J/cm^2，J/m^2 で表わす．

$$F=\frac{dE_{tr}}{ds}$$

⑾　粒子束密度 φ とエネルギー束密度 I

$$\varphi=\frac{d\Phi}{dt}$$

粒子束密度は，単位時間あたりの粒子フルエンスで，単位は $m^{-2}\cdot s^{-1}$ である．

$$I=\frac{dF}{dt}$$

エネルギー束密度は単位時間あたりのエネルギーフルエンスをよび，単位は $J\cdot m^{-2}\cdot s^{-1}$ で表される．

【例題4－9】　^{137}Cs の点状線源1Ciから放出される放射線の粒子フルエンス率，エネルギー束密度を計算する問題について考えてみよう．

^{137}Cs の壊変図は図7•14のようになっている．ITは核異性体転移である．

表4・10　平均比電離．LET および RBE

平均比電離（水中1ミクロンあたりのイオン対）	RBE	線エネルギー付与(LET) 水中平均1ミクロンあたり(keV)
100以下	1	3.5以下
100～200	1～2	3.5～7.0
200～650	2～5	7.0～23
650～1500	5～10	23～53
1500～5000	10～20	53～175

（ICRP RBE専門委員会(1962)）

このとき放出される γ 線のエネルギーは 0.662 MeV で，^{137m}Ba の内部転換係数は 11 % であり，γ 線の放出割合は 90 % とする．(1) 1 秒間に放出される γ 線の数，(2) ^{137}Cs 線源から 1 m の距離における γ 線の粒子フルエンス率 ϕ，(3)エネルギー束密度 φ を求めよ．

【解】　(1) 1 Ci＝3.7×10^{10} 個/秒，^{137}Cs は 95 % が ^{137m}Ba に移り，その内部転換係数 α は 11 % であるから γ 線の放出割合は

$$\alpha=\frac{\lambda_e}{\lambda_\gamma}=0.11$$

$$\therefore\quad \frac{\lambda_\gamma}{\lambda_\gamma+\lambda_e}=\frac{1}{1+\alpha}=0.90$$

故に，90 % が γ 線，10 % は内部転換電子として放出される．

$$\therefore\quad N=3.7\times10^{10}\times\frac{95}{100}\times\frac{90}{100}=3.163\times10^{10}\ [1/\mathrm{s}]$$

(2)　^{137}Cs は点状線と見なすので，放射線は一点から球状に放射される．半径を r とすれば，球の表面積は $4\pi r^2$ である．

$$\therefore\quad \phi=\frac{N}{4\pi r^2}=\frac{3.163\times10^{10}}{4\times3.14\times100^2}=2.517\times10^5\ [1/\mathrm{s\cdot cm^2}]$$

(3)　エネルギー束密度 φ

$$\varphi=0.662\times2.517\times10^5\ [\mathrm{MeV/s\cdot cm^2}]$$
$$=1.666\times10^5\times1.602\times10^{-19}\times10^6$$
$$=2.669\times10^{-8}\ [\mathrm{J/s\cdot cm^2}]$$

⑿ カーマまたはケルマ（Kerma）$\boldsymbol{K}$

$$K=\frac{dE_{tr}}{dm}\text{〔J/kg〕}$$

カーマはX線や中性子が物質中で二次電子を発生させエネルギーを失う過程で，つまり，非荷電粒子から荷電粒子にエネルギーを伝達する数量的な単位である．

⒀ 質量減弱係数 ……………………………(A)

質量減弱係数はX線光子エネルギーが物質中で単位質量あたりに吸収される割合を表わす．全光子数Nのうち，密度ρ厚さdlの物質内で吸収された光子数dNの比で表わす．単位はm^2/kgである．

$$\frac{\mu}{\rho}=\frac{1}{\rho\cdot dl}\cdot\frac{dN}{N}\text{〔m}^2\text{/kg〕}$$

$$\mu_m=\frac{\mu}{\rho}\text{〔m}^2\text{/kg〕}$$

⒁ 質量エネルギー転移係数 $\boldsymbol{\frac{\mu_{tr}}{\rho}}$ ………(B)

X線光子エネルギーが二次電子によって吸収されるときの，単位質量あたりのエネルギーに転移される割合を表わす．単位はm^2/kgである．

$$\frac{\mu_{tr}}{\rho}=\frac{1}{\rho\cdot dl}\frac{dE_{tr}}{E}\text{〔cm}^2\text{/g〕}$$

⒂ 質量エネルギー吸収係数 $\boldsymbol{\frac{\mu_{en}}{\rho}}$ ………(C)

光電効果，コンプトン効果，電子対創性による電子の運動エネルギーは物質中にすべて吸収されるわけではなく，阻止X線を発生させることもある．

$$\frac{\mu_{en}}{\rho}=\frac{\mu_{tr}}{\rho}(1-G)\text{〔m}^2\text{/kg〕}$$

Gは吸収体中で二次荷電粒子が制動放射によって失うエネルギーの割合である．これら(A)，(B)，(C)の大小関係は次のようになっている．

質量エネルギー吸収係数≦質量エネルギー転移係数≦質量減弱係数

⒃ 全質量阻止能 $\boldsymbol{\left(\frac{S}{\rho}\right)}$

全質量阻止能は電子のようにエネルギーを有する荷電粒子が吸収体中を dl 進む間に失うエネルギーである．これを dE とすると次のようになる．

$$\frac{S}{\rho}=\frac{1}{\rho}\frac{dE}{dl}\ \text{〔J・m}^2\text{/kg〕}$$

【例題 4-10】 リニアックの1 MeV の利用線錐中にある場所で，照射線量率 20 R/min が測定された．同じ位置に筋肉を置き照射すれば最大吸収線量率はいくらか．med は物質，air は空気をさす．

【解】
$$D_{\text{med}}=0.869\frac{\left(\dfrac{\mu_{en}}{\rho}\right)_{\text{med}}}{\left(\dfrac{\mu_{en}}{\rho}\right)_{\text{air}}}\cdot \text{R}=F\cdot\text{R} \tag{4.6}$$

(4.6)式において，光子エネルギー 1 MeV で，筋肉/空気の値は0.956である．

$$\therefore\quad D_{\text{med}}=0.956\,\text{〔rad/R〕}\times 20\,\text{〔R/min〕}=19.12\,\text{〔rad/min〕}$$

$1\ \text{rad}=\dfrac{1}{100}\ \text{J/kg}$ だから

$$D_{\text{med}}=0.19\ \text{〔J/kg/min〕}$$

4・2・3 いくつかの放射線用語

(1) ラム値（Rhm 値）

ラム値は放射性同位元素の線源から 1 m の距離における照射線量率をいう．単位は R/hr である．

(2) γ 線放射定数

γ 線放射定数は単位放射能の γ 線源から，単位距離における γ 線の照射線量率をいい，単位は $\text{R}\cdot\text{m}^2/\text{hr}\cdot\text{Ci}$ である．

(3) 照射線量率定数 ($\text{Rm}^2\text{Ci}^{-1}\text{h}^{-1}$)

照射線量率定数は次の式で表されるものをいう（表 4・11）．

$$\Gamma_\delta=\frac{l^2}{A}\cdot\left(\frac{dx}{dt}\right)_\delta$$

表 4・11 Γ_{20}keV

核種	照射線量率定数
^{24}Na	1.82
^{60}Co	1.30
^{137}Cs	0.34
^{226}Ra	0.83

ただし，l は放射性物質からの距離，A は放射能の強さ，$\left(\frac{dx}{dt}\right)_\delta$ は $E>\delta$ の光子エネルギーの照射線量率である．光子エネルギーには制動放射線，特性X線，γ 線は含めるが自己吸収などは含まれない．δ を決めることは非常に難しいが $\delta=10\,\mathrm{keV}$，$\delta=20\,\mathrm{keV}$ を用いることが多い．

(4)　空気カーマ率定数　Γ_δ〔$\mathrm{m^2Jkg^{-1}}$〕

$$\Gamma_\delta=\frac{l^2}{\mathrm{A}}\cdot\dot{\mathrm{K}}_\delta$$

これを空気カーマ率定数という．l は放射性物質の線源からの距離，A は放射能の強さ，$\dot{\mathrm{K}}_\delta$ は $\mathrm{E}>\delta$ の空気カーマ率〔Gy/s〕である．単位は $\mathrm{m^2GyBq^{-1}s^{-1}}$ でもよい．放射される光子エネルギー E には γ 線，特性X線，制動放射線も含まれる．

(5)　比放射能

比放射能は放射性同位元素（RI）の単位質量あたりの放射能の強さ〔Ci/g〕または〔Bq/g〕をいう．半減期 T〔hr〕，質量数 A である核種1 Ciあたりの質量 Wc〔g〕は次の式で表される．

$$W_C\text{〔g〕}=3.19\times10^{-10}\cdot\mathrm{T}\cdot\mathrm{A}$$

1 Bqあたりの質量 W_b〔g〕は，W_b〔g〕$=8.62\times10^{-21}\cdot\mathrm{T}\cdot\mathrm{A}$ で表す．

(6)　比 γ 線定数

比 γ 線定数は放射性同位元素の線源1 Ciから1 mはなれた点における γ 線の照射線量率をいう．

4・3　X線の減弱

4・3・1　距離の逆二乗の法則

焦点が点光源で，外からの散乱付加がなく，X線の通過経路が均一物質であるとき，X線の強度は距離の逆二乗に比例して減弱する（図4•14）．

$$I_2 = I_1 \times \frac{{d_1}^2}{{d_2}^2}$$

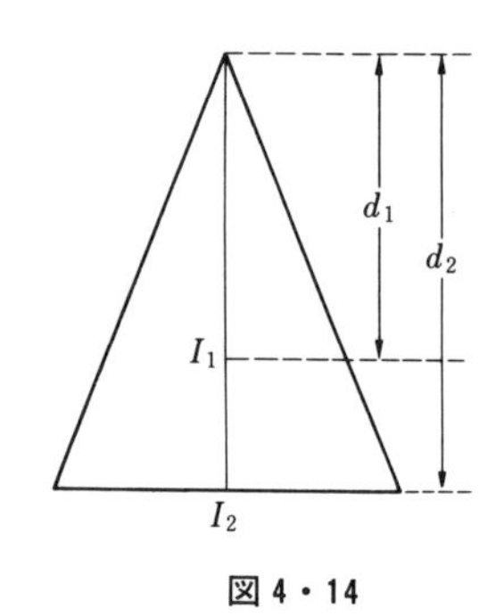

図4・14

【例題4−11】　あるX線の焦点から10 cm離れた位置における照射線量率が1000 R/minであった．このX線管の焦点から1 m離れたところの照射線量率は何R/minか．

【解】　$I_2 = 1000 \times \frac{0.1^2}{1^2} = 10$　（答．10 R/min）

4・3・2　吸収体による減弱

$$I = I_0 e^{-\mu x} \quad \text{または，} \quad I = I_0 \left(\frac{1}{2}\right)^{\frac{x}{x_0}}$$

ただし，μ：吸収係数，x_0：半価層

この式が成り立つためには，次の条件が必要である．X線が単一エネルギーであり，細い線束である．しかし，一般的には連続X線で，広い線束で厚い吸収体である．このような場合，次の式が使われる．

$I = BI_0 e^{-\mu x}$　B：再生係数

$\mu x < 1$ のとき　$B = 1$

$\mu x > 1$ のとき　$B = \mu x$

X線防護の立場からは $B = \mu x + 1$ を使う．

再生係数がある場合，減弱曲線は図4•15のような形になる．グラフはある値のところまで初めの値より大きくなっている．これは広い線束の連続X線がコンプトン効果によって散乱されるため，X線の強さはある値まで大きくなり，以後減少する．

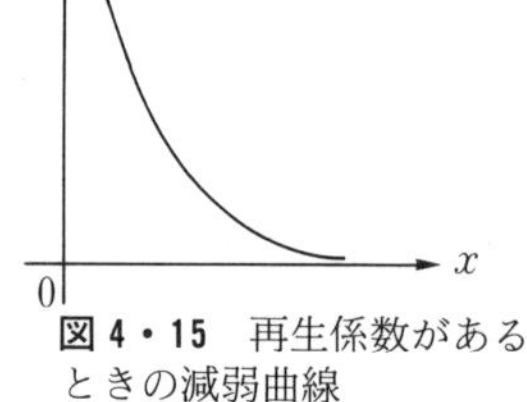

図4・15　再生係数があるときの減弱曲線

4・3・3　吸収係数

質量吸収係数　$\mu_m = \frac{\mu_l}{\rho}$

原子吸収係数　$\mu_a=\frac{\mu_l}{\rho}\cdot\frac{A}{N}$

電子吸収係数　$\mu_e=\frac{\mu_l}{\rho}\cdot\frac{A}{NZ}$

ここに，μ_l：線吸収係数

4・3・4　吸収の式

表面におけるX線の強さを I_0 とする．表面からx〔cm〕の点におけるX線の強度を I とする．この点からさらに dx〔cm〕進むとX線の強度は dI に減弱する（図4・16）．こうすると，dI は I，dx に比例する．比例定数を $-\mu$ とすれば

$$dI=-\mu Idx$$

$$\therefore\quad \frac{dI}{I}=-\mu dx$$

積分すると $\int\frac{dI}{I}=-\mu\int dx+c$

よって，$\log_e I=-\mu x+c=\log_e e^{-\mu x+c}$

$$\therefore\quad I=e^c\cdot e^{-\mu x}$$

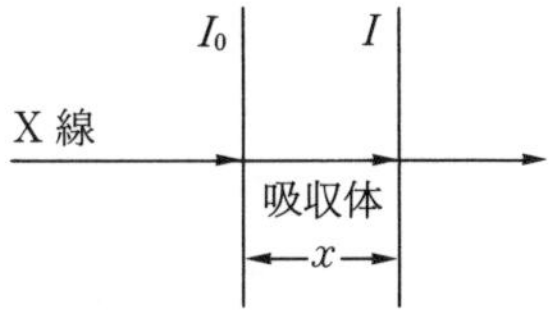

I_0　I
X線
吸収体
x

図4・16　X線の吸収

ここで，$x=0$ のとき $I=I_0$ とすれば，$I=I_0e^{-\mu x}$　(4.7)

次に，半価層を求める．X線の強さが初めの半分になる吸収体の厚さを半価層という．

$$I=\frac{1}{2}I_0$$

よって，$\frac{1}{2}I_0=I_0e^{-\mu \mathrm{X}}$　$\therefore$　$\frac{1}{2}=e^{-\mu \mathrm{X}}$（$X$：半価層）

$$\log_e\frac{1}{2}=\log_e e^{-\mu \mathrm{X}}$$

故に，$\mu\cdot X=\log_e 2$　$\log_e 2=0.69315$　(4.8)

また，$\mu=\frac{0.69315\cdots}{X}$ を(4.7)式に代入すると

$$I=I_0e^{-\frac{0.69315}{X}\cdot x}=I_0e^{-0.6931\cdots\cdot\frac{x}{X}}$$

$$\therefore \quad I = I_0\left(\frac{1}{2}\right)^{\frac{x}{X}} \qquad (4.9)$$

(4.9) 式はもっともよく利用される.

【例題 4-12】 線吸収係数 μ を $0.03\,\mathrm{cm}^{-1}$ とするとき，物質の厚さ 0.5 cm，1.5 cm，20 cm を X 線が透過するときの透過率を求めよ.

【解】 $\dfrac{I}{I_0}=e^{-\mu x}$ より　$e^{-0.03\times0.5}=e^{-0.015}\fallingdotseq 1-0.015=0.985$　$\therefore$ 98.5 %

1.5 cm のときも同様に　$e^{-0.045}\fallingdotseq 1-0.045=0.955$　$\therefore$ 95.5 %

20 cm のとき　$e^{-0.6}=0.548$　$\therefore$ 54.8 %

【例題 4-13】 1 MeV の γ 線の質量吸収係数が $0.0635\,\mathrm{cm^2/g}$ である. $0.5\,\mathrm{g/cm^2}$ の厚さの炭素板に投射した時の γ 線の透過率はいくらか.

【解】 $0.0635\times0.5=0.031$

$\therefore \quad e^{-0.031}\fallingdotseq 1-0.031=0.968$

$\therefore$ 96.8 %

【例題 4-14】 ある単色 X 線について，半価層が 2 mm のとき減弱係数はいくらか. また，密度 ρ が $11.3\,\mathrm{g/cm^3}$，質量吸収係数が $0.5\,\mathrm{cm^2/g}$ であるとき，半価層を求めよ.

【解】 $\mu\cdot x_{1/2}=0.693$ から　$\mu=\dfrac{0.693}{0.2}=3.465\,[\mathrm{cm}^{-1}]$

$$x_{1/2}=\frac{0.693}{\mu_l}=\frac{0.693}{\rho\mu_m} \text{ から } \quad x_{1/2}=\frac{0.693}{11.3\times0.5}=0.122\,[\mathrm{cm}]$$

【例題 4-15】 ある単色 X 線の半価層が 2.0 mmAl であるとき，この強度を $\dfrac{1}{8}$ に減らすために必要なアルミニウムの厚さはいくらか.

【解】 $\left(\dfrac{1}{8}\right)=\left(\dfrac{1}{2}\right)^3=\left(\dfrac{1}{2}\right)^{\frac{x}{2}}$　$3=\dfrac{x}{2}$

$\therefore \quad x=6\,[\mathrm{mm}]$

【例題 4-16】 ある単色 X 線が厚さ 1 cm の物質を通過したら線量率が 1 % に減弱した. この X 線の半価層は何 mm か.

【解】　$I=100\left(\frac{1}{2}\right)^{\frac{10}{x}}$

$$x=\frac{10}{2}\cdot\log_{10}2=1.5\ \text{〔mm〕}$$

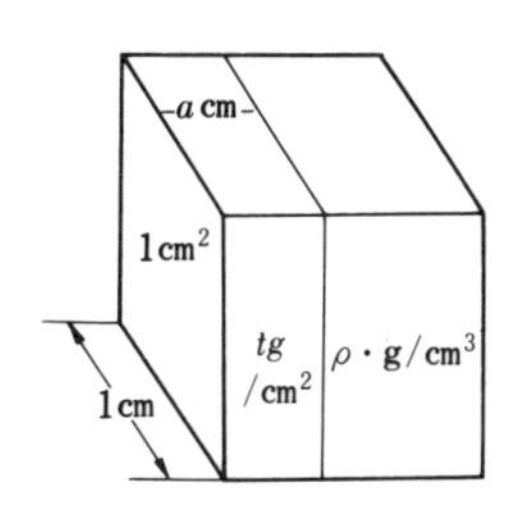

図 4・17

4・3・5　物質の厚さ

a〔cm〕と t〔g/cm²〕の関係（図 4•17）

長さ a〔cm〕，密度 ρ〔g/cm³〕とすれば

$$a\times\rho=t\ \text{〔g/cm}^2\text{〕}$$

$$a=\frac{t}{\rho}\ \text{〔cm〕}$$

t〔g/cm²〕は密度 ρ を媒介とした物質の厚さである．

4・3・6　X 線の線質

(1)　波長の短い X 線から波長の長い X 線まで含まれている連続 X 線の線質の変化の原因

1．銅板，アルミニウム板，亜鉛板などで作った固有のフィルター

2．陽極物質の原子番号

3．陽極と陰極間の管電圧

(2)　連続 X 線の線質の表示方法

1．半価層

2．実効波長

3．実効エネルギー

4．X 線スペクトルの分布状態

(3)　一定エネルギーとみなせる X 線の減弱曲線

1．単一エネルギーの X 線を吸収体に照射したときの線量率と吸収体の厚さの変化

縦軸；線量率 I_0/I，横軸；吸収体の厚さ．

2．吸収体の吸収係数を μ とすると次の指数関数の式になる．

$$I=I_0e^{-\mu x}$$

(4) 普通方眼紙と半対数方眼紙の比較（図 4•18(a)，(b)）

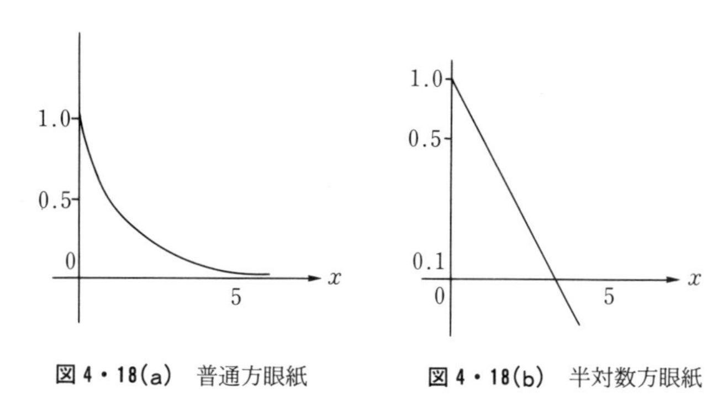

図 4・18(a) 普通方眼紙　　**図 4・18(b)** 半対数方眼紙

(5) 半対数方眼紙における傾き

$$I=I_0e^{-\mu x}$$

より

$$\frac{I}{I_0}=e^{-\mu x}$$

$$\log_{10}\left(\frac{I}{I_0}\right)=\log_{10}e^{-\mu x}=-\mu x\cdot\log_{10}e$$

$$\therefore\quad \log_{10}\left(\frac{I}{I_0}\right)=-0.4343\cdot\mu x$$

ここで，$Y=\log_{10} I$，$Y_0=\log_{10} I_0$ とおく．

$$Y=Y_0-0.4343\mu x$$

これより，半対数方眼紙に描くと Y 軸上の点 Y_0 から傾きが-0.4343μ の直線となる（図 4•18(b)）．

(6) 連続 X 線

吸収体が厚くなってくると吸収係数が小さくなる．そのため中だるみの曲線となる．また，再生係数がある場合は直線とならない（図 4•18(c)，(d)）．

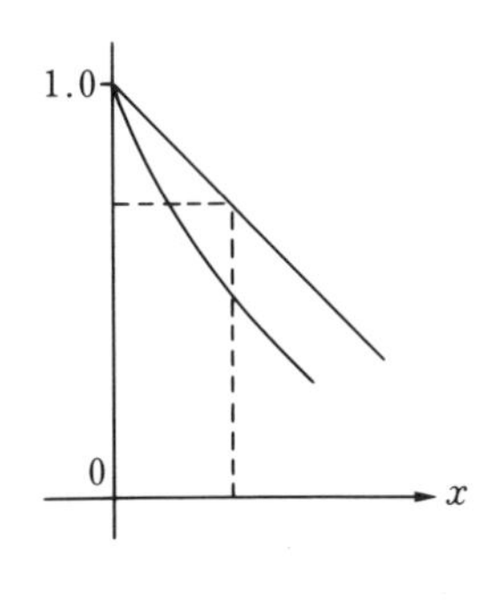

図 4・18(c)　連続 X 線

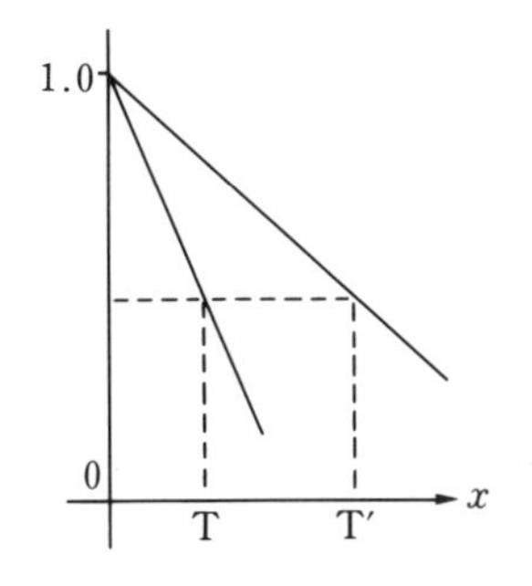

図 4・18(d)　半価層による比較

4・4　X 線と物質の相互作用

X 線の吸収は二つの減弱の機構によると考えられる．その 1 つは，X 線が実際物質内で消費されて X 線の形を失う現象で，これを真の吸収ともいう．もう一つは，エックス線としてエネルギーは保存されているが，進行方向から曲げられ，すなわち散乱され，それだけ測定器に入る X 線が減少することに原因する．これを散乱吸収という．

真の吸収は，次の 3 つの過程によってきまる．

1．光電効果（光電吸収）

2．コンプトン効果（散乱吸収）

3．電子対生成

4・4・1　光電効果

プランクはエネルギースペクトルを説明するため，光は $h\nu$ を単位とするエネルギー粒子であるという説を発表した．その後アインシュタインは $h\nu$ を光量子と名づけ光電効果を説明したので，これをアインシュタインの光量子説と

いう．光は光量子といわれる一種のエネルギー粒子となり光速度で伝わる．このエネルギーをEで表すと

$$E=h\nu \tag{4.10}$$

である．ただし，h：プランク定数，ν：光量子の振動数

光量子は物質粒子と同じように運動量pを持っているが静止質量を持たない．

$$p=mc,\quad pc=mc^2=E$$

$$\therefore\quad p=\frac{E}{c}=\frac{h\nu}{c} \tag{4.11}$$

$$\therefore\quad m=\frac{E}{c^2}=\frac{h\nu}{c^2} \tag{4.12}$$

と表され，c：光速度，λ：光量子の波長である．しかし，相対論で表される運動質量$\frac{h\nu}{c^2}$を持っている．

$h\nu$のエネルギーを持った1個の光子が金属の電子にぶつかると，そのエネルギーの全部を電子に与える．したがってエネルギーを得た電子は束縛力に打ち勝って金属外に飛び出す．この現象が光電効果である．

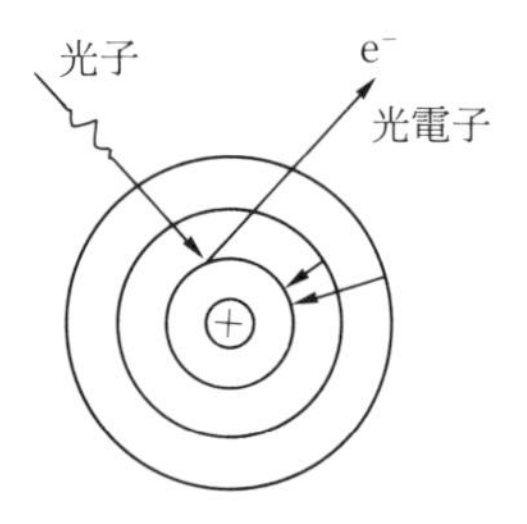

図4・19　光電効果

すなわち，金属の表面に光が当たると金属の表面から電子が飛び出す．この時飛び出した電子を光電子という（図4･19）．

光電効果が生ずるためには，金属ごとに決まった波長より短い波長の光を当てなければならない．この波長を限界波長という．飛び出した電子の持つ最大エネルギーは光の強さに無関係で振動数と共に大きくなる．光電効果の起きる確率は光子エネルギーの増大とともに減少する．

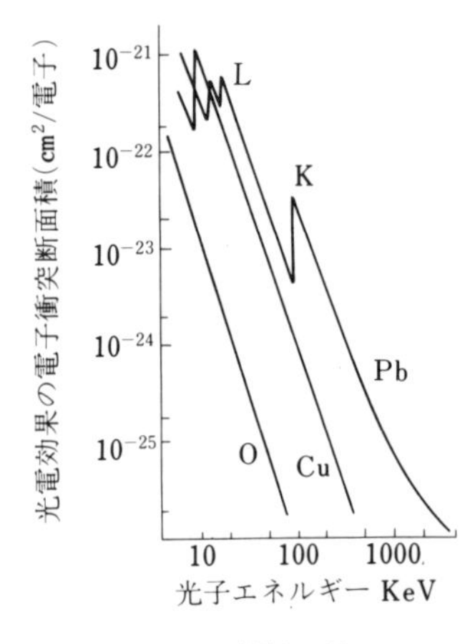

図4・20

原子番号を Z とすると光電効果の起る割合は $\frac{Z^5}{\nu^{\frac{7}{2}}}$ に比例して大きくなる（図4•20）．

表4・12

物質	仕事関数(eV)	限界波長(Å)
Cs	1.38	9000
K	1.61	7700
Na	2.11	5900
Ca	2.76	4500
Al	3.03	4100
Ag	3.69	3400
Zn	3.91	3180
Cu	4.14	3000
Cr	4.18	2970
Mo	4.40	2820
Pt	4.44	2800
Hg	4.47	2620
W	4.50	2600
Au	4.90	2530

(1)　**限界波長，仕事関数**（表4•12）

電子が金属外に飛び出すために必要なエネルギーを W_0，飛び出した電子の持つ運動エネルギーを E とするとエネルギーの保存則から（光子エネルギーを $h\nu$ とする）．

$$h\nu = E + W_0$$

W_0 を仕事関数という．また，電子の質量を m，飛び出す電子の速度を v とする．

$$\frac{1}{2}mv^2 = h\nu - W_0 = \frac{hc}{\lambda} - W_0$$

電子が飛び出すためには $E>0$ であるから $\frac{1}{2}mv^2>0$ である．故に，$W_0 = h\nu_0$ で決まる ν_0 より大きい振動数の光を当てると光電効果が起きることになる．波長で表せば

$$\lambda_0 = \frac{c}{\nu_0} = \frac{hc}{W_0} \tag{4.13}$$

で決まる波長 λ_0 より短い波長のとき光電効果が生じる．この λ_0 が限界波長である．仕事関数 W_0 を光量子エネルギー $h\nu_0$ を用いて表せば

$$\frac{1}{2}mv^2 = h\nu - h\nu_0 = h(\nu - \nu_0) \tag{4.14}$$

ν が ν_0 より大きいほど光電子の運動エネルギーは大きくなる．また $\nu>\nu_0$ であれば弱い光でも光電効果は起きる．

(2)　**吸収端**（表4•13）

電子のイオン化エネルギーを I，吸収した入射X線のエネルギーを $h\nu$ とす

表 4・13　X線放射エネルギーと吸収端　（アイソトープ手帳(1989)）

原子番号	元素名	K series[keV]				L series[keV]	
		K_{ab}	$K_{\beta 1}$	$K_{\alpha 1}$	$K_{\alpha 2}$	L_{IIIab}	$L_{\alpha 1}$
1	H	0.014					
2	He	0.025					
3	Li	0.055		0.054			
4	Be	0.112		0.108			
5	B	0.191		0.183			
6	C	0.285		0.277			
7	N	0.410		0.392			
8	O	0.543		0.525			
9	F	0.697		0.677			
10	Ne	0.870		0.849		0.022	
11	Na	1.072		1.041		0.030	
12	Mg	1.303	1.30	1.254		0.049	
13	Al	1.558	1.56	1.487	1.486	0.073	
14	Si	1.839	1.84	1.790	1.739	0.099	
15	P	2.149	2.14	2.014	2.013	0.135	
16	S	2.472	2.46	2.307	2.307	0.164	
17	Cl	2.823	2.82	2.622	2.621	0.200	
18	Ar	3.206	3.190	2.958	2.956	0.249	
19	K	3.608	3.590	3.314	3.311	0.295	
20	Ca	4.039	4.014	3.692	3.688	0.347	0.341
21	Sc	4.490	4.461	4.091	4.066	0.399	0.395
22	Ti	4.966	4.933	4.511	4.505	0.455	0.452
23	V	5.466	5.429	4.952	4.945	0.513	0.510
24	Cr	5.991	5.948	5.415	5.406	0.576	0.571
25	Mn	6.538	6.491	5.899	5.888	0.639	0.636
26	Fe	7.111	7.058	6.404	6.391	0.708	0.704
27	Co	7.711	7.652	6.930	6.915	0.781	0.775
28	Ni	8.332	8.266	7.478	7.961	0.854	0.849
29	Cu	8.981	8.905	8.048	8.028	0.933	0.928
30	Zn	9.661	9.572	8.639	8.616	1.022	1.009
31	Ga	10.367	10.264	9.258	9.225	1.117	1.096
32	Ge	11.104	10.982	9.886	9.855	1.217	1.186
33	As	11.867	11.729	10.544	10.508	1.323	1.282
34	Se	12.658	12.496	11.222	11.181	1.436	1.379
35	Br	13.474	13.292	11.924	11.878	1.550	1.480
36	Kr	14.326	14.112	12.649	12.598	1.678	1.587
37	Rb	15.200	14.961	13.395	13.336	1.805	1.694
38	Sr	16.105	15.836	14.165	14.098	1.940	1.806
39	Y	17.039	16.738	14.958	14.883	2.060	1.922
40	Zr	18.000	17.667	15.775	15.691	2.225	2.042
41	Nb	18.983	18.623	16.615	16.521	2.368	2.166
42	Mo	20.000	19.607	17.479	17.374	2.520	2.293
43	Tc	21.044	20.619	18.367	18.251	2.677	2.424
44	Ru	22.117	21.656	19.279	19.150	2.838	2.558
45	Rh	23.220	22.724	20.216	20.074	3.004	2.696
46	Pd	24.350	23.819	21.177	21.020	3.174	2.838
47	Ag	25.514	24.941	22.163	21.990	3.352	2.984
48	Cd	26.711	26.094	23.174	22.984	3.538	3.133

49	In	27.940	27.276	24.210	24.002	3.730	3.287
50	Sn	29.200	28.485	25.271	25.014	3.929	3.444
51	Sb	30.491	29.725	26.359	26.111	4.132	3.605
52	Te	31.814	30.995	27.472	27.202	4.341	3.769
53	I	33.170	32.295	28.612	28.317	4.557	3.937
54	Xe	34.566	33.625	29.779	29.458	4.787	4.111
55	Cs	35.985	34.987	30.973	30.625	5.012	4.286
56	Ba	37.441	36.378	32.194	31.817	5.247	4.467
57	La	38.925	37.801	33.442	33.034	5.483	4.651
58	Ce	40.444	39.258	34.720	34.279	5.724	4.840
59	Pr	41.991	40.748	36.026	35.550	5.965	5.034
60	Nd	43.569	42.271	37.361	36.847	6.208	5.230
61	Pm	45.185	43.821	38.725	38.171	6.465	5.431
62	Sm	46.835	45.41	40.118	39.522	6.717	5.631
63	Eu	48.519	47.033	41.542	40.902	6.977	5.846
64	Gd	50.239	48.688	42.996	42.309	7.243	6.059
65	Tb	51.996	50.382	44.482	43.744	7.515	6.275
66	Dy	53.788	52.109	45.998	45.208	7.790	6.495
67	Ho	55.618	53.882	47.547	46.700	8.071	6.720
68	Er	57.486	55.67	49.128	48.221	8.358	6.948
69	Tm	59.390	57.507	50.742	49.773	8.648	7.181
70	Yb	61.332	59.383	52.389	51.354	8.943	7.414
71	Lu	63.314	61.29	54.070	52.965	9.244	7.654
72	Hf	65.351	63.243	55.790	54.611	9.561	7.898
73	Ta	67.413	65.222	57.532	56.277	9.881	8.145
74	W	69.523	67.245	59.318	57.982	10.205	8.396
75	Re	71.675	69.308	61.140	59.718	10.535	8.651
76	Os	73.871	71.413	63.000	61.487	10.871	8.910
77	Ir	76.111	73.56	64.896	63.287	11.215	9.173
78	Pt	78.395	75.749	66.832	65.122	11.564	9.441
79	Au	80.722	77.979	68.804	66.989	11.918	9.711
80	Hg	83.103	80.256	70.819	68.895	12.284	9.987
81	Tl	85.529	82.572	72.872	70.832	12.657	10.266
82	Pb	88.005	84.939	74.969	72.805	13.035	10.549
83	Bi	90.526	87.349	77.108	74.815	13.418	10.836
84	Po	93.105	89.803	79.290	76.862	13.814	11.128
85	At	95.730	92.304	81.52	78.95	14.214	11.424
86	Rn	98.400	94.862	83.78	81.07	14.619	11.724
87	Fr	101.140	97.477	86.10	83.23	15.031	12.029
88	Ra	103.920	100.128	88.47	85.43	15.444	12.338
89	Ac	106.760	102.851	90.884	87.67	15.871	12.650
90	Th	109.650	105.604	93.350	89.953	16.300	12.966
91	Pa	112.600	106.426	95.868	92.29	16.733	13.291
92	U	115.610	111.306	98.439	94.665	17.168	13.613
93	Np	118.680	114.245	101.07	97.08	17.608	13.945
94	Pu	121.820	117.258	103.76	99.55	18.057	14.279
95	Am	125.030	120.363	106.52	102.08	18.504	14.618
96	Cm	128.220	123.423	109.29	104.44	18.930	14.961
97	Bk	131.590	126.613	112.14	107.21	19.452	15.309
98	Cf	135.960	130.851	116.03	110.71	19.930	15.661
99	Es	139.490	134.238	119.08	113.47	20.410	16.018
100	Fm	143.090	137.693	122.19	116.28	20.900	16.379

(C.M.Lederer, V.S. Shirley, ed., “Table of Isotopes” 7th ed. (1978) による)

る.

$$E = h\nu - I = 0$$

となり, $h\nu = I$ のところで光子エネルギーは消費され吸収が急激に大きくなる. すなわち, 吸収端があらわれる. 表4・13から鉛にたいして, K吸収端は88 keV, L吸収端は13 keVである (図4•20).

(3) 特性X線の放出

光子エネルギーがある大きさになるとどの軌道電子も飛び出させることができることになるが, エネルギー準位の最も低い軌道電子がほとんどである.

K殻は約80%, L殻は約20%である. K殻軌道電子がはじき飛ばされ, 空席になると外側軌道電子が次々に落ちてくるとエネルギー差である余分のエネルギーが放出される. エネルギー準位の低い方を E_n, エネルギー準位の高い方を E_m とすれば, 次の式で表される光量子

$$h\nu = E_m - E_n$$

が放出される. これが特性X線である (表4•3).

【例題4-17】 100 KeVの光子がタングステンに対して光電効果を起こした. K殻電子とL殻電子の結合エネルギーを69.5 KeV, 10.9 KeVとする. 特性X線のエネルギーと光電子の運動エネルギーを求めよ.

【解】 特性X線のエネルギー (Kα線) 69.5−10.9=58.6 KeV

K殻電子に光電効果を起こしたとき

$$100 - 69.5 = 30.5\ \text{KeV}$$

L殻電子に光電効果を起こしたとき

$$100 - 10.9 = 89.1\ \text{KeV}$$

【例題4-18】 光電効果の実験により限界電位差が 3.4×10^{14}/sで0〔V〕, 5.4×10^{14}/sで0.83〔V〕を得た. 電子の電荷を 1.602×10^{-19} クーロンとしてプランク定数, 仕事関数を求めよ.

【解】 $eV - eV_0 = h\nu - h\nu_0$

$$\therefore \quad h=\frac{e(V-V_0)}{\nu-\nu_0}=\frac{1.602\times10^{-19}\times0.83}{(5.4-3.4)\times10^{14}}\fallingdotseq6.6\times10^{-34}\text{J・s}$$

$$W_0=h\nu_0=6.6\times10^{-34}\times3.4\times10^{14}/1.602\times10^{-19}\fallingdotseq1.4\,\text{eV}$$

4・4・2　コンプトン（Compton）効果

X線が散乱されるとき，散乱線の波長は入射線の波長に等しいはずであるが，コンプトンにより次のようなことが発見された．散乱線の中には入射線の元来の波長の外に長くなった波長が存在する．また，その波長の伸びの大きさは散乱角によってかわる．同一角に散乱された場合，散乱体は何であっても同じである．同一エネルギーの光量子については原子番号に比例して起こる．コンプトン効果の起きる確率は，入射光子エネルギーが増大すると減少する（図4・21）．

コンプトン散乱の特徴は，入射X線光子，散乱X線光子が純粋に粒子的本質を持っていることである．X線は光子であり，光量子の流れである．また光子は一定のエネルギーを持ち一定の運動量を持っている．

光子を粒子的性質のものと考え，電子との相互作用をあたかも2個の弾性球の衝突の場合と同様に取り扱い，衝突の前後における過程でエネルギー保存則，運動量保存則を用いてコンプトン効果を説明することができる（図4・22）．

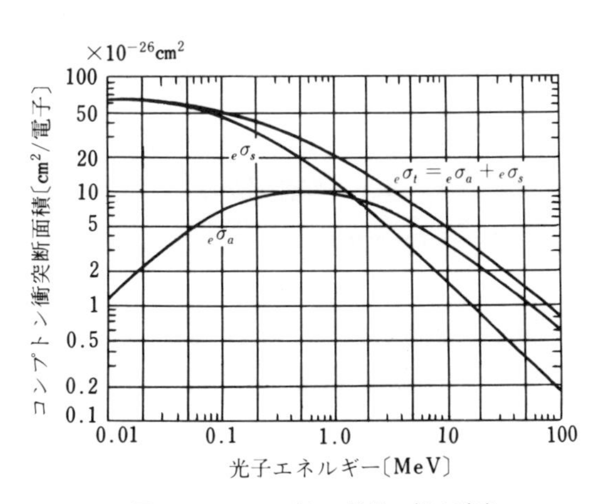

図4・21　コンプトン効果の起る確率

光子は，光速度で運動しているものであるから粒子として少なくとも特別な性質を持っている．しかるに，速度 v で運動している粒子の質量 m は m_0 を静止質量とすれば

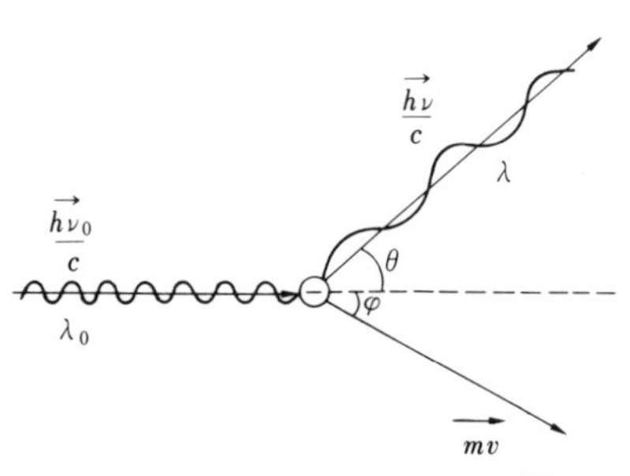

	光子	電子
衝突前の運動量	$\frac{h\nu_0}{c}$	0
〃 後 〃	$\frac{h\nu}{c}$	mv
衝突前のエネルギー	$h\nu_0$	m_0c^2
〃 後 〃	$h\nu$	mc^2

図4・22　コンプトン効果

$$m=\frac{m_0}{\sqrt{1-\beta^2}} \qquad \beta=\frac{v}{c}$$

である．光子においては $v=c$ であるから，$\beta=1$ となる．故に光子の静止質量を0と決める．

また，この場合運動量 p は

$$p=mv(v=c) \qquad \therefore \quad pc=mc^2=E$$

$$\therefore \quad p=\frac{E}{c},\ E=h\nu \text{ であるから} \quad p=\frac{h\nu}{c}$$

と表すことができる．

電子は衝突前には静止しているものと仮定する．故に光子との衝突前の運動量は0である．光子の初めの運動量は $\frac{h\nu_0}{c}$ であり，衝突後の運動量は $\frac{h\nu}{c}$，電子の運動量は mv である（図4・22の表）．

まず，エネルギー保存則から

$$h\nu_0+m_0c^2=h\nu+mc^2$$

$$\therefore \quad mc^2=h(\nu_0-\nu)+m_0c^2$$

両辺を2乗すると

$$(mc^2)^2=(h\nu_0)^2+(h\nu)^2-2h^2\nu_0\nu+(m_0c^2)^2+2hm_0c^2(\nu_0-\nu) \quad (4.15)$$

次に運動量保存則から

$$\frac{h\nu_0}{c}=\frac{h\nu}{c}+mv$$

∴　$m\overrightarrow{v}c = \overrightarrow{h\nu_0} - \overrightarrow{h\nu}$ この式に余弦法則を使って

$$(mvc)^2 = (h\nu_0)^2 + (h\nu)^2 - 2h^2\nu_0\nu\cos\theta \tag{4.16}$$

これら(4.15)(4.16)の二つの式を引き算する.

$$(mc^2)^2 - (mvc)^2 = (m_0c^2)^2 - 2h^2\nu_0\nu(1-\cos\theta) + 2hm_0c^2(\nu_0-\nu)$$

ここで，左辺は次のように変形される.

$$(mc^2)^2 - (mvc)^2 = (mc^2)^2\left(1-\frac{v^2}{c^2}\right) = (m_0c^2)^2$$

故に，次の式のように簡単になってしまう.

$$m_0c^2(\nu_0-\nu) = h\nu_0\nu(1-\cos\theta)$$

$$\therefore \quad c(\nu_0-\nu) = \frac{h\nu_0\nu}{m_0c}(1-\cos\theta)$$

コンプトン波長の伸びの式は

$$\lambda - \lambda_0 = \frac{h}{m_0c}(1-\cos\theta) \tag{4.17}$$

また，エネルギーの減少は

$$h(\nu_0-\nu) = \frac{h^2\nu_0\nu}{m_0c^2}(1-\cos\theta)$$

$$\therefore \quad h\nu = \frac{h\nu_0}{1+\dfrac{h\nu_0}{m_0c^2}(1-\cos\theta)} \tag{4.18}$$

特に，$\dfrac{h}{m_0c}$ は電子のコンプトン波長といわれ，次の値である.

$$\frac{6.6\times10^{-27}}{9.1\times10^{-28}\times3\times10^{10}} = 0.024\,\text{Å}$$

(4.17)式を用いて散乱角0°, 90°, 180°のとき $\Delta\lambda$ を求める.

$\theta = 0°$のとき　$\Delta\lambda = \lambda - \lambda_0 = 0$

$\theta = 90°$のとき　$\Delta\lambda = 0.024\,\text{Å}$

$\theta = 180°$のとき　$\Delta\lambda = 0.048\,\text{Å}$

コンプトン電子の運動エネルギー E は

$$E = \frac{2m_0c^2\alpha^2\cos^2\varphi}{1+2\alpha+\alpha^2\sin^2\varphi} \qquad \varphi\text{は電子の反跳角，}\alpha = \frac{h\nu_0}{m_0c^2}$$

$$E=\frac{h\nu_0\alpha(1-\cos\theta)}{1+\alpha(1-\cos\theta)}$$

φ と θ の関係は次の式で表される．

$$\tan\varphi=\frac{\cot\dfrac{\theta}{2}}{1+\dfrac{h\nu}{m_0c^2}}$$

【例題 4－19】　光子エネルギーが1.02 MeVのとき，コンプトン反跳電子の最大エネルギーはいくらか（図4･23）．

【解】　散乱角 $\theta=180^\circ$のとき最大になるから $\cos 180^\circ=-1$ として

$$1-\cos\theta=2$$

また，$\alpha=\frac{h\nu_0}{m_0c^2}=\frac{1.02}{0.51}=2$

$$\therefore\quad E=\frac{h\nu_0\cdot\alpha(1-\cos\theta)}{1+\alpha(1-\cos\theta)}=\frac{1.02\times2\times2}{1+2\cdot2}=0.8\,(\mathrm{MeV})$$

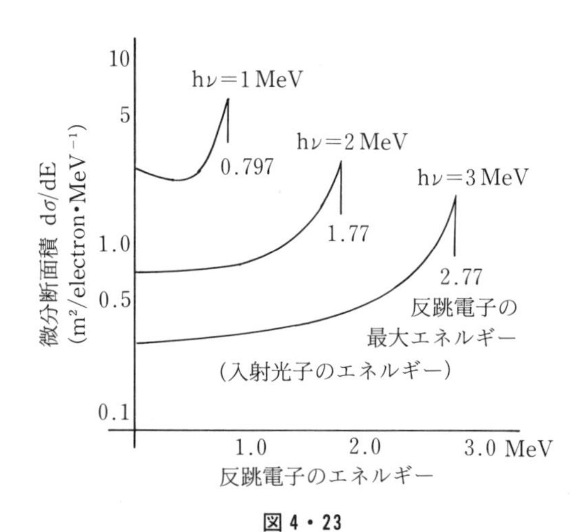

図 4・23

【例題 4－20】　入射光子エネルギーが1.02 MeV，10.2 MeVのとき散乱方向によるエネルギー変化を図4･24に矢印で記入せよ．その先端をなめらかにつなぐとどんな曲線になるか．

【解】　$h\nu=\dfrac{h\nu_0}{1+\dfrac{h\nu_0}{m_0c^2}(1-\cos\theta)}$ の式において

$h\nu_0=1.02$，$m_0c^2=0.51$ とし，θ に 0°, 30°, 60°, 180° として代入して計算する．楕円になることがわかるであろう．

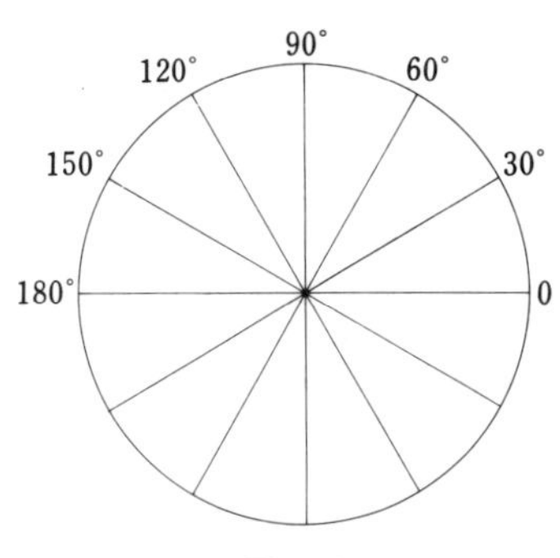

図4・24

⑴　**コンプトン散乱の微分断面積**

$$\frac{d\sigma}{d\Omega}=\frac{1}{2}r_0{}^2\left(\frac{\nu}{\nu_0}\right)^2\left(\frac{\nu_0}{\nu}+\frac{\nu}{\nu_0}-\sin^2\theta\right) \tag{4.19}$$

$$r_0=\frac{e^2}{m_0c^2}=2.817\times10^{-13}\,\text{cm}\quad \text{電子の古典半径}$$

これをクライン・仁科の式という．角度 θ 方向の微少立体角 $d\Omega$ の中に散乱される光子数に対する電子1個あたりの微分断面積

$$E=\frac{2m_0c^2\alpha^2\cos^2\varphi}{1+2\alpha+\alpha^2\sin^2\varphi}=\frac{h\nu\alpha(1-\cos\theta)}{1+\alpha(1-\cos\theta)} \tag{4.20}$$

(4.20) 式とクライン・仁科の式 (4.19) 式を組み合わせて

$$\frac{d\sigma}{d\Omega}=\frac{1}{2}\cdot r_0{}^2\left\{\frac{1}{1+\alpha(1-\cos\theta)}\right\}^2\left\{1+\cos^2\theta+\frac{\alpha^2(1-\cos\theta)^2}{1+\alpha(1-\cos\theta)}\right\}$$

$\alpha\ll1$，$h\nu\ll mc^2$ の場合

$$\frac{d\sigma}{d\Omega}\fallingdotseq\frac{1}{2}r_0{}^2(1+\cos^2\theta)$$

となり，これはトムソン (Thomson) 散乱の微分断面積である．

4・4・3　電子対生成

1.02 MeV 以上のエネルギーをもつ光子が原子核の近くを通り，これと相互作用をおよぼし合うとき光量子が消滅し，電子と陽電子が生成される．この現象を電子対生成という（図 4•25）．電子対創生ということもある．

陽電子とは質量は電子と同じであるが電荷は電子と逆の正の電気を持っている．

$$h\nu = 2m_0c^2 + T(e^-) + T(e^+)$$

光量子のエネルギーの一部は電子対生成に使われ，残りのエネルギーは，陰陽電子の運動エネルギーとして与えられる（図 4•26）．

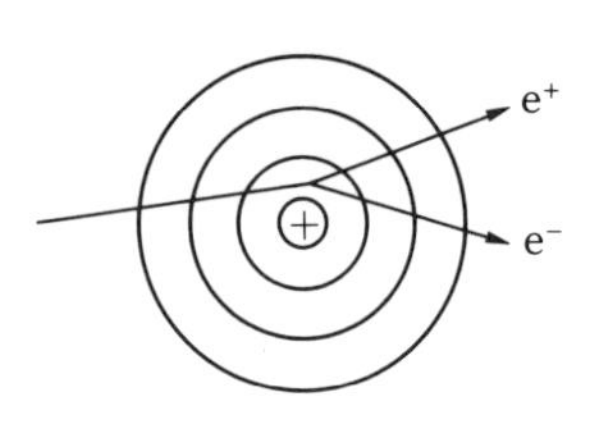

図 4・25　電子対生成

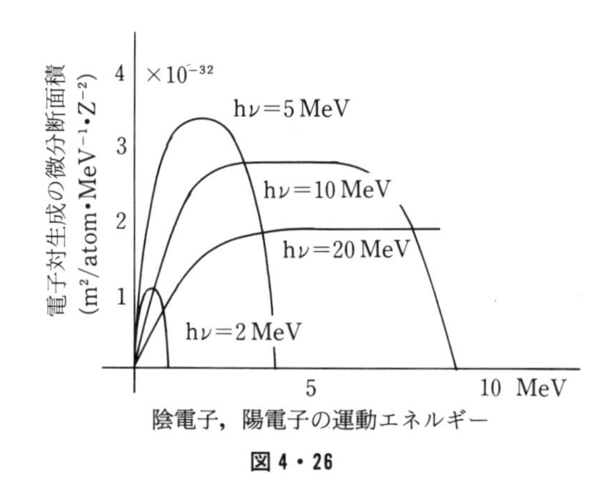

図 4・26

陽電子は衝突をくりかえしながら運動エネルギーを失ってゆく．ほとんど 0 の付近で陰電子と結合して消滅して，2 本の γ 線が放出される．これを消滅放射線という．

電子対生成は光子エネルギーが一定な X 線に対してほぼ Z^2 に比例して起こる．電子対生成の起きる確率は光子エネルギーの増大とともに大きくなる．

また，光子エネルギーが 2.04 MeV 以上になると三電子生成が起こる．

1.02 MeV を電子対生成の閾値という．

吸収過程としての電子対生成は，高エネルギーの光量子が高い原子番号の吸収体に放射された場合特に重要である．

光量子エネルギーが大きくなってくると，三電子生成が起きる．これでは陰陽電子対と電子で，e^- の2個と e^+ 1個の計3個の電子が放出される（P 26）．

4・4・4　光核反応

光核反応は光量子が直接原子核に衝突し，吸収されるため原子核が不安定となり，壊変して中性子や α 粒子を放射する現象である．

この現象を光壊変ともいう．光壊変が起きるためには軽い原子 Al などでは，～15 MeV 以上（しきいエネルギー）（表 4•14），重い原子 Pb などに対しては 7 MeV 以上が必要である．

光核反応には（γ, n），（γ, p），（γ, π）があり，中間子は光子エネルギーが 150 MeV 以上のとき発生する．

表 4・14　（γ, n）反応のしきいエネルギー

ターゲット	しきいエネルギー MeV	生成核
^{12}C	18.7	^{11}C
^{65}Cu	9.9	^{64}Cu
^{204}Pb	8.2	^{203}Pb

4・4・5　X 線の散乱

X 線の散乱は X 線が物質にあたって方向をかえ四方に散乱される現象をいう．散乱には次の二つの型式がある．

散乱光子のエネルギーは入射 X 線光子エネルギーにくらべ減少し，波長が長くなって散乱される現象でコンプトン散乱という．

もう一つはエネルギーの授受が行われない散乱型式で古典散乱，またはトムソン散乱（自由電子による），レーリー散乱（軌道電子による）という．

4・4・6　真の吸収係数

質量吸収係数がわかっていると元素の化合物や混合物の質量吸収係数 μ_m は

$$\mu_m = \mu_{m1}a_1 + \mu_{m2}a_2 + \cdots$$

a_1, a_2, …は化合物や混合物の重量比である．

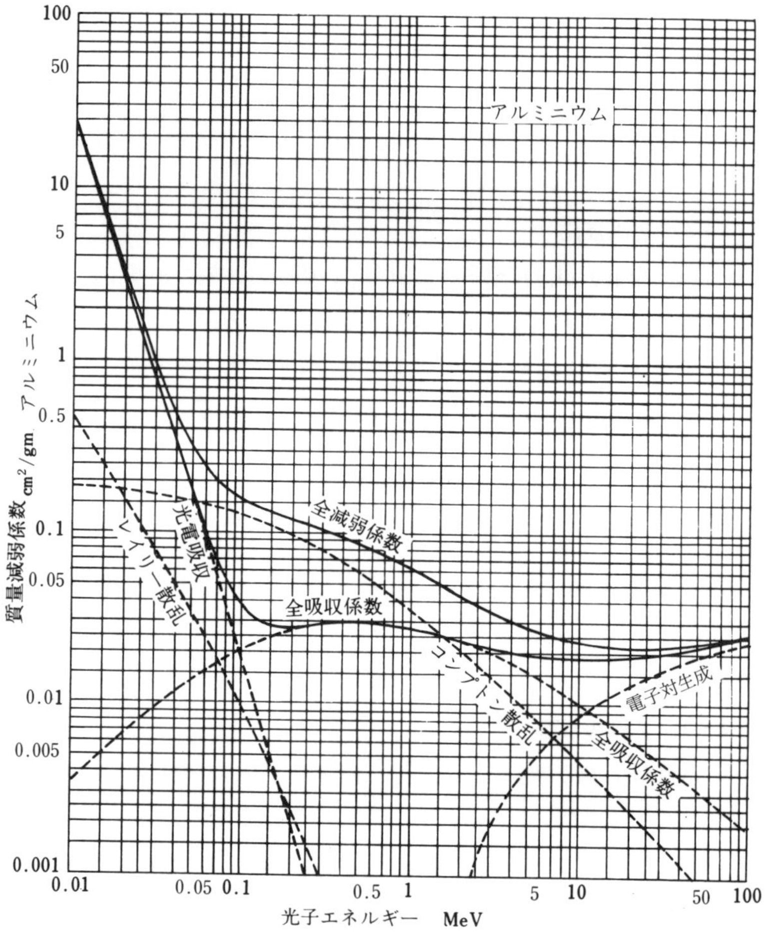

図 4・27(a) アルミニウムに対する光子の質量減弱係数

$$a_1+a_2+\cdots=1$$

また，吸収係数 μ は光電効果による吸収係数 τ，コンプトン効果による吸収係数 σ，電子対生成による吸収係数 $\varkappa$ の和で表される．

$$\mu=\tau+\sigma+\varkappa$$

電子吸収係数 μ_e，原子吸収係数 μ_a，質量吸収係数 μ_m，線吸収係数 μ_l はそれぞれの和になる（図 4・27 (a)，(b)）．

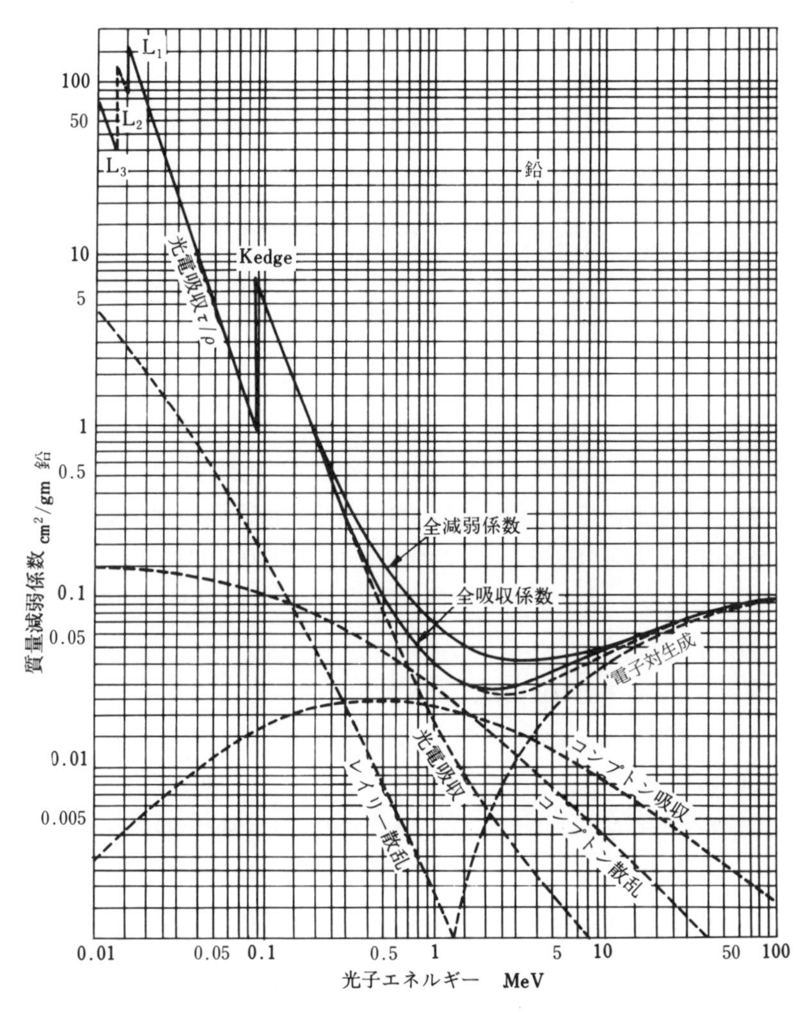

図 4・27(b)　鉛に対する光子の質量減弱係数

$\mu_e = \tau_e + \sigma_e + \chi_e$　　　$\mu_l = \tau_l + \sigma_l + \chi_l$

$\mu_a = \tau_a + \sigma_a + \chi_a$

$\mu_m = \tau_m + \sigma_m + \chi_m$

4・4・7　X線の均等性

診断用X線はいろいろな波長のX線の混合である．これを不均等X線という．不均等な程度を表す不均等度 h は第2半価層と第1半価層の比で表す．

$$h=\frac{H_2}{H_1}$$

通常 h の値は1.31〜1.41である．一定波長であれば $h=1$ である．

4・4・8　X線の吸収と原子番号

1．光電効果による線減弱係数は，Z^5 に比例する．

2．光電効果に対する原子あたりの断面積は，Z の4〜5乗に比例する．

3．光電効果の線エネルギー吸収係数は，Z の3〜4乗に比例する．

4．コンプトン効果による線減弱係数は，Z に比例する．

5．コンプトン効果の原子あたりの断面積は，原子の Z に比例する．

6．電子対生成の原子あたりの断面積の大きさは，Z^2 に比例する $\{Z(Z+1)\fallingdotseq Z^2\}$．

7．電子に対する放射阻止能は，Z^2 に比例する．

8．内部転換の起こる確率は，Z^3 に比例する．

【例題4-21】　2 MeVの γ 線を水によって遮蔽して1/100に減弱させるには水の層の厚さをいくらにすればよいか．また鉛の厚さは何cmになるか求めなさい．

ただし，必要な数値は表4･15，表4･17〜表4･19を使うこと．

【解】　水素について：

$$\mu_a=0.1464\times10^{-24}\,\text{cm}^2/\text{atom}$$

$\mu_l=\rho\mu_m=\rho\mu_a N_0/A=\rho\mu_e N_0 Z/A$ であるから

$$\mu_m=(N_0/A)\mu_a=6.02\times10^{23}\times0.1464\times10^{-24}/1.008=0.087$$

酸素について：

$$\mu_a=1.171\times10^{-24}+0.01\times10^{-24}=1.181\times10^{-24}$$

$$\mu_m=6.02\times10^{23}\times1.181\times10^{-24}/16=0.045$$

表 4・15　2 MeV における原子吸収係数　（単位はバーン）

	光電効果 τ	コンプトン効果 σ	電子対生成 κ
水素		0.1464	0.0
酸素		1.171	0.01
鉛	12.2	2.0	1.5
銅		4.25	0.14
アルミニウム		1.903	0.03

水は水素と酸素の重量比が $\frac{2}{18}:\frac{16}{18}$ である．

故に，$\mu_m=0.087\times\frac{2}{18}+0.045\times\frac{16}{18}\fallingdotseq 0.05$

この値は水素原子，酸素原子の原子吸収係数から水の質量吸収係数を計算により求めたものであるが，表 4・16 は水に対する γ 線エネルギーと質量吸収係数の値が示されている．これより，2 MeV のとき，$0.0493\,\mathrm{cm^2/g}$ であり，計算で求めた $0.05\,\mathrm{cm^2/g}$ とほとんど一致している．

$\therefore\quad \mu_l=\rho\mu_m=1\times 0.05\,[\mathrm{cm^{-1}}]$

吸収の式 $I=I_0e^{-\mu x}$ に代入すると

$$\frac{I}{I_0}=\frac{1}{100}=e^{-0.05x},\quad \frac{1}{100}=e^{-4.6}\qquad \therefore\quad e^{-4.6}=e^{-0.05x}$$

$\therefore\quad 0.05x=4.6$

$\therefore\quad x=92\,\mathrm{cm}$（水の層の厚さ）

鉛の厚さ

$$\mu_a=\tau_a+\sigma_a+\kappa_a=(12.2+2.0+1.5)\times 10^{-24}=15.7\times 10^{-24}$$

$$\therefore\quad \mu_m=\frac{6.02\times 10^{23}\times 15.7\times 10^{-24}}{207}=0.046$$

$$\mu_l=\rho\mu_m=11.34\times 0.046=0.52$$

$$\frac{I}{I_0}=\frac{1}{100}=e^{-4.6}=e^{-0.52x}$$

$\therefore\quad 0.52x=4.6$

表4・16　水

γ線のエネルギー (MeV)	質量吸収係数 全吸収係数 (cm^2/g)	γ線のエネルギー (MeV)	質量吸収係数 全吸収係数 (cm^2/g)
.01	4.72	1.5	.0576
.015	1.50	2.0	.0493
.02	.736	3.0	.0396
.03	.355	4.0	.0339
.04	.258	5.0	.0302
.05	.221	6.0	.0277
.06	.203	8.0	.0242
.08	.183	10	.0221
.10	.171	15	.0194
.15	.151	20	.0180
.20	.137	30	.0170
.35	.119	40	.0167
.40	.106	50	.0167
.50	.0967	60	.0168
.60	.0894	80	.0170
.80	.0786	100	.0173
1.0	.0706		

（アイソトープ便覧(1979)）

$\therefore\quad x=8.85\,\text{cm}$　鉛の厚さ．

この例題は2MeVのγ線を遮蔽して$\dfrac{1}{100}$に減弱させる水と鉛の厚さを比較したものである．水であれば約1mの水槽が必要であるが，鉛ブロックであれば約10cmでよいことがわかる．

表10・7，10・8はいろいろな物質の質量吸収係数とその数値を示した表である．このグラフを見ると0.5～5MeVのエネルギー範囲で質量吸収係数は物質によらず大体一定していることがわかる．その理由は質量吸収係数μ_mが電子密度に比例するからである．

表 4・17(A)　アルミニウム($Z=13$, $\rho=2.7$)

γ線のエネルギー (MeV)	散　乱 coh.＋incoh.	光電効果 $K+L+M$	合　計	全吸収係数 (cm^2/g)
	($10^{-24}cm^2/atom$)			
.01	29×10^2	10.6×10^2	10.9×10^2	24.3
.015	19	316	335	7.48
.02	15	131	146	3.26
.03	11.5	36.8	48.3	1.08
.04	9.8	14.5	24.3	.543
.05	8.8	7.0	15.8	.353
.06	8.1	3.9	12.0	.268
.08	7.26	1.57	8.83	.197
.10	6.79	.77	7.56	.169
.15	5.96	.21	6.17	.138
.20	5.39	.08	5.47	.122
.30	4.64	.02	4.66	.104
.40	4.14	.01	4.15	.0927
.50	3.78		3.78	.0844
.60	3.49		3.49	.0779
.80	3.06		3.06	.0683
1.00	2.75		2.75	.0614

表 4・17(B)　アルミニウム($Z=13$, $\rho=2.7$)

γ線の エネルギー (MeV)	散　乱 (クライン－仁科)	電子対生成 核による	電子による	合　計	全吸収係数 (cm^2/g)
	($10^{-24}cm^2/atom$)				
1.5	2.23	.008		2.24	0.0500
2.0	1.903	.03		1.93	.0431
3.0	1.496	.08	.0007	1.58	.0353
4.0	1.247	.14	.002	1.39	.0310
5.0	1.077	.19	.004	1.27	.0284
6.0	.952	.23	.006	1.19	.0266
8.0	.778	.30	.011	1.09	.0243
10	.663	.36	.015	1.04	.0232
15	.490	.47	.023	.98	.0219
20	.393	.55	.030	.97	.0217
30	.286	.65	.040	.98	.0219
40	.227	.74	.048	1.02	.0228
50	.1893	.79	.053	1.03	.0230
60	.1630	.84	.058	1.06	.0237
80	.1284	.91	.066	1.10	.0246
100	.1065	.96	.072	1.14	.0254

アイソトープ便覧　日本アイソトープ協会編（1979）

表4・18(A)　銅(Z=29,　ρ=8.9)

γ線のエネルギー (MeV)	散　乱 coh.+incoh.	光電効果 $K+L+M$	合　計	全吸収係数 (cm²/g)
	(10^{-24}cm²/atom)			
0.01	1.5×10²	225×10²	226×10²	214
.015	.96×10²	76.9×10²	77.9×10²	73.8
.02	.70×10²	34.6×10²	35.3×10²	33.4
.03	.46×10²	10.9×10²	11.4×10²	10.8
.04	35	465	500	4.74
.05	28	238	266	2.52
.06	24	141	165	1.56
.08	20.2	59.7	79.9	.767
.10	17.9	30.5	48.4	.458
.15	14.5	8.9	23.4	.222
.20	12.8	3.7	16.5	.156
.30	10.7	1.1	11.8	.112
.40	9.43	.48	9.91	.0939
.50	8.54	.26	8.80	.0834
.60	7.86	.16	8.02	.0760
.80	6.87	.08	6.95	.0658
1.00	6.16	.05	6.21	.0588

表4・18(B)　銅(Z=29,　ρ=8.9)

γ線のエネルギー (MeV)	散　乱 (クライン―仁科)	電子対生成		合　計	全吸収係数 (cm²/g)
		核による	電子による		
	(10^{-24}cm²/atom)				
1.5	4.98	.04		5.02	.0475
2.0	4.25	.14		4.39	.0416
3.0	3.34	.42	.001	3.76	.0356
4.0	2.78	.68	.005	3.46	.0328
5.0	2.40	.93	.010	3.34	.0316
6.0	2.123	1.12	.015	3.26	.0309
8.0	1.736	1.47	.024	3.23	.0306
10	1.479	1.75	.033	3.26	.0309
15	1.094	2.27	.052	3.42	.0324
20	.877	2.65	.07	3.60	.0341
30	.638	3.18	.09	3.91	.0370
40	.506	3.54	.11	4.16	.0394
50	.422	3.81	.12	4.35	.0412
60	.364	4.03	.13	4.52	.0428
80	.286	4.33	.15	4.77	.0452
100	.238	4.56	.16	4.96	.0470

(アイソトープ便覧　日本アイソトープ協会編(1979))

表 4・19(A)　鉛($Z=82$, $\rho=11.3$)

γ線のエネルギー(MeV)	散乱coh.+incoh.	光電効果$K+L+M$	合　計	全吸収係数
	(10^{-24}cm^2/atom)			(cm^2/g)
.01	16×10^2	M shell 275×10^2	291×10^2	84.6
(L_3端) .01307	12×10^2	〃 132×10^2	144×10^2	41.9
(L_1端) .01589	9.8×10^2	$L+M$ shells 454×10^2	464×10^2	135
.02	7.5×10^2	〃 240×10^2	247×10^2	71.8
.03	4.5×10^2	〃 76.2×10^2	80.7×10^2	23.5
.04	3.1×10^2	〃 33.1×10^2	36.2×10^2	10.5
.05	2.3×10^2	〃 17.4×10^2	19.7×10^2	5.73
.06	1.8×10^2	〃 10.4×10^2	12.2×10^2	3.55
.08	1.27×10^2	〃 4.44×10^2	5.71×10^2	1.66
(K端) .08823	1.13×10^2	〃 3.34×10^2	4.47×10^2	1.30
	1.13×10^2	$K+L+M$ shells 25.1×10^2	26.2×10^2	7.62
.10	1.0×10^2	〃 17.8×10^2	18.8×10^2	5.46
.15	64	〃 596	660	1.92
.20	49	〃 275	324	.942
.30	36.2	〃 93.4	130	.378
.40	30.1	〃 45.7	75.8	.220
.50	26.3	〃 26.1	52.4	.152
.50	23.8	〃 17.3	41.1	.119
.80	20.3	〃 9.5	29.8	.0866
1.0	18.0	〃 6.2	24.2	.0703

表 4・19(B)　鉛($Z=82$, $\rho=11.3$)

γ線のエネルギー(MeV)	散　乱(クライン－仁科)	光電効果$K+L+M$	電子対生成 核による	電子対生成 電子による	合　計	全吸収係数(cm^2/g)
	(10^{-24}cm^2/atom)					
1.5	14.4	3.0	.63		18.0	.0523
2.0	12.2	2.0	1.50		15.7	.0456
3.0	9.51	1.1	3.6	.004	14.2	.0413
4.0	7.91	.80	5.6	.015	14.3	.0416
5.0	6.79	.60	7.4	.028	14.8	.0430
6.0	6.00	.49	8.8	.042	15.3	.0445
8.0	4.91	.36	10.9	.069	16.2	.0471
10	4.18	.28	12.7	.094	17.3	.0503
15	3.09	.18	16.1	.15	19.5	.0567
20	2.48	.13	18.7	.19	21.5	.0625
30	1.803	.09	22.3	.25	24.4	.0709
40	1.432	.07	24.8	.30	26.7	.0773
50	1.194	.05	26.5	.34	28.1	.0817
60	1.028		28.0	.37	29.4	.0855
80	0.810		30.0	.42	31.2	.0907
100	.672		31.4	.46	32.5	.0945

(アイソトープ便覧(1979))

4・5　実効原子番号

いくつかの元素の化合物によって構成されている物質例えば水，空気，骨などを一つの元素でおきかえるとき，その元素に相当する原子番号をいう．

実効原子番号 $\overline{Z}$ は次の式で与えられる．

$$\overline{Z}=\sqrt[2.94]{a_1Z_1^{2.94}+a_2Z_2^{2.94}+a_3Z_3^{2.94}+\cdots}=\sqrt[2.94]{\Sigma a_iZ_i^{2.94}} \tag{4.21}$$

ここで，a_1，a_2，a_3……は原子番号 Z_1，Z_2，Z_3，……に属する電子の全電子数に対する割合である．しかし最近では，次の式が使われることもある．

$$\overline{Z}=\sqrt[3.45]{a_1Z_1^{3.45}+a_2Z_2^{3.45}+\cdots} \tag{4.22}$$

4・5・1　実効原子番号の求め方

(1)　水の実効原子番号

水の重量組成は酸素 $\frac{16}{18}\times 100$，水素 $\frac{2}{18}\times 100$，電子密度は酸素 3.01×10^{23}，水素 5.97×10^{23} である．1g 中に含まれる酸素と水素の電子数は

$$酸素\quad 3.01\times 10^{23}\times\frac{16}{18}\times 100\ =2.68\times 10^{23}$$

$$水素\quad 5.97\times 10^{23}\times\frac{2}{18}\times 100\ =0.66\times 10^{23}$$

水 1g 中に含まれる電子数は $(2.68+0.66)\times 10^{23}=3.34\times 10^{23}$

水の電子構成率は　酸素 $\frac{2.68}{3.34}=0.80$　水素 $\frac{0.66}{3.34}=0.20$

故に求める $\overline{Z}$ は

$$\overline{Z}=\sqrt[2.94]{0.8\times Z^{2.94}+0.2\times Z^{2.94}}=\sqrt[2.94]{0.8\times 8^{2.94}+0.2\times 1^{2.94}}$$

$$\overline{Z}=7.42$$

(2) 空気の実効原子番号

空気は重量比で窒素75.5％，酸素23.2％，アルゴン1.3％からできている．

空気1g中にはN：0.755，O：0.232，Ar：0.013が含まれている．

空気1g中のNの原子数$\frac{6.02\times10^{23}}{14.01}\times0.755$，Oの原子数$\frac{6.02\times10^{23}}{16.00}\times0.232$，Arの原子数は$\frac{6.02\times10^{23}}{39.94}\times0.013$となる．

これらの値から空気1g中のN，O，Arに属する電子数を計算すると

$$\mathrm{N}:\frac{6.02\times10^{23}}{14.01}\times0.755\times7=2.273\times10^{23}$$

$$\mathrm{O}:\frac{6.02\times10^{23}}{16.00}\times0.232\times8=0.699\times10^{23}$$

$$\mathrm{Ar}:\frac{6.02\times10^{23}}{39.94}\times0.013\times18=0.035\times10^{23}$$

空気1g中の電子数は$(2.273+0.699+0.035)\times10^{23}=3.007\times10^{23}$

そこで，全電子数に対する割合を求めると，

$$\text{窒素}:\frac{2.237}{3.007}=0.756$$

$$\text{酸素}:\frac{0.699}{3.007}=0.232$$

$$\text{アルゴン}:\frac{0.035}{3.007}=0.012$$

よって，求める$\overline{Z}$は

$$\overline{Z}=\sqrt[2.94]{0.756\times7^{2.94}+0.232\times8^{2.94}+0.012\times18^{2.94}}$$
$$=7.64$$

今述べた求め方は，光電効果が主役を占める程度の光子エネルギーの範囲であるが，光子エネルギーが高くなり，電子対生成が占めてくる場合は次の式によって求める．

$$\overline{Z}=a_1Z_1+a_2Z_2+a_3Z_3+\cdots \tag{4.23}$$

表4・20に物質の密度，実効原子番号，電子密度を示した．

表4・20　密度，原子番号と電子密度

物　　質	密度 $g \cdot cm^{-3}$	実効原子番号 $\overline{Z}$	電子密度 $N_0=\frac{NZ}{A}$
水　素	0.0000899	1	5.97×10^{23}
炭　素	2.25	6	3.01×10^{23}
酸　素	0.001429	8	3.01×10^{23}
アルミニウム	2.7	13	2.90×10^{23}
銅	8.9	29	2.75×10^{23}
鉛	11.3	82	2.38×10^{23}
空　気	0.001293	7.64	3.01×10^{23}
水	1.00	7.42	3.34×10^{23}
筋　肉	1.00	7.42	3.36×10^{23}
皮下脂肪	0.91	5.92	3.48×10^{23}
骨	1.85	13.8	3.00×10^{23}

練習問題

1．一定エネルギーのX線の半価層を3mmとする．X線が x〔mm〕の厚さを透過すると線量は $\frac{1}{8}$ になった．厚さ x はいくらか．

2．ある単色X線が厚さ8mmのAlの板を透過したら線量が $\frac{1}{16}$ に減弱した．半価層はいくらか．

3．銅による質量減弱係数が $0.231\,cm^2/g$ のとき，このX線に対する半価層〔cm〕を求めよ．ただし，銅の密度は $9\,g/cm^3$ とする．

4．照射線量率 R_0 の単色X線の細い線束を二種類の吸収板を重ねて減弱させた．透過X線の照射線量率 R を表す式を求めなさい．ただし，各吸収板の線減弱係数を μ_1，μ_2 厚さを d_1，d_2 とする．

5．X線光子の波長が 1.24×10^{-11} m である．プランク定数 $h=6.626\times10^{-34}$ J・s，光速度 $C=3\times10^8$ m/s，$1\,eV=1.602\times10^{-19}$ J とする．

　1．光子エネルギー（eV）を求めよ．

　2．光子の運動量（kgm/s）を求めよ．

6．振動数が 1.25×10^{18} Hz である光子の運動質量を求めよ．

7．限界波長 9000 Å の金属に 4500 Å の光をあてたとき飛び出す電子の最大速度はいくらか．ただし，プランク定数は 6.63×10^{-34} J･s．電子の質量は 9.1×10^{-31} kg とする．

8．波長 2.5×10^{-7} m の紫外線を金属にあて光電効果の実験を行った．金属内の電子を飛び出させるエネルギーは 4×10^{-19} J とするとき次の問に答えよ．ただし，電子の電荷 1.6×10^{-19} クーロン，$m=9.1\times10^{-31}$ kg，$h=6.6\times10^{-34}$ J･s，$c=3\times10^{8}$ m/s とする．

(1) この紫外線のエネルギーは何ジュールであるか．

(2) 飛び出す電子の速さを求めよ．

9．次の［　　］に適当なものを入れよ．

光子エネルギーが 0.1 MeV の場合原子番号が 15 であれば［（イ）］，原子番号が 50 であれば［（ロ）］が起こる．

10．1.45 MeV の γ 線が電子対生成を起したとして，対電子の運動エネルギーの和はいくらか．

解　答

4・1・5　**1．** $\lambda=\dfrac{c}{\nu}=\dfrac{3\times10^{8}}{10^{6}}=3\times10^{2}$ m，$E=h\nu=6.63\times10^{-34}\times10^{6}=\dfrac{6.63\times10^{-34}\times10^{6}}{1.602\times10^{-19}}=4.13\times10^{-9}$ eV　**2．** 0.621 Å，0.248 Å，0.12 Å

3． $V_{\mathrm{KV}}=\dfrac{12.42}{\lambda}=\dfrac{12.4}{0.124}=100$ kV，1 MV　**4．** $\lambda=\dfrac{12.42}{V}=0.049$ Å

5． $\lambda=\dfrac{1.24}{V}=\dfrac{1.24}{100}=0.012$ nm，$\lambda=0.000124$ nm

4・1・6　**1．** 8 MeV（鉛の場合），100 MeV（水の場合）

4・1・7　**1．** $\lambda=2d\sin\theta$ から　$\lambda=0.59$ Å

4・1・8　**1．** (1) Fe　(2) Pb

練習問題の解答

1．$\left(\frac{1}{2}\right)^3=\left(\frac{1}{2}\right)^{\frac{x}{3}}$　$3=\frac{x}{3}$　$\therefore$　$x=9$ mm

2．$\left(\frac{1}{2}\right)^4=\left(\frac{1}{2}\right)^{\frac{8}{x}}$　$4=\frac{8}{x}$　$\therefore$　$x=2$ mmAl

3．$x=\frac{0.693}{9\times0.231}=0.33$ cm

4．$I_1=I_0e^{-\mu_1d_1}\therefore I_2=(I_0e^{-\mu_1d_1})e^{-\mu_2d_2}=I_0e^{-(\mu_1d_1+\mu_2d_2)}$

5．(1)　$E=100$ KeV　(2)　$p=5.34\times10^{-23}$ kgm/s

6．$m=9.2\times10^{-33}$ kg

7．$v=\sqrt{\frac{2hc}{m}\left(\frac{1}{\lambda}-\frac{1}{\lambda_0}\right)}$ から $v=0.5\times10^8$ cm/s

8．(1) $E=8\times10^{-19}$J　(2) $v=9.3\times10^5$ m/s

9．図4•28より，(イ)コンプトン効果，(ロ)光電効果

10．1.45−1.02=0.43　〔MeV〕

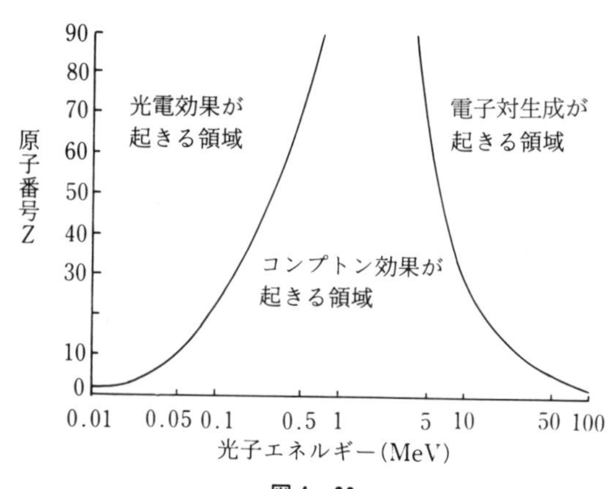

図4・28

第５章　原子と原子核

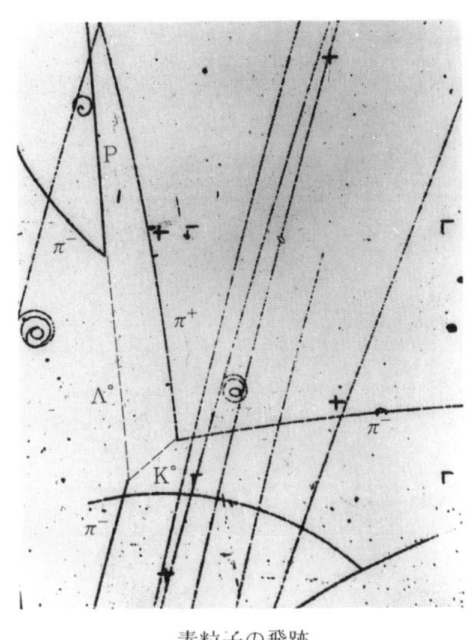

素粒子の飛跡

5・1　原子の構造

5・1・1　水素原子のエネルギー準位

水素原子では $+e$ の電気を帯びた原子核のまわりを電子1個が回っている．

原子核は電子にくらべてはるかに重いから静止していると考えられ，電子の質量 m，電子の電荷 e，電子の軌道半径 r，速度 v とし，角速度 ω で回っているものとする(図5•1)．

核と電子のクーロン引力は $\dfrac{e^2}{r^2}$ であり，遠心力は $\dfrac{mv^2}{r}$ である．

これらの式は，つり合っている．

$$\frac{e^2}{r^2}=\frac{mv^2}{r}=mr\omega^2 \tag{5.1}$$

(1)　量子条件

原子にはいくつかの定常状態があり，定常状態では原子核を回る電子の角運動量は $\dfrac{h}{2\pi}$ の整数倍の軌道だけが許される．この整数 n を量子数という．定常状態は飛び飛びの値を持つがこれをエネルギー準位という．

$$mvr=mr^2\omega=\frac{h}{2\pi}\cdot n\cdots\cdots\cdots \text{角運動量} \tag{5.2}$$

(5.1) 式，(5.2) 式の二つの式から

$$r=\frac{n^2h^2}{4\pi^2me^2}$$

$$\omega=\frac{8\pi^3me^4}{n^3h^3}$$

$$T=\frac{n^3h^3}{4\pi^2me^4}$$

$$v=\frac{2\pi e^2}{nh}$$

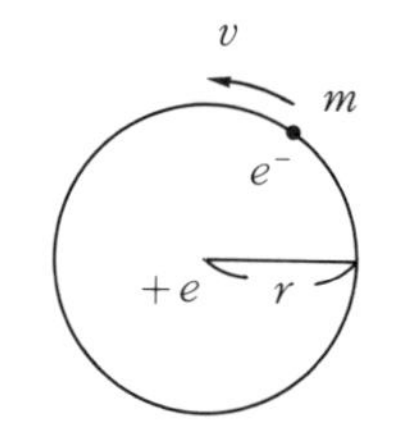

図5・1　原子核を中心として半径 r の円周上を質量 m の電子が回っている．

全エネルギーは，運動エネルギーE_Kと位置エネルギーE_Uの和であるから，

$$E_K=\frac{1}{2}mv^2=\frac{e^2}{2r}=\frac{2\pi^2me^4}{n^2h^2}$$

$$E_U=\int_\infty^r\frac{e^2}{r^2}dr=-\frac{e^2}{r}=-\frac{4\pi^2me^4}{n^2h^2}$$

$$\therefore\quad E=E_K+E_U=\frac{1}{2}mv^2+\left(-\frac{e^2}{r}\right)=-\frac{e^2}{2r}$$

$$\therefore\quad E=-\frac{2\pi^2me^4}{n^2h^2} \tag{5.3}$$

cgs 単位：	MKS 単位：
$m=9.1\times10^{-28}$g	$m=9.1\times10^{-31}$kg
$e=4.8\times10^{-10}$esu	$e=1.602\times10^{-19}$クーロン
$h=6.63\times10^{-27}$erg・s	$h=6.63\times10^{-34}$J・s
1eV$=1.602\times10^{-12}$〔erg〕	1eV$=1.602\times10^{-19}$〔J〕
	$k_0=9\times10^9$〔Nm^2/C^2〕

これらの数値を使うと

$r_1=0.53\times10^{-8}$cm（ボーア半径とよぶ）

$\omega_1=4.1\times10^{16}$rad/s

$v_1=0.02\times10^{10}$cm/s

$T_1=1.5\times10^{-16}$s

と表すことができる．また，エネルギーは $E=-\frac{2\pi^2me^4}{n^2h^2}$ から

$$E=-21.8\times10^{-12}\cdot\frac{1}{n^2}\text{〔erg〕}$$

$$=-\frac{13.60}{n^2}\text{〔eV〕} \tag{5.4}$$

である(図5・3(a))．

$\therefore\quad E_1=-13.6$eV

$E_2=-3.4$eV

$E_3=-1.51$eV

$E_4 = -0.85\text{eV}$

【例題 5－1】 水素原子の基底状態における電子の速度，回転数，求心加速度を求めよ．ただし，必要な定数は既出のものを使うこと．

【解】 速度 $v = r\omega = \dfrac{h}{2\pi rm} = \dfrac{6.63\times10^{-34}}{2\pi\times0.53\times10^{-10}\times9.1\times10^{-31}} \fallingdotseq 2.2\times10^{6}\text{m/s}$

回転数 $\nu = \dfrac{v}{2\pi r} = \dfrac{2.2\times10^{6}}{2\pi\times0.53\times10^{-10}} \fallingdotseq 6.6\times10^{15}$回/s

求心加速度 $\alpha = \dfrac{v^2}{r} = \dfrac{(2.2\times10^{6})^2}{0.53\times10^{-10}} = 9.1\times10^{22}\text{m/s}^2$

これは，重力加速度の 9×10^{21} 倍もある．

(2) 振動数条件

電子がエネルギーの高い定常状態 E_m からエネルギーの低い E_n に移るとき

$$h\nu = E_m - E_n$$

によって定まる振動数 ν の光子を放出する．これを振動数条件という．

【例題 5－2】 水素原子のスペクトル線について，波長を λ〔m〕とすると次の式が成りたつ．

$$\frac{1}{\lambda} = R\left(\frac{1}{m^2} - \frac{1}{n^2}\right) \qquad (5.5)$$

ただし，R は定数で $R = 1.1\times10^{7}$〔m^{-1}〕とする．

$m=2,\ n=3, 4, 5,$ ……の系列をバルマー系列という．(1)　$m=2,\ n=3$ の場合の光子の波長を求めよ．(2)　$m=2,\ n=4$ の場合の光の振動数はいくらか．ただし，$c = 3\times10^{8}\text{m/s}$ とする．

【解】 (1)　$\dfrac{1}{\lambda} = 1.1\times10^{7}\times\left(\dfrac{1}{2^2} - \dfrac{1}{3^2}\right) = \dfrac{1.1\times10^{7}\times5}{36} = 0.153\times10^{7}$

$\therefore\quad \lambda = 6.54\times10^{-7}\text{m}$

(2)　$\dfrac{1}{\lambda} = 1.1\times10^{7}\times\left(\dfrac{1}{2^2} - \dfrac{1}{4^2}\right) = 0.21\times10^{7}$

$\therefore\quad \nu = 3.0\times10^{8}\times0.21\times10^{7} = 6.3\times10^{14}\text{Hz}$

【例題 5－3】 水素原子の軌道 $n=3$ から $n=2$ のエネルギー準位に電子が遷移するとき放出される光子の波長，振動数，エネルギーを求めよ．水素原子の基底状態でのエネルギーは -13.6eV，プランク定数は $6.63\times10^{-34}\text{J}\cdot\text{s}$ である．

【解】　$E_3-E_2=-13.6\left(\frac{1}{3^2}-\frac{1}{2^2}\right)=13.6\times\frac{5}{36}\times1.6\times10^{-19}=3.02\times10^{-19}\text{J}$

$$\nu=\frac{E}{h}=\frac{3.02\times10^{-19}}{6.63\times10^{-34}}=4.56\times10^{14}\text{Hz}$$

$$\lambda=\frac{c}{\nu}=\frac{3\times10^{8}}{4.56\times10^{14}}=6.57\times10^{-7}\text{m}$$

5・1・2　水素類似原子

$$k_0\frac{Ze^2}{r^2}=m\frac{v^2}{r}$$

$$mvr=\frac{nh}{2\pi}$$

の二式から，水素原子の場合と同様に(K 特性 X 線で遮蔽定数 0 の場合)

$$r_n=\frac{n^2h^2}{4\pi^2Zk_0me^2}=0.53\times10^{-10}\cdot\frac{n^2}{Z}$$

$$E_n=\frac{1}{2}mv^2+\left(-k_0\frac{Ze^2}{r}\right)=\frac{k_0Ze^2}{2r}-\frac{k_0Ze^2}{r}$$

$$=-\frac{k_0Ze^2}{2r}=-\frac{2\pi^2Z^2k_0me^4}{n^2h^2}=-13.6\frac{Z^2}{n^2}\text{eV}$$

【例題 5－4】　軌道電子のエネルギーが E_k から E_l のエネルギー準位に移ったとき放出されるエネルギー，振動数，波長を求めよ．

【解】　$E_k=-\frac{2\pi^2me^4}{k^2h^2}$

$$E_l=-\frac{2\pi^2me^4}{l^2h^2}$$

$$\therefore\quad E_k-E_l=\frac{2\pi^2me^4}{h^2}\left(\frac{1}{l^2}-\frac{1}{k^2}\right)$$

振動数条件から $E_k-E_l=h\nu$ で $\lambda\nu=c$ であることより

$$E_k-E_l=h\nu=\frac{hc}{\lambda}$$

$$\therefore\quad \nu=\frac{2\pi^2me^4}{h^3}\left(\frac{1}{l^2}-\frac{1}{k^2}\right)$$

$$\therefore \quad \frac{1}{\lambda}=\frac{2\pi^2 me^4}{h^3 c}\left(\frac{1}{l^2}-\frac{1}{k^2}\right) \tag{5.6}$$

ここで，出てきた $\frac{2\pi^2 me^4}{h^3 c}$ は，リードベリー定数(1.096×10^7)と一致する．

5・1・3　光の放出

水素ガスを封入した放電管から発する光は線スペクトルで，この光を分光計によって調べると著しい規則性のあることがバルマーによって発見された．これが原子の構造を解明する最初の手掛りである．バルマーが発見した規則性は

$$\frac{1}{\lambda}=R\left(\frac{1}{2^2}-\frac{1}{n^2}\right) \quad n=3, 4, 5, \cdots\cdots$$

の形に表すことができ，これを発見者にちなんでバルマー系列という(図5•2)．

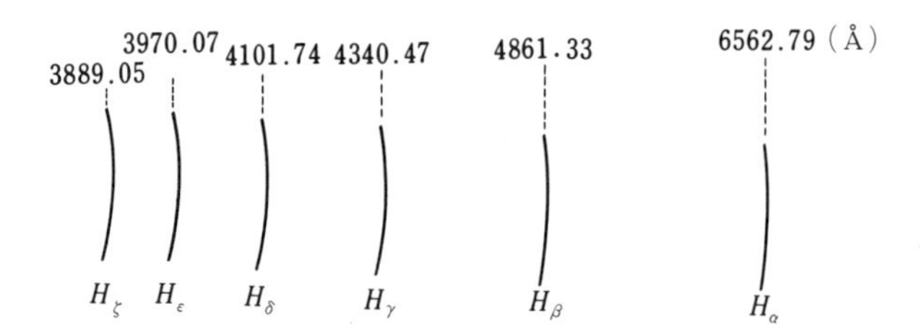

図5・2　水素原子のバルマー系列のスペクトル

これに引き続き，同様な他のスペクトル系列が発見され，いずれも次の式で表すことができる(図5・3(a))．

$$\frac{1}{\lambda}=R\left(\frac{1}{m^2}-\frac{1}{n^2}\right) \tag{5.7}$$

1906　ライマン系列 $m=1,\ n=2, 3, 4, \cdots\cdots$

1884　バルマー系列 $m=2,\ n=3, 4, 5, \cdots\cdots$

1906　パッシェン系列 $m=3,\ n=4, 5, 6, \cdots\cdots$

1922　ブラケット系列 $m=4,\ n=5, 6, 7, \cdots\cdots$

1924　フント系列 $m=5,\ n=6, 7, 8, \cdots\cdots$

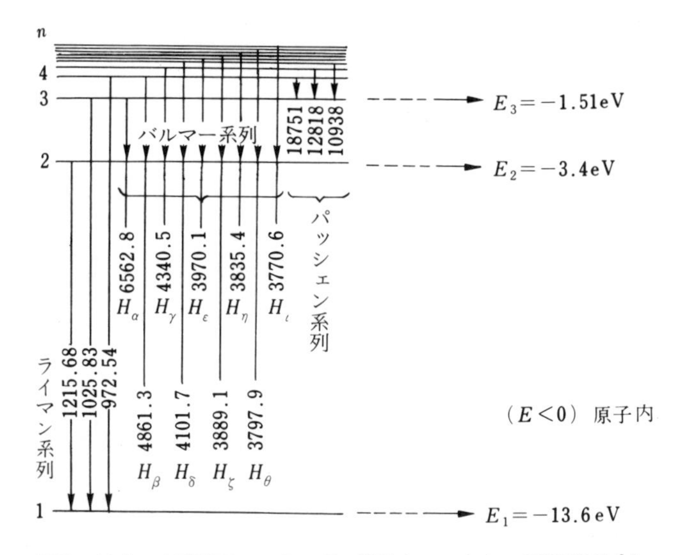

図 5・3(a)　水素原子のエネルギー準位とスペクトル系列(単位Å)

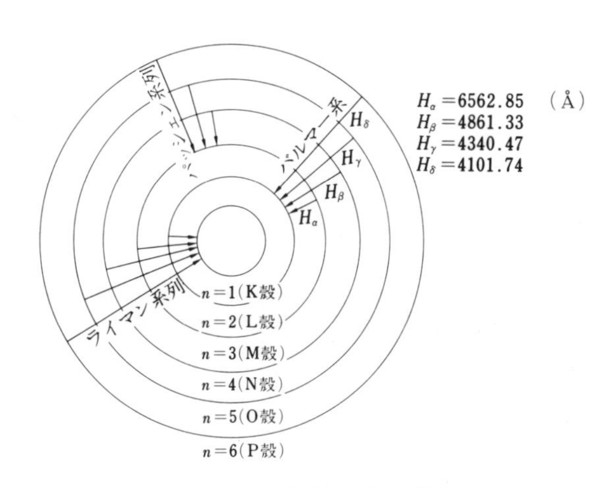

図 5・3(b)　電子軌道と特性 X 線の系列

これらの光子(特性線)は電子がエネルギーの高い軌道からエネルギーの低い軌道に移るとき放出される (図 5•3 (a), (b)).

バルマー系列では $R=\frac{4}{3646\times10^{-8}}$ で，特性線は波長の順に H_α, H_β, H_γ……と名付ける(図5•2)．

5・1・4　電子の状態

(1)　スペクトルの微細構造

これまで述べてきたように，ボーアの理論は原子の構造を説明するのに役に立っていることがわかった．しかし，これだけではまだ十分に解明することができないものがある．ボーアは円軌道を考えたのであるが，クーロン引力 $\frac{e^2}{r^2}$ は距離の逆二乗に比例するのであるから，一般的には楕円軌道を描くのであり，二種類の量子数が必要になる．

n はボーアの量子数で主量子数という．もう一つは方位量子数(図5•6)といわれるもので，$l=0, 1, 2, \cdots\cdots(n-1)$ の n 個が許される．

表5•1と図5•5は主量子数，殻名，方位量子数，磁気量子数の決め方を示した．

エネルギーは n だけで決まり，l には無関係である．このことを縮退しているという．実際には円軌道の他に楕円軌道もあったのであるが，円軌道のみで説明できたのはこの縮退のおかげである．

表10•6に核外における電子の配置状態を示したので，対応させると理解しやすい．

n は1, 2, 3, ……であるが，l は0, 1, 2, 3, ……であり，s, p, d, f で表すことになっている(表5•1，図5•4)．

1s とは　$n=1$ で $l=0$ (図5•7(a))

表5・1

主量子数 n	1	2	3	4	5	6	7
殻　　名	K	L	M	N	O	P	Q
方位量子数 ($n-1$)	0	1	2	3	4	5	6
電　子　名	s	p	d	f	g	h	i

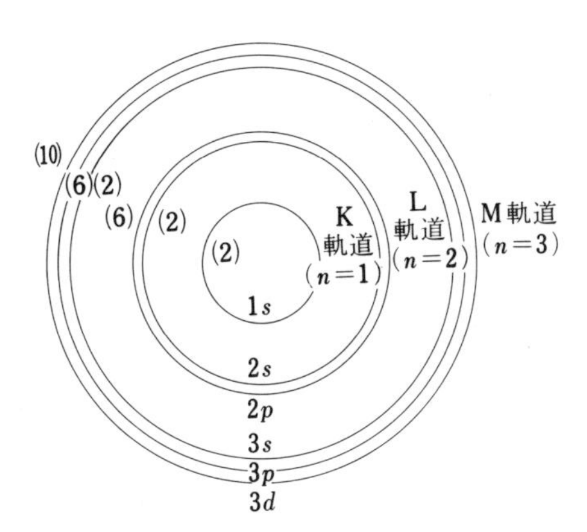

図 5・4　電子軌道と電子名

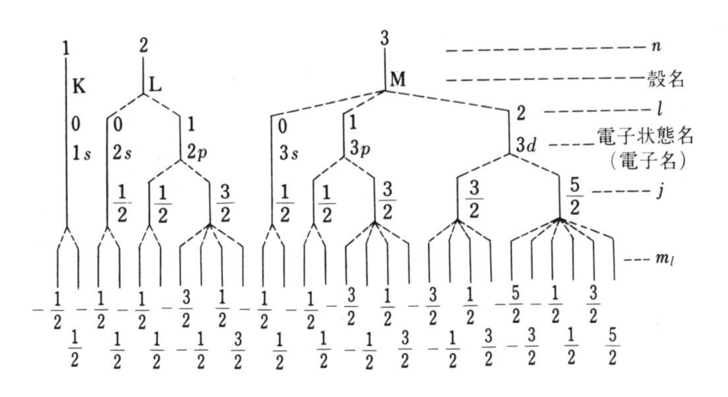

図 5・5　電子の状態数

$2p$ とは　$n=2$ で $l=1$

$2s$ とは　$n=2$ で $l=0$ (図 5•7 (b))

$3d$ とは　$n=3$ で $l=2$

$3p$ とは　$n=3$ で $l=1$

$3s$ とは　$n=3$ で $l=0$ (図 5•7 (c))

のことである．l が小さいほど偏平な楕円になることがわかる．

実際の電子の運動は三次元空間で起こっているのであるから，この他にもう一つ，量子数が必要になってくる．これは，磁気をかけたときスペクトル線が

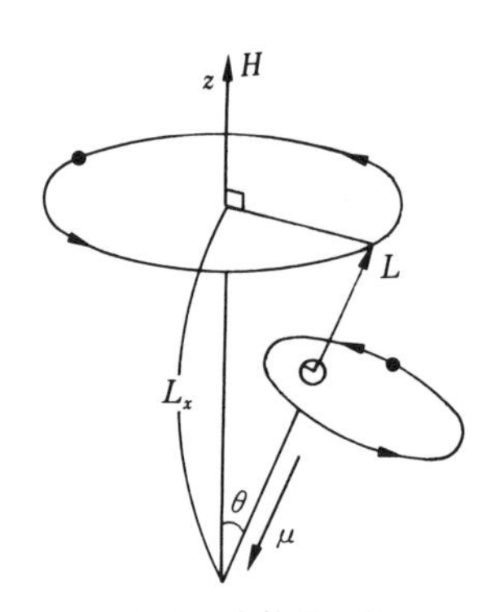

図5・6　方位量子数

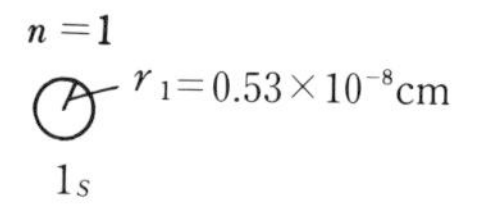

図5・7(a)　r_1 はボーア半径

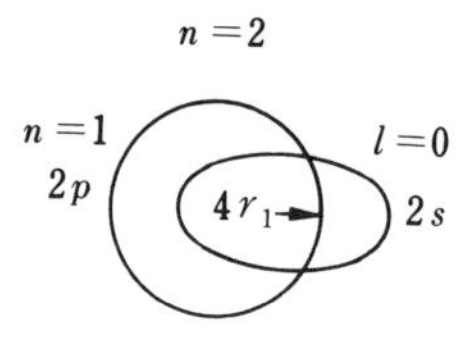

図5・7 (b)

何本かに分かれるというゼーマン効果に対して大切な量子数で磁気量子数といわれる．磁気量子数を m_l で表すことにする．

l を決めると m_l は決まってくるが，$m_l = l, l-1, l-2, \cdots\cdots 0, \cdots\cdots -l+2, -l+1, -l$ という $2l+1$ 個の状態をとることになる．

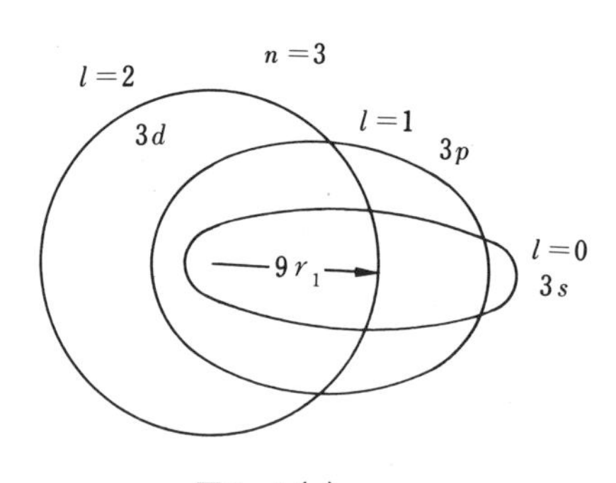

図5・7 (c)

磁気量子数 $m_l = 0, \pm 1, \pm 2, \cdots, \pm l$

そのうえ，もう一つ，電子は右まわりか，左まわりかの二つをとるスピン量子数がある．

$$\text{スピン量子数} \pm \frac{1}{2}$$

【例題 5－5】　主量子数 n に属する軌道電子数は $2n^2$ であることを証明せよ．

【解】　l が決まると，m_l で $(2l+1)$ 個の状態が決まり，スピン量子数で2個の状態をとるので，全体として $2(2l+1)$ 個の状態をとることができる．

すなわち，s では 2×1 個，p では 2×3 個，d では 2×5 個というように状

表 5・2　量子数と軌道電子の配置

<table>
<tr><td>$n=1$</td><td>$l=0(1s)$</td><td>$m_l=0$</td><td>$s=\pm\frac{1}{2}$</td><td>2</td><td>2</td></tr>
<tr><td rowspan="2">$n=2$</td><td>$l=0(2s)$</td><td>$m_l=0$</td><td>$s=\pm\frac{1}{2}$</td><td>2</td><td rowspan="2">8</td></tr>
<tr><td>$l=1(2p)$</td><td>$m_l=+1$
$m_l=0$
$m_l=-1$</td><td>$s=\pm\frac{1}{2}$
〃
〃</td><td>6</td></tr>
<tr><td rowspan="3">$n=3$</td><td>$l=0(3s)$</td><td>$m_l=0$</td><td>$s=\pm\frac{1}{2}$</td><td>2</td><td rowspan="3">18</td></tr>
<tr><td>$l=1(3p)$</td><td>$m_l=+1$
$m_l=0$
$m_l=-1$</td><td>$s=\pm\frac{1}{2}$
〃
〃</td><td>6</td></tr>
<tr><td>$l=2(3d)$</td><td>$m_l=+2$
$m_l=+1$
$m_l=0$
$m_l=-1$
$m_l=-2$</td><td>$s=\pm\frac{1}{2}$
〃
〃
〃
〃</td><td>10</td></tr>
</table>

態数をとることができるので全体として

$$2\times1+2\times3+2\times5+\cdots\cdots=\sum_{l=0}^{n-1}2(2l+1)=2n^2$$

故に，電子は，K 軌道で 2 個でいっぱいになり，L 軌道では 8 個，M 軌道では 18 個でいっぱいになる (表 5・2).

5・2　ド・ブロイの物質波

光が波動であることは薄膜の干渉などで知られていた．しかし，光は光電効果やコンプトン効果から粒子的性質を持つこともわかった．このようにして，光は波動性と粒子性の二つの性質を持っている．同じようにして，物質は粒子性の他に波動性を持っていると考えられた．質量 m の物質が速度 v で運動するとき，その波長 λ は h をプランク定数とすれば

$$\lambda=\frac{h}{mv} \tag{5.8}$$

で与えられる．これは電磁波の波とは異なり，ド・ブロイの物質波という．後に，デビソンとジャーマーにより実験的に電子波で確められた．電子回折(図5・8)は物質波の存在を確認した代表的なものである．

電子顕微鏡は電子波の波長が短いため，光学顕微鏡の1000倍以上も倍率を大きくすることができる(図5•9)．

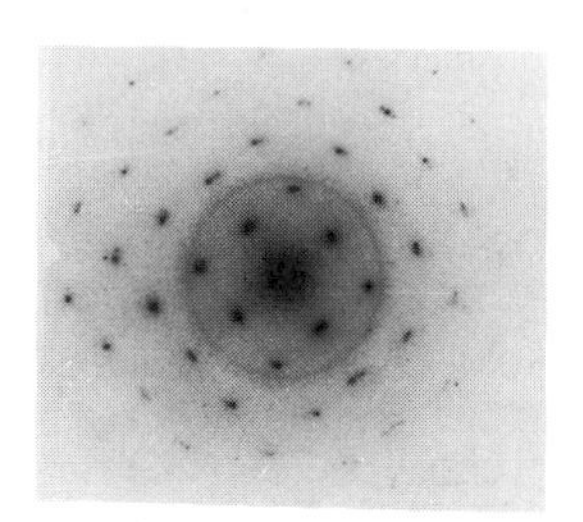

図5・8　電子回折写真

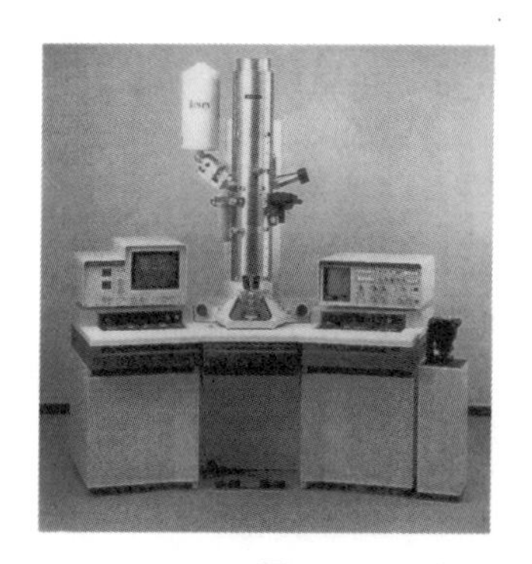

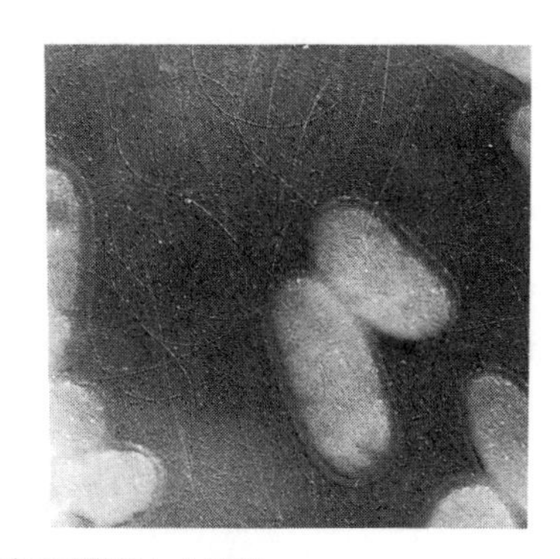

図5・9　日立H7100型電子顕微鏡と大腸菌

電子顕微鏡は電子を使った顕微鏡で，直接100万倍位まで拡大することができる．100kVで加速した時，電子は数μmまで透過し，また，物質波は0.039Åで，分解能は1～2Åである．電子は大気圧では直進できないので，電子顕微鏡は10^{-5}～10^{-6}mmHgの真空度にしている．標本を透過した電子波は電子レンズで拡大され，蛍光板上で観察したりあるいは写真撮影を行う．生物細胞，細菌，ビールスや金属の結晶格子などを形態的に解明している．

【例題 5－6】 質量 m の物体が速度 v で運動しているときこの物体に付随する波長 λ は，(5.8) 式で与えられる．電圧 V ボルトで電子を加速するときの波長を求めよ．

【解】 電子を V ボルトで加速したときの運動エネルギーは

$$eV=\frac{1}{2}mv^2$$

$$\therefore\quad v=\sqrt{\frac{2eV}{m}}$$

$$\therefore\quad \lambda=\frac{h}{\sqrt{2meV}}=\sqrt{\frac{150}{V}}\ \text{Å} \tag{5.9}$$

ここで (5.9) 式において，$h=6.63\times10^{-27}$〔erg・s〕 $e=4.8\times10^{-10}$〔esu〕 $m=9.1\times10^{-28}$〔g〕，1〔esu〕$=300$〔V〕とおいた．

ド・ブロイの物質波の考えを使うとボーアの量子条件はもっとはっきりする．半径 r の円の周長は $2\pi r$ である．これが波長 λ の整数倍 $n\lambda$ に等しくなる．

$$\therefore\quad \lambda=\frac{h}{mv}\qquad \therefore\quad 2\pi r=n\lambda=n\cdot\frac{h}{mv}\qquad \therefore\quad mvr=\frac{h}{2\pi}\cdot n$$

となって，量子条件が導びかれたことになり，ボーアが考えた量子条件が正しかったことを支持する証拠の１つである．

【例題 5－7】 50〔kV〕の電圧で電子を加速した．

(1)電子の運動エネルギー E はいくらか．(2)加速後の電子の速度を求めよ．(3)運動量はいくらか．(4) 物質波はいくらか．

【解】 (1) $E=V\cdot e=50\times10^3\times1.6\times10^{-19}=8\times10^{-15}\,\text{J}$

(2) $\dfrac{1}{2}mv^2-0=eV=E\qquad \therefore\quad v=\sqrt{\dfrac{2E}{m}}$

$$v=\sqrt{\frac{2\times8\times10^{-15}}{9.1\times10^{-31}}}=1.326\times10^8\,\text{〔m/s〕}$$

(3) $p=mv=9.1\times10^{-31}\times1.326\times10^8=1.206\times10^{-22}$〔kg・m/s〕

(4) $\lambda=\dfrac{h}{p}=\dfrac{6.6\times10^{-34}}{1.206\times10^{-22}}=5.525\times10^{-12}=0.055$〔Å〕

5・3　原子核

5・3・1　原子核の構造

原子の中心に原子核があり，そのまわりを負電気を帯びた電子が回っている．原子の大きさは数 Å で，原子核は 10^{-12}〜10^{-13}cm である．半径を r，質量数を A とすれば，およそ次の式で与えられる．

$$r=1.4\times10^{-15}\times\sqrt[3]{A}\ \text{〔m〕}$$

原子核は陽子と中性子からなり，陽子は正電気を帯び，中性子は電荷を持たない．陽子と中性子を核子といい，陽子と中性子の和を質量数 A という．原子番号 Z の原子は $+Ze$ の電荷をもった原子核と Z 個の電子とからなっている．

原子番号 Z は陽子の数を表し，$A-Z=N$ は中性子の数を表している．質量数 A は原子量に最も近い整数である．

$$A=Z+N$$

(1)　核種の表わし方

元素の左下に原子番号 Z，左上に質量数 A をつけて ${}^{A}_{Z}X$ と表す．

原子番号が同じであっても，原子核内の中性子数が違うため質量数の異なる原子がある．これらを同位元素(図5・10)といい，核の場合は同位体という．

また，原子番号が異なり質量数が同じものを同重元素という．その他に，原子番号も質量数も同じ，同重同位元素，中性子数が同じである同中性子元素もある．また，中性子過剰数が同じ同余体もある．

問題 1．同位元素，同重元素，同重同位元素，同中性子元素，同余体の例をあげよ．

水素の同位体には三つあって，軽水素，重水素，三重水素である(図5・10)．

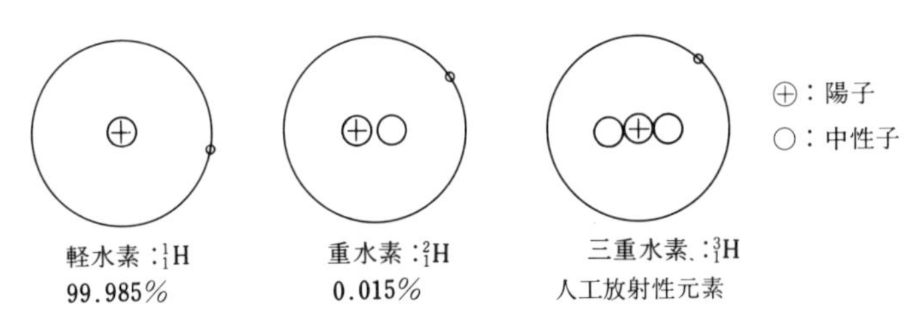

図 5・10　水素の同位元素

(2)　中性子過剰

このように，原子核は陽子と中性子でできていることが考えられる．では，これら陽子と中性子がどのように集まって原子核を構成しているか考えてみる．

陽子と陽子，陽子と中性子や中性子と中性子のような核子間には核力が働いている．この強力な核力は万有引力や電磁気力とは性質を異にするその他の新しい力と考えられる．電磁気力ではこれを媒介するものは電磁場である．電磁場は光子であり，波動と粒子の性質を持っている．核力ではこれを媒介するものは中間子場といわれる．中間子場は電磁場の場合と同じように波動と粒子の性質があり，それが中間子と考えられる．原子核を結びつけている核力の原因は中間子なのである．

核子間に核力が働くため，核子が集まって，大きなかたまりを作ろうとする．しかし，陽子は正の電荷を持つため，陽子間にはクーロン斥力が働く．それ故，原子核が大きくなってくると不安定になるのである．また，電荷のない中性子がたくさん集まっても安定な核はできないのである．

それでは，どのようにして陽子と中性子が集団を作るかというと，まず，核力が働くのでだんだんと核は大きくなってゆく．次に，パウリの排他律(陽子数と中性子数を同数にしようとする性質)により陽子と中性子が同数になる．第三に，陽子間に斥力が働くので，陽子数が多くなると核は不安定になる．こうして，原子核はバランスよく結合エネルギーで結びついている(図 5・11 (a))．全体の結合エネルギーを表す式としてバイツゼッカーの式がある．

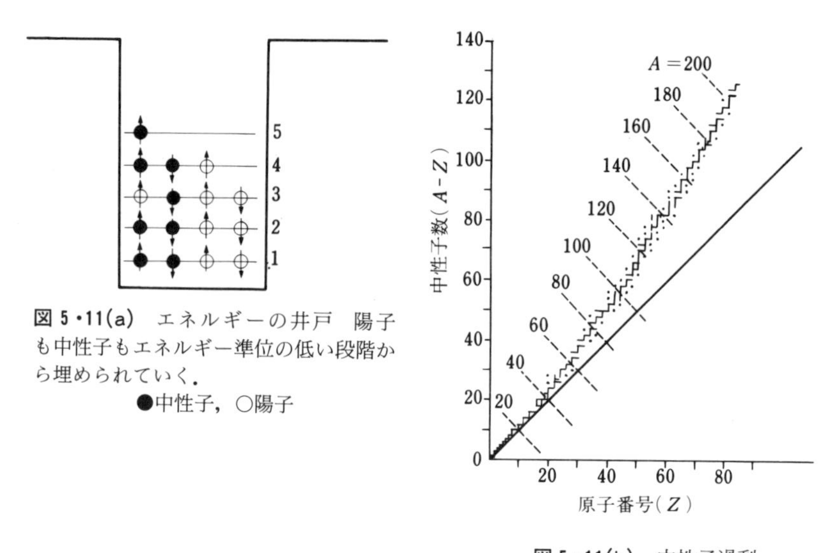

図5・11(a)　エネルギーの井戸　陽子も中性子もエネルギー準位の低い段階から埋められていく．
●中性子，○陽子

図5・11(b)　中性子過剰

$$E=aA+bA^{\frac{2}{3}}+cZ(Z-1)A^{-\frac{1}{3}}+d(N-Z)^2A^{-1}+\delta(A,Z)$$

ただし，A は質量数．a, b, c, d は定数，左から順に体積効果，表面効果，クーロン効果，対効果，偶奇効果とよぶ．

$A=N+Z$ が小さいうちは $Z=N$ の核が安定で，A が大きくなってくると $Z<N$ の核が安定になってくる．これは上式の第三項が大きくきいてくるためである．これを中性子過剰(図5・11(b))という．

このようにして陽子数と中性子数が適当に集団を作り，自然界には $Z=1$ の水素から $Z=92$ のウラニウムまで安定な元素ができることになる．Z が93以上の元素を超ウラン元素という．

(3)　原子核のエネルギー準位

水素原子が固有のエネルギー準位を持っているように，原子核にも固有のエネルギー状態がある．これを核のエネルギー準位といい，元素によって異なる．エネルギー準位の最も低い状態を基底状態とよび，それより高い状態を励起状

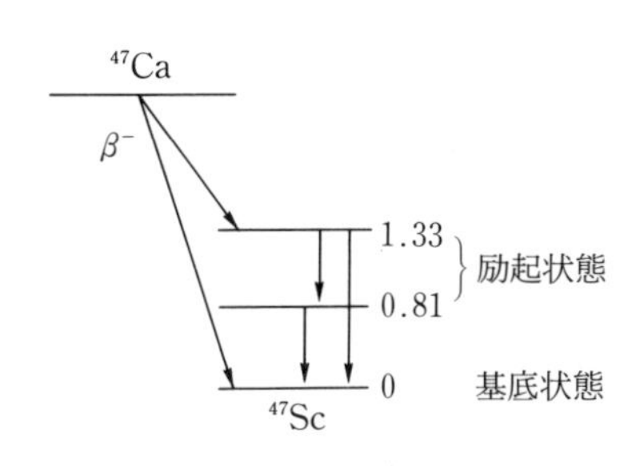

図5・12　原子核のエネルギー準位

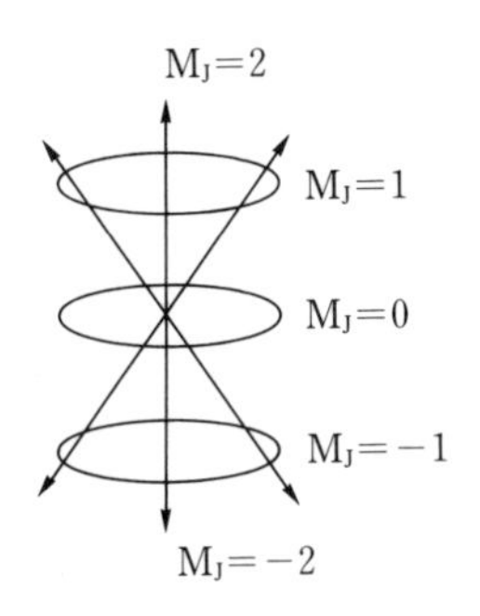

図5・13　J＝2の場合の核スピン

態という．α 壊変や β 壊変の直後，原子核はこの励起状態になっていて，高いエネルギー準位にある．励起状態から基底状態に移るとき γ 線を放出して安定になる．励起状態は各元素によっていろいろなエネルギー準位(図5・12)をとり単位はMeVである．エネルギーは一定であるので γ 線は線スペクトルになる．

(4)　原子核スピン

原子核は磁気能率(磁気モーメント)があり，静磁場中で歳差運動を行う．陽子と中性子には角運動量があり，固有の角運動量を内部スピンという(図5・13)．また，陽子と中性子は自転していて，このため磁気モーメントを生じる．原子核は核子の角運動量と磁気モーメントの合成ベクトルで表される角運動量を持つ．これを核スピンという．原子核のスピンは質量数が偶数であれば整数値，奇数であれば半整数値をとる．

原子核に静磁場をかけたとき，いくつかの量子化されたエネルギー状態に分かれ磁気モーメントを持つものと，いくつかのエネルギー状態に分かれず磁気モーメントを持たないものの二つに分けることができる．$^{4}_{2}He$, $^{12}_{6}C$ のように陽子数と中性子数が偶数のとき核スピンは0となる．

核スピンが0でなく，磁気モーメントを持つ元素は外部磁場をかけ，歳差運動を起こし，共鳴周波数(RF)による核磁気共鳴に利用される．

5・3・2　原子質量単位 (atomic mass unit)

統一原子量表（第10章10・1）に示したように中性炭素原子 $^{12}_{6}C$ の質量を基準にとり12.0000 amuと決められた．その1/12を1原子質量単位（amu）または（u）という．$^{12}_{6}C$ の12 g中に 6.02×10^{23} 個の原子数が含まれている．

$$12\,\text{amu}=\frac{12}{6.02\times10^{23}}$$

$$\therefore\quad 1\,\text{amu}=1.6604\times10^{-27}\,\text{kg}$$

こうすれば陽子の質量は1.007276 amu，中性子の質量は1.008665 amu，電子の質量は0.000549 amuとなり，ヘリウム原子と α 粒子の質量は図5・14のようになる．

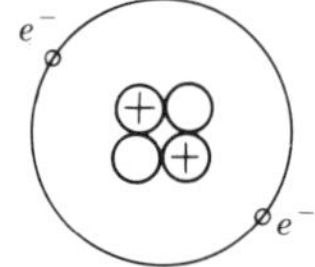

ヘリウム原子の質量
＝4.002603 amu

図5・14(a)　α 粒子はヘリウム原子から電子2個がとれたもの

α 粒子の質量
＝4.002603 －2×0.000549
＝4.001506 amu

図5・14(b)

問題 2．核の密度を求めよ．

5・4　原子核のエネルギー

5・4・1　結合エネルギーと核力

核子が結合して原子核が作られるためには，その間に強い結合力が作用していなければならない．結合力は中性子にも作用するので非電気的なものでなければならない．核子間に働く力を仲だちするものとして，電子と陽子の中間あたりの質量を仮定し，中間子とよんだ．間もなくアンダーソンが宇宙線中に μ 粒子，核力に関係ある π 中間子をパウエルが発見した．

Z 個の陽子と N 個の中性子からなる原子核の質量が M である．この原子をバラバラにすると，Zm_p+Nm_n の質量になるが，実際の質量はそれよりも小さい．質量差 ΔM とすると

$$\Delta M=Zm_p+Nm_n-M$$

であり，ΔM を質量欠損という．質量とエネルギーは等価であるから

$$\Delta E=\Delta Mc^2$$

で与えられるエネルギーにかわることができる．これを結合エネルギーという．

【例題 5－8】 1 amu をエネルギーに換算すると何 MeV になるか．

【解】 質量 m のエネルギーは mc^2，V 電子ボルトに対するエネルギーは eV だから，1 amu に対する V は

$$eV=mc^2 \qquad V=\frac{mc^2}{e}=\frac{1.66\times10^{-27}\times(3\times10^8)^2}{1.602\times10^{-19}}=931.478\,\mathrm{MeV}$$

となる．この質量とエネルギーの換算は重要である．

5・4・2　平均結合エネルギー

$$ZM_p+(A-Z)M_N+ZM_e-M(A\,,\,Z)=\Delta M$$

ここに，M_p：陽子の質量，M_N：中性子の質量，M_e：電子の質量，ΔM：質量欠損，$M(A,Z)$ は ${}^{A}_{Z}\mathrm{X}$ 核種の質量を表している．

$\dfrac{\Delta M}{A}$ を比質量欠損という．

$$全結合エネルギー\ B=\Delta M\times931.5\,\mathrm{MeV}$$

核子 1 個あたりの結合エネルギーを平均結合エネルギー（図 5・15，表 5・3）といい，次の式で表す．

$$\frac{\Delta M}{A}\times931.47$$

質量数 A が 10 以上で大体 8 MeV である．

核の結合エネルギーの算出式（半実験公式）

$$M(A,\,Z)=0.99389A-0.00081Z+0.014A^{\frac{2}{3}}+0.08\left\{\left[\frac{A}{2}-Z\right]^2/A\right\}$$

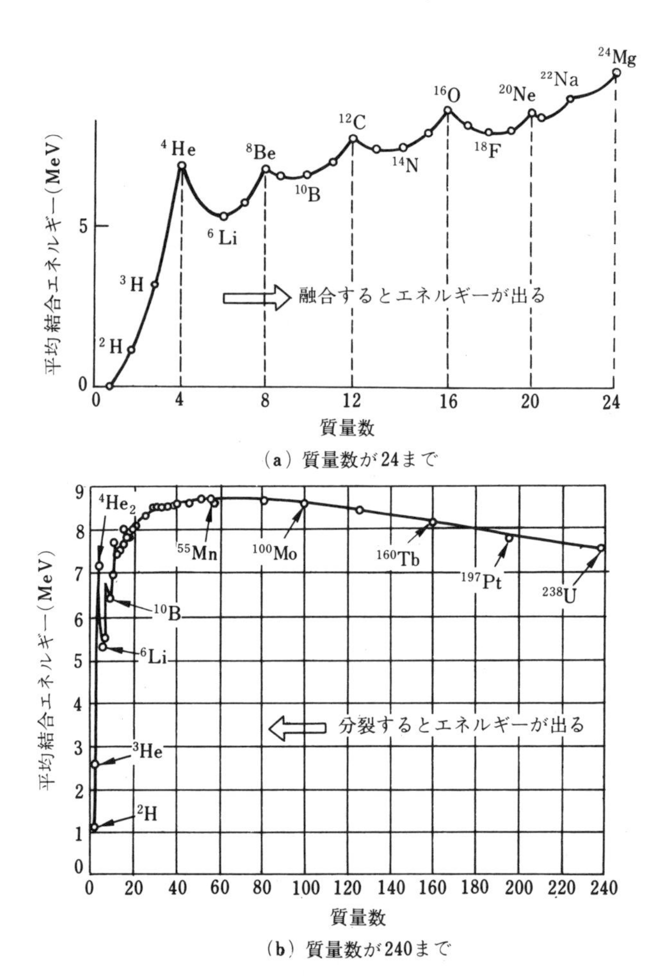

図5・15　平均結合エネルギー

$$+0.000627Z^2/A^{\frac{1}{3}}+\delta(A, Z)$$

$$\delta(A, Z)=\begin{cases}-0.036/A^{\frac{3}{4}} & \text{偶-偶核}\\ 0 & \text{奇-偶核，偶-奇核}\\ +0.036/A^{\frac{3}{4}} & \text{奇-奇核}\end{cases}$$

安定な核で陽子数 Z，中性子数 N の組合せは次のようなものがある．

Z偶　N偶　162

Z偶　N奇　56

Z奇　N偶　52

Z奇　N奇　4

(注)どちらも奇数のもの

${}^1_1$H, ${}^6_3$Li, ${}^{10}_5$B, ${}^{14}_7$N

表5・3　結合エネルギー

核	E(MeV)	$\frac{E}{A}$(MeV)
n	0	0
^{1}H	0	0
^{2}H	2.18	1.09
^{3}H	8.33	2.78
^{3}He	7.60	2.53
^{4}He	28.2	7.03
^{6}Li	31.81	5.30
^{7}Li	38.96	5.57
^{9}Be	57.80	6.42
^{10}B	64.29	6.43
^{11}B	75.71	6.88
^{12}C	91.66	7.64
^{13}C	96.54	7.43
^{14}N	104.10	7.44
^{15}N	114.85	7.66
^{16}O	126.96	7.94
^{20}Ne	159.85	7.99
^{40}Ar—^{120}Sn	344—1021	8.6—8.5
^{238}U	1780	7.5

【例題 5－9】　${}^4_2$He（ヘリウム）の質量を4.002603 amuとして結合エネルギーの大きさを求めよ．ただし，陽子は電子も含めて水素と考える：1.007825 amu，中性子：1.008665 amuとする．

【解】　$\varDelta M=2\times1.007825+2\times1.008665-4.002603=0.030377$

$$\therefore\quad E=0.030377\times931.478$$
$$=28.30\,\mathrm{MeV}$$

【例題 5－10】　陽子の質量は1.007276 amuで，中性子は1.0086650 amuである．エネルギーに換算せよ．

【解】　1 amu＝931.5 MeVだから，陽子の等価エネルギーは

$1.007276\times931.5=938.27$ MeV

中性子の等価エネルギーは $1.008665\times931.5=939.57$ MeV

【例題 5－11】　1 gの物質がエネルギーにかわったものとすると，何 Jか．

【解】　$1\,\mathrm{g}\times(3\times10^{10})^2=9\times10^{20}\mathrm{erg}=9\times10^{13}\mathrm{J}$

【例題 5－12】　電子の静止質量は9.1×10^{-31}kgである．原子質量単位で表し，エネルギーに換算せよ．

【解】　$\dfrac{9.1095\times10^{-31}}{1.6605\times10^{-27}}=0.0005486$ amu

$0.0005486\times931.478=0.51$ MeV

5・4・3　魔法の数

2, 8, 20, 28, 50, 82, 126, 184

陽子数 Z，中性子数 N が上の数値になると特に核は安定である．例えば，ヘリウム $^{4}_{2}\mathrm{He}$ は $Z=N=2$ で二重の魔法の数，鉛は $Z=82$ でやはり魔法の数である．$^{4}_{2}\mathrm{He}$ が特に安定なのはこのためである．

5・5　核分裂

$^{235}\mathrm{U}$ におそい，中性子(大体 0.025 eV のエネルギー)を衝突させると，質量数が半分くらいの原子核に分裂し，平均 2.5 個の中性子が放出される．次の反応はその一例である（図 5・16）．

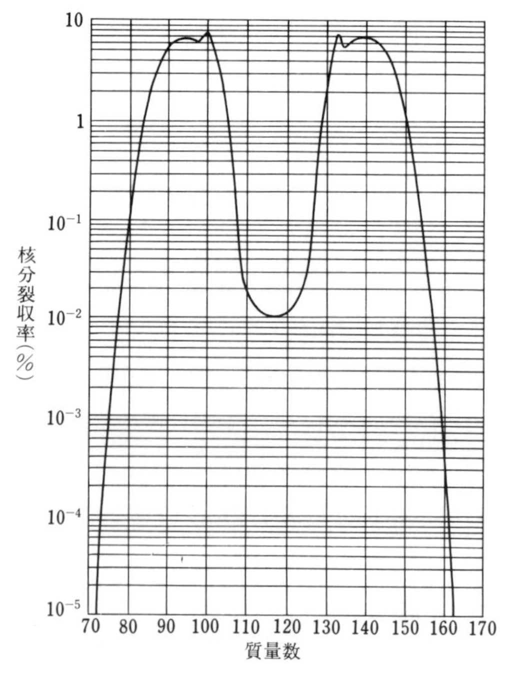

図 5・16　$^{235}\mathrm{U}$ 核分裂収率と質量数

$$^{235}U + {}^{1}n \longrightarrow {}^{142}Xe + {}^{92}Sr + 2{}^{1}_{0}n + Q$$

$$Q = 215\,\mathrm{MeV}$$

このとき，放出される中性子が次々と核反応を起こすので連鎖反応という．

【例題 5-13】 ^{235}U は $^{1}_{0}n$ を吸収して核分裂を起こす．この原子核反応式を次のように表す．この時放出されるエネルギーは何 J か．

$$^{235}_{92}U + {}^{1}_{0}n \longrightarrow {}^{95}_{38}Sr + {}^{139}_{54}Xe + 2{}^{1}_{0}n$$

ただし，$^{235}_{92}U = 390.29 \times 10^{-27}$kg，$^{1}n = 1.67 \times 10^{-27}$kg，$^{95}Sr = 157.60 \times 10^{-27}$kg，$^{139}Xe = 230.66 \times 10^{-27}$kg とする．

【解】 この核分裂で消滅した質量 $\varDelta m$ は

$$\varDelta m = [(390.29 + 1.67) - (157.60 + 230.66 + 1.67 \times 2)] \times 10^{-27}\mathrm{kg}$$

$$= 0.36 \times 10^{-27}\mathrm{kg}$$

$$\text{エネルギー } E = mc^2 = 0.36 \times 10^{-27} \times (3 \times 10^8)^2 = 3.24 \times 10^{-11}\,[\mathrm{J}]$$

$$= 2.02 \times 10^8\mathrm{eV} \qquad \therefore \quad 202\,[\mathrm{MeV}]$$

【例題 5-14】 ^{235}U は熱中性子を吸収して分裂する．この時，約 200 MeV のエネルギーを放出する．^{235}U の 1 g がすべて分裂するとき発生するエネルギーは何 eV で，何カロリーになるか．ただし $N_0 = 6 \times 10^{23}$，1 cal $= 4.2 \times 10^7$erg，1 eV $= 1.6 \times 10^{-12}$erg とする．

【解】 ^{235}U の 1 g の原子数は $6 \times 10^{23}/235$

1 cal は $4.2 \times 10^7\mathrm{erg} = 4.2 \times 10^7/(1.6 \times 10^{-12})\mathrm{eV} = 2.6 \times 10^{19}\mathrm{eV}$

発生エネルギー $= 200 \times 10^6 \times 6 \times 10^{23}/235 = 5.1 \times 10^{29}\mathrm{eV}$

$$\frac{5.1 \times 10^{29}}{2.6 \times 10^{19}} = 1.96 \times 10^{10}\mathrm{cal}$$

5・6　核融合

軽い原子核が反応して重い原子核ができる反応を核融合反応という．原子を超高温にすると高温プラズマになる．超高温プラズマでは原子核は非常に大きな運動エネルギーを得ることができるので，陽子と陽子とも衝突する．これを熱核融合反応という．温度が高くなるとC−Nサイクル，それより低いとH−Hチェインが起こる．

5・6・1　太陽エネルギー

太陽はほとんど水素でできており，次の反応式で示される熱核融合反応が起きていると考えられる．

$$^1_1H+{}^1_1H \longrightarrow {}^2H+e^++\nu+0.43\,MeV$$

$$e^++e^- \longrightarrow 2\gamma$$

$$^2H+{}^1H \longrightarrow {}^3He+\gamma+5.5\,MeV$$

$$^3He+{}^3He \longrightarrow {}^4He+{}^1H+{}^1H+12.8\,MeV$$

このように陽子が核融合反応を起し，結局4つの陽子から^4_2Heができる反応で

$$4{}^1H \longrightarrow {}^4He+26.2\,MeV$$

となる．これは^1Hではじまり，^1Hで終わるのでH−Hチェインといわれる．また，炭素，窒素が触媒としたC−Nサイクルが考えられる．

$$^1H+{}^{12}C \rightarrow {}^{13}N+\gamma+2\,MeV$$

$$^{13}N \rightarrow {}^{13}C+e^++\nu+1\,MeV$$

$$^1H+{}^{13}C \rightarrow {}^{14}N+\gamma+8\,MeV$$

$$^1H+{}^{14}C \rightarrow {}^{15}O+\gamma+7\,MeV$$

$$^{15}O \rightarrow {}^{15}N+e^++1.7\,MeV$$

$$^1H+{}^{15}N \rightarrow {}^{12}C+{}^4He+5\,MeV$$

$$4{}^1H \rightarrow {}^4He+24.9\,MeV$$

【例題5−15】　太陽が4×10^{26}J/秒のエネルギーを放出していることはよく知られている．このエネルギーは熱核融合反応であり，4個の陽子が^4_2Heになる反応である．この時質量は0.7％減少する．太陽の質量は全部水素でできており$4{}^1H \rightarrow {}^4He+2e^+$の反応を起こしたものとする(太陽の質量は$2\times10^{30}$kg)．

(1)　放出する全エネルギーは何Jか計算せよ．

(2)　太陽の寿命は何年位と計算されるか．

【解】　$4{}^1_1\mathrm{H} \longrightarrow {}^4_2\mathrm{He} + 2\mathrm{e}^+$

$$4\times1.0073-(4.0015+2\times0.0005)=0.0267\,\mathrm{amu}$$

$$\frac{0.0267}{4\times1.0073}\times100=0.67\%$$

$$2\times10^{30}\times\frac{0.67}{100}\fallingdotseq1.4\times10^{28}\mathrm{kg}$$

(1)　$E=1.4\times10^{28}\times(3\times10^8)^2=12.6\times10^{44}\mathrm{J}$……(答)

(2)　$\dfrac{12.6\times10^{44}}{4\times10^{26}}=3.15\times10^{18}\mathrm{s}=1.0\times10^{11}$年…(答)

(1)　星の進化

太陽の直径は140万Kmで地球の直径の109倍もあり，月の400倍もある．体積は地球の130万倍あり，重さは地球の33万倍である．表面の温度は6000度で，内部温度は2000万度という高温で圧力は100億気圧，密度は水の約100倍で，重力は地球の28倍もあり，月の重力は地球の0.17倍である．

現在の太陽は，2000万度の中心部が膨張する力と中心に向かって働く重力がちょうどつり合っているところである．

昼間の光の熱のエネルギーはダンプカーの4000万台分の石炭を一度に燃焼させたのと同じになる．

太陽は全周にエネルギーを放出しているが，地球はその22億分の1のエネルギーを受けとっている．地球は太陽から1億5000万〔Km〕の距離にあり，生物が生きるために必要な暑くもなければ寒くもない温度を保っている．

太陽の内部温度は2000万度の高温で，水素原子は800〔km/s〕で運動している．この水素原子が核融合を起こし，${}^4_2\mathrm{He}$にかわる．

$$4{}^1_1\mathrm{H} \longrightarrow {}^4_2\mathrm{He} + 2\mathrm{e}^+$$

地球は1000〔個/s〕の水爆に照らされていることになり，50億年も燃えつづけると，もえかすの${}^4_2\mathrm{He}$が中心にたまって太陽はどんどんふくれ上がり，今の数百倍になる．まず水星を，次いで金星をのみこみ，地球をしまいにはのみこんでしまう．

太陽が現在の2倍も明るくなるころには，太陽の熱のため地球上の空気も水も蒸発してしまう．ふくれ上がった太陽は爆縮し，終わりごろには地球ぐらいの大きさになってしまう．

地球は1年で太陽の周りを1周する．太陽に一番近い水星は88日，最も遠い冥王星は250年で1回りする．

木星の質量は地球の317倍で，11個の月を持っている．火星は地球より小さく0.1倍で2個の月があり，水星は0.05倍である．

ハレー彗星は76年ごとに現れる．250年後にはやせ細り消滅する．

銀河系は3億年かけて1回りする．今，太陽は20〔km/s〕で北の方角，ベガの方に向けて走っている．銀河系の中心から3万光年のところにある太陽系は，280〔km/s〕の速さで銀河系の中を回っている．

銀河系に似た星は1000万個以上あるが250光年の円内にはない．

核分裂によるエネルギーは原子力発電にやっと利用されているところであるが，核融合によるエネルギーは未だ手の届く範囲にない．原子力のエネルギーが生きものにとって，余りにも大き過ぎるからである．しかし，この途方もなく大きな核エネルギーも広大な宇宙にとっては微々たるものにすぎないことが，星の光を見ればわかる．

この宇宙にはどれだけの数の星があるか不明であるが，それらはどれも核融合反応のエネルギーを放出している．

広大な宇宙では，星の始まりもあれば終わりもある．宇宙に充満している元素は水素原子であるから，地球上に存在する元素とそれほどのちがいはないであろうと推定される．

星の進化は，主系列(核融合反応を起こしている)から，赤色巨星(水素を燃しつくす)に移り，終わりに白色矮星(白くて小さいが質量が巨大な星)になる．星の終わりは超新星爆発となる．これがきっかけで新しい星が誕生する．

(2)　核反応式

$$ {}^{A_1}_{Z_1}X + {}^{A_2}_{Z_2}Y \longrightarrow {}^{A_3}_{Z_3}X' + {}^{A_4}_{Z_4}Y' $$

質量数：$A_1 + A_2 = A_3 + A_4$

原子番号：$Z_1+Z_2=Z_3+Z_4$

【例題 5-16】 次の核反応式を完成せよ．

1. ${}^{31}_{15}P+n \longrightarrow {}^{32}_{15}P+$ (イ) ，${}^{32}_{15}P \longrightarrow$ (ロ) $+e^-$　　　(イ) γ (ロ) ${}^{32}_{16}S$

${}^{31}_{15}P+n \longrightarrow {}^{32}_{15}P+\gamma$ のような式は長くなるので，${}^{31}P(n, \gamma)\,{}^{32}P$ と短縮形で表すことになっている．

2. ${}^{71}_{31}Ga+\alpha \longrightarrow {}^{y}_{x}As+n$，$x=33$　$y=74$

【例題 5-17】 次のうち誤っているのはどれか．

1. ${}^{14}N(p, \alpha)\,{}^{12}C$
2. ${}^{32}S(p, n)\,{}^{32}P$
3. ${}^{93}Mo(n, \gamma)\,{}^{94}Mo$
4. $9Be(\alpha, n)\,{}^{12}C$
5. ${}^{32}S(n, p)\,{}^{32}P$

（答）2，3

【例題 5-18】 二つの重陽子(D：${}^{2}_{1}H$ 重陽子$=3.3444\times10^{-27}$kg)から1モルの ${}^{4}He$ ができるとき質量の減少は何 kg か．また，このとき放出されるエネルギーは何 J で何 eV か．ただし，${}^{4}He=6.6464\times10^{-27}$kg とする．

【解】 $(2\times3.3444-6.6464)\times10^{-27}=0.0425\times10^{-27}$kg

$6.02\times10^{23}\times0.0425\times10^{-27}=25.5$ mg　（答）

$25.5\times10^{-5}\times(3\times10^{8})^2=2.3\times10^{12}$J　（答）

2.3×10^{12}〔J〕$=2.3\times10^{12}/(1.602\times10^{-19})=1.43\times10^{31}$〔eV〕　（答）

5・7　素粒子

その昔，物質は陽子と電子とから構成されると考えられていたが，中性子の発見におよんで，この考えは改められることになった．また，原子は安定でこわれないものと考えられていたが放射能の現象から，これも改められることになった．質量とエネルギーの式から，この二つは同等なものになり，その例は，電子の対創生がある.

陽電子はアンダーソン(1932)によって発見されたのであるが，ディラックの理論を検証したことになる.

(1) 核力と中間子

マックスウェルにより電磁気の理論が完成され，光子の正体が解明されたのであるが，これらの推理を核力にまで拡張したのが湯川中間子の理論である.

こうして，核力の中間子論が出てきたのであるが，素粒子物理学の始まりともいえる(図5・17).

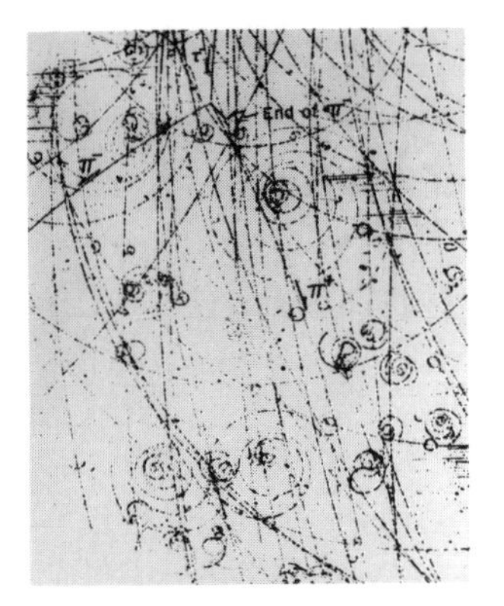

図5・17　荷電粒子の飛跡
(玉川百科辞典3より)

このとき考えられた核力は湯川ポテンシャルといわれ，

$$U = g \cdot \frac{e^{-\alpha r}}{r}$$

の形で表された.

$\alpha = \frac{\hbar}{mc}$，g は定数，$r$ は核子間の距離である.

この式を見るとわかるように，核力は近接力で，10^{-13} cm 以下で強力に作用するから核力を発生させる粒子は質量が電子の約200倍位であることが予想され，中間子と名命された．実験的にはアンダーソンによって発見されたのであるが，湯川中間子，質量 $273\,m_e$，寿命 10^{-8} 秒と μ 中間子，質量 $207\,m_e$，寿命 10^{-6} 秒の二つであった.

当時としては宇宙線が唯一の素粒子研究法であったが，粒子を人工的に加速しようという考えから加速装置が考案され，予想もつかなかったような新粒子が次々に発見されるようになった．いくつかの安定な粒子を除いて，素粒子の性質(表5・4)に示すように非常に短い寿命で他の粒子にこわれてしまう.

(2) クォークと電荷

表 5・4 素粒子の性質 理科年表（1995）

		粒子	構成	反粒子	スピン ($\hbar$)	磁気[1] モーメント	質量(MeV)	平均寿命(s)
ゲージボソン	光子	γ		γ	1	0	0	安定
		W^+		W^-	1		80000	$>10^{-25}$
		Z^0		Z^0	1		91110	1.2×10^{-25}
軽粒子	中性微子	ν_e		$\bar{\nu}_e$	1/2		<0.000018	安定
		ν_μ		$\bar{\nu}_\mu$	1/2		<0.25	安定
		ν_τ		$\bar{\nu}_\tau$	1/2		<35	安定
	電子	e^-		e^+	1/2	−1.001159652193	0.51099906	安定
		μ^-		μ^+	1/2	−1.001165923	105.65839	2.19703×10^{-6}
		τ^-		τ^+	1/2		1784.1	3.04×10^{-13}
	中間子	π^+	$u\bar{d}$	π^-	0	0	139.56755	2.6029×10^{-8}
		π^0	$u\bar{u}-d\bar{d}$	π^0	0	0	134.9734	0.84×10^{-16}
		η	$u\bar{u}, d\bar{d}, s\bar{s}$	η	0	0	548.8	6.1×10^{-19}
		K^+	$u\bar{s}$	K^-	0	0	493.646	1.2371×10^{-8}
		K^0	$d\bar{s}$	$\bar{K}^0$	0	0	497.671	K_S^0 0.8922×10^{-10} K_L^0 5.18×10^{-8}
		D^+	$c\bar{d}$	D^-	0	0	1869.3	10.69×10^{-13}
		D^0	$c\bar{u}$	$\bar{D}^0$	0	0	1864.5	4.28×10^{-13}
		D_s^+	$c\bar{s}$	D_s^-	0	0	1969.3	4.36×10^{-13}
		B^+	$u\bar{b}$	B^-	0	0	5277.6	13.1×10^{-13} (B⁺, B⁰)
		B^0	$d\bar{b}$	$\bar{B}^0$	0	0	5279.4	
重粒子	核子	p	uud	$\bar{p}$	1/2	2.792847386	938.27231	安定
		n	udd	$\bar{n}$	1/2	−1.91304275	939.56563	896
	重核子	Λ	uds	$\bar{\Lambda}$	1/2	−0.613	1115.63	2.631×10^{-10}
		Σ^+	uus	$\bar{\Sigma}^+$	1/2	2.42	1189.37	0.799×10^{-10}
		Σ^0	uds	$\bar{\Sigma}^0$	1/2		1192.55	7.4×10^{-20}
		Σ^-	dds	$\bar{\Sigma}^-$	1/2	−1.157	1197.43	1.479×10^{-10}
		Ξ	uss	$\bar{\Xi}^0$	1/2	−1.250	1314.9	2.90×10^{-10}
		Ξ^-	dss	$\bar{\Xi}^-$	1/2	−0.69	1321.32	1.639×10^{-10}
		Ω^-	sss	$\bar{\Omega}^-$	3/2		1672.43	0.822×10^{-10}
		Λ_c^+	udc	$\bar{\Lambda}_c^+$	1/2		2284.9	1.79×10^{-13}

1) 磁気モーメントの単位：$e^\pm$ は $e\hbar/2m_e$, $\mu^\pm$ は $e\hbar/2m_\mu$，重粒子は $e\hbar/2m_p$.

電子に対して陽電子というように質量が同じでも電荷が反対というように，反粒子(反物質)もみつかっている．

このような粒子の他にも，寿命の非常に短い粒子がたくさん存在するので，それを説明するため，それら粒子を構成する基本粒子が存在するのではなかろうかと推定された．

この基本粒子がクォークとよばれるもので，6種の粒子が考えられた．この粒子の特徴は電気素量の整数倍になっていないことである(表5•5)．

表5・5　クォークと電荷

名称	記号	電荷 e
アップ	u	$\frac{2}{3}$
ダウン	d	$-\frac{1}{3}$
ストレンジ	s	$-\frac{1}{3}$
チャーム	c	$\frac{2}{3}$
ボトム	b	$-\frac{1}{3}$
トップ	t	$\frac{2}{3}$

陽子はuudから構成されているとすれば，$\frac{2}{3}+\frac{2}{3}-\frac{1}{3}=+1$となり，また，中性子はuddから構成されているとすれば$-\frac{1}{3}-\frac{1}{3}+\frac{2}{3}=0$となり，陽子と中性子は質量はかわらないが，電荷が異なると説明される．

ところが現在の科学でも，まだ単独でこのクォークを発見した人はいない．

(3)　強い相互作用と弱い相互作用

自然界に存在する力は万有引力，電磁気力という力がある．核や素粒子の世界では，これらの力では説明することができないところがある．そこで，強い相互作用(強い力)，弱い相互作用(弱い力)という二つの力が導入された．ハドロンは強い力，レプトンは弱い力しか作用しないのである．例えば，β壊変で，原子核から電子が動き出してくるのは強い相互作用を何ら受けないからである．ごく最近の報告によれば，電磁気力と弱い相互作用は同一の力として統一することができる．

弱い相互作用，万有引力，電磁気力，強い相互作用まで含めた大統一理論が完成されることになれば人類は宇宙に自由に飛び出すことができるであろう．

また，それによると安定とされていた陽子も10^{31}年で電子と中間子にこわれてしまう($p \longrightarrow e^{+}+\pi^{0}$)．とても常識では考えられないような，陽子の崩壊を示す実験が，地下1000mの神岡研究所で続けられている．

現在のところ，物質は何からできているかといえば，核よりも小さいレプトンとクォークから構成されていると考えられる．

(4)　宇宙線

宇宙線には一次宇宙線と二次宇宙線がある(表5･6)．一次宇宙線は宇宙の遥かかなたから来る高エネルギーの陽子やα粒子などである．二次宇宙線は一次宇宙線が大気の原子と衝突して π 中間子となり，π 中間子が崩壊してできる μ 粒子である(図 5•18)．これが地上で観測される．最終的には極めて短い時間のうちに次から次へと多くの電子と光子に崩壊する．これをカスケードシャワーといい，スターという現象を起こす(図 5•18)．

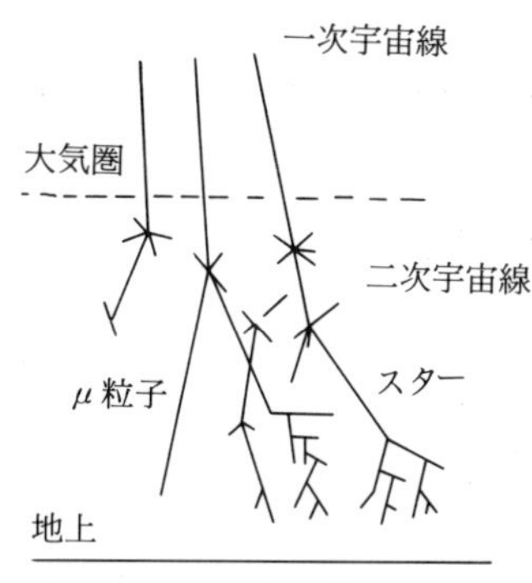

図 5•18　カスケードシャワー

表 5・6　宇宙線の成分

一次宇宙線	陽子，α 粒子，重粒子，中性微子
二次宇宙線	μ 粒子，電子，光子

(5)　素粒子の呼び方

素粒子（表 5・4）は光子，軽粒子（レプトン)，中間子（メゾン)，重粒子（バリオン）に分けられ，中間子と重粒子をハドロンと呼ぶ．ハドロンはクォークという基本粒子によって構成されている．6 種のクォークのうち t（トップクォーク）だけはごく最近になって発見された．素粒子の世界では $\hbar$ の奇数倍のスピンを持つ粒子をフェルミ粒子（電子，陽子，中性子など）といい，$\hbar$ の整数倍のスピンを持つ粒子をボーズ粒子（光子など）という．

練習問題

1. 電子が $n=2$ 軌道から $n=1$ 軌道に移るとき，放出される光子の波長は何 Å か.
2. 1 amu は 1.66×10^{-27}kg である．これは何ジュールであるか．また，何 MeV であるか.
3. 陽子と中性子が結合して重水素となるとき，放出されるエネルギーは何 MeV か.
4. ${}^{235}_{92}\mathrm{U}$ の質量欠損は何 amu か．また，平均結合エネルギーはいくらか.
5. 次の核反応式を完成せよ.
   1. ${}^{7}_{3}\mathrm{Li}+{}^{1}\mathrm{H}\longrightarrow{}^{8}_{4}\mathrm{Be}+$ イ
   2. ${}^{9}_{4}\mathrm{Be}+\gamma\longrightarrow{}^{8}_{4}\mathrm{Be}+$ ロ
   3. ${}^{23}_{11}\mathrm{Na}+$ ハ $\longrightarrow{}^{24}_{11}\mathrm{Na}+\gamma$　　${}^{24}_{11}\mathrm{Na}\longrightarrow{}^{24}_{12}\mathrm{Mg}+$ ニ
   4. ${}^{24}_{12}\mathrm{Mg}+{}^{4}_{2}\mathrm{He}\longrightarrow$ ホ $+n$　　ホ $\longrightarrow{}^{27}_{13}\mathrm{Al}+$ ヘ
   5. ${}^{32}_{16}\mathrm{S}+n\longrightarrow$ ト $+p$　　ト $\longrightarrow$ チ $+\beta^{-}$
   6. ${}^{197}_{79}\mathrm{Au}+n\longrightarrow$ リ $+{}^{4}\mathrm{He}$　　リ $\longrightarrow$ ヌ $+\beta^{-}$
6. 次のうち正しいのはどれか.
   1. ${}^{6}\mathrm{Li}(n,\alpha){}^{3}\mathrm{He}$
   2. ${}^{14}\mathrm{N}(n,p){}^{14}\mathrm{C}$
   3. ${}^{27}\mathrm{Al}(\alpha,n){}^{30}\mathrm{P}$
   4. ${}^{6}\mathrm{Li}(p,n){}^{7}\mathrm{Be}$
   5. ${}^{9}\mathrm{B}(d,n){}^{11}\mathrm{C}$
7. 10000〔V〕で加速したとき電子波はいくらか.
8. 2×10^{6}〔m/s〕で運動しているとき電子の物質波を求めなさい.
9. 陽子を 100 万ボルトで加速したとき，陽子線の物質波はいくらか.

10. D-D反応 ($^2H + ^2H \rightarrow n + ^3He$) で放出される中性子のエネルギーを求めなさい．$^2H = 2.014102$ amu，$n = 1.008665$ amu，$^3He = 3.016030$ amu である．

11. $^{10}Be + n \longrightarrow {}^7Li + {}^4He$ の核反応で放出されるエネルギーを求めよ．

■解　答

5・3・1　1.

同位元素	^{12}C　^{13}C　^{14}C
同重元素	^3H　^3He
同重同位元素	^{110m}Ag　^{110}Ag
同中性子元素	^7Li　^9B
同余体	^{210}Po　^{212}At

(注)鏡像核
陽子数と中性子数が互いに逆の核 $^{12}_{5}B$，$^{12}_{6}C$　$^{15}_{7}N$，$^{15}_{8}O$

5・3・2　2.　$\rho = \dfrac{1.66 \times 10^{-24} \cdot A}{4/3\pi(1.4 \times 10^{-13})^3 \cdot A} = 1.45 \times 10^{11}\ \text{kg/cm}^3$

練習問題の解答

1. $\dfrac{1}{\lambda} = 1.097 \times 10^7 \left(\dfrac{1}{1^2} - \dfrac{1}{2^2} \right)$　$\therefore$　$\lambda = \dfrac{1}{0.8227 \times 10^7} = 1215.5 \times 10^{-10}$〔m〕

$\lambda = 1215\text{Å}$

2. $E = 1.66054 \times (2.99792 \times 10^8)^2 = 1.4924 \times 10^{-10}$〔J〕

$\dfrac{1.4924 \times 10^{-10}}{1.60217 \times 10^{-19}} = 0.93148 \times 10^9\ \text{eV} = 931.48$〔MeV〕

3. $H + n \rightarrow {}^2H + \boxed{E}$

$(1.007825 + 1.008665) - 2.014102 = 0.002388$〔amu〕

$\therefore\ E = 0.002388 \times 931.48 = 2.224$〔MeV〕

4. $(92 \times 1.007825 + 143 \times 1.008665) - 235.043933 = 1.915062$〔amu〕

$E = 1.915062 \times 931.5 = 1783.88$〔MeV〕

∴平均結合エネルギーは $1783.88 \div 235 = 7.59$〔MeV〕

5. イ．γ　ロ．n　ハ．n　ニ．e^-　ホ．$^{27}_{14}Si$　ヘ．e^+　ト．$^{32}_{15}P$　チ．$^{32}_{14}Si$

リ．$^{194}_{77}\mathrm{Ir}$　ヌ．$^{194}_{78}\mathrm{Pt}$

6．2，3

7．$\dfrac{1}{2}mv^2=\mathrm{eV}$　∴ $v=\sqrt{\dfrac{2\mathrm{eV}}{m}}$　$\lambda=\dfrac{h}{mv}=\dfrac{h}{\sqrt{2\,\mathrm{meV}}}$

$$\therefore\ \lambda=\frac{6.63\times10^{-34}}{\sqrt{2\times9.1\times10^{-31}\times1.6\times10^{-19}\times10000}}=1.224\times10^{-11}\,〔\mathrm{m}〕$$

又は次のようにしてもよい．

$$\lambda=\sqrt{\frac{150}{V}}\times10^{-10}\ 〔\mathrm{m}〕=\sqrt{\frac{150}{10000}}\times10^{-10}=1.224\times10^{-11}\,\mathrm{m}$$

8．$\lambda=\dfrac{h}{mv}=\dfrac{6.63\times10^{-34}}{9.1\times10^{-31}\times2\times10^{6}}=3.64\times10^{-10}\,〔\mathrm{m}〕$

9．$v=\sqrt{\dfrac{2\,\mathrm{eV}}{m}}=\sqrt{\dfrac{2\times1.602\times10^{-19}\times100\times10^{4}}{1.6725\times10^{-27}}}=1.38\times10^{7}\,〔\mathrm{m/s}〕$

$$\therefore\ \lambda=\frac{h}{mv}=\frac{6.63\times10^{-34}}{1.6725\times10^{-27}\times1.38\times10^{7}}=2.86\times10^{-14}\,〔\mathrm{m}〕$$

10．$(2.014102+2.014102)-(1.008665+3.016030)=0.0035$

$0.003509\times931.5=3.2686$〔MeV〕

中性子のエネルギーは$3.2686\times\dfrac{3}{4}=2.451$〔MeV〕

11．$(10.012939+1.008665)-(7.016005+4.002603)=0.002996$

∴　$0.002996\times931.5=2.7907$〔MeV〕

第６章　放射能

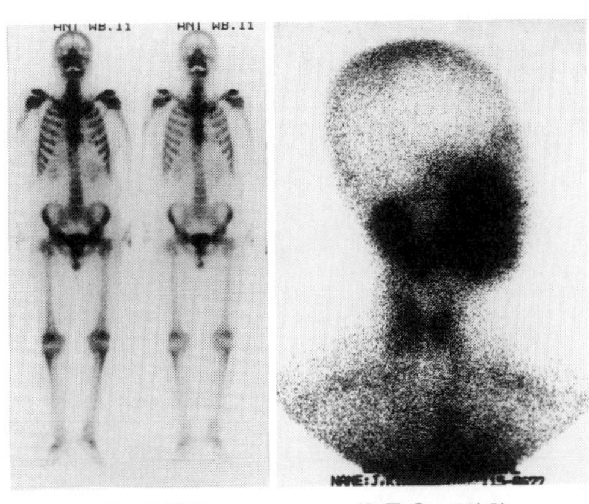

$^{99m}T_c$－MDP　　　$^{99m}T_cO_4^-$ 唾液腺

6・1　放射能

ウラニウム，ラジウムなどは放射線を出す．このような元素を放射性元素という．この放射線は原子核から出てくる．放射線を出す性質を放射能という．

天然にある元素で放射能を持っているものを自然放射性元素，原子炉などで人工的に作られるものを人工放射性元素という．

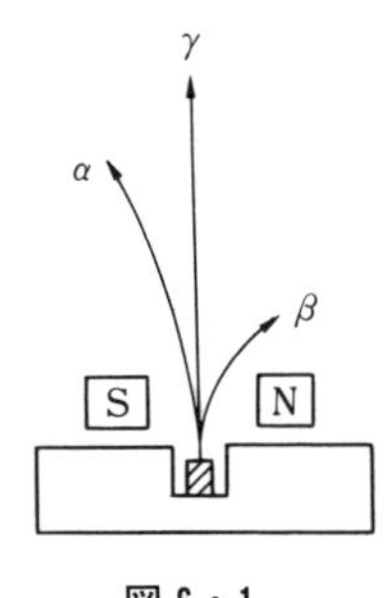

図6・1

6・1・1　放射線の種類と性質

放射性元素から出る放射線には α 線，β 線，γ 線の三種類がある(図6・1，表6・1，表6・2)．

(1)　α　線

ヘリウム原子核の流れである．イオン化作用大きい．

(2)　β　線

高速電子の流れである．

(3)　γ　線

波長の短い電磁波である．一般的に γ 線は α 線，β 線に伴って放射される．

表6・1　α 線，β 線，γ 線の性質

	α 線	β 線	γ 線
本　体	$^{4}_{2}$He原子核	電子	電磁波
電　荷	$+2e$	$-e$	0
電離作用	大	中	小
透過力	弱	中	強
電界内の偏向	－方向	＋方向	直進

(4)　放射線の検出

放射線が気体をイオン化する性質を利用した装置で，電離箱や計数管がある．

表6・2　放射線の分類

	直接電離放射線	間接電離放射線
電磁放射線		X線，γ 線
粒子放射線	α 粒子，陽子，電子	中性子

6・1・2 放射能の単位

単位時間に壊変する原子数をいう．SI 単位では，毎秒あたり 1 壊変を 1 Bq (ベクレル) とする．特別単位としてキュリー〔Ci〕がある．

$$1\,\mathrm{Ci}=3.7\times10^{10}\,\mathrm{Bq} \qquad 1\,\mathrm{Bq}=\frac{1\,\text{壊変}}{1\,\text{秒}}$$

6・2 放射性元素の崩壊

放射性元素は核が不安定であるため，放射線を出して安定な元素になる．

6・2・1 α 壊変

α 壊変の代表は ^{241}Am, ^{226}Ra, ^{210}Po などで，一般的に，原子番号が大きい元素に見られる．そして，放出される α 粒子のエネルギーは 4〜9 MeV である (図 6・2)．

原子核から α 粒子が飛び出し，原子核が壊変する．α 粒子の本体はヘリウムの原子核である．核を (Z, A) で表すと，

$$(Z, A) \longrightarrow (Z-2, A-4)+\alpha$$

親核種から $^4_2$He が飛び出すので，原子番号は 2 減少し，質量数は 4 減少する．

$$^{226}_{88}\mathrm{Ra} \longrightarrow {}^{222}_{86}\mathrm{Rn}+\alpha$$

質量を $\mathrm{M}(Z, N)$ で表すと，α 壊変は

$$\mathrm{M}(Z, N) \longrightarrow \mathrm{M}(Z-2, N-2)+\mathrm{M}(2, 2)$$

である．また，次の条件のとき α 壊変が起きる．

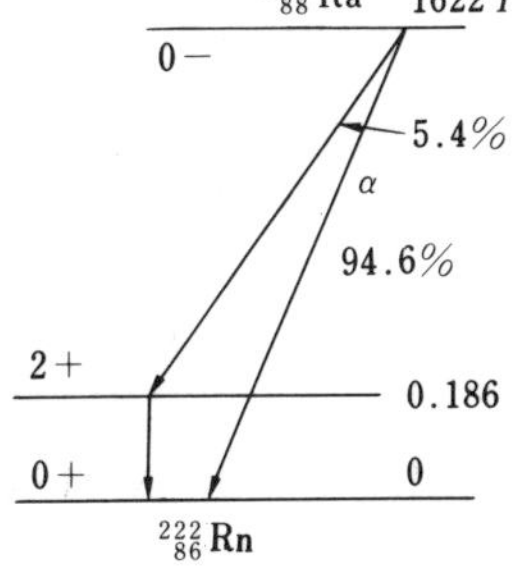

図 6・2 $^{226}_{88}$Ra の壊変図

$\mathrm{M}(Z, N)>\mathrm{M}(Z-2, N-2)+\mathrm{M}(2, 2)$ でこの時放出されるエネルギー Q は，次のようになる．ただし，Q：壊変エネルギー

$$Q=[\mathrm{M}(Z, N)-\{\mathrm{M}(Z-2, N-2)+\mathrm{M}(2, 2)\}]\,c^2>0$$

Q は娘核種と α 粒子の運動エネルギーとなるが，娘核種の質量は α 粒子の

質量より大きいので，エネルギーはほとんどα粒子の運動エネルギーとなる．

【例題6－1】 $^{210}_{84}$Poはα壊変を行う．このときのα粒子のエネルギーを求めなさい．

$$^{210}_{84}\mathrm{Po} \longrightarrow {}^{206}_{82}\mathrm{Pb} + {}^{4}_{2}\mathrm{He}$$

$^{210}_{84}$Po : 209.982866 amu，$^{206}_{82}$Pb : 205.974459 amu，$^{4}_{2}$He : 4.002604 amu とする．

【解】 $Q = 209.982866 - (205.974459 + 4.002604)$

$= 0.00581 \times 931.5\,[\mathrm{MeV}]$

$= 5.4\,\mathrm{MeV}$

(1)　α粒子のエネルギーと速度

$$\mathrm{M}({}^{A}_{Z}\mathrm{X}) > \mathrm{M}({}^{A-4}_{Z-2}\mathrm{Y}_{N-2}) + \mathrm{M}({}^{4}_{2}\mathrm{He})$$

$$E = \Delta mc^2$$

$$\mathrm{M}({}^{A}_{Z}\mathrm{X}) \cdot c^2 = \mathrm{M}({}^{A-4}_{Z-2}\mathrm{Y}_{N-2}) \cdot c^2 + \mathrm{M}({}^{4}_{2}\mathrm{He}) \cdot c^2 + Q$$

1．運動量保存則から

$$-\mathrm{M}({}^{A-4}_{Z-2}\mathrm{Y}_{N-2})\mathrm{V}_{\mathrm{Y}} + \mathrm{M}({}^{4}_{2}\mathrm{He})\mathrm{V}_{\mathrm{He}} = 0$$

2．エネルギー保存則から

$$\frac{1}{2}\mathrm{M}({}^{A-4}_{Z-2}\mathrm{Y}_{N-2})\mathrm{V}_{\mathrm{Y}}^2 + \frac{1}{2}({}^{4}_{2}\mathrm{He}) \cdot \mathrm{V}_{\mathrm{He}}^2 = Q$$

$$\mathrm{V}_{\mathrm{Y}} = \frac{\mathrm{M}({}^{4}_{2}\mathrm{He})}{\mathrm{M}({}^{A-4}_{Z-2}\mathrm{Y}_{N-2})} \cdot V_{\mathrm{He}}$$

$$\therefore\quad \frac{1}{2}\mathrm{M}({}^{4}_{2}\mathrm{He}) \cdot \mathrm{V}_{\mathrm{He}}^2 \cdot \left\{\frac{\mathrm{M}({}^{4}_{2}\mathrm{He})}{\mathrm{M}({}^{A-4}_{Z-2}\mathrm{Y}_{N-2})} + 1\right\} = Q$$

$$\therefore\quad E_\alpha = \frac{1}{2}\mathrm{M}({}^{4}_{2}\mathrm{He}) \cdot \mathrm{V}_{\mathrm{He}}^2 = \left\{\frac{\mathrm{M}({}^{A-4}_{Z-2}\mathrm{Y}_{N-2})}{\mathrm{M}({}^{A-4}_{Z-2}\mathrm{Y}_{N-2}) + \mathrm{M}({}^{4}_{2}\mathrm{He})}\right\} \cdot Q$$

となって，α線のエネルギーE_αは一定となり，線スペクトルを示す．$^{226}_{88}$Raの壊変図（図6•2）で2本のα線と1本のγ線が放出されることを示している．

(2)　ガイガー・ヌッタル（Geiger Nuttal）の式

α粒子のエネルギーと壊変定数λとの間には次の式が成り立つ．

$$\log\lambda = a + b\log E$$

a, b は定数で，これをガイガー・ヌッタルの式という．この式から，大きいエネルギーの α 粒子を放出する核種ほど壊変定数も大きいということになる．

この式よりも実験値によく合う実験式として，ガイガー・ヌッタル・ガモフの関係式

$$\log \lambda = a - \frac{bZ}{\sqrt{E}}$$

がある．E は α 粒子のエネルギー，a, b は定数，Z は原子番号

(3)　トンネル効果

α 粒子が核の中から外へ出るには，$Z > 82$ の核については，20 MeV 以上の高さのあるクーロンの電気的斥力によるポテンシャル障壁を通らなければならない．このことは数 MeV の α 粒子にとって古典理論的に不可能である．しかし，障壁の中を α 粒子が通りぬけることがある．これをトンネル効果(図 6•3)という．

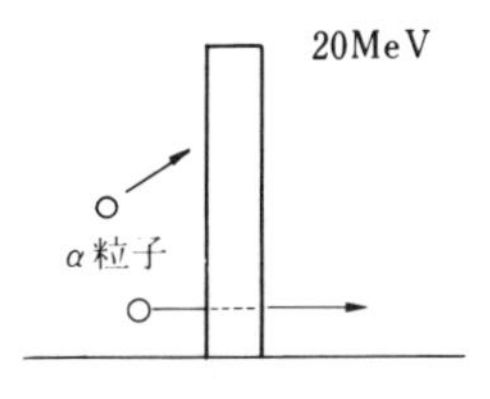

図 6・3　トンネル効果

壊変定数の大きい核種は半減期が短く，α 粒子のエネルギーも大きい．逆に，高いエネルギーの α 粒子を放出する核種ほど半減期は短い．また，大きいエネルギーを持つ α 粒子はトンネル効果を起こす確率も大きい．

【例題 6 − 2】　^{232}Th は α 壊変する．この際，壊変エネルギーは α 粒子と娘核種に分配される．このとき α粒子のエネルギーを求めよ．ただし，^{232}Th の壊変エネルギーは 4 MeV であり，m_1, m_2 は α 粒子，娘核種の質量，V_1, V_2 は α 粒子，娘核種の速度である．

【解】　壊変の式は次のようになる．

$$^{232}\mathrm{Th} \rightarrow {}^{228}\mathrm{Ra} + \alpha$$

1．運動量保存則から　$m_1 V_1 = m_2 V_2$

2．エネルギー保存則から　$\frac{1}{2} m_1 V_1^2 + \frac{1}{2} m_2 V_2^2 = Q$

$$\therefore \quad E_\alpha = \frac{1}{2} m_1 V_1^2 = \frac{Q}{1 + \frac{m_1}{m_2}} = \frac{4}{1 + \frac{4}{228}} \fallingdotseq 3.97\,\mathrm{MeV}$$

6・2・2　β壊変

原子核から電子や陽電子を放出する場合や軌道電子を捕獲する場合をβ壊変という．

(1)　β^- 壊変

原子核中の中性子が陽子にかわり，電子と中性微子を放出する．

$$N \longrightarrow p + e^- + \bar{\nu} + Q \quad \bar{\nu}：反中性微子$$

その結果，原子番号が1増加し，質量数はかわらない．質量を $M(Z, N)$ とすると

$$M(Z, N) \longrightarrow M(Z+1, N-1) + \beta^- + \bar{\nu} + Q$$

$M({}^{A}_{Z}X) > M({}_{Z+1}{}^{A}Y)$ のとき β^- 壊変する．

壊変エネルギー Q は

$$Q = \{M({}^{A}_{Z}X) - M({}_{Z+1}{}^{A}Y)\}c^2$$

中性微子(ニュートリノ)は1931年パウリによって提唱された粒子で，電子質量の1/2000以下と考えられており，電気的に中性な微粒子である．1998年に ν は質量を持つことが確認された．放出されるエネルギーは娘核種と電子との質量比が大きいため，電子と $\bar{\nu}$ に分配される．

スペクトルは連続スペクトルである．

$${}^{32}_{15}P \longrightarrow {}^{32}_{16}S + \beta^-$$

$${}^{14}C \longrightarrow {}^{14}N + e^- + \bar{\nu} + Q$$

における $Q(E_{max})$ の値を計算してみよう．

${}^{14}_{6}C$ の原子核の質量：$14.003242 - 6\,m_0$

${}^{14}_{7}N$ の原子核の質量：$14.003074 - 7\,m_0$

電子(e^-)の質量　　：m_0

であるから，壊変の前後における質量差 $\varDelta M$ は

$$\varDelta M = (14.003242 - 6\,m_0) - \{(14.003074 - 7\,m_0) + m_0\}$$
$$= 0.000168\,\text{amu}$$

これをエネルギーに換算すれば，0.156 MeV であるから，β^- 線は0から $E_{max} = 0.156$ MeV まで分布する連続スペクトルを示すことになる．生成粒子

が三つ以上あれば連続スペクトルになり，二つのときは線スペクトルになる．

(2)　β^+ 壊変

陽子が直接，中性子に変わることはない．そこで，原子核内で電子対創生が起こり，電子と陽子が中性子に変わると考えれば理解できる．

$$p+(e^-+e^+)\longrightarrow(p+e^-)+e^+\longrightarrow N+e^++\nu+Q$$

故に，β^+ 壊変では親核と子核の質量差が e^- と e^+ 電子対を作るので $2m_0c^2(=1.02\,\mathrm{MeV})$ 以上のエネルギーでなければならない．また，クーロン斥力により，e^+ は β^- 壊変の e^- より高いエネルギーを持っている．

β^+ 壊変を質量 $\mathrm{M}(Z, N)$ で表せば

$$\mathrm{M}(Z, N)\longrightarrow\mathrm{M}(Z-1, N+1)+\beta^++\nu$$

となり，原子番号は1減少し，質量数は変わらない．

壊変の前後における質量差を ΔM とすると

$$\begin{aligned}\Delta M&=\mathrm{M}(Z, N)-Zm_0-\{\mathrm{M}(Z-1, N+1)-(Z-1)m_0+m_0\}\\&=\mathrm{M}(Z, N)-\mathrm{M}(Z-1, N+1)-Zm_0+Zm_0-m_0-m_0\\&=\mathrm{M}(Z, N)-\mathrm{M}(Z-1, N+1)-2m_0\end{aligned}$$

であり，$\Delta M>0$ のとき β^+ 壊変が起きる．一例をあげると

$$^{13}\mathrm{N}\longrightarrow{}^{13}\mathrm{C}+e^++\nu+Q$$

である．エネルギーを計算すると 2.221 MeV となるが，このうち 1.02 MeV を電子対創生に消費され，残りの 1.2 MeV のエネルギーが e^+ と ν の運動エネルギーになる．これを最大エネルギーとする連続スペクトルを示す．

(3)　軌道電子捕獲(EC)

原子は原子核とそのまわりを回っている軌道電子から構成されている．この原子核が軌道電子を捕獲し，核内の陽子と結合して中性子に変わり，中性微子を放出する．その結果，原子は核子の構成やエネルギー面でも安定になる．このような現象も核壊変と呼ぶことにすれば，壊変の前後における質量差が $2m_0$ 以上のとき β^+ 壊変と EC が起こり，$2m_0$ 以下のときは β^+ 壊変は起きない．EC の方が β^+ 壊変よりもエネルギー条件がゆるい．核と軌道電子の結合エネルギーを B とすると質量差 ΔM は

$$\varDelta M = \mathrm{M}(Z, N) - \mathrm{M}(Z-1, N+1) - B$$

と表され，$\varDelta M > 0$ のとき，ECが起きる．軌道電子捕獲は

$$\mathrm{M}(Z, N) + \mathrm{e}^- \longrightarrow \mathrm{M}(Z-1, N+1) + \nu$$

または，$p + \mathrm{e}^- \longrightarrow \mathrm{N} + \nu$

と表すことができるので，原子番号は1減少し，質量数は変わらない．

^{51}Crは100％ECである．90％は^{51}Vの基底状態に移り，10％は^{51}Vの励起状態(0.32 MeV)に移る．K軌道電子の結合エネルギーをB_Kとすれば(0.751$-B_K$)MeVのエネルギーをニュートリノに与える．^{51}Vに移ったとき0.32 MeVのγ線が放出され，同時に，K軌道に外側から電子が遷移してくるため，特性X線が放出され，時にはオージェ電子が発生することもある．スペクトルは線スペクトルを示す．

【例題6－3】 ^{63}Ni, ^{39}Kおよび^{11}Cはβ^-壊変かβ^+壊変かどうかを決定し，β^-, β^+壊変のときはγ線を伴わないとしてβ線の最大エネルギーを計算せよ．(単位はamu)

【解】 $^{63}_{28}\mathrm{Ni} = 62.94951$　　$^{63}_{29}\mathrm{Cu} = 62.94944$　　$^{39}_{19}\mathrm{K} = 38.97604$

$^{39}_{18}\mathrm{Ar} = 38.97664$　　$^{39}_{20}\mathrm{Ca} = 38.98340$　　$^{11}_{6}\mathrm{C} = 11.01492$

$^{11}_{5}\mathrm{B} = 11.01279$　　$\mathrm{e} = 0.00054$　　1 amu＝931 MeVとする．

1．$^{63}_{28}\mathrm{Ni} \longrightarrow {}^{63}_{29}\mathrm{Cu}$

$\mathrm{M}(^{63}_{28}\mathrm{Ni}) - \mathrm{M}(^{63}_{29}\mathrm{Cu}) = 62.94951 - 62.94944 = 0.00007$ amu

$0.00007 \times 931 = 65.17$ KeV > 0　故にβ^-壊変を起こし，β^-線の最大エネルギーは65 KeVとなる．

2．$^{39}_{19}\mathrm{K} \longrightarrow {}^{39}_{18}\mathrm{Ar}$

$\mathrm{M}(^{39}_{19}\mathrm{K}) - \mathrm{M}(^{39}_{18}\mathrm{Ar}) = 38.97604 - 38.97664 = -0.0006$ amu < 0

β^+壊変は起こらない．

$\mathrm{M}(^{39}_{19}\mathrm{K}) - \mathrm{M}(^{39}_{20}\mathrm{Ca}) = 38.97604 - 38.98340 = -0.00736$ amu < 0

β^-壊変は起こらない．

3．$^{11}_{6}\mathrm{C} \longrightarrow {}^{11}_{5}\mathrm{B}$

$\mathrm{M}(^{11}_{6}\mathrm{C}) - \mathrm{M}(^{11}_{5}\mathrm{B}) - 2m_0 = 11.01492 - 11.01279 - 2 \times 0.00054 = 0.00105$ amu

0.00105×931＝0.977 MeV　故に，β^+ 壊変し，最大エネルギーは 0.97 MeV

6・2・3　γ 壊変

(1)　核異性体転移(IT)

α 壊変，β 壊変の直後，原子核は高いエネルギー準位にある．これを励起状態という．また，エネルギーが最も低い状態を基底状態という．励起状態から基底状態に移るとき γ 線が放出される．即ち，これが核異性体転移である．γ 線の放出時間は非常に短いのが普通であるが長い場合，核異性体(原子番号も質量数も同じであるがエネルギー準位が異なる)は質量数の横に m をつけてあらわし，準安定核(metastable)という．

(2)　内部転換(IC)

γ 線を放出するかわりにエネルギーを軌道電子に与え，電子を飛び出させることがある．これを γ 線の内部転換という．原子核の励起状態を E_n，基底状態のエネルギーを E_0 とすると放出される γ 線のエネルギーは次の式で表される．

$$h\nu = E_n - E_0$$

直接基底状態に移るのではなく，中間の励起状態 E_m を経る場合

$$h\nu_1 = E_n - E_m$$

$$h\nu_2 = E_m - E_0$$

となる．この時 2 本の γ 線があいついで放出される．

内部転換電子のエネルギーは線スペクトルである．

内部転換は重い核にみられる．

内部転換は Z^3 に比例しておこり，原子核に近い方がよくおきる．

内部転換係数 $\alpha = \dfrac{\gamma_e}{\gamma_\lambda}$ であり，γ_e は内部転換電子として放出される確率，γ_λ は γ 線として放出される確率である．

(3)　壊変図

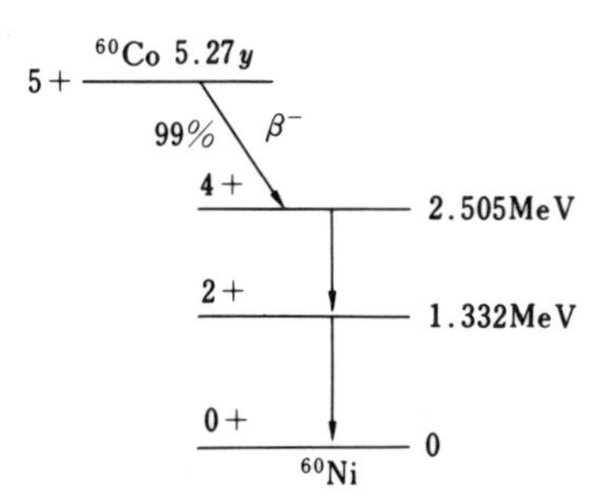

図6・4　^{60}Coの壊変図

10・4に主な放射性同位元素の壊変図を示したので参考にすると理解しやすい.

図6・4は^{60}Coが^{60}Niに変わる壊変図の例を示している.

^{60}Coのすぐ横にある5.27yは半減期であり，5+, 4+などはスピン量子数である．右下方向に矢印が向うのは原子番号が大きくなることを示している．ここではβ^-壊変である．直下に引いた矢印はγ線の放出を表している．この場合は1.17 MeVと1.33 MeVの2本のγ線の放出がある.

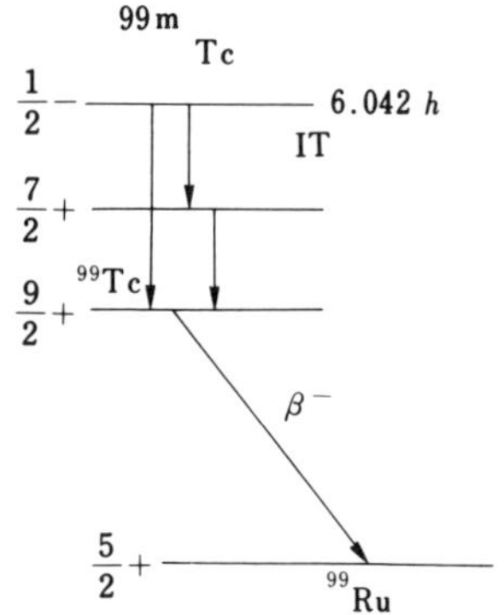

図6・5　^{99m}Tcの壊変図

2.505 MeVと1.332 MeVは核の励起状態を示している．99 %はβ^-壊変の励起状態に移る確率である．この他に矢印が左下方向に向うのは原子番号が小さくなる方向で，これにはα壊変，EC，β^+壊変がある．質量数が偶数のときスピン量子数は整数で，奇数のときは$\frac{1}{2}$, $\frac{3}{2}$, $\frac{5}{2}$のような半整数値をとる.

図6・5は^{99m}Tcが^{99}Ruにかわる壊変図である．ITは核異性体転移を表し，99mは準安定核である.

K殻のみの蛍光収量Y_Kは次式で表される(図6･6).

$$Y_K=1/\left[1+\left(\frac{33.6}{Z}\right)^{3.5}\right]$$

$Z=26$のとき

$$Y_K=\frac{1}{1+\left(\frac{33.6}{26}\right)^{3.5}}=0.2896$$

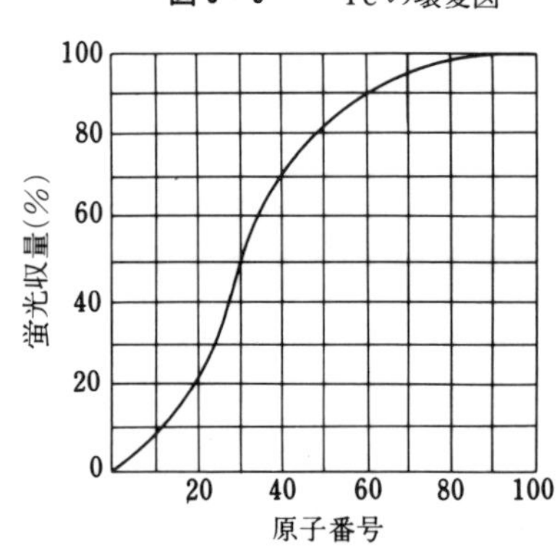

図6・6　蛍光収量と原子番号
(アイソトープ手帳(1980))

6・3　内部転換とオージェ効果

1．軌道電子捕獲に引き続いてオージェ効果がある確率で起きる．

2．内部転換となる軌道電子は原子核に近い軌道電子の方が一番外側の軌道電子よりその確率が高い．

3．オージェ効果は特性 X 線の代わりに軌道電子を放出する現象である．

4．蛍光 X 線が放出される割合を ω とすると，オージェ電子の放出される割合は $1-\omega$ で表される．

5．図 6•6 より，Z が小さいとき，オージェ電子の放出が多くなり特性 X 線の放出は小さくなる．即ち，原子番号が大きくなるとオージェ電子の放出割合よりも特性 X 線の放出割合が多くなる．

6・4　放射能の減弱

6・4・1　壊変と半減期

単位時間に壊変する原子数はその時存在する原子数に比例する．比例定数を λ とすれば，次の式が成り立つ（この式を解くことによって放射能の減弱を表す式が得られる．解き方には十分慣れておくこと）．

$$\frac{dN}{dt}=-\lambda N \tag{6.1}$$

変数分離して　$\dfrac{dN}{N}=-\lambda dt$ と変形し積分する．

$$\int_{N_0}^{N}\frac{dN}{N}=-\int_0^t \lambda dt$$

$$\therefore \quad \log_e\frac{N}{N_0}=-\lambda t=\log_e e^{-\lambda t}$$

$$\therefore \quad N=N_0e^{-\lambda t} \tag{6.2}$$

$\frac{N_0}{2}$ になるまでの時間を半減期といい，T とすると $\frac{N_0}{2}=N_0e^{-\lambda T}$．　両辺の対数をとれば　($\log_e 2=0.693\cdots$)

$$\lambda T=0.693 \tag{6.3}$$

$\lambda=\frac{0.693\cdots\cdots\cdots}{T}$ を (6.2) 式に代入する．

$$N=N_0e^{-\frac{0.693}{T}\cdot t}$$

$$\therefore \quad N=N_0\left(\frac{1}{2}\right)^{\frac{t}{T}} \tag{6.4}$$

X 線の減弱と同じような式が得られる．(6.4) 式は特に大切な式である．

6・4・2　放射能 R との関係（表 6・3）

(1)　放射能 R，原子量 A，重量 W，原子数 N，半減期 T とする．

$$R=\lambda N=\frac{N\cdot 0.693\cdots}{T}=\frac{0.693\times 6.02\times 10^{23}\times W}{T\times A} \tag{6.5}$$

$$W\,(\mathrm{g})=2.3957\times 10^{-24}\cdot AT$$

(6.5) 式を導くことができれば放射能の問題は解決できる．

(2)　平均寿命 τ

$$\tau=\frac{\int_0^\infty t\lambda N dt}{N_0}=\frac{1}{\lambda}=\frac{T}{0.693}=1.44\,T \tag{6.6}$$

$$\lambda\int_0^\infty te^{-\lambda t}dt=\lambda\left[-\frac{1}{\lambda}\cdot te^{-\lambda t}\right]_0^\infty+\lambda\int_0^\infty\frac{1}{\lambda}e^{-\lambda t}dt=\int_0^\infty e^{-\lambda t}dt=\frac{1}{\lambda}$$

(3)　放射性核種が混在しているとき放射能の強さ R は

$$R=R_A+R_B+R_C+\cdots\cdots$$

$$=R_ae^{-\lambda_a t}+R_be^{-\lambda_b t}+R_ce^{-\lambda_c t}+\cdots\cdots$$

(4)　有効半減期 T_e，物理的半減期 T_p，生物学的半減期 T_b とする．

$$\frac{1}{T_e}=\frac{1}{T_p}+\frac{1}{T_b} \tag{6.7}$$

表6・3　おもな放射性核種の1 μCiあたりの原子数，グラム数，1 gあたりのμCi数（比放射能）

核　種	半減期	1 μCiあたりの原子数	1 μCiあたりのg数	1 gあたりのμCi数（比放射能）
^{3}H	12.33y	2.08×10^{13}	1.03×10^{-10}	9.66×10^{9}
^{14}C	5730y	9.65×10^{15}	2.24×10^{-7}	4.46×10^{6}
^{18}F	109.8m	3.52×10^{8}	1.05×10^{-14}	9.51×10^{13}
^{24}Na	15.02h	2.89×10^{9}	1.15×10^{-13}	8.69×10^{12}
^{32}P	14.28d	6.59×10^{10}	3.50×10^{-12}	2.86×10^{11}
^{35}S	87.4d	4.03×10^{11}	2.34×10^{-11}	4.27×10^{10}
^{36}Cl	$3.00\times10^{5}y$	5.05×10^{17}	3.02×10^{-5}	3.31×10^{4}
^{40}K	$1.28\times10^{9}y$	2.16×10^{21}	1.43×10^{-1}	6.98
^{45}Ca	165d	7.61×10^{11}	5.69×10^{-11}	1.76×10^{10}
^{51}Cr	27.70d	1.28×10^{11}	1.08×10^{-11}	9.24×10^{10}
^{54}Mn	312d	1.44×10^{12}	1.29×10^{-10}	7.75×10^{9}
^{56}Mn	2.579h	4.96×10^{8}	4.61×10^{-14}	2.17×10^{13}
^{55}Fe	2.7y	4.55×10^{12}	4.15×10^{-10}	2.41×10^{9}
^{59}Fe	44.6d	2.06×10^{11}	2.02×10^{-11}	4.96×10^{10}
^{60}Co	5.271y	8.88×10^{12}	8.85×10^{-10}	1.13×10^{9}
^{63}Ni	100y	1.68×10^{14}	1.76×10^{-8}	5.67×10^{7}
^{64}Cu	12.70h	2.44×10^{9}	2.59×10^{-12}	3.86×10^{12}
^{65}Zn	244.1d	1.13×10^{12}	1.22×10^{-10}	8.23×10^{9}
^{85}Kr	10.7y	1.80×10^{13}	2.54×10^{-9}	3.93×10^{8}
^{89}Sr	50.5d	2.33×10^{11}	3.44×10^{-11}	2.91×10^{10}
^{90}Sr	28.8y	4.85×10^{12}	7.25×10^{-9}	1.38×10^{8}
^{90}Y	64.1h	1.23×10^{10}	1.84×10^{-12}	5.43×10^{11}
^{95}Zr	64.0d	2.95×10^{11}	4.66×10^{-11}	2.15×10^{10}
^{99m}Tc	6.02h	1.16×10^{9}	1.90×10^{-13}	5.26×10^{12}
^{125}I	60.2d	2.78×10^{11}	5.76×10^{-11}	1.74×10^{10}
^{131}I	8.040d	3.71×10^{10}	8.07×10^{-12}	1.24×10^{11}
^{137}Cs	30.17y	5.08×10^{13}	1.16×10^{-8}	8.65×10^{7}
^{147}Pm	2.6234y	4.42×10^{12}	1.08×10^{-9}	9.27×10^{8}
^{198}Au	2.696d	1.24×10^{10}	4.09×10^{-12}	2.45×10^{11}
^{210}Pb	22.3y	3.76×10^{13}	1.31×10^{-8}	7.63×10^{7}
^{226}Ra	1.60×10^{3}y	2.70×10^{15}	1.01×10^{-6}	9.89×10^{5}
^{232}Th	1.41×10^{10}y	2.38×10^{22}	9.15	1.09×10^{-1}
^{238}U	4.468×10^{9}y	7.53×10^{21}	2.97	3.36×10^{-1}
^{241}Am	433y	7.29×10^{14}	2.92×10^{-7}	3.43×10^{6}

（アイソトープ手帳　日本アイソトープ協会編(1980)）

比放射能の求め方を示す．(6.5)式で$W=1$〔g〕とおいて計算する．^{3}Hの場合半減期は12.3年である．

$\therefore \quad R〔\mathrm{Bq}〕=\dfrac{0.693\times6.02\times10^{23}\times1}{12.3\times365\times24\times60\times60\times3}=3.576\times10^{14}〔\mathrm{Bq}〕$　3.576×10^{14} を 3.7×10^{10} で割ると 9.66486×10^{3}〔Ci・g^{-1}〕となる．

(5)　1キュリーあたりの重量W〔g〕は

$$W=3.19\times10^{-10}TA \qquad (6.8)$$

である．ただしTは半減期〔hr〕,，Aは原子量である．

表6・3に主な放射性核種の半減期，比放射能，原子数を示した．

【例題6－4】　$^{226}_{88}$Raの1gの放射能はいくらか．半減期は1622年である．ただし，アボガドロ数を6.02×10^{23}とする．(これが1Ciの単位になった)

【解】　$\left|\dfrac{dN}{dt}\right|=\lambda N$を計算で求める．

$$\lambda=\frac{0.693}{T}=\frac{0.693}{1622\times365\times24\times60\times60}=0.1355\times10^{-10}$$

$$N=\frac{1}{226}\times6.02\times10^{23}=2.664\times10^{21}$$

$$\therefore\quad \lambda N=2.664\times10^{21}\times0.1355\times10^{-10}=3.61\times10^{10}\,〔Bq〕$$

【例題6－5】　100 GBqの^{99m}Tcの原子数はいくらか．^{99m}Tcの半減期は6.02時間とする．

【解】　$\left|\dfrac{dN}{dt}\right|=\lambda N$

$$\frac{dN}{dt}=100\times10^{9}\mathrm{Bq}=1\times10^{11}\mathrm{Bq}$$

$$\lambda N=\frac{0.693}{T}\cdot N=\frac{0.693}{6.02\times60\times60}\cdot N$$

$$N=1\times10^{11}\times\frac{6.02\times60\times60}{0.693}$$

$$=3.117\times10^{15}\text{個}$$

【例題6－6】　放射性核種Aの物理的半減期8日で，生物学的半減期が24日である．これよりAの有効半減期を求めなさい．

【解】　$\dfrac{1}{T_e}=\dfrac{1}{T_p}+\dfrac{1}{T_b}=\dfrac{1}{8}+\dfrac{1}{24}=\dfrac{4}{24}$

$$\therefore\quad T_e=6\,〔日〕$$

【例題6－7】　半減期3.8日の$^{222}_{86}$Rnがある．この核種1gは1.9日後には何gか．また，1gが10mgに減弱するには何日かかるか．

【解】　$1\times\left(\frac{1}{2}\right)^{\frac{1.9}{3.8}}=\left(\frac{1}{2}\right)^{\frac{1}{2}}=\frac{\sqrt{2}}{2}=0.71\,\mathrm{g}$

$$10\times10^{-3}(\mathrm{g})=1\times\left(\frac{1}{2}\right)^{\frac{t}{3.8}}$$

$$10^{-2}=\left(\frac{1}{2}\right)^{\frac{t}{3.8}}\quad\therefore\quad \log_{10}10^{-2}=\log\left(\frac{1}{2}\right)^{\frac{t}{3.8}}\quad\therefore\quad t=\frac{2\times3.8}{\log_{10}2}=25日$$

【例題 6－8】　100 GBq の ^{82}Br の質量を求めよ．^{82}Br の半減期は 35.3 時間とする．

【解】　$\left|\frac{dN}{dt}\right|=100\times10^{9}\mathrm{Bq}$

$$\lambda N=\frac{0.693}{T}\times\frac{W(\mathrm{g})\times6.02\times10^{23}}{A}$$

$$=\frac{0.693}{35.3\times60\times60}\times\frac{W(\mathrm{g})\times6.02\times10^{23}}{82}$$

$$W(\mathrm{g})=1\times10^{11}\times\frac{82\times35.3\times60\times60}{4.17415\times10^{23}}$$

$$=2.4964\times10^{-6}\,\mathrm{g}$$

【例題 6－9】　ラジウム(Ra)は α 粒子を放出して Rn にかわる．Ra 1 mg が全部 Rn にかわるまでに何個の粒子を放出するか．また，Ra 原子 1 個の質量はいくらか．ただし，Ra の 1 グラム原子は 226 g，アボガドロ数は 6.0×10^{23} 個とする．

【解】　放出する α 粒子数$=N_0\times\frac{1\,\mathrm{mg}}{1\,\mathrm{g}\,原子}=6.0\times10^{23}\times\frac{1\times10^{-3}}{226}\fallingdotseq2.7\times10^{18}$ 個

ラジウム原子 1 個の質量$=\frac{226}{N_0}=226/(6\times10^{23})=3.8\times10^{-22}\mathrm{g}$

【例題 6－10】　ラジオアイソトープが毎秒放出する放射線の数は，N_0 を初めの数とすれば，次の式で表される．

$$N=N_0e^{-\lambda t}$$

t 秒間に放出される放射線の総数を求めよ．

【解】 $\int_0^t N_0 e^{-\lambda t}dt = N_0\left[-\frac{1}{\lambda}e^{-\lambda t}\right]_0^t = \frac{N_0}{\lambda}(1-e^{-\lambda t})$

【例題 6-11】 $1\,m$Ci の ^{131}I から第2半減期までに放出される β 粒子の総数を計算せよ．ただし，^{131}I の半減期は8日とする．

【解】 放射能を求めると，$\left|\frac{dN}{dt}\right| = \lambda N = 3.7\times10^{10}\times10^{-3} = 3.7\times10^{7}$

壊変定数 λ は

$$\lambda = \frac{0.693}{T} = \frac{0.693}{8\times24\times60\times60} = 1\times10^{-6}$$

$\therefore\quad 1\times10^{-6}\times N_0 = 3.7\times10^{7} \qquad \therefore\quad N_0 = 3.7\times10^{13}$

表 6・4

t，測った時間(分)	20	30	40	50	60	70	80	90	100	110
1分間あたりの計数I	360	270	200	160	120	90	70	50	40	30

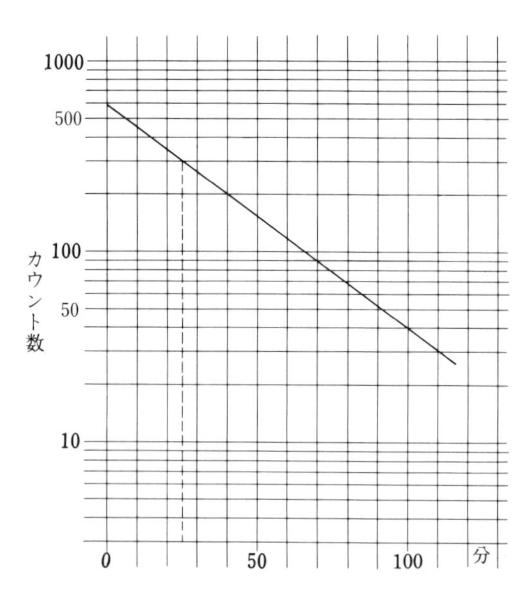

図 6・7

$$N_0-N=N_0-\left(\frac{1}{2}\right)^2N_0=N_0\left(1-\frac{1}{4}\right)=3.7\times10^{13}\times\frac{3}{4}=2.77\times10^{13}\text{(個)}$$

【例題 6-12】 ある一種類の放射性物質から出る β 線を計算管で測り，1分間あたりの計数をIとして表6・4を得た．

これを半対数方眼紙にプロットしてみよ．

グラフから初めの計数　I_0，半減期 T を求めよ．

【解】 グラフは図6・7のようになる．$I_0=600$ カウント，半減期は25分．

6・5　放射性物質の逐次壊変

6・5・1　壊変式の解き方

放射性物質が次のように A⟶B⟶C⟶……と壊変してゆく場合，どのような関係式が成立するか解き方を示す．λ_A, λ_B, ……はそれぞれの壊変定数で，N_A, N_B, ……はそれぞれの原子数である．

$$\mathrm{A}^{\lambda_A}_{N_A}\longrightarrow \mathrm{B}^{\lambda_B}_{N_B}\longrightarrow \mathrm{C}^{\lambda_C}_{N_C}\longrightarrow D\longrightarrow$$

Aについて，$\dfrac{dN_A}{dt}=-\lambda_A N_A$　(6.9)

Bについて，$\dfrac{dN_B}{dt}=\lambda_A N_A-\lambda_B N_B$　(6.10)

Cについて，$\dfrac{dN_C}{dt}=\lambda_B N_B-\lambda_C N_C$　(6.11)

(6.9) 式を解いて $N_A=N_{A0}\,e^{-\lambda_A t}$　　($t=0$ のとき　$N_A=N_{A0}$)　(6.12)

(6.12) 式を (6.10) 式に代入する．

$$\frac{dN_B}{dt}=\lambda_A N_{A0}e^{-\lambda_A t}-\lambda_B N_B$$

AとBについて，分けて整理し，両辺に $e^{\lambda_B t}$ をかける．

$$\frac{dN_B}{dt}\cdot e^{\lambda_B t}+\lambda_B N_B e^{\lambda_B t}=\lambda_A N_{A0}e^{(\lambda_B-\lambda_A)t}$$

左辺は微分の形になっている．

$$\frac{d}{dt}(N_B e^{\lambda_B t})=\lambda_A N_{A0} e^{(\lambda_B-\lambda_A)t}$$

これを積分して

$$N_B e^{\lambda_B t}=\frac{\lambda_A}{\lambda_B-\lambda_A}\cdot N_{A0} e^{(\lambda_B-\lambda_A)t}+C$$

$t=0$ のとき $N_B=N_{B0}$ とする．

$$N_{B0}=\frac{\lambda_A}{\lambda_B-\lambda_A}N_{A0}+C$$

$$\therefore \quad C=-\frac{\lambda_A}{\lambda_B-\lambda_A}N_{A0}+N_{B0}$$

$$\therefore \quad N_B=\frac{\lambda_A}{\lambda_B-\lambda_A}N_{A0}e^{-\lambda_A t}-\frac{\lambda_A}{\lambda_B-\lambda_A}N_{A0}e^{-\lambda_B t}+N_{B0}e^{-\lambda_B t} \qquad (6.13)$$

(6.11) 式から $\dfrac{dN_C}{dt}+\lambda_C N_C=\lambda_B N_B$

(6.13) 式を代入する．

$$\frac{dN_C}{dt}+\lambda_C N_C=\frac{\lambda_A\lambda_B}{\lambda_B-\lambda_A}N_{A0}e^{-\lambda_A t}+\frac{\lambda_A\lambda_B}{\lambda_A-\lambda_B}N_{A0}e^{-\lambda_B t}+\lambda_B N_{B0}e^{-\lambda_B t}$$

両辺に $e^{\lambda_C t}$ をかけて，まず左辺は

$$\frac{dN_C}{dt}e^{\lambda_C t}+\lambda_C N_C e^{\lambda_C t}=\frac{d}{dt}(N_C e^{\lambda_C t})$$

右辺 $=\dfrac{\lambda_A\lambda_B}{\lambda_B-\lambda_A}N_{A0}e^{(\lambda_C-\lambda_A)t}+\dfrac{\lambda_A\lambda_B}{\lambda_A-\lambda_B}N_{A0}e^{(\lambda_C-\lambda_B)t}+\lambda_B N_{B0}e^{(\lambda_C-\lambda_B)t}$

そこで，積分する．

$$N_C e^{\lambda_C t}=\frac{\lambda_A\lambda_B}{(\lambda_B-\lambda_A)(\lambda_C-\lambda_A)}N_{A0}e^{(\lambda_C-\lambda_A)t}+\frac{\lambda_A\lambda_B}{(\lambda_A-\lambda_B)(\lambda_C-\lambda_B)}N_{A0}e^{(\lambda_C-\lambda_B)t}$$
$$+\frac{\lambda_B}{(\lambda_C-\lambda_B)}N_{B0}e^{(\lambda_C-\lambda_B)t}\ +C_1$$

$$\therefore \quad N_C=\frac{\lambda_A\lambda_B}{(\lambda_B-\lambda_A)(\lambda_C-\lambda_A)}N_{A0}e^{-\lambda_A t}+\frac{\lambda_A\lambda_B}{(\lambda_A-\lambda_B)(\lambda_C-\lambda_B)}N_{A0}e^{-\lambda_B t}+\frac{\lambda_B}{\lambda_C-\lambda_B}$$
$$\cdot N_{B0}e^{-\lambda_B t}+C_1 e^{-\lambda_C t}$$

$t=0$ のとき，$N_C=N_{C0}$ とする．

$$\therefore \quad C_1 = N_{C0} + \frac{\lambda_A\lambda_B}{(\lambda_A-\lambda_B)(\lambda_C-\lambda_A)}N_{A0} + \frac{\lambda_A\lambda_B}{(\lambda_A-\lambda_B)(\lambda_B-\lambda_C)}N_{A0} + \frac{\lambda_B}{(\lambda_B-\lambda_C)}\cdot N_{B0}$$

$$\therefore \quad N_C = \frac{\lambda_A\lambda_B}{(\lambda_B-\lambda_A)(\lambda_C-\lambda_A)}N_{A0}e^{-\lambda_A t} + \frac{\lambda_A\lambda_B}{(\lambda_A-\lambda_B)(\lambda_C-\lambda_B)}N_{A0}e^{-\lambda_B t} + \frac{\lambda_A\lambda_B}{(\lambda_A-\lambda_C)(\lambda_B-\lambda_C)}N_{A0}e^{-\lambda_C t} + \frac{\lambda_B}{(\lambda_C-\lambda_B)}\cdot N_{B0}e^{-\lambda_B t} + \frac{\lambda_B}{\lambda_B-\lambda_C}N_{B0}e^{-\lambda_C t} + N_{C0}e^{-\lambda_C t}$$

初め($t=0$ のとき)N_A のみ存在しており，$N_B=N_C=\cdots=0$ とすれば

$$N_A = N_{A0}e^{-\lambda_A t} \tag{6.14}$$

$$N_B = \frac{\lambda_A}{\lambda_B-\lambda_A}N_{A0}e^{-\lambda_A t} + \frac{\lambda_A}{\lambda_A-\lambda_B}N_{A0}e^{-\lambda_B t} \tag{6.15}$$

$$N_C = \frac{\lambda_A\lambda_B}{(\lambda_B-\lambda_A)(\lambda_C-\lambda_A)}N_{A0}e^{-\lambda_A t} + \frac{\lambda_A\lambda_B}{(\lambda_A-\lambda_B)(\lambda_C-\lambda_B)}N_{A0}e^{-\lambda_B t} + \frac{\lambda_A\lambda_B}{(\lambda_A-\lambda_C)(\lambda_B-\lambda_C)}N_{A0}e^{-\lambda_C t} \tag{6.16}$$

6・5・2　放射平衡

(1)　$\boldsymbol{\lambda_A < \lambda_B}$

A の半減基期が B，C，……の半減期に比べて，比較的長い場合には $\lambda_A<\lambda_B, \lambda_C,$ ……である．

(6.15)式において，十分に長い時間が経過するとき，$e^{-\lambda_B}$ は $e^{-\lambda_A}$ にくらべて省略することができる．

$$\therefore \quad N_B = \frac{\lambda_A}{\lambda_B-\lambda_A}N_{A0}e^{-\lambda_A t} = \frac{\lambda_A}{\lambda_B-\lambda_A}N_A$$

$$\therefore \quad \frac{N_B}{N_A} = \frac{\lambda_A}{\lambda_B-\lambda_A} \tag{6.17}$$

核種の例では ^{140}Ba があり，

$$^{140}\mathrm{Ba} \longrightarrow {}^{140}\mathrm{La}$$

(12.8 日)　　(40.2*hr*)

B, C, …原子数と A の原子数との間には一定の関係が成立し，これを過渡平衡という(図 6•8).

(2)　$\lambda_A \ll \lambda_B$

A の半減期が十分大きいとき，$\lambda_A \ll \lambda_B, \lambda_C,$ ……となる.

この場合は $\lambda_B - \lambda_A \fallingdotseq \lambda_B$ とおいてよい.

$$\therefore \quad N_B = \frac{\lambda_A}{\lambda_B} \cdot N_A$$

$$\therefore \quad \lambda_A N_A = \lambda_B N_B \qquad (6.18)$$

となって，時間が大きくなれば A と B の放射能は同じになる．ここで B 核種を分離する操作をミルキングという(表 6・5).

この例は $^{90}\mathrm{Sr}$ があり

$$^{90}\mathrm{Sr} \longrightarrow {}^{90}\mathrm{Y}$$

(28 年)　　(64.2*hr*)

それぞれの放射能は一定で，これを永続平衡という(図 6・9)．過渡平衡と永続平衡をあわせて放射平衡という.

(3)　$\lambda_A > \lambda_B$

A の半減期が B, ……の半減期にくらべて短いとき，A が壊変した後 B が壊変する．この場合はあ

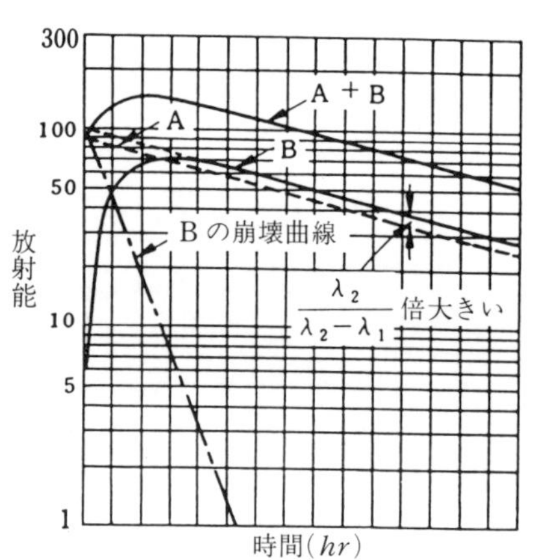

図 6・8　過渡平衡

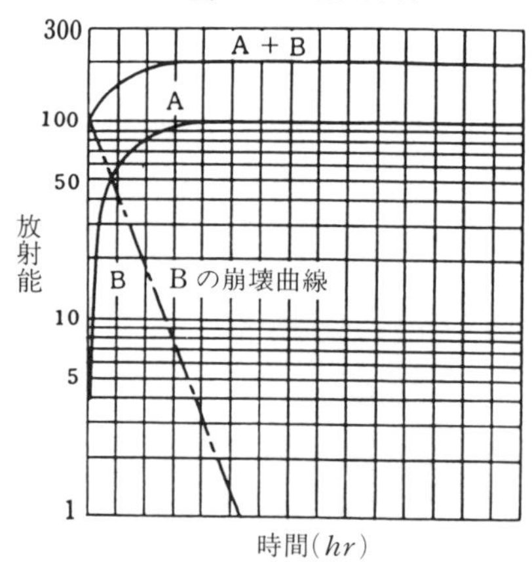

図 6・9　永続平衡

表 6・5　ミルキング核種

親核種	半減期	娘核種	半減期	極大に達する時間
$^{90}\mathrm{Sr}$	28.7 y	$^{90}\mathrm{Y}$	64 h	762 h
$^{99}\mathrm{Mo}$	66 h	$^{99m}\mathrm{Tc}$	6.04 h	22.7 h
$^{132}\mathrm{Te}$	78.7 h	$^{132}\mathrm{I}$	2.28 h	11.9 h
$^{137}\mathrm{Cs}$	30.2 y	$^{137m}\mathrm{Ba}$	2.6 m	58.6 m
$^{140}\mathrm{Ba}$	12.8 d	$^{140}\mathrm{La}$	40.2 h	135.8 h

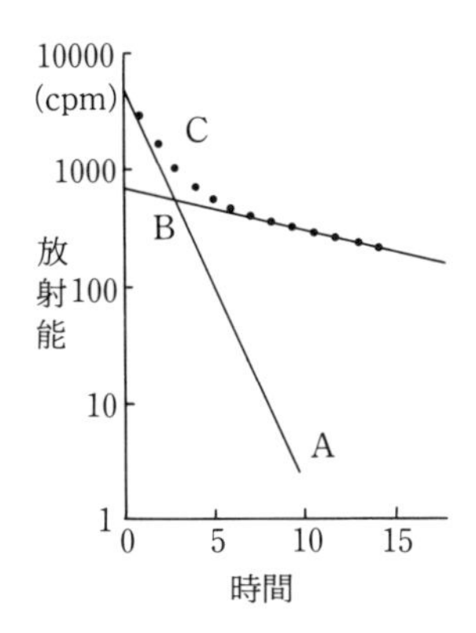

図 6・10　$\lambda_A > \lambda_B$ の場合，二種の線源が存在することと同じである．
A は半減期の短い核種，B は半減期の長い核種，
C は A＋B の壊変曲線．

まり問題にならない(図 6・10)．

(4)　**親核種と娘核種の和の全放射能の強さ R**

$$R = R_1 + R_2 = \left(1 + \frac{T_2}{T_1 - T_2}\right) R_1$$

【例題 6－13】　$N_B(t) = \dfrac{\lambda_A}{\lambda_B - \lambda_A} N_{A0} e^{-\lambda_A t} + \dfrac{\lambda_A}{\lambda_A - \lambda_B} N_{A0} e^{-\lambda_B t}$ を時間 t の関数とするとき，最大になる時間 t を求めよ．ただし，$(\lambda_B > \lambda_A)$ とする．

【解】　$N_B(t)$ を極大にする t を λ_A, λ_B で表せばよい．与式を微分して，$\dfrac{dN_B}{dt} = 0$ から求める．

$$\frac{d}{dt} N_B(t) = \frac{\lambda_A}{\lambda_B - \lambda_A} N_{A0} \cdot (-\lambda_A) e^{-\lambda_A t} + \frac{\lambda_A}{\lambda_A - \lambda_B} N_{A0} \cdot (-\lambda_B) e^{-\lambda_B t}$$

$$= \frac{\lambda_A}{\lambda_B - \lambda_A} N_{A0} (-\lambda_A e^{-\lambda_A t} + \lambda_B e^{-\lambda_B t})$$

$$\frac{d}{dt} N_B(t) = 0 \quad \text{より}$$

$$-\lambda_A e^{-\lambda_A t} + \lambda_B e^{-\lambda_B t} = 0$$

$$\therefore \quad \frac{\lambda_B}{\lambda_A} = e^{(\lambda_B - \lambda_A)t}$$

$$\therefore \quad \log_e \frac{\lambda_B}{\lambda_A} = \log_e e^{(\lambda_B - \lambda_A)t} = (\lambda_B - \lambda_A)t$$

$$\therefore \quad t = \frac{\log_e \lambda_B - \log_e \lambda_A}{\lambda_B - \lambda_A}$$

ゆえに，$N_B(t)$ を最大にする t は $\dfrac{\log_e \lambda_B - \log_e \lambda_A}{\lambda_B - \lambda_A}$ である．

問題 1．過渡平衡 $^{72}Zn \longrightarrow {}^{72}Ga \longrightarrow {}^{72}Ge$ において

(49hr)　(14.2hr)

$N_B(t)$ を最大にする t を対数表を用いて求めよ．

問題 2．$A \xrightarrow[N_1]{\lambda_1} B \xrightarrow[N_2]{\lambda_2} C$(安定)の場合について，次の式が成り立つ．それぞれの放射能を求めよ．

$$\frac{dN_1}{dt} = -\lambda_1 N_1\,,\quad \frac{dN_2}{dt} = \lambda_1 N_1 - \lambda_2 N_2\,,\quad \frac{dN_3}{dt} = \lambda_2 N_2$$

6・6　壊変の系列

6・6・1　自然放射性系列と人工放射性系列

① 自然放射性元素の壊変系列にはウラニウム系列（ウラン系列ともいう），トリウム系列，アクチニウム系列の三つがある．

② 人工放射性元素の壊変系列にはネプツニウム系列の１つがある（表6•6）．

表6・6

系列名	放射性核種	半減期(年)	最終生成核種
ウラニウム系列($4n+2$)	^{238}U	4.51×10^9	^{206}Pb
アクチニウム系列($4n+3$)	^{235}U	7.13×10^8	^{207}Pb
トリウム系列($4n$)	^{232}Th	1.41×10^9	^{208}Pb
ネプツニウム系列($4n+1$)	^{237}Np	2.14×10^6	^{209}Bi

10・5 (p.296) に放射性壊変の系列を示したので対応させるとわかりやすい.

6・6・2　自然放射性元素

天然に存在する放射性核種は起因により次の四つに分類される.

① 一次放射性核種

② 二次放射性核種

③ 誘導放射性核種

④ 消滅放射性核種

(1) 一次放射性核種は元素の創生期から存在して壊変を続けてきた元素が半減期 (10^8 年以上) が非常に長く，現在でも残っている核種である．放射性核種は ^{238}U, ^{235}U, ^{232}Th を出発物として，α 壊変，β 壊変を行い最終的には鉛の同位元素となる.

トリウム系列は $4n$，ウラン系列は $4n+2$,アクチニウム系列では $4n+3$ である．$4n+1$ の系列も存在するが，これは消滅放射性核種である ^{237}Np のため，天然には存在せずネプツニウム系列といわれる.

(2) 二次放射性核種は，一次放射性核種例えば ^{238}U の壊変によって二次的に生成する放射性核種である.

(3) 誘導放射性核種は宇宙線などにより，地球上で起こる核反応で，恒常的に誘導される放射性核種であり，その主なものは ^{3}H (12.3 年)，^{14}C (5500 年)，^{32}P (14.3 日)，^{35}S (88 日) などがある.

(4) 消滅放射性核種は元素の創生期には存在していたが，半減期が短いため (10^7〜10^8 年) 現在では完全に壊変しつくされたと考えられる放射性核種である．その主なものは ^{129}I (1.7×10^7 年)，^{237}Np (2.14×10^6 年) などがある.

【例題 6-14】 ^{238}U は壊変を続けて鉛の同位元素になる．^{206}Pb, ^{207}Pb, ^{208}Pb のどれになるか．また，それまで α 壊変を何回，β 壊変を何回行ったか.

【解】 $238=4\times56+2$ であるから $4n+2$ に属する．206，207，208 のうち $4n+2$ に属するのは 206 であるから ^{206}Pb である.

次に，$238-206=32$　よって　$4n=32$　$n=8\cdots$　α 壊変は 8 回

$82-(92-2\times 8)=6$　　∴　β 壊変は6回

^{147}Sm（半減期 1×10^{11} 年，α 壊変）のようにこれらの系列の中に属さない元素もある．また，Tc（半減期 2.1×10^{5} 年，β^- 壊変）と Pm（半減期 2.6 年，β^- 壊変）は人工放射性元素である．

6・6・3　年代測定法

ここにある地層はどれ程前のものであったかということを決める方法である．測定方法には放射能の減弱を利用する．放射能の壊変は温度，圧力，風雨などの影響を受けないからである．初め親核種のみが存在していたものとする．これが指数関数的に減弱する．一方，子核種はこの割合で増加してゆく．ここで親核種と子核種の比をとれば年代が求まることになる．

100年の位，1000年の位で正確な年代を決めることは非常に難しく簡単でない．調べたい標本の状態，大まかな年代などを参考にして最も適した方法を見つけなければならない．与えられた標本に含まれる放射性物質の半減期を T，壊変定数を λ とし，標本の最初の放射能を C_0，t 年後の放射能を C_t とすれば，

$$C_t=C_0 e^{-\lambda t}$$

である．これより t は次のようにして求められる．

$$C_t=C_0\cdot e^{-\frac{0.693}{T}\cdot t}$$

$$\therefore\quad \frac{C_t}{C_0}=e^{-\frac{0.693}{T}\cdot t}$$

$$\log_e\frac{C_t}{C_0}=\log e^{-\frac{0.693}{T}\cdot t}=-\frac{0.693}{T}\cdot t$$

$$\therefore\quad t=\frac{T}{0.693}\log_e\frac{C_0}{C_t}$$

C_0 が求められないときは $\dfrac{C_0}{C_t}=\dfrac{C_0-C_t}{C_t}+1$ と変形すれば年代 t は

$$t=\frac{T}{0.693}\cdot\log_e\left(\frac{C_0-C_t}{C_t}+1\right)$$

となり，C_0-C_t は標本の生成から今までに壊変した放射能の強さである．

放射能の減弱を利用した代表的な方法には次のような方法がある．

(1)　ウラニウム—鉛法

これは地球上の鉱物標本や隕石など，極めて長い年代の標本に用いられ，親核種と子核種の放射能が年代とともに変化することを利用したものである．しかしながらこの方法は比較的短い年代の測定には適しない．

(2)　カリウム—アルゴン法

これは火山岩などの年代測定に用いられる方法で，100万年から数億年まで可能である．通常，アルゴンは気体であるが，岩石中のカリウム40からできたアルゴンは岩石中にとじ込められていると考えられる．標本岩石中のカリウムとアルゴンの放射能を測定することにより年代が求められる．

(3)　炭素14法

これは動物，植物中の^{14}Cと^{12}Cの放射能を測定することにより，化石などの年代測定に用いられる．大気中の^{14}Cの量は一定と考えられ，動物，植物中の$^{14}C/^{12}C$の量も一定と考えられる．動物，植物が死滅すると^{14}Cの放射能も減弱してゆくので，現在の^{14}Cの放射能を測定することによって年代を決めることができる．その他にはRb-Sr法，フィション-トラック法がある．

【例題6-15】　木の葉の化石中に含まれる^{14}Cの量は現在の木の葉の25％であった．この化石の年代はおよそどれ位か求めよ．^{14}Cの半減期を5700年とする．

【解】　$0.25=\left(\frac{1}{2}\right)^{\frac{t}{5700}}=\left(\frac{1}{2}\right)^{2}$

$$\therefore \quad t=\frac{5700}{0.693}\log_e\left(\frac{1}{0.25}\right)=11400(年)$$

6・7　放射能の測定

6・7・1　検出器

放射性物質からどれ位の放射能が出ているかを測定するには検出器を用いる．

あたりまえのことであるが，それを正確に測定することはいろいろな原因によってかなり難しい．放射能を測定するにあたり以下のようなことに注意する．

⑴　**測定器の問題点**

1．測定する試料がどうなっているか．

2．全方向に出ている放射線が検出器にはいってくる状態．

3．測定器の性能が高いか低いか．

⑵　**測定値の問題点**

1．測定器の計数効率を考慮する．

2．統計的現象を考慮する．

3．測定者の被曝を考慮する．

⑶　**放射性物質の問題点**

試料には液体・気体・固体があり，取り扱う放射性物質の線源，線質，線量により，測定条件を決める．

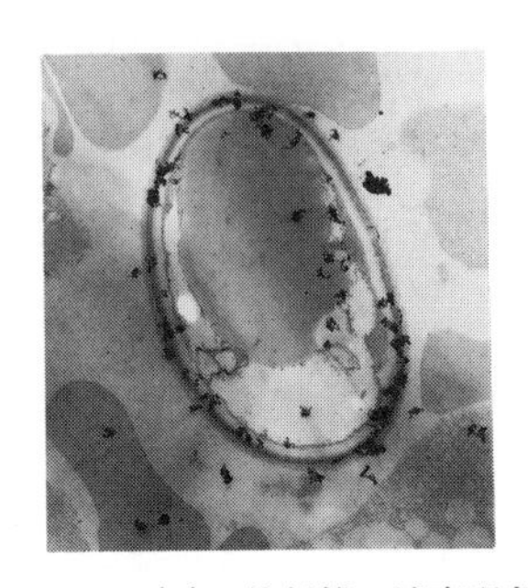

図 6・11(a)　放射能の壊変現象

電子顕微鏡によるミクロオートラジオグラフィーで，現像銀粒子が細胞膜上に観察される．^{3}Hが取り込まれて，β線の放出が示されている．

6・7・2　絶対測定と相対測定

単位時間(分)あたりどれ位崩壊するかを測定することを絶対測定という．また，試料と試料の放射能の比を測定することを相対測定という．

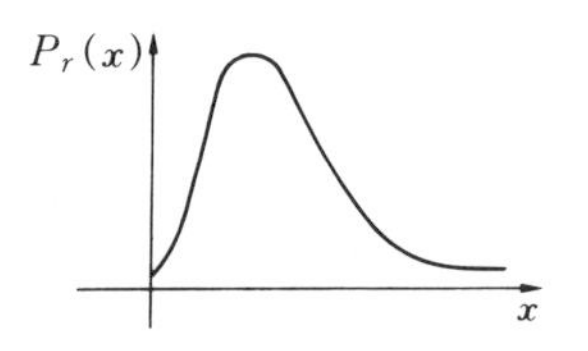

図 6・11(b)　ポワッソン分布

6・7・3　ポワッソン（Poisson）分布

半減期の十分長い放射性物質の放射能を t 分間測定し，また次に t 分間測定してもこれが同じ値になるということはまれである．これは放射性壊変がランダム現象であるからである（図6・11(a)）．したがって，測定値には統計的誤差が伴う．

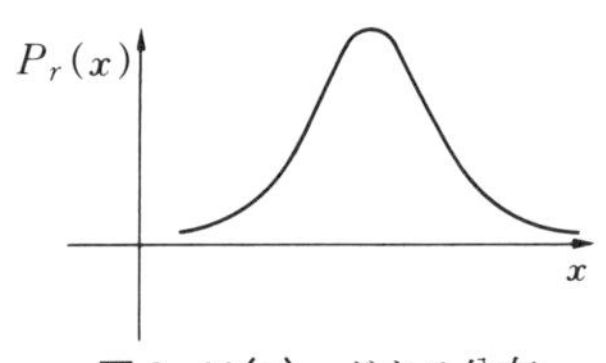

図 6・11(c)　ガウス分布

t 秒間内の平均カウント数が m であり，t 秒間内に x カウントが得られる確率 $Pr(x)$ は

$$Pr(x)=e^{-m}\cdot\frac{m^x}{x!}$$

で表される．これをポワッソン分布という（図 6・11 (b)）.

測定値 x が 20 をこえるとポワッソン分布はガウス分布で表すことができる（図 6•11 (c)）.

6・7・4　ポワッソン分布の平均値と標準偏差

ポワッソン分布では平均値が m のとき標準偏差は $\sqrt{m}$ で表すことができる.

測定値が $m\pm\sqrt{m}$ の間にはいる確率は 68.3 ％であり，測定値が $m\pm2\sqrt{m}$ の間にはいる確率は 95 ％で，測定値が $m\pm3\sqrt{m}$ の間にはいる確率は 99.7 ％である.

次に二つの試料を測定したとき，放射能の平均値の差及び標準偏差は$(A-B)$で，$\sqrt{A+B}$ である.

このようにして，差，積，商を公式として表すと

$$(A\pm\sqrt{A})-(B\pm\sqrt{B})=(A-B)\pm\sqrt{A+B}$$

$$(A\pm\sqrt{A})(B\pm\sqrt{B})=AB\pm AB\sqrt{\frac{1}{A}+\frac{1}{B}}$$

$$\frac{A\pm\sqrt{A}}{B\pm\sqrt{B}}=\frac{A}{B}\pm\frac{A}{B}\sqrt{\frac{1}{A}+\frac{1}{B}}$$

$$A=n_A,\ \sigma_A=\sqrt{n_A}\qquad\therefore\quad {\sigma_A}^2=n_A$$

$B=n_B,\ \sigma_B=\sqrt{n_B}\qquad\therefore\quad {\sigma_A}^2=n_B$ とおくと

$$(A\pm\sigma_A)+(B\pm\sigma_B)=(A+B)\pm\sqrt{{\sigma_A}^2+{\sigma_B}^2}$$

$$(A\pm\sigma_A)-(B\pm\sigma_B)=(A-B)\pm\sqrt{{\sigma_A}^2+{\sigma_B}^2}$$

$$(A\pm\sigma_A)(B\pm\sigma_B)=AB\pm AB\sqrt{\left(\frac{\sigma_A}{A}\right)^2+\left(\frac{\sigma_B}{B}\right)^2}$$

となる.

【例題 6 -16】 試料の全計数率が 150±15 cpm，自然計数率が 20±8 cpm のとき真の計数率はいくらか.

【解】 $(150-20)\pm\sqrt{15^2+8^2}=130\pm17$ ………(答)

6・7・5　分解時間 τ と数え落しに対する補正

測定時間 t 内に測定器に入射した数を N_t，その計数値を N とすれば，t 時間内の数え落としの数は $N_t \cdot N \cdot \tau$ である．τ は測定器の分解時間で，100～500 μs である．

故に

$$N_t - N = \frac{N_t \cdot N \cdot \tau}{t}$$

が数え落としである．計数値 N を時間 t で割って，計数率 n_t で表せば

$$\frac{N_t - N}{t} = \frac{N_t \cdot N \cdot \tau}{t \cdot t}$$

$$\therefore \quad n_t - n = n_t \cdot n \cdot \tau \qquad \therefore \quad n_t = \frac{n}{1 - n \cdot \tau}$$

【例題 6-17】　分解時間が 300 μs の測定器で 1000 cps の計数率を得たとき真の計数率はいくらか．

【解】　$n_t = \dfrac{1000}{1 - 1000 \times 300 \times 10^{-6}} \fallingdotseq 1430(\mathrm{cps})$

【例題 6-18】　ある試料を2分間測定して400カウントであった．バックグラウンド N_b を1分間測定したら100カウントであった．この試料の正味計数率と標準偏差を求めよ．

【解】　計数率 $= \left(\dfrac{N}{t} - \dfrac{N_b}{t_b}\right) \pm \sqrt{\dfrac{N}{t^2} + \dfrac{N_b}{t_b{}^2}}$ に代入して

$$\frac{400}{2} - \frac{100}{1} \pm \sqrt{\frac{400}{2^2} + \frac{100}{1^2}} = 100 \pm 14$$

6・7・6　分解時間の測定

数え落としによる損失は計数率が高いほど大きい．だから，分解時間を測定しなければならない．ここでは2線源法を用いて分解時間を求める方法を示す(図 6・12)．

測定値をそれぞれ N_1, N_2, N_{12}, N_B とし，計数率を n_1，n_2，n_{12}，n_b とする．

$$N_1 + N_2 = N_{12} + N_B$$

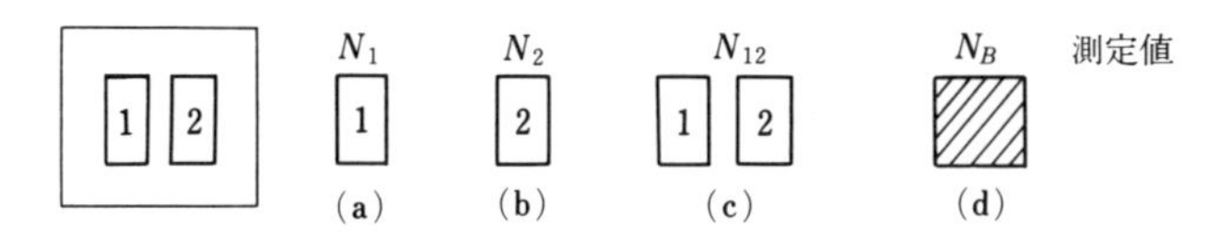

図 6・12　2線源法による分解時間の測定

$$\therefore \quad \frac{n_1}{1-n_1\tau}+\frac{n_2}{1-n_2\tau}=\frac{n_{12}}{1-n_{12}\tau}+\frac{n_b}{1-n_b\tau}$$

ここで，$n_t=\dfrac{n}{1-n\tau}\fallingdotseq n+n^2\tau$，$\dfrac{n_b}{1-n_b\tau}\fallingdotseq n_b$ を用いると

$$n_1+n_1^2\tau+n_2+n_2^2\tau=n_{12}+n_{12}^2\tau+n_b$$

これより

$$\tau=\frac{n_1+n_2-n_{12}-n_b}{n_{12}^2-n_1^2-n_2^2}$$

を得る．

練 習 問 題

1. ^{131}I(半減期は 8 日とする)の 1 Ci の 24 日後の放射能を求めよ．
2. ^{198}Au が最初 100 ミリキュリーあるとき，10.8 日後の放射能は 6.25 mCi であった．この半減期を求めよ．
3. 半減期 5 年の放射性核種がある．2.37×10^{21} 個の原子は 15 年後，60 年後には何個になるか．
4. ．1 キュリーの ^{131}I から 8 日間に放出される e^- 粒子の総数はおよそいくらか．ただし，^{131}I の半減期は 8 日である．
5. ^{190}Pt は α 壊変し，その半減期は 6.90×10^{11} 年である．1 g の Pt が 1 年間に壊変する個数はいくつか．
6. 10 日後に $1/e$ に減衰する RI がある．この核種の半減期を求めよ．
7. 半減期 45.0 分の ^{51}Mn の 1 g は何キュリーあるか．
8. 半減期 5 日の放射性核種の 1 μCi の原子数はいくらか．

9　(1). 半減期 T〔秒〕, 放射能 R〔Bq〕, 質量数Aの放射性核種の質量は何gか. アボガドロ数を N_A, 壊変定数を λ とする.

(2). M〔kg〕の放射性核種 ${}^{A}_{Z}X$ の放射能が R〔Bq〕である. この核種の半減期はいくらか. アボガドロ数を N_A, 壊変定数を λ とする.

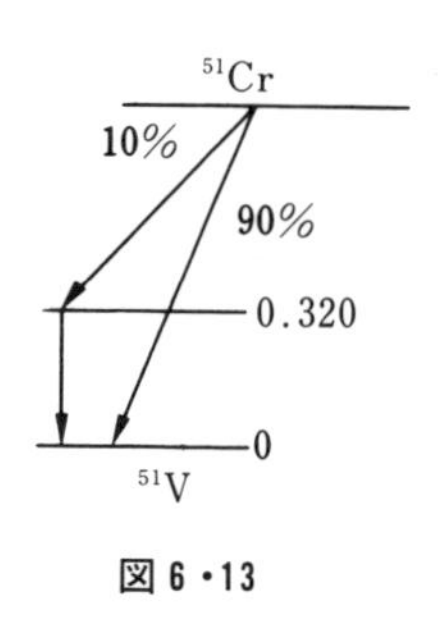

図6・13

10. ${}^{51}Cr$ は図6・13のような壊変をする. 1 μCi の ${}^{51}Cr$ から毎秒放出される光子数はいくらか.

11. ${}^{232}Th$ が α 壊変, β 壊変をくりかえし ${}^{208}Pb$ になる. ${}^{208}Pb$ になるまで α 壊変と β^- 壊変を何回行ったか.

12. 表6・8を半対数方眼紙に表し半減期を求めよ.

表6・8

測定時間（分）	5	40	70	100	132
1秒あたりの計数 n	390	160	70	30	10
$\log_{10} n$	2.59	2.20	1.85	1.48	1.00

13. 25 *rem* は何Svか.

14. 5 m Ci は何Bqか.

15. 分解時間 200 μs の計数器を用いて測定したところ 1000 cps の計数率であった. 数え落としの数を求めよ.

16. 1分間で625カウントの値を得た. このとき相対標準誤差はいくらか.

17. 真の計数率が425 cpsである試料を1分間測定したら24000カウントであった. この計数器の分解時間はいくらか.

18. ある試料を10分測定したら, 総計数は22500カウントであった. このときの計数率を求めよ.

19. Al板を用い β 線の最大飛程を測定したら 400 mg/cm^2 であった. β 線のエネルギーを求めよ.

20. 放射線源を安全に取扱う上における基本原則を外部被曝を防止する立場から述べよ.

21. 半減期100分のRIの壊変定数〔1/s〕を求めなさい.

■解　　答

6・5・2　**1．** $T_A=49h$　∴　$\lambda=\frac{0.693}{49\times60\times60}=0.393\times10^{-5}$　$T_B=14.2h$

$$\lambda=\frac{0.693}{14.2\times60\times60}=0.1355\times10^{-4}$$

$$t=\frac{\log_e 1.355\times10^{-5}-\log_e 3.93\times10^{-6}}{13.55\times10^{-6}-3.93\times10^{-6}}$$

$$=\frac{\log_e 1.355+\log_e 10^{-5}-(\log_e 3.93+\log_e 10^{-6})}{(13.55-3.93)\times10^{-6}}$$

$$=\frac{1+\log_e 3.45}{9.62\times10^{-6}}=\frac{1+1.2383}{9.62\times10^{-6}}=2.35\times10^{6}\text{s}\qquad\therefore\quad t\fallingdotseq65\ hr$$

2． $N_A=N_{A0e}{}^{-\lambda_A t}$, $N_B=\frac{\lambda_A}{\lambda_B-\lambda_A}N_{A0}e^{-\lambda_A t}+\frac{\lambda_A}{\lambda_A-\lambda_B}N_{A0}e^{-\lambda_B t}$,

$$N_C=N_{A0}+\frac{\lambda_A}{\lambda_B-\lambda_A}N_{A0}e^{-\lambda_B t}+\frac{\lambda_A}{\lambda_A-\lambda_B}N_{A0}e^{-\lambda_A t}$$

練習問題の解答

1．$1\times\left(\frac{1}{2}\right)^{\frac{24}{8}}=125\text{mCi}$　2．$100\times\left(\frac{1}{2}\right)^{\frac{10.8}{T}}=6.25$から2.7日　3．$2.37\times10^{21}\times\left(\frac{1}{2}\right)^{\frac{15}{5}}$から$2.96\times10^{20}$個，$5.78\times10^{17}$個　4．$\lambda=\frac{0.693}{8\times24\times60\times60}=1\times10^{-6}$，$\lambda N=3.7\times10^{10}$　∴　$N_0=3.7\times10^{16}$　∴　$N_0-N=N_0\left(1-\frac{1}{2}\right)=1.85\times10^{16}$

5．$\frac{dN}{dt}=\lambda N=\frac{0.693}{6.90\times10^{11}}\times\frac{6.02\times10^{23}}{190}=3.2\times10^{9}$個　6．$\tau=10$日　∴　$\tau=1.44T$より　$T=$約7日　7．$\lambda N=\frac{0.693}{45.0\times60}\times\frac{1}{51}\times6.02\times10^{23}=3\times10^{18}\text{Bq}$　$\frac{3\times10^{18}}{3.7\times10^{10}}=8.2\times10^{7}$キュリー　8．$3.7\times10^{10}\times10^{-6}=\frac{0.693}{5\times24\times60\times60}\times N$より　$N=2.3\times10^{6}$個　9．(1)　$R=\lambda N=\frac{0.693}{T}\cdot N$　$\lambda T=\log_e 2$　$R=\lambda\cdot\frac{W}{A}\cdot N_A$　∴　$W=\frac{A\cdot R}{\lambda N_A}=\frac{A\cdot T\cdot R}{\log_e 2\cdot N_A}$　(2)　$R=\lambda N=$

$\frac{0.693}{T} \cdot N \qquad N = \frac{M \times 10^3}{A} \cdot N_A \quad \therefore \quad T = \frac{0.693}{R} \cdot N = \frac{0.693}{R} \cdot \frac{MN_A}{A} \cdot 10^3$

10. ^{51}Cr は 10 % が ^{51}V 光子に関与する．故に $1\,\mu$Ci $=3.7\times10^4\times0.1=3.7\times10^3$ 個.　11. α 壊変 6 回　β 壊変 4 回　12. 半減期25分　13. 25×10^{-2} Sv $=0.25$ Sv　14. $5\times10^{-3}\times3.7\times10^{10}$Bq $=18.5\times10^7$Bq $=1.85\times10^8$Bq

15. $\frac{1000}{1-1000\times200\times10^{-6}}-1000=250$ cps　16. $\frac{\sqrt{625}}{625}\times100=4$ %　17. $425=\frac{\frac{24000}{60}}{1-\frac{24000}{60}\times x\times10^{-6}}$　$x=147.06 \fallingdotseq 150\,\mu$s　18. $\frac{22500}{10}\pm\frac{\sqrt{22500}}{10}=2250\pm15$

19. $E=\frac{0.4+0.133}{0.542} \fallingdotseq 1$ MeV

20. (1)　適切な遮蔽材で遮蔽する．

取扱う人と線源の間を遮蔽物で遮蔽する．線源の性状を調べ，適した遮蔽材を使い，できるだけ放射線量を少なくして，被曝線量を減らす．また，遮蔽体による散乱線や β 線による制動放射線にも注意を要する．

(2)　被曝時間の短縮.

被曝時間が長くなるほど被曝線量も増える．実験計画をたて，取扱う時間をできるだけ短くする．予備実験を行い，手順に慣れておくことも重要である．

(3)　線源と取扱う人との距離を大きくする．

点線源であれば，放射線量は距離の二乗に反比例して小さくなる．線源の取扱いに際して，取扱う入と線源との距離を大きくするようにマジックハンドやピンセットを使う．

21. $\lambda=\frac{0.693}{T}=\frac{0.693}{100\times60}=0.00011=1\times10^{-4}$〔s^{-1}〕

第7章　放射線と物質

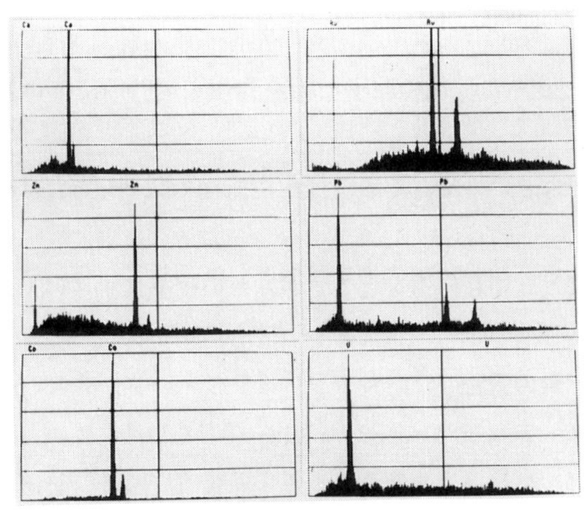

いろいろな元素の特性X線

7・1　α 線と物質との相互作用

7・1・1　α 線の吸収

α 線の吸収は α 粒子が物質中を透過するとき，軌道電子と相互作用を起こし，原子を励起したり，電離したりして，エネルギーを減弱する．この現象をいう．その作用は β 線よりはるかに大きい．α 粒子と物質との相互作用は非弾性散乱である．このようにして電離した電子は非常に大きいエネルギーを持っているので，さらに，他の原子と相互作用を起こす．この電子をデルター(δ) 線という．

α 線は質量が大きいので，その飛程も空気中で数 cm と，ほぼ直線的に運動する．

α 線は原子核とも相互作用を起こすが，その確率は小さいとみなしてよい．

7・1・2　α 線の飛程

α 線の飛程は一定エネルギーの α 線が原子を電離したり，励起したり，また，δ 線を発生しながら，運動エネルギーを失ってゆく．最後に α 線は停止するのであるが，ここまでの距離をいう．

飛程は物質によって一定である．図7・1に α 粒子の飛程を示してある．

ただし，R_0：平均飛程，R_e：外挿飛程，R_{max}：最大飛程である．

平均飛程とは，α 粒子の数が物質に吸収されて，初めの数の半分になった距離をいう．

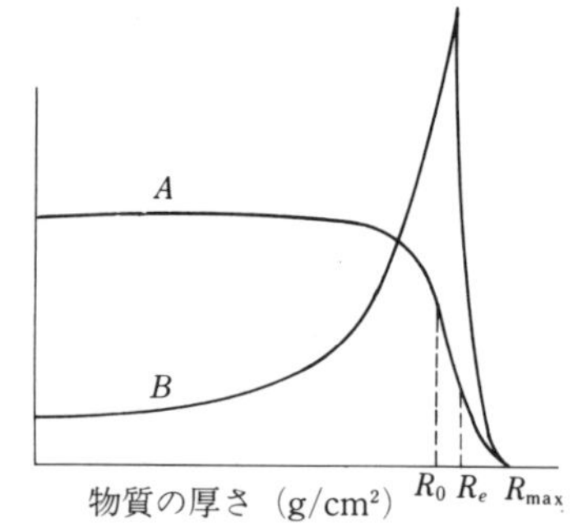

図7・1　A：α 粒子の飛程，B：比電離

α 粒子が物質中を透過する際イオン対を

発生させるが，単位長さあたりのイオン対数を比電離という．比電離を測定するとBのような曲線になる．一方，α粒子の数は曲線Aのように一定の距離までは全部が透過するが，ある厚さ以上では急速に吸収されてしまう．Bの曲線において，飛程の終わり近くで比電離が急激に増大している．これはα粒子の速度が小さくなると阻止能が大きくなって比電離が大きくなるのである．

縦軸に比電離を，横軸に透過距離をとって表した曲線をブラッグ曲線という．

α粒子が単位長あたりに失うエネルギーを物質の阻止能といい，実用上は相対阻止能が使われている．

$$\text{相対阻止能}=\frac{\text{空気中における粒子の飛程}}{\text{物質中における粒子の飛程}}$$

【例題 7－1】　α線の空気中の飛程は次式で表すことができる（図7・2）．

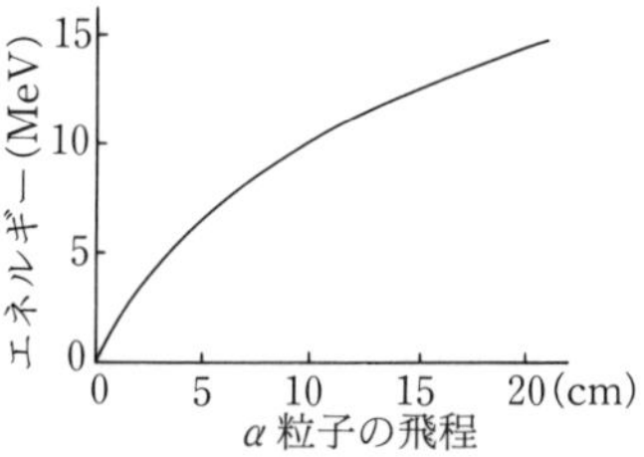

$$R=0.318E^{\frac{3}{2}}\quad(4<E<7)$$

ただし，E：〔MeV〕，R〔cm〕

α線のエネルギーが4MeVのときの飛程を求めよ．

図7・2　標準状態の空気中におけるα粒子の飛程とエネルギーの関係

【解】　$R=0.318\times4^{\frac{3}{2}}=2.54\,\text{cm}$

空気中におけるα線の飛程はエネルギーが4～9MeVのとき，2.5cm～9cmである．

【例題 7－2】　^{210}Poがα壊変して^{206}Pbに変わるとき5.3MeVのα粒子を放出する．このα粒子の空気中における飛程が3.8cmとするとき，アルミニウム中における飛程を求めよ．ただし，Alの密度は2.7g/cm^{3}とする．

【解】　Al中の飛程をRとすれば

$$R=3.8\times\frac{0.001293}{2.7}=1.82\times10^{-3}\text{cm}$$

問題　1．例題7－2で，水中の飛程はいくらか．

7・1・3　α線の内部被爆

α線の飛程は小さいので外部照射ではあまり問題にならないが，α粒子はRBE

が20と大きい．内部照射では直接放射線にさらされることになり，^{226}Raなど非常に危険である（表7•2）．

7・2　β線と物質との相互作用

7・2・1　β線と物質の衝突

β線が物質中を通過してゆくと軌道電子や原子核と次のような相互作用を起こす．

(1)　弾性衝突

弾性衝突は原子核の強いクーロン場のためβ線の進行方向が大きく曲げられる現象をいう．しかし，エネルギーの損失はない．

電子は他の粒子や原子に比較して質量が小さい．そのため物質中を通過する際，軌道電子や原子核のクーロン力により進行方向が大きく変化する．

(2)　非弾性衝突

非弾性衝突はエネルギーを持ったβ線は物質中を透過するとき，軌道電子に衝突し，励起や電離を起こし，エネルギーを失う．この現象をいう．

$$-\left(\frac{dE}{dx}\right)_{\mathrm{coll}}=k\left(\frac{Z}{A}\right)\cdot\rho\bigg/\left(\frac{v}{c}\right)^2=0.306\cdot\rho\left(\frac{Z}{A}\right)\bigg/\left(\frac{v}{c}\right)^2$$

ここに，ρ：物質の密度，Z：原子番号，A：質量数，v：β線の速度，k：比例定数．これが衝突損失である．

$\left(\frac{Z}{A}\right)$はほぼ$\frac{1}{2}$であるので$\left(\frac{dE}{dx}\right)_{\mathrm{coll}}$は密度$\rho$に比例し，$\left(\frac{v}{c}\right)^2$に逆比例する（Bethe-Blochの理論）．

(3)　放射損失

放射損失はβ線が原子核の近くを通るとき，原子核の強いクーロン場のため，軌道が大きく曲げられ，エネルギーを失う現象である．

電子は制動を受けエネルギーを失う．この失ったエネルギーを電磁波の形で放出する．これを制動放射という．

放射損失を$\left(\dfrac{dE}{dx}\right)_{\mathrm{rad}}$とし，衝突損失を$\left(\dfrac{dE}{dx}\right)_{\mathrm{coll}}$とする．放射損失は，

$$-\left(\frac{dE}{dx}\right)_{\mathrm{rad}}=kE\cdot\left(\frac{Z}{A}\right)Z\cdot\rho$$

と表される．

この式から放射損失は，β線のエネルギーと原子番号の2乗に比例することがわかる．放射損失により，電子のエネルギーが$\dfrac{1}{e}$に減弱する物質の厚さを放射長という．

β線のエネルギーが大きくなると放射損失は大きくなり，衝突損失は小さくなる．放射損失と衝突損失が等しくなるエネルギーを臨界エネルギーという．

$$\left(\frac{dE}{dx}\right)_{\mathrm{rad}}\Big/\left(\frac{dE}{dx}\right)_{\mathrm{coll}}=\frac{(E+m_0c^2)Z}{1600\,m_0c^2}$$

問題 1. 鉛（$Z=82$）の場合，100 KeVの電子に対する放射阻止能と衝突阻止能の比はおよそいくらか．

7・2・2　β線の指数関数減弱

β線は原子と衝突をくり返しながら透過してゆく．β線が吸収体を透過すると，放射損失や衝突損失によりエネルギーを失ってゆくが，その減弱は

$$I=I_0e^{-\mu x}$$

に従い減弱する．（μ：吸収係数）

しかし，β線の吸収は，X線やγ線の吸収と異なり，一定の飛程を持つということである（図7・4）．

一定エネルギーを持つβ線と，最大エネルギーが一致するβ線とは，飛程は大体等しいとみてよい．

β線の飛程は最大エネルギーの関係を表す式であるが，次の実験式がある．

$$R=0.407E^{1.38}\quad(0.15<E<0.8)$$

$$R=0.542E-0.133 \quad (0.8<E<3)$$

これは，電子のアルミニウム中での飛程であり，単位は R〔g/cm²〕，E〔MeV〕である．

β 線の飛程の終わりあたりでは制動放射があるので，最大飛程を決めることは難しい．

7・2・3　β 線の作用

(1)　β 線の遮蔽

X線や γ 線を遮蔽するには高い原子番号の物質で防ぐと外にもれない．これは Z が大きいほどよく吸収されるからである．ところが，β 線を遮蔽するには低い原子番号の物質が適している．これは，物質の密度が大きいほどよく吸収されるためである．β 線を高い原子番号の物質で遮蔽すると困ったことに制動放射が起こり阻止X線の発生がある．そのような理由から β 線の遮蔽にはまず低い原子番号の材料を使い，その外側を高い原子番号の材料で遮蔽するとよいということになる．^{32}P の保管などは注意を要する（表7・2）．

(2)　β 線の電離

β 線は飛程にそってイオン対を作る．この現象を電離という．β 線の単位長(1 cm)あたりに作るイオン対の数を比電離という．

β 線のエネルギーが小さいほど比電離は大きくなる．

(3)　β^+ 線の相互作用

β^+ 線の動きは β^- 線と同じである．衝突をくりかえしながら励起，電離を行ったり，制動放射を起こしたりする．運動エネルギーを失う瞬間電子と結合して2本の γ 線になる．これを消滅放射線という．2本の γ 線のエネルギーはそれぞれ0.51 MeV のエネルギーである．

(4)　β 線の散乱

β 線の散乱は電子が物質原子と衝突し散乱されることがある．この現象をいい，後方散乱と前方散乱の二つがある．

(5)　チレンコフ（Cerenkov）効果

物質中の光速度は真空中の光速度より小さい．この物質中の光速度より大きい速度で荷電粒子が運動するときは可視光線を放出する．これをチレンコフ効果という(図 7•3)．チレンコフ光の放射角は媒質の屈折率が大きいほど大きくなる(表 7•1)．252 KeV 以上の運動エネルギーを持つ電子は水中での光速度より大きくなるのでチレンコフ効果を起こす．

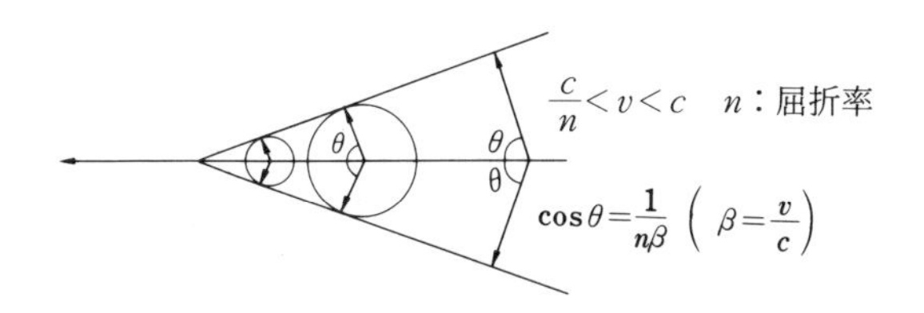

図 7・3　チレンコフ放射

表 7・1　チレンコフ放射

	屈折率	放射角(度)	臨界エネルギー	
			電子	陽子
空　気	1.00029	1.4°	21MeV	38GeV
水	1.34	42°	252KeV	471MeV
ガラス	1.51	49°	170KeV	300MeV

(6)　電子線の水中飛程

電子線のエネルギーを E〔MeV〕, 水中での実用飛程を R〔cm〕とすると

$$R = 0.52 \cdot E - 0.3$$

で表すことができる．簡略に実用飛程を求めるには電子線エネルギー E〔MeV〕の半分とするとよい．

空気中における α 線の飛程は 4～9 MeV で 2.5～9 cm, アルミニウム中における β 線の飛程は 0.02～5.3 MeV のエネルギー範囲で 0.01～2.7 g/cm^2 となり（図 7•4), 空気中における飛程は 0.8 cm～20 m となる．

表 7•2 に主な放射線源の半減期とそのエネルギーを示した．これらは密封線源, 非密封線源の形で, 物質中の飛程を考え照射用あるいはトレーサとして利用されている．

表7・2　主な放射線源

α 線	^{210}Po	138日	5.3 MeV
	^{226}Ra	1622年	4.8 MeV
	^{241}Am	458年	4.5 MeV
β 線	^{3}H	12.3年	18 KeV
	^{14}C	5730年	155 KeV
	^{32}P	14日	1.71 MeV
	^{35}S	87日	167 KeV
	^{63}Ni	92年	67 KeV
γ 線	^{60}Co	5.3年	1.17, 1.33 MeV
	^{99m}Tc	6hr	140 KeV
	^{131}I	8日	0.364 MeV
	^{137}Cs	30年	0.664 MeV

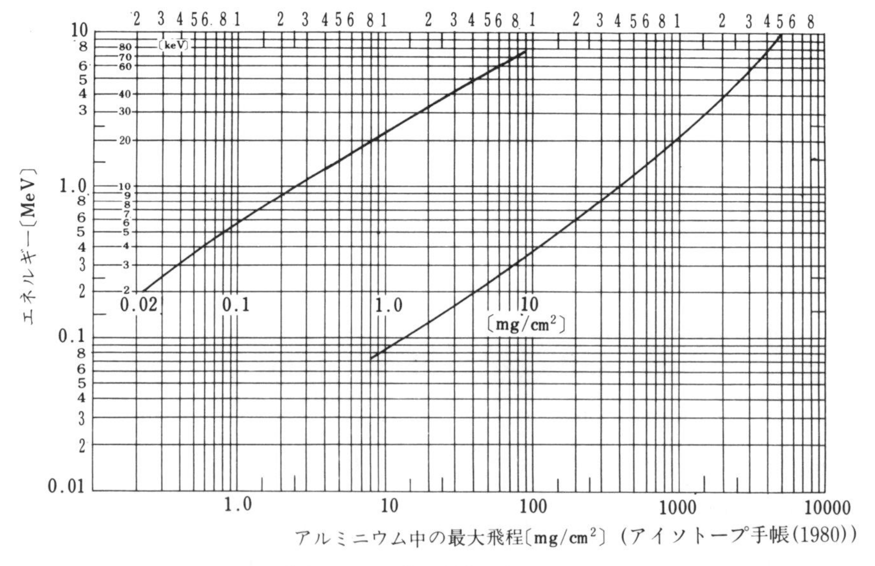

図7・4　β 線の最大飛程とエネルギー

【例題7-3】 ^{3}H，^{32}P から放出される β 線の Al 中での最大飛程は何 cm か．

【解】 ^{3}H：表7•2，図7•4から読みとり 0.7 mg/cm² であり，Al の密度は 2.7 g/cm³ であるから 2.6×10^{-4} cm，^{32}P：600 mg/cm² よって 0.2 cm

7・3　中性子と物質との相互作用

7・3・1　中性子

中性子はラザフォード(1920)により予言され，質量数1電荷0というものでニュートロンと名づけられた．

チャドウィック(1932)はPo-Beの実験から中性子の存在の可能性という論文を発表した．初めのころは，非常に透過力が大きい放射線であったためγ線の一種と考えられていたが，ラザフォードの考えをとり入れることによって，実験事実がみごとに説明されることになった．そして今日のような，原子核の構造を説明するのに中性子が不可欠なものになったのである．

中性子は電荷をもっていないものとされているが，今のところ電荷を持っていたとしても$10^{-18}e$以下と考えられている．

原子核を構成している陽子と中性子は，クオークによって構成されている．ということで，素粒子物理学者が研究している．

7・3・2　中性子の性質

陽子は電荷$+e$を持っているが，中性子は電荷を持たない．物質との相互作用は弱く，直接的な電離作用を持っていない．それ故，物質の透過力は非常に大きい．

X線やγ線と同じく，間接電離放射線ともいわれる．中性子が1回衝突し，次に衝突するまでの距離を平均自由行程というが，中性子は物質と衝突し，そのエネルギーを物質に与え，この物質が電離や励起を起こすのである．こうして中性子はエネルギーを失ってゆくのであるが，主として原子核との弾性衝突によるものである．

また，自由中性子は自然に，陽子に変わり，電子と中性微子を放出し，その半減期は12.5±2.5分とされている．

$$n \longrightarrow p + e^- + \nu$$

7・3・3　中性子の分類

中性子は表7•3のように分類されているが，分け方はばく然としている．大きく分ければ熱中性子，熱外中性子，高速中性子の三つに分けることができる．

表7・3　中性子の分類

中性子	エネルギー範囲
低温中性子	0.002 eV 以上
熱中性子	0.025 eV
エピサーマル中性子	0.5 eV 以上
低速中性子	1～10 eV (～1 keV)
共鳴中性子	1～300 eV
中速中性子	100eV～0.5 MeV
高速中性子	0.5 MeV 以上 (0.5～10 MeV)
超高速中性子	20 MeV 以上 (50 MeV 以上)
パイル中性子	0.001 eV～15 MeV
核分裂中性子	2 MeV～15 MeV

熱中性子は，たとえばブラウン運動を行うあたりの温度即ち，20℃で，0.025eV平均運動エネルギーを持っている中性子と思えばよい．

$E_0=\frac{1}{2}mv^2=\frac{3}{2}kT$ で，$T=273+20$℃とすると $E_0=0.025\,\mathrm{eV}$ となる．そのエネルギー分布はマックスウェルの速度分布になる．

$$\frac{dn}{dv}=Av^2\cdot e^{-\frac{mv^2}{2kT}}$$

熱外中性子は，熱中性子よりも少し高いエネルギーを持つ中性子をいい，0.05～0.1eVのエネルギーを持つものをいう．

高速中性子は，100 keV以上のエネルギーを持つ中性子をいう．

7・3・4　中性子の発生

(1)　Raなどから放出される α 粒子を ^{9}Beに照射して中性子をとり出す．

$$^9\mathrm{Be}+\alpha \longrightarrow {}^{12}\mathrm{C}+n\ ,\ {}^9\mathrm{Be}(\alpha,\ n){}^{12}\mathrm{C}$$

^{24}Naなどから放射される γ 線を ^{2}Hに照射して中性子をとり出す．

$$^2\mathrm{H}+\gamma \longrightarrow {}^1\mathrm{H}+n\quad {}^2\mathrm{H}(\gamma,\ n){}^1\mathrm{H}$$

(2)　p, α などを粒子加速装置を利用して加速し，軽元素に照射し中性子を得る．

$$^{7}Li + p \longrightarrow {}^{7}Be + n \quad {}^{7}Li(p, n){}^{7}Be$$

(3)　^{235}U などの核分裂のさい放出される中性子を利用する．

$$^{235}U + n \longrightarrow {}^{142}_{54}Xe + {}^{92}_{38}Sr + 2{}^{1}_{0}n$$

(4)　^{252}Cf などの自発核分裂のさい放出される中性子を利用する．

7・3・5　中性子と物質

中性子と物質の衝突により，弾性散乱，非弾性散乱や捕獲反応，核壊変などが起きる．いずれも原子核と反応を起こす．中性子は，エックス線や γ 線と同じように，直接的には励起したり，電離させたりすることはないが，これらの核反応を介して，間接的に励起や電離を行う．

(1)　弾性散乱 (n, n)

弾性散乱は中性子が原子核と衝突し，弾性的に散乱される現象で，エネルギー保存と運動量保存の法則がなりたつような衝突をいう．この場合，励起状態はなく，進行方向が変化するだけである．

(2)　非弾性散乱 $(n, n)(n, 2n)$

非弾性散乱は中性子が原子核と衝突し，非弾性的に散乱される現象で，原子核が励起，電離を起こす．この場合はエネルギー，運動量共に保存されず，励起状態があり，γ 線を伴うこともある．

(3)　捕獲反応 (n, γ)

捕獲反応は原子核が熱中性子をとり込み，励起状態になる現象である．その結果エネルギーが高い状態となって，γ 線を放出する．

1 cm^2 の面積に原子数が N 個あったものとする．これに垂直方向に I 個/$cm^2 \cdot s$ の中性子を当てたとき，n 個の原子核に核反応が起こったとすると

$$\sigma = \frac{n}{N \cdot I} \text{〔cm}^2\text{〕}$$

が成立する．この σ を核反応微分断面積といい，単位はバーンで $10^{-24} cm^2$ のことである．

(n, γ) 反応断面積 σ がブライト・ウイグナーの式で与えられるが，中性子

の速度に逆比例する．

$$\sigma(n,\,\gamma)\propto\frac{1}{v}$$

これを $\frac{1}{v}$ 法則という．したがって，中性子のエネルギーを E とすると $\frac{1}{\sqrt{E}}$ に比例することになる．

500 keV 以上の中性子では $(n,\,n)$, $(n,\,\gamma)$ 反応が起こり，これらの反応にはある定ったエネルギー値に対して飛躍的に大きくなるところがある．これを共鳴散乱，共鳴捕獲という．

中性子と質量のほぼ等しい陽子と弾性衝突した場合は，中性子が失う運動エネルギーは大きくなる．高速中性子が水の中を進行しているうちに減速され，熱中性子にかわってしまう．熱中性子は陽子と $(n,\,\gamma)$ 反応を起こすので，中性子を減速する減速材としては $(n,\,\gamma)$ 反応を起こす確率が小さい重水が使われるのである．

(4)　核分裂反応 $(n,\,f)$

核分裂反応は原子核が中性子をとり込み，一時的に複合核をつくり，これが分裂し，2個の生成物と，2個の中性子を放出する現象をいう．

$${}^{235}_{92}\mathrm{U}+n\longrightarrow{}^{236}_{92}\mathrm{U}\longrightarrow{}^{142}_{54}\mathrm{Xe}+{}^{92}_{38}\mathrm{Sr}+2{}^{1}_{0}n$$

はその一例であるが，質量数が 95 と 140 に分裂する確率が最も高い(図 5•16)．

(5)　中性子の検出とエネルギー測定

中性子は陽子や α 粒子のような荷電粒子ではなく，非荷電粒子で，間接電離放射線である．中性子は電気を持たないので，直接電離量を測定することはできない．そこで，中性子を照射することによって，二次的に生じる核反応や放射化を利用して中性子の計測が行われる．

熱性子と速中性子ではエネルギーが違うので，その性質も異なり，測定器も異ってくる．中性子の計測に利用される主な核反応は，${}^{10}\mathrm{B}\,(n,\alpha)\,{}^{7}\mathrm{Li}$, ${}^{6}\mathrm{Li}\,(n,\alpha)\,{}^{3}\mathrm{H}$, ${}^{3}\mathrm{He}\,(n,p)\,{}^{3}\mathrm{H}$ や核分裂 (n,f), ${}^{59}\mathrm{Co}\,(n,\gamma)\,{}^{60}\mathrm{Co}$ のような (n,γ) 反応で，中性子の照射による放射化では，γ 線のみが放出される．

7・4　重荷電粒子と物質との相互作用

7・4・1　重荷電粒子の阻止能

重荷電粒子が物質中を透過すると原子を励起したり，電離したりする．β 線も同様に励起したり電離したりするが，質量が大きく違うので直進すると考えてよい．

このようなことで失うエネルギーの割合の平均値を阻止能 $\left(\frac{dE}{dx}\right)$ または線阻止能といい，$\frac{1}{\rho}\cdot\left(\frac{dE}{dx}\right)$ を質量阻止能とよんでいる．

$$\left(\frac{dE}{dx}\right)=\frac{4\pi e^4 z^2 N}{mv^2}\cdot Z\left\{\log_e\frac{2mv^2}{I(1-\beta)^2}-\beta^2-\frac{\delta}{2}\right\}$$

ここに，e：電子の電荷，m：電子の質量，z：重荷電粒子の電荷，v：重荷電粒子の速度，N：1 cm^3 中の原子数，Z：物質の原子番号，I：平均励起エネルギー，δ：密度効果による補正項

特に，10 MeV 以上の電子線では，空気の質量阻止能は水や鉛の質量阻止能より大きくなる．この現象を密度効果といい，電離箱で水中における電子線の吸収線量を測定するとき，この効果が表れる．

7・4・2　重荷電粒子の飛程

重荷電粒子が原子と衝突しても質量が大きいためあまり進行方向をかえることがない．

同一エネルギーの粒子はほぼ同じ飛程を持つと考えてよい．図 7・5 に示すようにブラッグ曲線が得られる．ただし，R_e：外挿飛程，R_{mean}：平均飛程

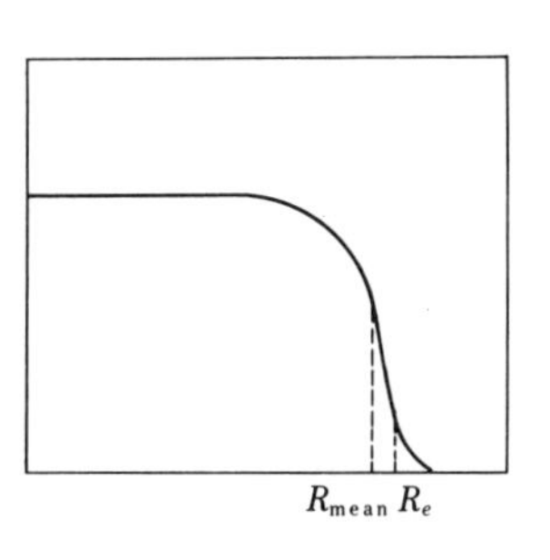

図 7・5　ブラッグ曲線

7・4・3　阻止能と線エネルギー付与

阻止能は，荷電粒子が単位長あたりに失うエネルギーで

$$\frac{dE}{dl}\,〔\mathrm{J \cdot m^2/kg}〕$$

で表される．線エネルギー付与とは荷電粒子によって単位長あたりに生体に与えられるエネルギー $L_\varDelta$ で表される．この場合は阻止X線の寄与は含まれない．

$L_\varDelta$ は制限線衝突阻止能ともいう．$\varDelta$ はカットオフエネルギーとよぶが，L_{200} ということは $\varDelta=200\,\mathrm{eV}$ である場合のLETを表している．

$$L_{200}=\left(\frac{dE}{dl}\right)_{200}$$

dl は荷電粒子の走行距離であり，dE は $\varDelta$ 以下のエネルギーを持った荷電粒子が衝突によって失う平均エネルギーである．

L_∞ は δ 線がないものとしたときのLETを表しており，線衝突阻止能と同じになる．

阻止能と線エネルギー付与（L_∞）は概念的には異なるものである．LETは荷電粒子に対して用いられ，X線や中性子のような間接電離性粒子(非荷電粒子)には適用されない．

7・5　γ線スペクトル

7・5・1　スペクトルピーク

(1)　光電ピーク

光電ピークはγ線のエネルギーの全部が検出器に吸収されたとき生じるピーク(図7･6(a)，(b))であり，これは光電効果によって起きる光電吸収ピークともいう．図7･11，図7･12に ^{60}Coと ^{198}Auのγ線スペクトルと壊変図を示

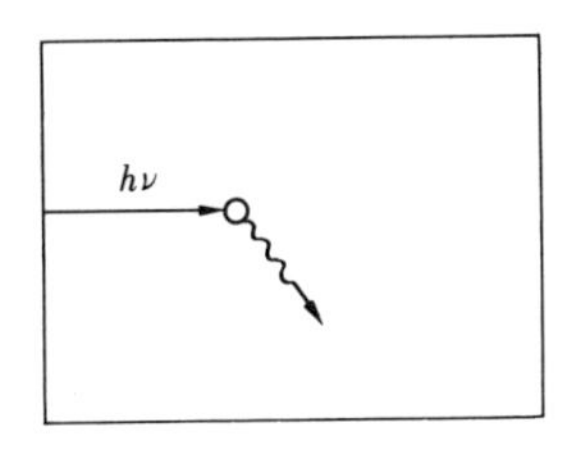

図 7・6 (a)　光子の放出

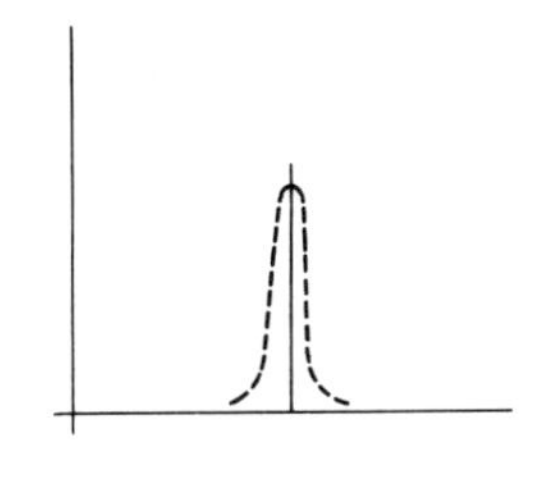
図 7・6 (b)　光電ピーク

した．光量子エネルギーを $h\nu$ とするとき光電効果による光電子のエネルギー E は

$$E=h\nu-I \quad (I：イオン化エネルギー)$$

となる．光電効果による光電子の放出後にK特性X線を放出し，さらにこのK線がシンチレーター内で光電効果を起こし発光させる．強いピークである．

(2)　コンプトン連続スペクトル

コンプトン連続スペクトルはコンプトン効果によるコンプトン電子の作るスペクトルをいい，最低から最大 E_{max} まで連続的に分布する．この E_{max} をコンプトン端(エッジ)という．コンプトン電子は検出器で検出されるが，二次 γ 線はほとんど検出器外に逃げる．このため，コンプトン電子のスペクトルは台地状となる(図 7•7)．

コンプトン効果とは入射 γ 線がシンチレーター内の電子と衝突して，エネルギーの一部を電子に与え，入射 γ 線のエネルギーが減少して散乱される現象(図 7•8)をいい，この時飛び出した電子を反跳電子(コンプトン電子)という．入射 γ 線のエネルギー ($h\nu_0$) と散乱 γ 線のエネルギー ($h\nu$) との関係は

$$h\nu=\frac{h\nu_0}{1+\frac{h\nu_0}{m_0c^2}(1-\cos\theta)}$$

である．散乱角は 180° でコンプトン電子のエネルギーは最大になり，その値である E_{max} (図 7•7)は

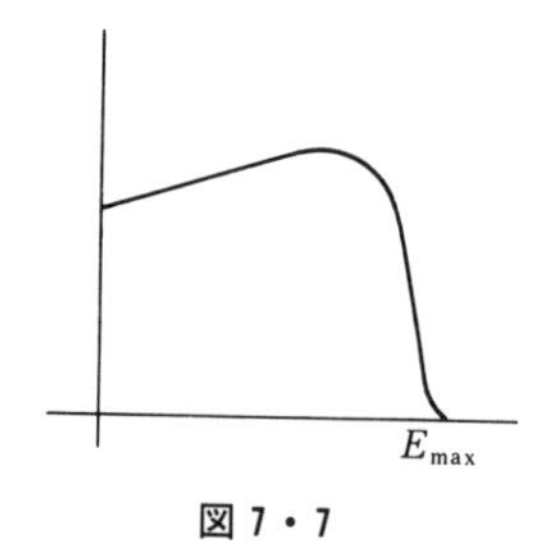

図7・7

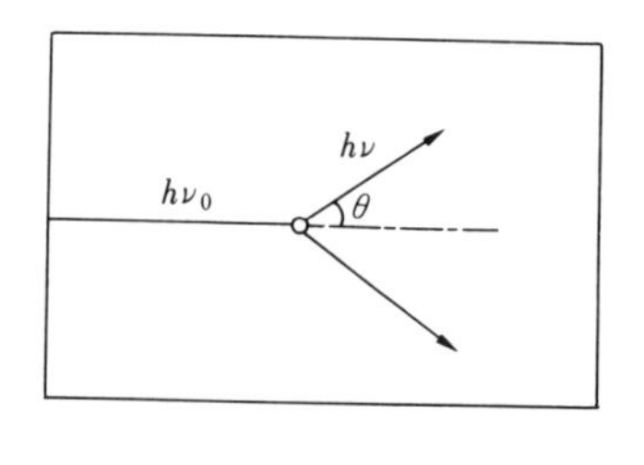

図7・8

$$E_{max}=\frac{h\nu_0}{1+\frac{2h\nu_0}{m_0c^2}}$$

となり，このエネルギーの値がコンプトンエッジである．入射 γ 線の位置より 200 keV 低いところに出る(コンプトン反跳電子の最大エネルギー)．

(3) 電子対創生ピーク

電子対創生ピークは γ 線のエネルギーが 1.02 MeV 以上のとき，陰陽の電子対により生じるピークである(図7•9)．対電子の運動エネルギーの和は

$$h\nu-2m_0c^2$$

となる．陽電子は吸収体中の電子と結合して2本の γ 線となり光電効果を起こす(図7•10)．2本ともとらえられた場合ピークは入射 γ 線のエネルギーに対応する所に出る．1本または2本とも検出器外に逃げたときピークは $h\nu-0.51$ MeV，$h\nu-1.02$ MeV の位置に現れる(図7•9)．

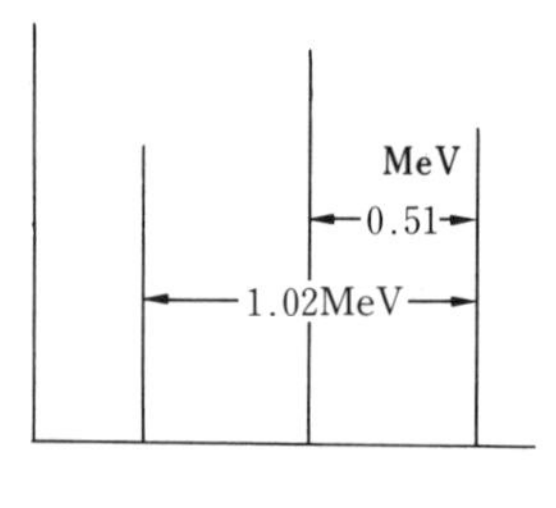

図7・9

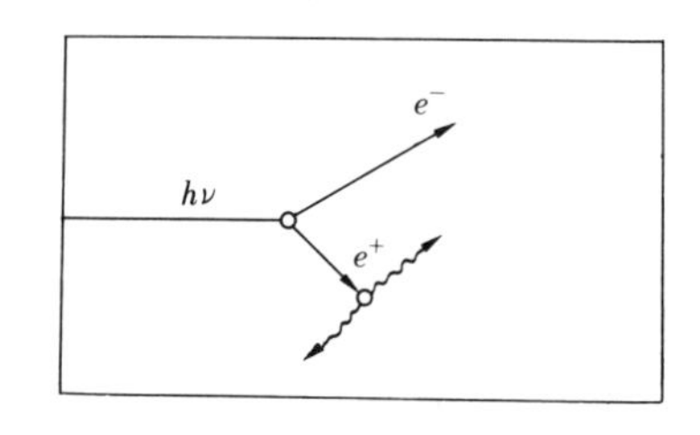

図7・10　消滅放射線

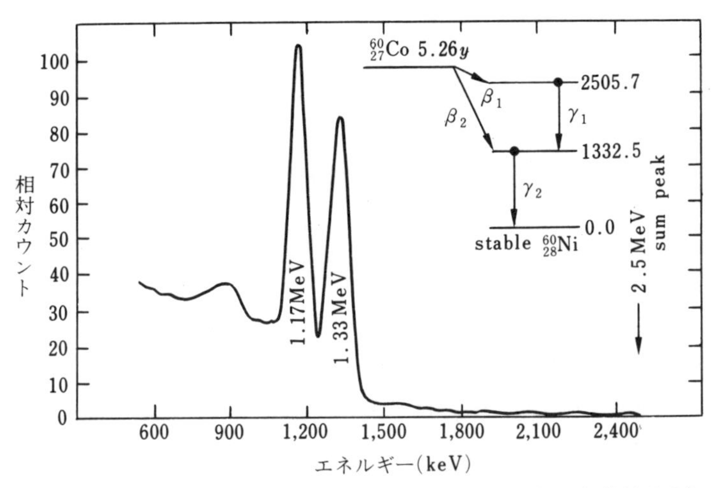

(東大病院 放射線科 飯尾)

図 7・11　^{60}Co の壊変図と γ 線スペクトル(1)

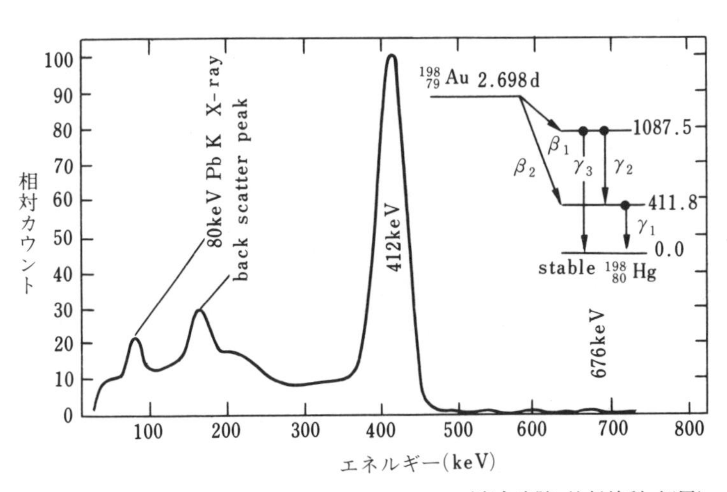

(東大病院 放射線科 飯尾)

図 7・12　^{198}Au の壊変図と γ 線スペクトル(2)

(4)　後方散乱ピーク

シンチレーターの外側に γ 線源をおくと測定器などから180°方向に後方散乱した γ 線がシンチレーター内に入射してきて，150～250 keV のところにゆるい吸収ピークを作る(図 7•12)．これを後方散乱という．このピークはコンプトンスペクトル上に重なる．そしてまた，このピークは γ 線エネルギーが増加すると 250 keV で大体一定になる．

後方散乱ピークのエネルギーとコンプトンエッジのエネルギーの和は入射 γ 線のエネルギーに等しくなる．

(5)　逸脱ピーク(エスケープピーク)

逸脱ピークはエネルギー γ の特性 X 線が外に逃げたとき $h\nu-\gamma$ に対応する位置に表れるピークである．100 keV 以下の γ 線が入射したときシンチレーターの表面で光電効果が起こる．1 本だけ表面近くで光電効果を起こすと $h\nu-0.51$ MeV に，また，2 本とも逃げたとき $h\nu-1.02$ MeV の位置に弱いピークをつくる．

(6)　サムピーク

サムピークは 2 本以上の γ 線を放出する核種(^{60}Co など)が，二つ以上の γ 線を同時に入射して光電効果を起こしたとき表れるピークである．エネルギーの和 $\gamma_1+\gamma_2$ の位置にピークを作る．

これは検出効率が高いときよくできる．

【例題 7 - 4】　コンプトン効果において，γ 線エネルギーが 1.20 MeV のとき後方散乱ピークのエネルギーを求めなさい．

【解】

$$\alpha=\frac{h\nu}{m_0c^2}=\frac{1.20}{0.51}=2.353$$

$$\therefore\ E=\frac{h\nu}{1+2\alpha}=\frac{1.20}{1+2\times2.353}=0.210$$

$$\therefore\ E=210\,[\mathrm{keV}]$$

【例題 7 - 5】　図 7•13 は NaI(Tl)の結晶を使ったシンチレーションスペクトロメーターを用い，^{137}Cs について得られた波高分布を示したもので，図 7•

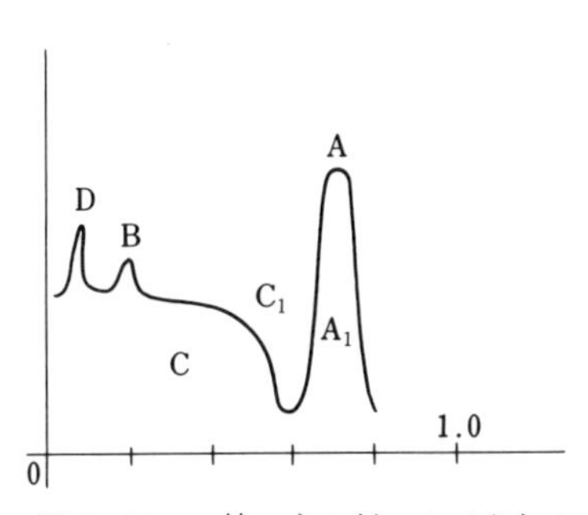

図 7・13　γ 線エネルギースペクトル

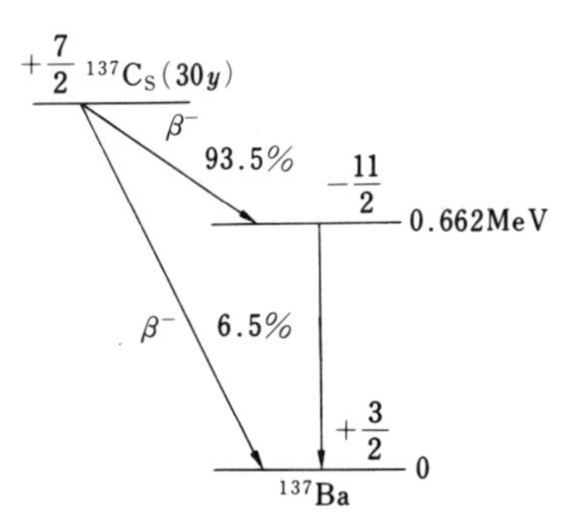

図 7・14　^{137}Cs の壊変図

14 はその壊変図である．

1．A_1 が生ずる原因は何か．

2．A はどんなエネルギーであるか．

3．C の部分が生ずる原因は何か．

4．C_1 はどんなエネルギーであるか．

5．B はどんな現象によって生ずるか．

6．D はどんな現象によって生ずるか．

【解】　A_1：光電効果

A：^{137m}Ba からの γ 線エネルギーで 0.662 MeV の光電ピーク

C：コンプトン効果

C_1：コンプトン電子の最大エネルギー (480 keV) でコンプトンエッジという．

B：γ 線の後方散乱 (180 keV) により生じるピーク．

D：^{137m}Ba の核異性体転移に伴う K-X 線特性線 (37 keV) によるピーク．

7・6　粒子加速器

原子物理学や素粒子物理学の実験で，荷電粒子を高いエネルギーに加速するための装置で，また，加速器は高いエネルギーの荷電粒子を標的にあてたとき 2 次的に発生する他の荷電粒子や中性の粒子，電磁波などを得るためにも使われる．加速器の性能は加速エネルギーばかりでなく可変範囲，エネルギー精度，加速できる粒子の種類など多くの条件で決定され，目的によって選ばれる．現在の加速器はすべて荷電粒子が電場で受ける力を利用して粒子を加速する．

7・6・1　コッククロフト・ウォルトン型加速器(図7・15)

倍電圧整流器とコンデンサーを直列に積み重ねて高い直流電流を得る方式である．荷電粒子(イオン，電子)を加速する．200 KV～2 MV が最も多い．

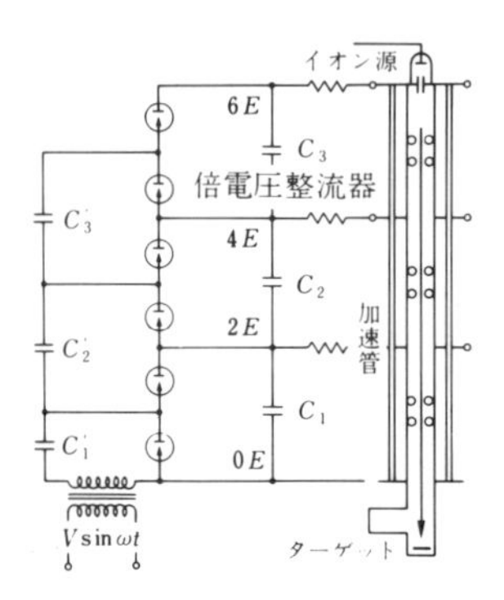

図7・15(a)　コッククロフトウォルトン型加速器

図7・15(b)　前段加速器．右から75万ボルトのコッククロフト高電圧発生装置，高電圧ステーション，加速管(イオン源を含む)．75万電子ボルト(光速の4％)まで加速する．
(高エネルギー物理学研究所による)

7・6・2　バン・デ・グラフ型加速器(図7・16)

絶縁ベルトで集電極に静電的に集め高電圧を作り，イオン，電子を加速する．この装置は電子や陽子のエネルギーの均一性が良い．

圧力式バン・デ・グラフ型と粒子を2回加速するタンデム式バン・デ・グラフ型加速器がある．圧力式の方は電荷の消失や破壊防止のため装置全体を高圧タンク(絶縁性の高い混合ガス)に収める．1 MV～4 MV が多い．

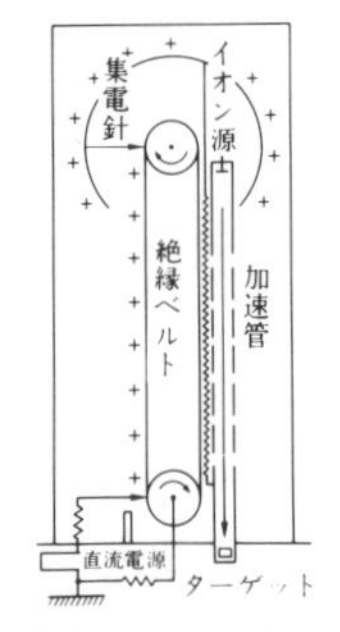

図7・16　バン・デ・グラフ

7・6・3　直線加速器(図 7・17)

ドリフトチューブ(中空円筒型電極)を直線上にならべ，1つおきにつないで高周波電圧を加え，円筒内で定常波を作り平行な電界で加速する．この定常波型は陽子のような重荷電粒子の加速に用いる．

医療用としては進行波型で電子を加速する．軽荷電粒子は光速度より小さい位相速度を持ったマイクロ波の進行波に電子をのせて加速する．50〜70 MeV が多い．

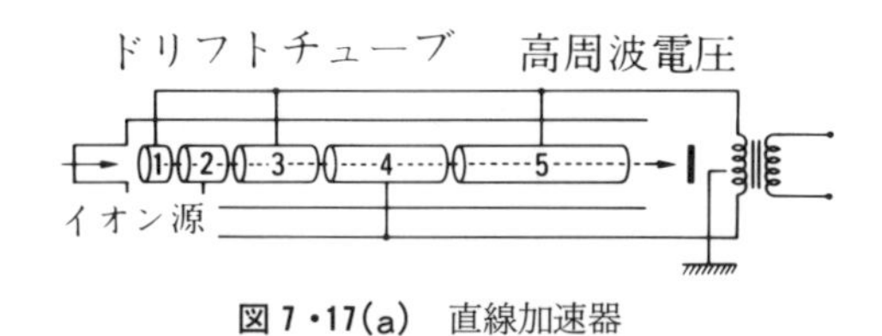

図 7・17(a)　直線加速器

図 7・17(b)　放射光入射器(電子・陽電子線形加速器)．全長 400 メートルの加速管により電子及び陽電子を 25 億電子ボルトに加速する．
(高エネルギー物理学研究所による)

7・6・4　ベータートロン(図 7・18)

相対論的質量の増加に邪魔されることなく電子を加速する装置で，ドーナツ管といわれる円形加速管を電磁石の間におき交流をながす．いま軌道半径の円

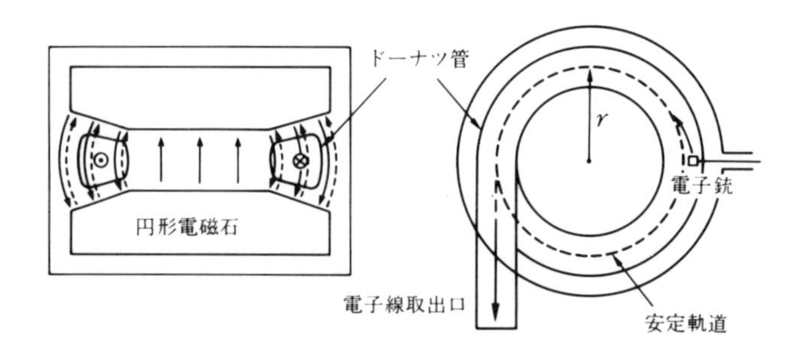

図7・18　ベータートロン

内を貫く全磁束を Φ，電界の強さを E とすれば次の式で表される．

$$E=-\frac{1}{2\pi r}\cdot\frac{d\Phi}{dt}$$

このEが電子を加速する．電子が加速されながら一定軌道を回るためには

$$\Phi=2\pi rB$$

の条件が必要である．ここに，r：軌道半径，B：磁場

エネルギーの上限は500 MeV で，医療用では30 MeV である．

7・6・5　サイクロトロン(図7・19)

一様な磁場内では電子は円軌道を描き，遠心力 $\frac{mv^2}{r}$ と磁場から受ける力 Bev がつり合う．　$\therefore\ \frac{mv^2}{r}=Bev$

粒子の周期は　$T=\frac{2\pi m}{Be}$

となり，速度とは無関係である．

D型電極を向かい合わせておき，直角に磁場をおく．これに高周波電圧をかける．高周波の周期を T にすると中心で発生したイオンは次々に加速される．加速される粒子は重陽子でエネルギーは20～30 MeV である．

【例題7－5】　陽子シンクロトロンで7(GeV)まで加速したとき，陽子はど

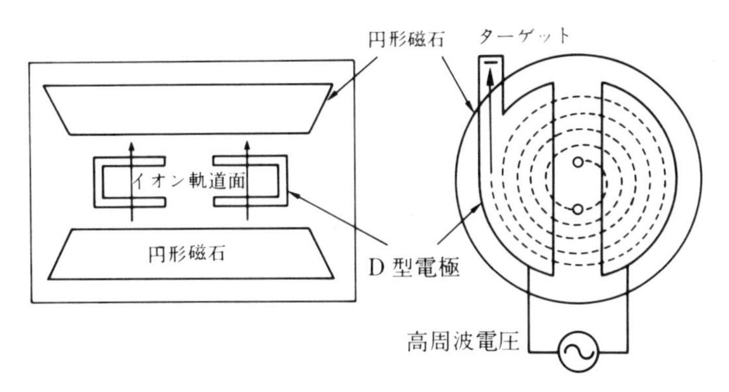

図 7・19　サイクロトロン

れくらいの速度になるか．また，質量は静止質量の何倍になるか．磁場の強さは 1.4 T である．ただし，陽子の質量は 1.007276 amu とする．

【解】　$v=c\sqrt{1-\dfrac{(m_0c^2)^2}{(m_0c^2+T)^2}}$

$m_0c^2=931.5\times1.007276=938.27\,\mathrm{MeV}$

$T=7\times10^3\,\mathrm{MeV}$

$\therefore\quad v=0.99c$　これは光速の 99 %となる．

$$\therefore\quad m=\frac{m_0}{\sqrt{1-\beta^2}}=\frac{m_0}{\sqrt{1-\left(\dfrac{0.99c}{c}\right)^2}}\fallingdotseq 8.4\,m_0$$

【例題 7－6】　サイクロトロン角周波数を 1.0×10^6 cycle/s とするとき，陽子を加速するための磁束密度はいくらになるか，また，最大半径 1 m とするとき加速された陽子のエネルギーはいくらか．

【解】　$m\dfrac{v^2}{r}=Bev\qquad\therefore\quad B=\dfrac{mv}{er}=\dfrac{m\omega}{e}$

$$=\frac{1.67\times10^{-27}\times2\times3.14\times1\times10^6}{1.6\times10^{-19}}$$

$\therefore\quad B=0.65\,\mathrm{Wb/m^2}$

$$eV=\frac{1}{2}mv^2=\frac{1}{2}Bevr=\frac{1}{2}B\omega r^2\cdot e$$

$$\therefore \quad V=\frac{1}{2}B\omega r^2=\frac{1}{2}\cdot 0.65\cdot 2\times 3.14\times 1\times 10^6\times 1^2=2.0\times 10^6$$

∴　エネルギーは　2 MeV

【例題 7－7】 サイクロトロンでは荷電粒子が円軌道を半周する時間は速度によらず一定である．

【解】 $Bev=\dfrac{mv^2}{r}$　より　　$r=\dfrac{mv}{Be}$

$$\therefore \quad \omega=\frac{v}{r}=\frac{B\cdot e}{m}$$

とり出される粒子のエネルギーは最後の軌道半径によって決まる．

$$E=\frac{1}{2}mv^2=\frac{B^2\cdot e^2}{2m}\cdot r^2$$

問題 **1．** 上の例で $B=1\,\mathrm{Wb/m^2}$，半径 $r=1\,\mathrm{m}$ とすると，陽子は何 MeV となるか．ただし，$m_p=1.67\times 10^{-27}\,\mathrm{kg}$ とし，$e=1.602\times 10^{-19}$ クーロンとする．

〔その他の加速器〕

共振変圧器型加速器，シンクロサイクロトン，電子シンクロトロン，陽子シンクロトロン，マイクロトロンなどがある(表 7•5)．

図 7•20　トリスタン主リング
(高エネルギー物理学研究所による)

表 7・5 いろいろな加速器

加　速　器	加速方式	加速粒子	加速エネルギー
共振変圧器型加速器	電　界	電　子	2 MeV
コッククロフトウォルトン型加速器	電　界	電子，重荷電粒子	2 MeV
バン・デ・グラフ型加速器	電　界	電子，重荷電粒子	2～4 MeV
直線加速器（定常波型）	電　界	重荷電粒子	100 MeV
直線加速器（進行波型）	電　界	電　子	20 GeV
サイクロトロン	電界磁界	重荷電粒子	20 MeV
ベータートロン	電界磁界	電　子	35 MeV
電子シンクロトロン	電界磁界	電　子	10 GeV
陽子シンクロトロン	電界磁界	陽　子	50 GeV
マイクロトロン	電界磁界	電　子	20 MeV

最高出力の衝突型速器として，国内では高エネルギー物理学研究所(KEK)のTRISTAN(図7•20)である．電子を直径1000 mの円周で30 GeVまで加速できる．外国ではヨーロッパ合同原子核研究所(CERN)のLEPである．直径8500 mの円周で電子を50 GeVまで加速できる．いずれも電子シンクロトロンである．また，フェルミ国立加速研究所(FNAL)のTEVATRONでは陽子を直径2000 mの円周で1000 GeVまで加速できる．これは陽子シンクロトロンであり，衝突型では粒子，反粒子(陽子，反陽子)をそれぞれ反対方向に加速する方法で，衝突時にはその2倍のエネルギーになる．

練 習 問 題

1．次のうち電磁誘導方式によって加速するものはどれか．

1）サイクロトロン　2）バン・デ・グラフ　3）ベータートロン　4）リニアック　5）コッククロフトウォルトン型加速器

2．次の加速器のうち交番磁場を使っている組合せはどれか．

A．サイクロトロン　B．ベータートロン　C．シンクロトロン　D．リニアック

1）AとB　2）AとC　3）AとD　4）BとC　5）BとD

3．静電型の加速器は次のどれか．

1）電子シンクロトロン　2）陽子シンクロトロン　3）サイクロトロン　4）バン・デ・グラフ型加速器　5）ベータートロン

4．次のうち誤っているものはどれか．

1）π^- 中間子の静止エネルギーは約140 MeVである．

2）π^-, π^0, π^+ 中間子のスピンは $\frac{1}{2}$ である．

3）π^-, π^+ 中間子の平均寿命は約 10^{-8} 秒である．

4）π^- 中間子の質量は電子質量の273倍である．

5）π^- 中間子は飛程の終わり付近で原子核に捕獲されスターという現象を起こす．

5．次のうち誤っているものはどれか．

A．シンクロトロンからの陽子線は連続スペクトルである．

B．ベータートロンのX線は連続スペクトルである．

C．サイクロトロンの速中性子は線スペクトルである．

D．リニアックの電子線はほぼ線スペクトルである．

6．次のうち正しい組合せはどれか．

1）リニアック……………………………………導波管

2）ベータートロン………………………………ドーナツ管

3）サイクロトロン　……………………………D型電極

4）コッククロフト・ウォルトン型加速器…倍電圧整流回路

5）バン・デ・グラフ型加速器…………………絶縁ベルト

7．4 MeVの α 粒子は空気中における飛程が約2.5 cmである．アルミニウム中での飛程はおよそいくらか．アルミニウムの密度を2.7 g/cm^3 とする．

8．3 MeVの α 粒子，2 MeVの重水素イオン，1 MeVの陽子の空気中の飛程を大きい順にならべよ．

9．^{85}Krから発生する β 線のアルミニウム中における飛程は0.25 g/cm^2 である．空気中における飛程を求めよ．

10. 熱中性子は0.025 eVのエネルギーを持っている．中性子の質量を1.6748× 10^{-27}〔kg〕，1 eV＝1.602× 10^{-19}〔J〕とするとき，熱中性子の速度を求めなさい．

11. $^{10}B + n \rightarrow {}^{7}Li + \alpha + 2.78$ MeV は硼素に中性子を照射したときの核反応式である．^{7}Li は γ 線を伴なわないとして ^{7}Li と α 粒子の運動エネルギーを求めなさい．

12. 核種Xに中性子フルエンス率 $5\times10^{15}\,m^{-2}\cdot s^{-1}$ の中性子を1時間照した．X (n,γ) X反応で生成した核種X（半減期は1時間）の原子数 1×10^{20} 個あたりの放射能を求めなさい．

13. 代表的な中性子の測定器をあげ，特徴を述べなさい．

14. 100 GBqの ^{56}Mn の質量は何gか．半減期は2.6時間である．

■解　　答

7・1・2　1．$R = 3.8 \times \dfrac{0.001293}{1} = 4.9 \times 10^{-3}$mm

7・2・1　1．$Z \cdot E/800 = 82 \times 0.1/800 \fallingdotseq 0.01$

7・6・5　1．48 MeV

練習問題の解答

1．3)　2．4)　3．4)　4．2)　5．BとD　6．すべて正しい．　7．$R_{Al} = \dfrac{\rho_{air} \cdot R_{air}}{\rho_{Al}} = \dfrac{0.001293 \times 2.5}{2.7} = 1.2 \times 10^{-3}$cm　8．2 MeVの重水素イオン＞1 MeVの陽子＞3 MeVの α 粒子．　9．$R_{air} = 0.25/0.0013 = 192.3$ cm　10．運動エネルギーは $E = \dfrac{1}{2} mv^2$　$\therefore\ \dfrac{1}{2} \times 1.675 \times 10^{-27} \times v^2 = 0.025 \times 1.602 \times 10^{-19}$　$v^2 = \dfrac{2 \times 0.025 \times 1.602 \times 10^{-19}}{1.675 \times 10^{-27}} = 0.0478 \times 10^8$

$\therefore\ v = 0.218 \times 10^4$ m/s

11. ^{7}Liとα粒子の質量に反比例して分配されると考えてよい．α粒子の運動エネルギーは　$2.78\times\dfrac{7}{7+4}=1.77$〔MeV〕

^{7}Liの運動エネルギーは $2.78\times\dfrac{4}{7+4}=1.01$〔MeV〕

12. $A=N\sigma f\left\{1-\left(\dfrac{1}{2}\right)^{\frac{t}{T}}\right\}$, A(Bq)放射能，原子数 $N=1\times10^{20}$ 反応断面積 $\sigma=5\times10^{-28}\,\mathrm{m}^2$，フルエンス率 $f=2\times10^{15}\,\mathrm{m}^{-2}\cdot\mathrm{s}^{-1}$　半減期 $T=60$分，照射時間 $t=60$分　$\therefore\ A=1\times10^{20}\times5\times10^{-28}\times2\times10^{15}\cdot\left\{1-\left(\dfrac{1}{2}\right)^{\frac{60}{60}}\right\}=5\times10^{7}\,(\mathrm{Bq})$

13.

表7・6　中性子の測定器と特徴

測定器	特　　徴	中性子
$^{10}BF_3$比例計数管	^{10}B$(n,\alpha)^7$Liによって放出されるα粒子，^{7}Li核の電離量を測定する．	熱中性子
ロングカウンタ	^{10}B$(n,\alpha)^7$Liを利用し，10 keV～5 MeVの範囲のエネルギーを持つ速中性子の測定に使われる．	速中性子の粒子フルエンス
反跳陽子計数管（ハースト計数管、CH_4封入比例計数管）	中性子と陽子との弾性衝突により，陽子が反跳される．反跳された陽子のエネルギーから中性子のエネルギーが計測される．	高速中性子
ホニヤックボタン	ZnSシンチレータは重荷電粒子線に対して感度よく反応するので中性子との核反応により発生する陽子は非常に効率よくZnSを発光させる．γ線に対しては感度が低く，速中性子に対しては鋭敏に反応する．	速中性子 熱中性子

14. $R=\lambda N=100\times10^{9}$　　$\lambda=\dfrac{0.693}{T}=\dfrac{0.693}{2.6\times60\times60}=7.4\times10^{-5}$

$\therefore\ 100\times10^{9}=\dfrac{0.693}{2.6\times60\times60}\times\dfrac{W}{56}\times6\times10^{23}$　$\therefore\ W=1.26\times10^{-7}$〔g〕

第 8 章　画像診断装置

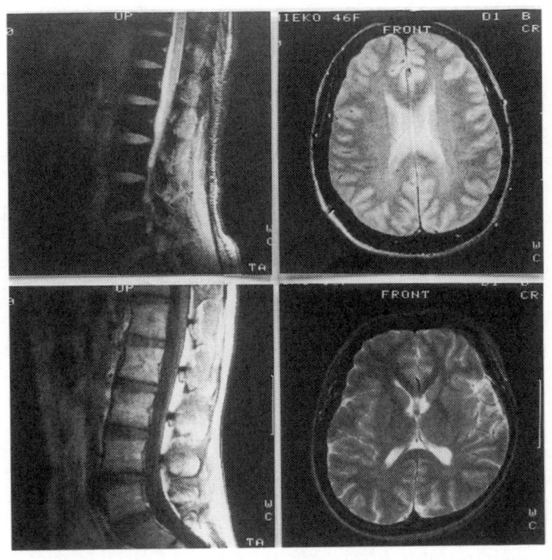

NMR-CT（腰椎と脳）

8・1　MR-CT の初歩

8・1・1　磁　場

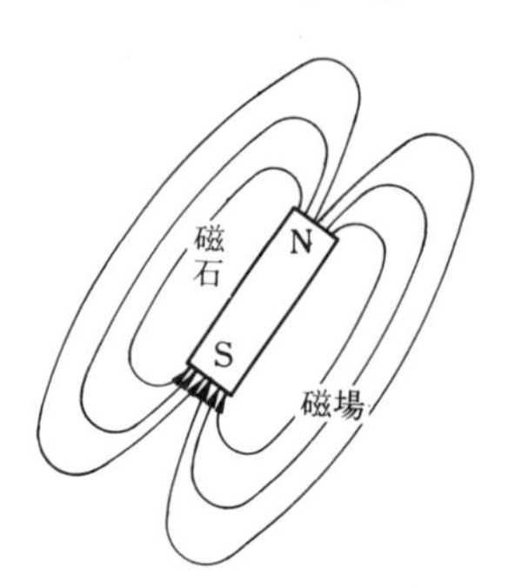

図 8・1　磁石と磁場

磁石は図 8•1 に示すように，N 極と S 極があり，磁力線が通っている．N 極から出て S 極で終わる．地球は大きな磁石とみてよく，北極が N 極にあたり，南極は S 極になっている．そして，その強さは 0.3～0.7 ガウスである．

医療機器の一種では 300～100 ガウスの磁石が布にセットされ，腰や背中に使われている．

磁界の強さは H で，その単位は A/m であり，磁束密度は B で，その単位は Wb（ウェーバー）/m² である．ガウス単位では

$$1\,\mathrm{Wb/m^2}=10000\text{ ガウス}$$

である．

また 10000 ガウスのことを 1 テスラ（1 T）という．核磁気共鳴（NMR）装置に出てくる磁場の強さは 0.5 T～1.5 T である．

NMR-装置では磁場の強さが強くなるほど信号強度が大きくなるため，S/N 比（signal to noise ratio：$\frac{S}{N}$）が小さくなって，検査時間が短くなり，スライス幅が小さくなる．その結果，小さな部分まで判読できるようになる．

8・1・2　原子核のスピンと磁気モーメント

原子核は通常，コマのように自転している．このことを原子核はスピンを持つという（図 8•2）．表 8•1 にいくつかの核とスピン，磁気モーメントを示した．

スピンがとりうる状態をスピン量子数（I で表す）というが，I は原子によって異なり，$I=0,\ \frac{1}{2},\ 1,\ \cdots,\ (I-1)/2$ という値をとる．これは核がとりう

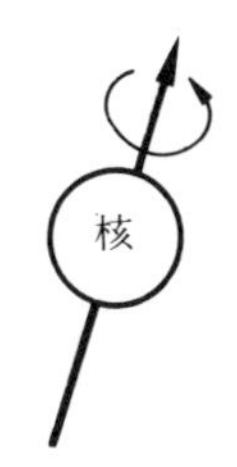

図 8・2　核のスピン

ることのできるエネルギー状態を表している．水素原子核のスピンは$\frac{1}{2}$である．スピン量子数が0のとき核磁気共鳴はなく0である．

また，原子核はスピンによって決まるスピン角運動量$\vec{p}$を持ち，次の式で表される．

$$\vec{p}=\hbar\cdot\vec{I}$$

この$\vec{p}$に比例するものを磁気モーメント$\vec{\mu}$（表8・1）といい，その比例定数をγで表し，核によって異なる定数で，磁気回転比という．

$$\vec{\mu}=\gamma\vec{p}$$

$$\vec{\mu}=\gamma\hbar\vec{I} \qquad \hbar=\frac{h}{2\pi}$$ （h：プランク定数）

表 8・1　スピンと磁気モーメント

核	スピン I	磁気モーメント μ
H^1	1/2	+2.7896
$D(H^2)$	1	+0.8565
Li^6	1	+0.8213
Li^7	3/2	+3.2532
Be^9	3/2	−1.176
B^{11}	3/2	+2.686
N^{14}	1	+0.403
N^{15}	1/2	−0.280
F^{19}	1/2	+2.625
Na^{23}	3/2	+2.215
Al^{27}	5/2	+3.630
K^{39}	3/2	+0.391
K^{40}	4	−1.290
K^{41}	3/2	+0.215
In^{113}	9/2	+5.49
Ba^{135}	3/2	+0.831

磁気モーメントμは核磁子(5.0508×10^{-27} J/T)を単位とする．

中性子の磁気モーメントは9.6624×10^{-27} J/T である．

8・1・3　歳差運動とラーモア周波数

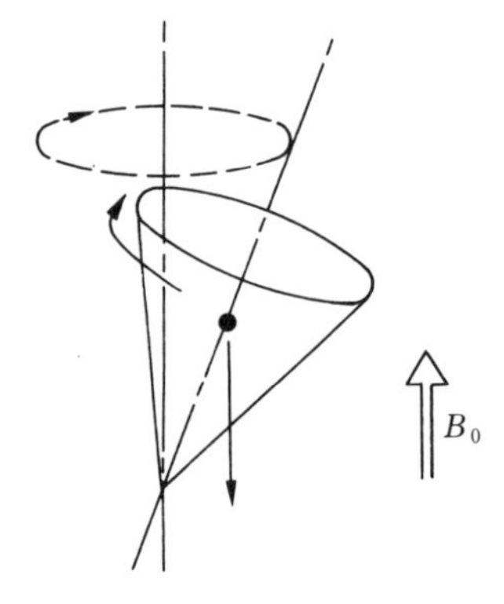

図8・3　核の歳差運動

原子核に磁場 B をかけるとコマの軸と同じように，スピンの軸は回転運動を行う．これを歳差運動（図8・3）という．

この回転する周期は磁場の強さによって違うが，歳差運動は均一磁場であれば一定の周期になる．この周期（周波数）ω_0 と磁場 B との関係は

$$\omega_0 = \gamma B$$

である．ここに，γ：磁気回転比（陽子の場合42.57 MHz/テスラ），B：磁場の強さ，ω_0：スピンが回転している周期で，ラーモアの周波数である．

8・1・4　核磁気共鳴（NMR）

NMR（Nuclear Magnetic Resonance）の現象は Bloch と Purcell（1946）によってみい出されたものである．現在，NMR に使用されているのは水素の原子核である陽子の体内分布を情報源としているので，これから問題になるのは陽子である．その他に ^{31}P，^{13}C など，磁気的性質をとり出す方法があるが，これらの方法は信号が非常に弱く難しい．原子核のスピンは初めは適当な方向を向いているが（図8•4 a），静磁場をかけるとどれも，同一方向を向いてしまう（図8•4 b）．これを熱平衡にあるという．

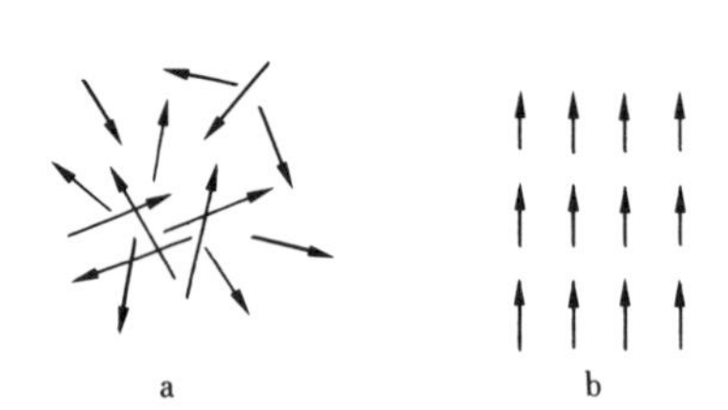

図8・4　原子核のスピン　a．磁場をかけないとき，適当な方向を向いている．b．磁場をかけると一定方向を向く．

図8•3に示すように，一定の磁場 B の中の陽子は固有の周波数で歳差運動を行っている．これにラーモアの周波数で決まるラジオ波（Radio Frequency, 高周波）を加えるのである．

このとき，歳差運動と同一の周波数のラジオ波は，スピンの運動方向を変化させる働きがある．これを共鳴という．この現象は音叉の共鳴を思い出すとよい．他の周波数では全く変化しない．この一定周波数のラジオ波はスピンにエネルギーを与えて，磁場の向きをかえることができる（1500ガウスで波長47 m，6.39 MHzである）．

一定周波数のことをラーモアの周波数といい，次式で表す．

$$\nu_0 = \frac{\omega_0}{2\pi}$$

ラーモアの周波数は共鳴周波数といわれ，このような現象を核磁気共鳴という．

陽子を例にとってみると，^{1}H のスピン量子数は $\frac{1}{2}$ であるから，磁気モーメントは磁気と同じ向き，すなわち，エネルギーの低い状態か，またはその反対に，磁気と反対向き，エネルギーの高い状態かのどちらかをとることができる．

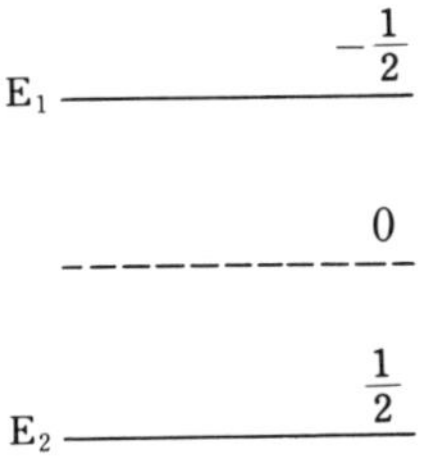

E_1 ―――――― $-\frac{1}{2}$

- - - - - - - - - - 0

E_2 ―――――― $\frac{1}{2}$

図8・5　^{1}Hの原子のスピン量子数

磁場の強さを B_0 とし，低い方のエネルギー状態を E_1，高い方のエネルギー状態を E_2 とする（図8•5）と，

$$E_1 = -\frac{1}{2}B_0\hbar$$

$$E_2 = \frac{1}{2}B_0\hbar$$

である．

$$\omega_0 = \frac{E_2 - E_1}{\hbar}$$

エネルギー $(E_2 - E_1)/\hbar$ のとき吸収が起こり，核磁気共鳴という．

$\omega_0 = \gamma B_0$ であって，ラーモアの周波数という．すなわち，歳差運動の回転数が ω_0 である．

8・1・5　スピンとラジオ波のベクトル

いま，空間座標（x, y, z）をとる．z 軸方向に磁場の向きがあるものとする（図 8•6(a)）．

スピンを図 8•6(a) のようにとると，スピンは z 軸を回転軸として，歳差運動を行っている．

ここでは，1個の陽子について着目しているが，これと同じ状態の陽子は 10^{20} 個位あると考えられる．それらのすべてを合計し，1つのベクトル M で表すことができる（図 8•6(b)）．これは，共鳴周波数がかけられる前の状態である．

これにラジオ波を x 軸方向にかけると，M は磁場の向きが傾き y 軸方向を向く．

ラジオ波の向きは磁場を垂直な向き，すなわち y-z 平面に垂直な x 軸方向

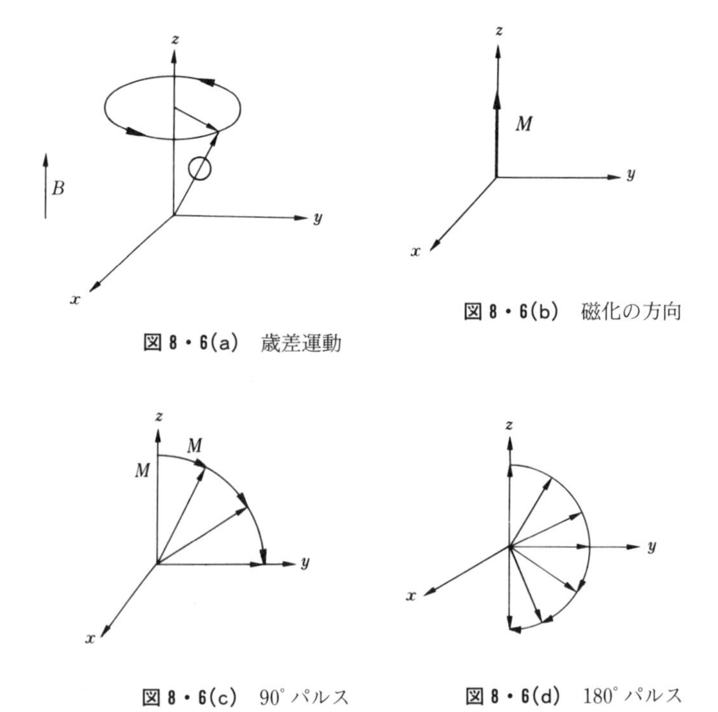

図 8・6(a)　歳差運動

図 8・6(b)　磁化の方向

図 8・6(c)　90° パルス

図 8・6(d)　180° パルス

にとる（図8•6(c)）.

このようにラジオ波の向きを x 方向と考えれば，スピンのベクトルはラジオ波の強さによっていくらでも y 軸に近づけることができる.

ちょうど，$\overrightarrow{M}$ が z 軸から y 軸に倒されるラジオ波のことを，90° 倒すということから，90° パルスと呼ぶのである.

同じように，90° からさらに 90° 倒すラジオ波は 180° パルスといわれる（図8•6(d)）.

8・1・6　緩　和

原子核のスピンは磁場 H_0 の中で一定周波数のラジオ波を加えると，エネルギーを吸収し，高いエネルギー状態に移る．即ち励起状態に移る．ここでこのラジオ波を切ってしまうと，原子核のスピンはまた元の低いエネルギー状態にもどってしまう．ここの過程を緩和といい，これには縦緩和と横緩和の二つがある.

そこでまず，核磁気共鳴吸収により，エネルギーを得た原子核スピンは周囲の分子（これは格子ということもある）にエネルギーを放出して安定になる．そこでこれを縦緩和またはスピン格子緩和 T_1 ともいう.

x，y，z 軸でいうと，y 軸方向に倒れていたベクトル M が元の z 軸方向に起き上がってゆく（図8•7(a)）.

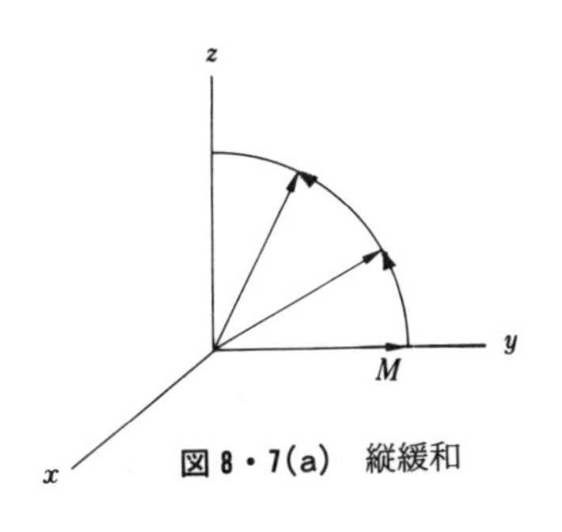

図8・7(a)　縦緩和

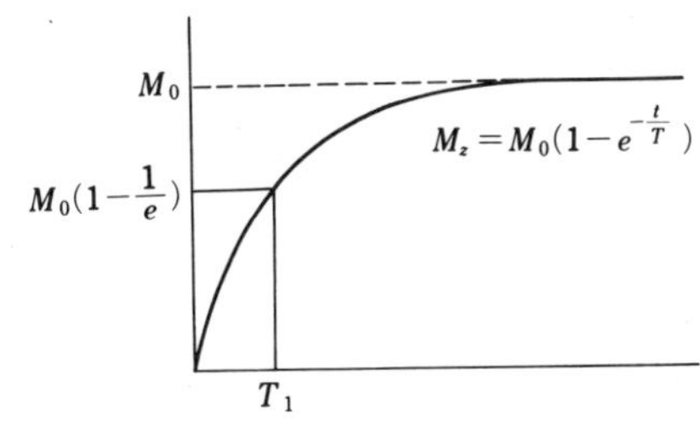

図8・7(b)　Mz：z 方向のスピンの大きさ

そして，このもどり方は図8•7(b) に示すように指数関数的にもどってゆく．

このときの時定数を T_1 で表す．T_1 が長いということはなかなか元の状態にもどらず，T_1 が短いということは早く元の状態にもどるということである．

次に横緩和であるが，原子核のスピンの歳差運動の周波数が外部磁場や局所磁場によって，各々にバラツキが生じてくる．

初め原子核，スピンの位相がそろっていたものが，ラジオ波を切ることによって磁場の働かない横方向に対して，その位相がバラバラになる過程を横緩和（スピン—スピン緩和）T_2 という（図8•8）．

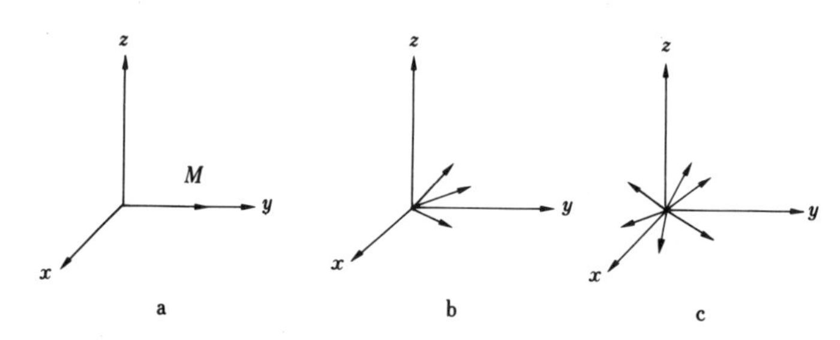

図8・8　M が x，y 平面上でバラバラになることを示したもの(横緩和)

また，x，y 平面上での磁化の成分は指数関数的に減弱し，その時定数を T_2 で表す（図8•8(d)）．

T_2 が長いということは核スピンがなかなかバラバラにならないことを示し，T_2 が短いということは早くバラバラになることを示すものである．

一般的に T_1 は T_2 より長いのが普通である．生体では水素原子の T_1 は0.1秒～10秒位で T_2 は 10^{-5} 秒～1秒位である．

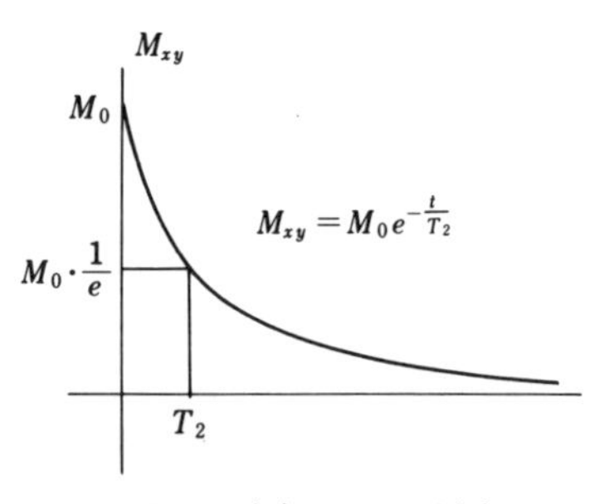

図8・8(d)　M_{xy} の減衰

8・1・7　自由誘導減衰

図8•6でみたように，y，z 面上で磁化 M が z 軸を軸にして回転しながらもとにもどってゆく様子を，信号コイルによって

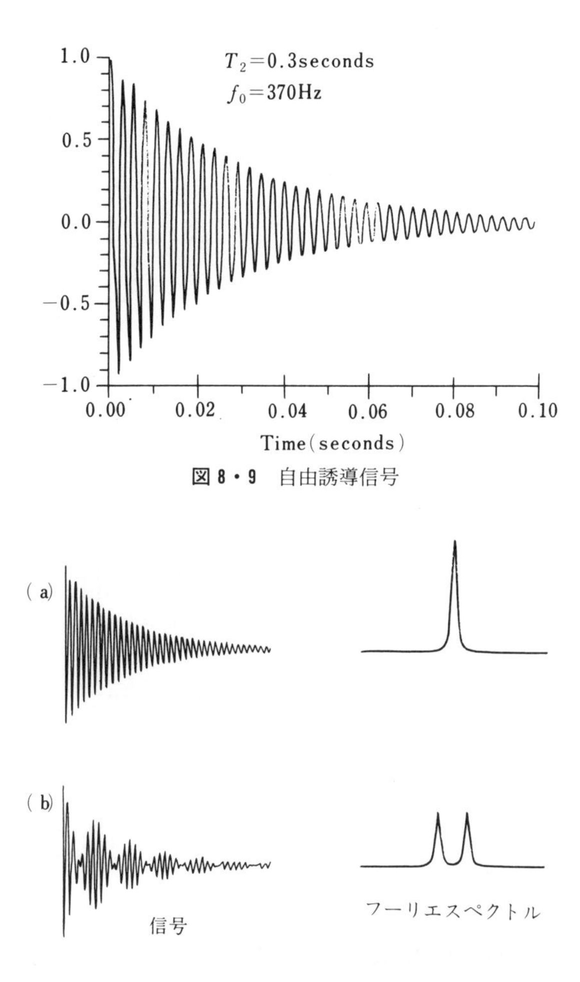

図 8・9　自由誘導信号

図 8・10　時間軸の波形をフーリエ変換するとフーリエスペクトルが得られる．

検出する．これはちょうど電磁誘導と同じ理由で磁場が回転するとコイルに交流が流れるのと同じである．

この様子を表したものが図 8・9 である．これは共鳴周波数で振動しながら指数関数的に減衰する信号である．これを自由誘導信号（FID）という．臨床上に現れる実際上の FID は複雑な信号の重なりとして記録される．

次に，FID信号を電子計算機によりフーリエ変換すると横時間軸の振動が周波数に変換（図8•10）されて，この共鳴周波数を中心にピークを作るスペクトルが得られる．これをフーリエスペクトルという．これがNMR信号となるのである．

8・1・8　スピン・エコー法

90°パルスをかけておき，磁場をきると原子核のスピンがもどろうとする．この瞬間に180°パルスをかけるのである．スピンはy軸に集まり，エコー信号が出てくる．このような方法で信号をとり，画像を作る方法をスピン・エコー法という（図8•11）．

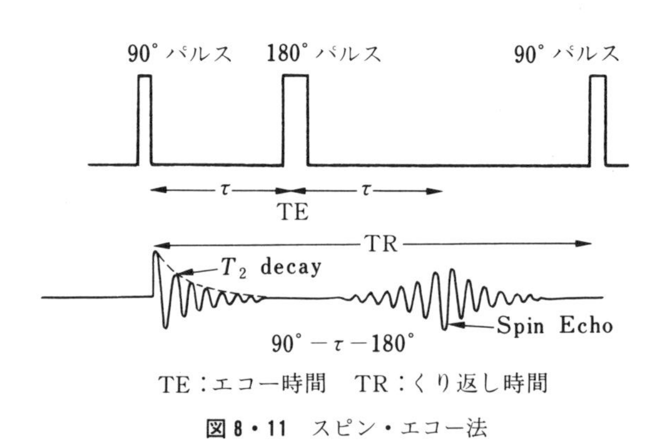

TE：エコー時間　TR：くり返し時間

図8・11　スピン・エコー法

8・1・9　スライス面と傾斜磁場

頭部や腹部といった局所的な画像を作り出すために，均一な静磁場に，直線的に変化する傾斜磁場を加える．この時大電流を流すためトランスの音がはげしく聞こえるのである．

$$H = H_0 + Gx \quad (G：磁場勾配)$$

合成した磁場の共鳴周波数も同じくxの一次関数となっている．

$$\nu = \frac{1}{2\pi}(\gamma H_0 + \gamma Gx) = \nu_0 + \frac{\gamma G}{2\pi}x$$

$$\nu_0=\frac{\gamma H_0}{2\pi}$$

NMR画像では傾斜磁場と共鳴周波数を組み合わせて，スライスを決めている．

磁場の強さが強いほど，ラジオ波が短いほど画像としてきれいなものになるし，また，細いものまで観察できるのである．しかし，波長が短くなれば人体への影響も無視できなくなる．

このような理由から，磁場の強さは5000ガウス～15000ガウスが通常使われている．

8・1・10　MRI装置

図8・12はMRI装置の外観を示した．MRI-CTの特徴は生体中の陽子の信号を対象としているので，放射線の被曝がなく，任意方向の断面がとれることである（図8・13(a)，(b)，(c)，(d)）．

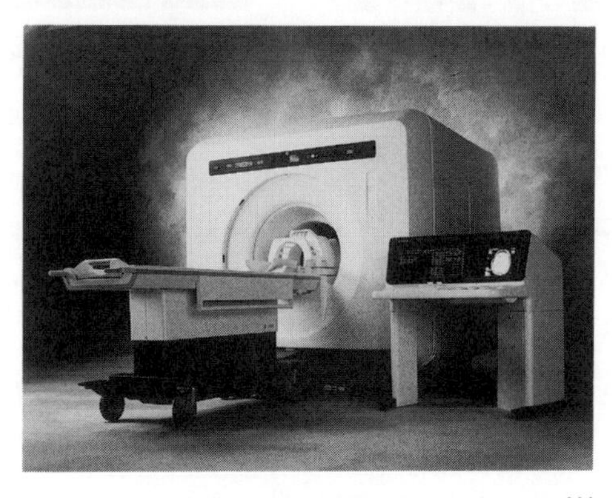

図8・12　核磁気共鳴診断装置(横川メディカル社)

(1)スピンエコーにより得られる画像

TR（Time to Repeat）とTE（Time to Echo）の長い，短いの差により得られる画像はどのようにかわってくるかみてみよう．

長いTR，短いTEは次の時間を目安にすればよい．

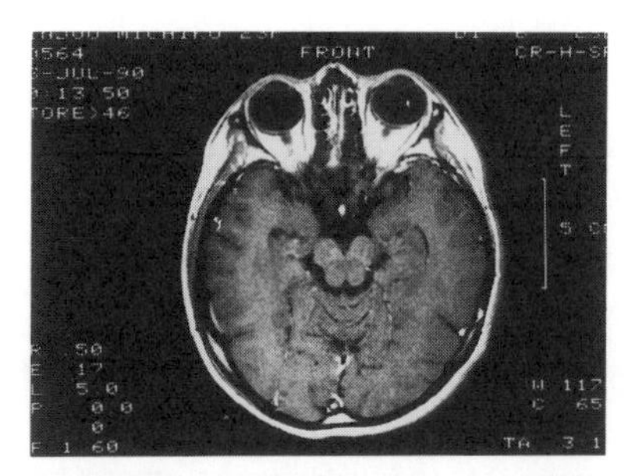

図8・13(a)　T_1強調像　アキシャル画像

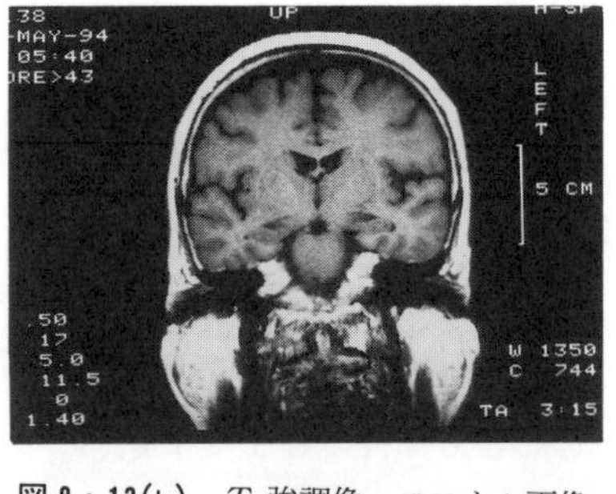

図8・13(b)　T_1強調像　コロナル画像

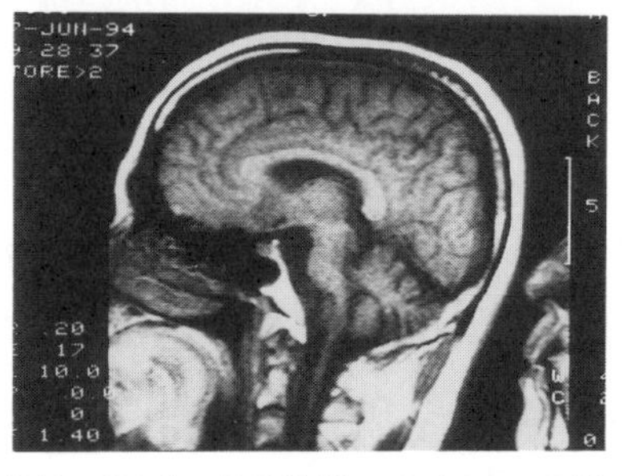

図8・13(c)　T_1強調像　サジタール画像

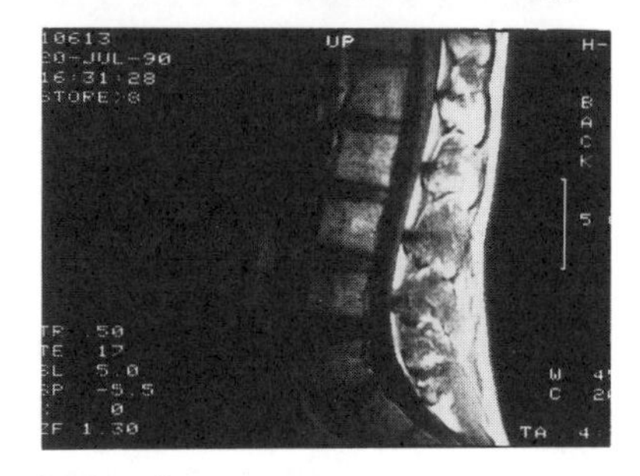

図8・13(d)　T_1強調像　サジタール画像

500 msec 以下の TR　短い

1500 msec 以上の TR　長い

30 msec 以下の TE　短い

80 msec 以上の TE　長い

表8•2はTRとTEの組み合わせによって得られる画像の違いを示してい

表8・2

長いTR	短いTE	プロトン密度強調像
長いTR	長いTE	T_2強調像
短いTR	短いTE	T_1強調像
短いTR	長いTE	十分な画像は得られない.

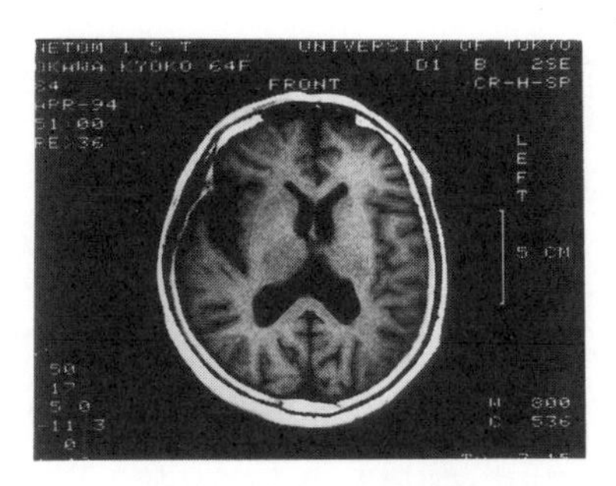

図 8・14(a)　T_1 強調像

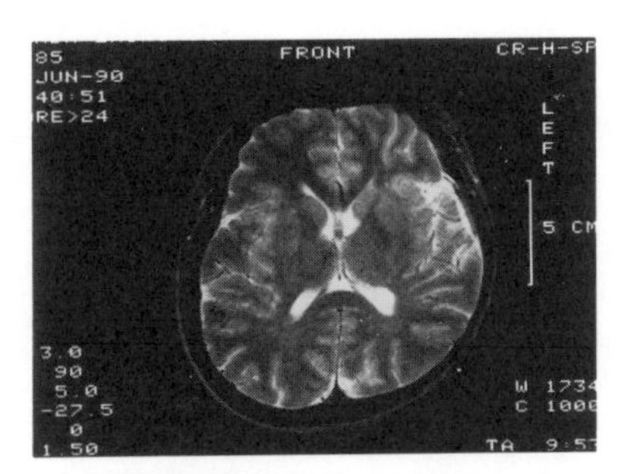

図 8・14(b)　T_2 強調像

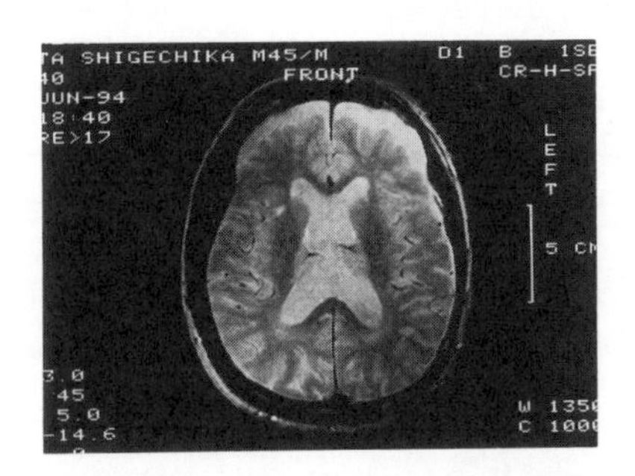

図 8・14(c)　プロトン密度強調像

る（図 8•14）.

ここではＨ（プロトン）のみに注目しているが，他に ^{13}C，^{15}N，^{19}F，^{23}Na，^{31}P などたくさんの磁気共鳴を起こす元素がいくらもある．今やっと Na で実験されているところである．

8・2　X 線 CT 装置

8・2・1　X 線写真

図 8•15(a) は胸部単純写真で肋骨のかげが写し出されている．これは X 線

が被写体を透過して，透過後のＸ線の分布がフィルム上に記録されている．被写体のＸ線吸収差がフィルム上に濃度差を与えている．

Ｘ線は連続Ｘ線で，細い線束のとき，吸収体の厚さを x とすれば

$$\frac{dI}{dx} = -\mu I$$

が成り立つ．この式を解くと

$$I = I_0 e^{-\mu x}$$

I_0 は透過する前のＸ線の強さで，μ は吸収係数である．

Ｘ線は光量子で，粒子の性質を持っている．吸収率が大きいところではＸ線は通過した光子数が少なくなり，そのまま通過したところでは光子数が多くなる．こうして現像銀粒子の数に大小の差が出てくる．これが濃度差である．吸収値は原子番号に比例して起こるので，周囲にくらべて原子番号の大きい骨の影が写ることになる．

図 8･15(b) は同じ胸部の写真であるが輪郭が鮮明である．これはコンピューテッドラジオグラフィーといい，デジタル撮影法の一つである．

これではフィルム—増感紙のかわりにイメージングプレートが用いられ，Ｘ線像を検出，記録する．検出されたデジタル信号はコンピュータで周波数処理，

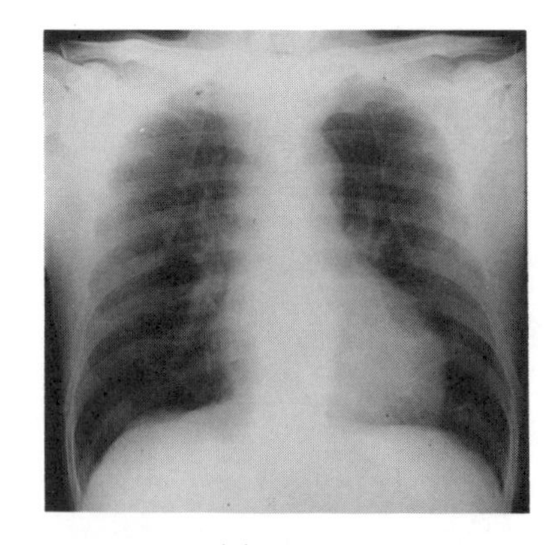

図 8・15(a)　胸部単純写真

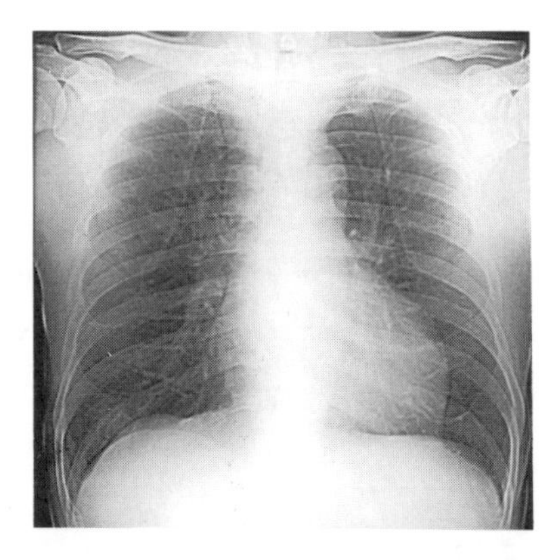

図 8・15(b)　胸部単純写真を周波数処理

階調処理，加算，減算などの画像処理を行い，レーザビーム出力としている．サブトラクション法などによく応用されている．

8・2・2　X線CT

X線CT（R/R方式）装置のX線発生部は，高電圧発生装置，X線制御装置およびX線管で構成されており，また，このX線CT装置は被写体の吸収係数を測定するので管電圧は安定で，電圧波形の脈動率が低く，大出力の得られるインバータ方式が多く用いられている．照射するX線ビームはファンビームという扇形に広がるX線で被写体の周囲を回転しながら多方向から照射する．被写体を透過したX線はXeガス検出器とよばれる円弧状に配列された数百の検出チャンネルを持つ検出器に入射し，電離電流として検出される．このデータ信号はDAS（データ収集部）でA/D変換されデジタルになる．この部分はデータ処理系で，コンピュータが主役である．制御，演算，記憶部その他入力，出力装置，磁気ディスク等で構成されている．また，デジタルデータは予めキャリブレーションで求めた基準物質の吸収値をもとに補正が施され，コンピュータで画像再構成演算処理され，画像化される．

画像表示系は再構成演算の結果をCRT上に表示したり，フィルムに記録し

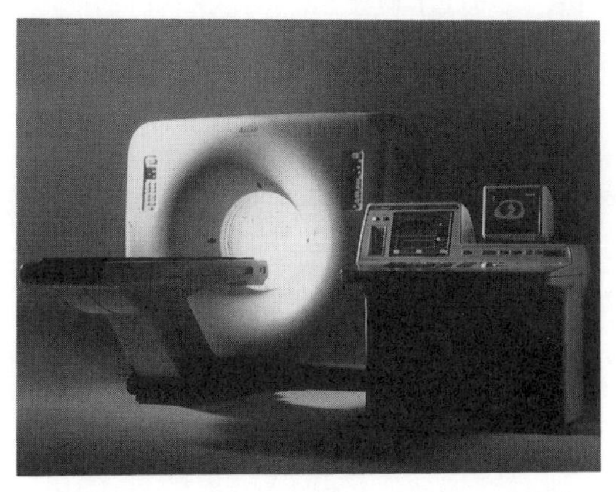

図8・16　X線CT装置(横川メディカル社製)

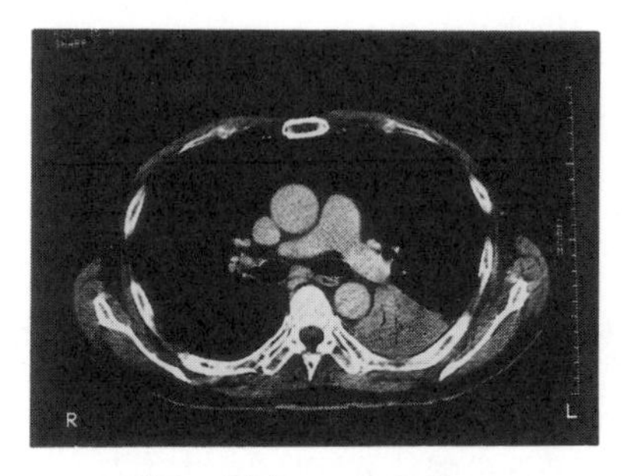

図8・17(a)　スタンダード

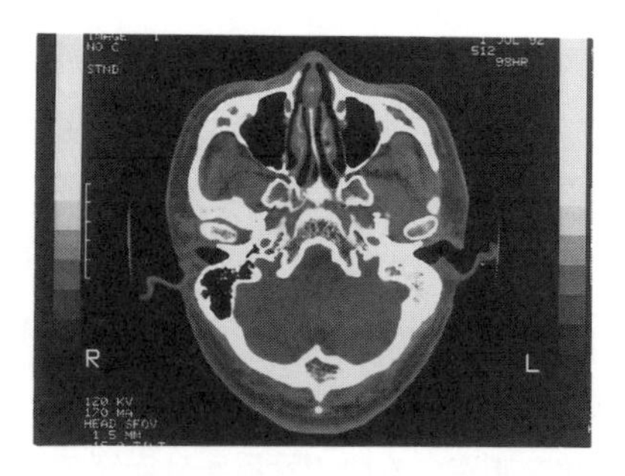

図8・17(b)　ソフトティシュ

たりするところである．画像化はマトリクスの各座標に相当するピクセル結果を表示するが，スライス幅を考慮してボクセルともいう．この数値はX線吸収係数から得られたCT値である．CT画像（デジタル画像）はX線写真（アナログ画像）と比較すると空間分解能で劣っているがCT画像は密度（コントラスト）分解能が優れている．CT画像はCT値の差が少ない物質でも識別できる．図8･16にX線CT装置の外観を示した．また，図8･17にX線CT画像を示した．

(1)　CT値

X線CT画像は水を基準にした吸収係数の相対的な値として表したCT値によって表示される．このCT値は

$$\text{CT値}=\frac{\mu_t-\mu_W}{\mu_W}\cdot K$$

で表される．

μ_t：組織の吸収係数，μ_W：水の吸収係数，K：は定数（$K=500$　*EMI* ナンバー，$K=1000$　Hounsfield ナンバー）

120 KV（実効エネルギー 70 KeV）X線では骨のCT値は+1000，空気のCT値は−1000であり，人体の各組織はCT値が+1000(または4000)〜−1000にはいる．水のCT値は0としている．

(2)　コントラストスケール（CS）

CSはCT値が吸収係数におきかえたときいくつに相当するかを表し，外径

20 cm のアクリル製の容器に水を満した場合と，密度 1.19 g/cm³ のアクリル樹脂をセットした場合の CT 値を求め次の式により計算する．

$$CS=\frac{\mu_A-\mu_W}{(\text{CT 値})_A-(\text{CT 値})_W}$$

$(\text{CT 値})_W$：吸収係数が μ_W である水の CT 値

$(\text{CT 値})_A$：吸収係数が μ_A であるアクリルの CT 値

(3) ウィンドレベルとウィンド値

X 線 CT 画像は 160×160 または 320×320 系列と 256×256 または 512×512 系列の画素（マトリックス）に表示され，画像として観察される．

再構成演算により得られた CT 値が CRT 上に表示されるとき，CT 値が−1000 から＋1000（または 4000）まで全範囲にわたって表示すると，見えるものも見えなくなってしまう．

わずかな CT 値の差が濃淡で判別できなくなるのでウィンドレベル（*WL*）で設定した CT 値を中心値として観察範囲ウィンド幅（*WW*）を決め，黒から白までの画像として CRT 上に表示している．

ウィンド値を 50，ウィンド幅を 200 とすれば−50〜＋150 までの CT 値表示範囲となる．この範囲を 20 段階のグレイレベルに分割すると，1 段の CT 値

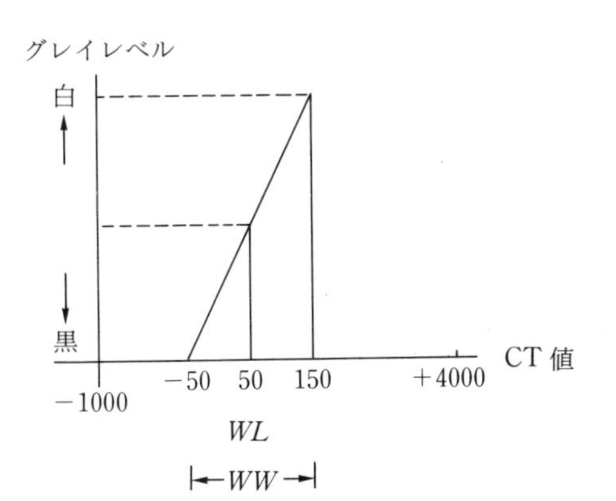

図 8・18　リニア変換方式を示した．CT 値と濃淡が直線的に変換される．この他 S 字型や折線型などたくさんの変換方式がある．

は 10 になる（図 8・18）.

問題 1．CT 画像を $WL=50$，$WW=260$ とすればどの範囲の CT 値となるか.

問題 2．CT 値が 40 である．この近くを±50 の幅で観察するには WL と WW をいくらにすればよいか.

8・2・3　画像の再構成

被写体を $f(x, y)$ として，強度が I_0 の X 線を照射する．透過した後の X 線の強さは

$$I=I_0e^{-\int f(x,y)dx} \quad \cdots\cdots\cdots(1)$$

で与えられる（図 8・19 (a)）.

次に，x，y 座標の x 軸，y 軸を角 θ 回転し新しい座標軸を X，Y とすると

$$x=X\cos\theta-Y\sin\theta$$
$$y=X\sin\theta+Y\cos\theta$$

である.

そこで，式(1)から変形した式 $\log_e\left(\dfrac{I_0}{I}\right)$ は X 線透射方向の X 線の吸収線量で

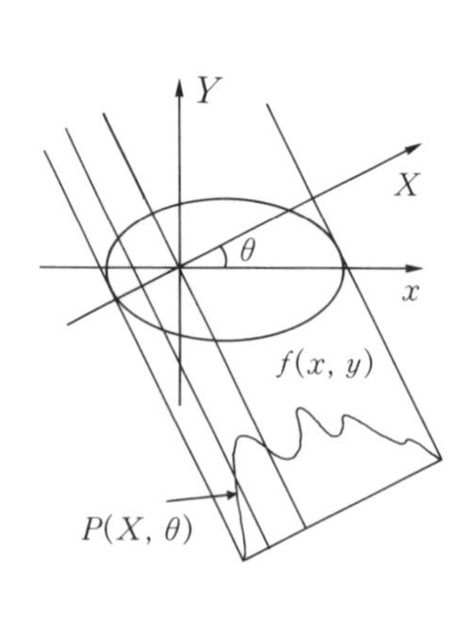

図 8・19(a)

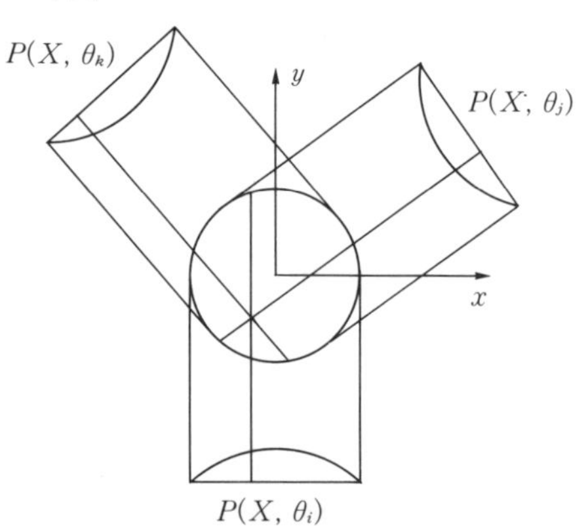

図 8・19(b)　単純重ね合わせ法

あり，プロジェクションデータまたは投影データといい，$P(X, \theta)$ で表す．

$$P(X, \theta)=\int_{-\infty}^{\infty} f(X\cos\theta-Y\sin\theta, X\sin\theta+Y\cos\theta)dy$$

対向させたX線管と検出器を平行移動させ，θ を固定しておいて，X を変化して $P(X, \theta)$ を得る．次に θ をずらし，X を変化して，投影データを得る．以下順次 X，θ を変化し $P(X, \theta)$ からX線の吸収係数の分布 $f(x, y)$ を再構成することができる．

(1)　**Back Projection 法**

これは逆投影法または単純重ね合わせ法ともいい，コンピュータを必要とせず，最も直感的で簡単な方法である（図8・19(b)）．

円筒図形を全方向から撮影し，X線写真を作る．その後もとの角度に合わせて重ね合わせると円筒図形が再構成される．単純重ね合わせ法では円筒図形の中心が最も濃く，中心から離れるほど薄くなって再現されることになる．

円筒図形の投影データを $P(X, \theta_i)(i=1, 2, \cdots, n)$ として角度 θ_i ごとの投影データをとる．これらを重ね合わせると合成画像 $g(x, y)$ が再構成される．

$$g(x, y)=\sum_{i=1}^{n} P(X, \theta_i)\theta_i$$

または

$$g(x, y)=\frac{1}{2\pi}\int_{0}^{2\pi} P(x\cos\theta+y\sin\theta, \theta)d\theta$$

ただし，$X=x\cos\theta+y\sin\theta$

点像分布関数 Point Spread Functin（PSF）は中心から距離 r に逆比例して減弱する．したがって，逆投影像 $g(x, y)$ は真の画像のコンボリューションに $\frac{1}{r}$ をかけたものになる．真の分布像 $f(x, y)$ でなく，$\frac{1}{r}$ というレスポンス関数でボケた像となっている．

一般的に，$g(x, y)$ は，$f(x, y)$ と $h(x, y)$ の合成積で表され，

$$g(x, y)=\int_{-\infty}^{\infty}\int_{-\infty}^{\infty} f(x', y')h(x-x', y-y')dx'dy'$$

$h(x, y)$ は，画像再構成によって決まる関数であり，PSF またはコンボリュ

ーション関数という．

円筒図形の場合，

$$h(x, y)=\frac{1}{\sqrt{x^2+y^2}}$$

である．故に

$$g(x, y)=\int_{-\infty}^{\infty}\int_{-\infty}^{\infty}f(x', y')\cdot\frac{1}{\sqrt{(x-x')^2+(y-y')^2}}dx'dy'$$

で与えられる．

逆投影法ではボケの量が大きく，完全に除去することは難しい．

(2)　フーリエ変換法

(x, y) 領域の関数 $f(x, y)$ から周波数領域 (ξ, η) へ二次元フーリエ変換を行う．まず，y を固定しておいて，x 方向についてフーリエ変換は

$$P(\xi, y)=\int_{-\infty}^{\infty}f(x, y)e^{-i\xi x}dx$$

である．次に，y についてフーリエ変換する．

$$\begin{aligned}F(\xi, \eta)&=\int_{-\infty}^{\infty}P(\xi, y)e^{-i\eta y}dy\\&=\int_{-\infty}^{\infty}\left\{\int_{-\infty}^{\infty}f(x, y)e^{-i\xi x}dx\right\}e^{-i\eta y}dy\\&=\int_{-\infty}^{\infty}\int_{-\infty}^{\infty}f(x, y)e^{-i(\xi x+\eta y)}dxdy\end{aligned}$$

また，逆変換は

$$f(x, y)=\int_{-\infty}^{\infty}\int_{-\infty}^{\infty}F(\xi, \eta)e^{i(\xi x+\eta y)}d\xi d\eta$$

で表される．

この式で (ξ, η) は直角座標で表されているので，これを極座標 (ω, θ) に変換して

$$\xi=\omega\cos\theta,\quad \eta=\omega\sin\theta$$

とおく．

θ に垂直な方向の投影になるように，(x, y) 座標を角度 θ 傾ける．新しい

座標系を(X, Y)とすれば，X軸はθ方向と同じになる．

故に，(X, Y)は(x, y)で表わせば

$$X = x\cos\theta + y\sin\theta$$

$$Y = -x\sin\theta + y\cos\theta$$

となる．したがって

$$\begin{aligned}\xi x + \eta y &= x\omega\sin\theta + y\omega\sin\theta \\ &= \omega(x\cos\theta + y\sin\theta) \\ &= \omega X\end{aligned}$$

$f(x, y)$を吸収係数の分布とすれば

$$\begin{aligned}F(\xi, \eta) &= F(\omega\cos\theta, \omega\sin\theta) \\ &= \int_{-\infty}^{\infty}\int_{-\infty}^{\infty} f(x, y)e^{-i(\xi x+\eta y)}dxdy \\ &= \int_{-\infty}^{\infty}\left\{\int_{-\infty}^{\infty} f(X\cos\theta - Y\sin\theta, X\sin\theta + Y\cos\theta)dY\right\}\cdot e^{-i\omega X}dX\end{aligned}$$

ここで{　}の中の式

$\int_{-\infty}^{\infty} f(X\cos\theta - Y\sin\theta, X\sin\theta + Y\cos\theta)dY$は$Y$方向の投影$Q(X, \theta)$になっている．

$$\therefore \quad F(\omega\cos\theta, \omega\sin\theta) = \int_{-\infty}^{\infty} Q(X, \theta)e^{-i\omega X}dX$$

となる．$Q(X, \theta)$をフーリエ変換することにより，θをパラメータとする$F(\omega\cos\theta, \omega\sin\theta)$が得られ，$\theta$を$0\sim 2\pi$まで変化させると$\xi$と$\eta$が決まり，$F(\xi, \eta)$が定まる．

$f(x, y)$と$F(\xi, \eta)$は1対1に対応しているので$F(\xi, \eta)$がわかれば$f(x, y)$もわかる．

以上のような方法を，フーリエ変換法という．

(3)　ヘリカルスキャン

被検者を移動させながら，X線管と検出器を回転させデータの収集を行う．

計測された投影データは不完全データであり，計測投影データとCT画像とは投影断面定理を満していない．そのため，CT画像を再構成するとヘリカルスキャンCTに独特の人工産物が出てしまう．しかし，ヘリカルスキャンCTでは他のCTにくらべて非常に有用な利点も持ち合わせている．投影データ収集時間が短いので，心拍動や呼吸による影響が少なく，患者自体からの人工産物がかなり軽減される．また，スライスごとの連続性が非常によいので内部構造の三次元再構成像が精密に画き出される．スライス厚が1mmと薄い断層像が得られ，内部構造を連続的に細かく読みとることもできる．

8・2・4　補正関数

強度関数を $h(x)$ とし，$e^{-i\omega x}$ でフーリエ変換する．

$$H(\omega)=\frac{1}{2\pi}\int_{-\infty}^{\infty}h(x)e^{-i\omega x}dx \quad \cdots\cdots\cdots(1)$$

$H(\omega)$ はフィルター関数で，その逆変換は

$$h(x)=\frac{1}{2\pi}\int_{-\infty}^{\infty}H(\omega)e^{i\omega x}d\omega \quad \cdots\cdots\cdots(2)$$

$H(\omega)$ はボケを修正する作用がある．実用的にどこまで周波数領域で意味があるかというと，ω_n までである．

サンプリング間隔 a を決めるとき重要になる．

$$\omega_n=\frac{1}{2a}$$

ω_n をナイキスト周波数という．

(1)　ラマチャンドラン（Ramachandran）の補正関数（図8・20(a)）

補正関数で $h(x)$ をフーリエ変換した式 $H(\omega)$ はフィルター関数であり，次の式で表す．

$$H(\omega)=\begin{cases}|\omega| & |\omega|\leqq\omega_n\\ 0 & |\omega|>\omega_n\end{cases} \quad \cdots\cdots\cdots(3)$$

フィルター関数を式(3)の形にとり，これを式(2)に代入して得られる $h(x)$ は，$x=Ka$ とおいて

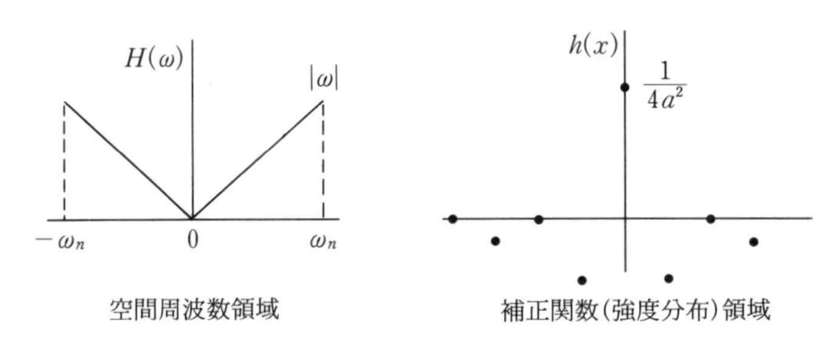

図 8・20(a)　ラマチャンドランの補正関数

$$h(x)=\begin{cases}\dfrac{1}{4a^2} & (K=0)\\[2ex] \dfrac{-1}{\pi^2K^2a^2} & (K=2n+1,\ n=0,\ 1,\ 2,\ \cdots)\\[2ex] 0 & (K=2(n+1),\ n=0,\ 1,\ 2,\ \cdots)\end{cases}$$

この式は原理的にもかなりよいのであるが，高周波雑音が強調される．

(2)　シッペ（Sheppe）とローガン（Logan）の補正関数（図 8・20(b)）

$|\omega|$ の代わりに $H(\omega)$ として次の式を採用した．

$$H(\omega)=\frac{2\omega_n}{\pi}\cdot\sin\frac{\pi\omega}{2\omega_n}$$

$$h(x)=\begin{cases}\dfrac{4}{\pi a^2} & (K=0)\\[2ex] \dfrac{4}{\pi^2a^2(1-4K^2)} & (K=\pm1,\ \pm2,\ \cdots)\end{cases}$$

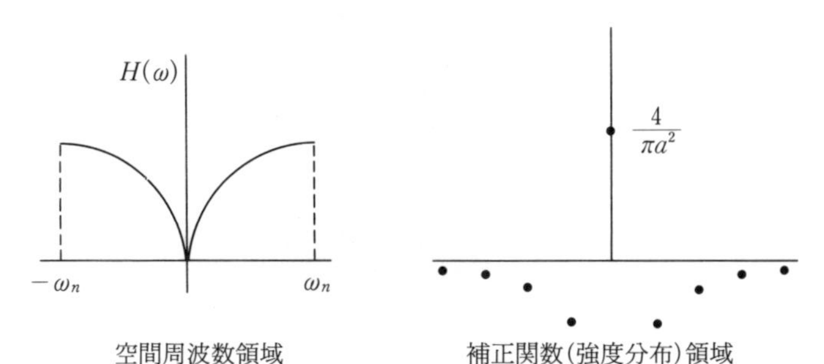

図 8・20(b)　シッペとローガンの補正関数

これは高周波雑音が少ないが鮮鋭度がやや落ちる．

8・3　超音波と超音波診断装置

最近，超音波診断装置が多くの病院で利用されている（図 8・21）．これは臨床診断にそのまま使うことができるからであり，目で見る聴診器といっている人もいる．患者に苦痛を与えず，X 線や γ 線のような被曝がなく，何回もくりかえし検査を行えることも大きな利点である．ここでは超音波の物理的な性質について学習する．

8・3・1　超音波

(1)　超音波の発生

水晶は電圧を加えたとき歪む性質があり，また，歪みが生じたとき発生する

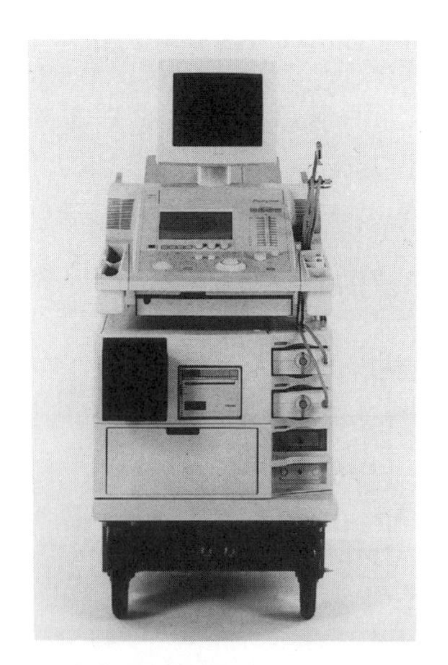

図 8・21　超音波診断装置（東芝メディカル社製）

電気をピエゾ電気という.

ピエゾ効果などの電気的な方法で，圧電振動子や電歪振動子が電気振動を音響振動にかえる．振動子の材料は水晶やチタン酸バリウム（$BaTiO_3$）である.

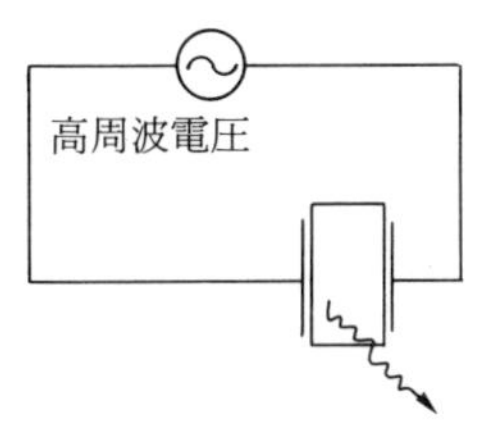

図 8・22　超音波の発生

振動素子の両面の電極の間に，電子回路で発生した高周波電圧を加え，超音波を発生させる（図 8•22).

(2)　音波の性質

音波は波の進行方向と振動方向が同じであって，縦波または疎密波（P 波，弾性波）という．超音波は振動数が 20 KHz 以上の音波であり，医学以外では方向探知，魚群探知，水中通信などに使われている．医療用に使われている超音波は 1 ～30 MHz で，通常は 3 ～ 5 MHz が多い.

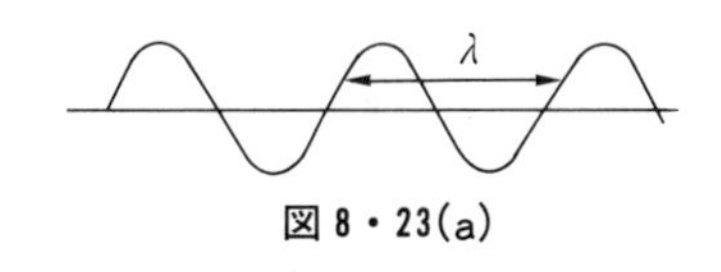

図 8・23(a)

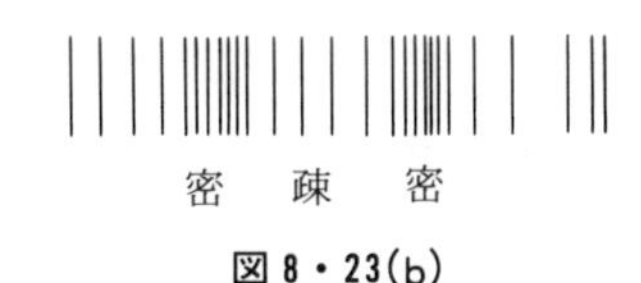

図 8・23(b)

音波は電磁波と同じように波長，周期を表すことができる(図 8・23(a),(b)).
波長 λ は同位相になるまでの距離をいう．波長はドップラー効果により変化するが，これ以外では変化しない．また，同位相になるまでの時間を周期といい T で表すと周波数 f，角速度 ω，伝播速度 v はそれぞれ

$$f=\frac{1}{T}$$

$$\omega=2\pi f$$

$$v=\lambda f$$

と表すことができる.

音波の速度は気体，液体，固体で異なり，固体中の音速が大きい．このことをまとめてみると次のようになる.

気体＜液体＜固体

気体中の音速は圧力にあまり関係なく，絶対温度の平方根に比例して大きくなる．特に，空気中の音速 v は，気温を t °C とすれば，近似的に

$$v = 331.5 + 0.6t$$

で与えられる．

液体中の音波の速度はほとんどが 1000～1500 m/s で，温度が 1 °C 上昇するごとに一部を除いて，2～5m/s 小さくなる．水中の音速 v は温度の上昇とともに大きくなるが，74 °C を最高にして減少する．

$$v = 1403 + 5t - 0.06t^2 + 0.0003t^3$$

固体中の音速は一般に温度が高くなると遅くなる．

超音波診断装置に使われる超音波には次のような種類がある（図 8・24）．

連続波

パルス波

変調波＜振幅変調波／周波数変調波

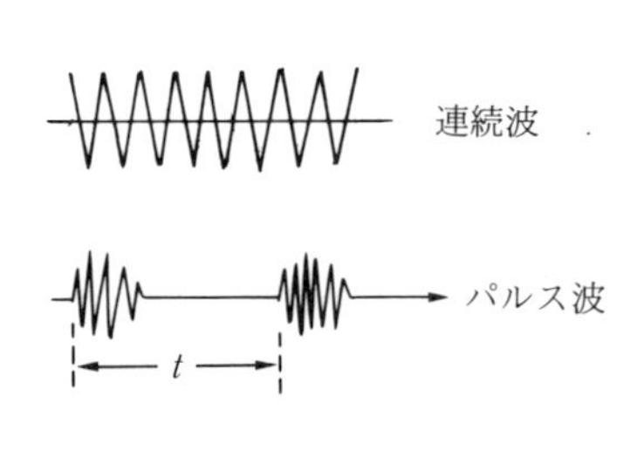

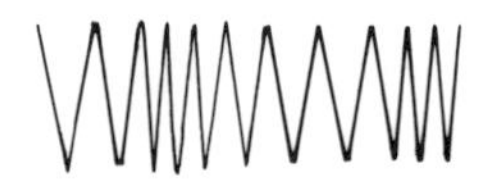

図 8・24　いろいろな超音波

【例題 8－1】　周波数 3.5 MHz，音速が 1480 m/s のとき，超音波の波長はいくらか．

【解】　$v = \lambda f$　より

$$\lambda = \frac{v}{f} = \frac{1480 \times 10^3}{3.5 \times 10^6} = 0.42\,\text{mm}$$

【例題 8－2】　図 8・25 におけるパルス波の周波数 F とパルス波のくり返し周波教 f はいくらか．

【解】　(1)　$F = \dfrac{1}{T} = \dfrac{1}{0.285 \times 10^{-6}\,\text{s}}$

$= 3.5 \times 10^6\,\text{Hz}$

$= 3.5\,\text{MHz}$

(2)　$f = \dfrac{1}{0.25\,\text{ms}}$

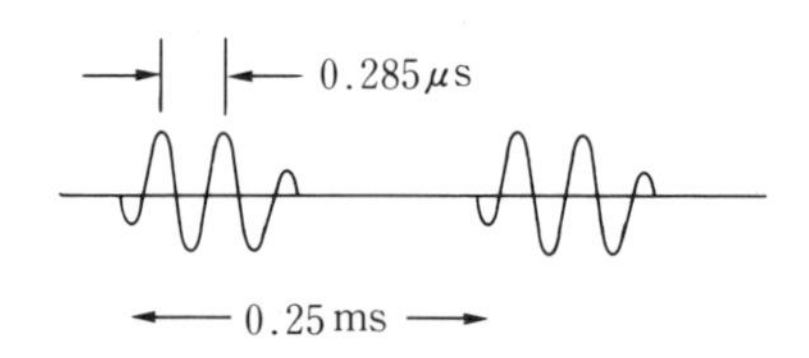

図 8・25　パルス波

$=4\times10^3$ Hz

$=4$ KHz

(3) 超音波のエネルギー

図8・26に示すように，単位面積を単位時間に流れる超音波のエネルギー（音の強さ）I は次の式で表される（単位は W/m²）．ここで，ρ は媒質の密度，c は音波の速度，v は粒子速度とする．

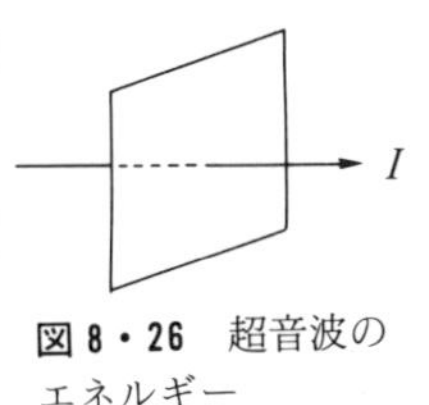

図8・26　超音波のエネルギー

$$I=\frac{1}{2}\rho cv^2=\frac{1}{2}\cdot\frac{1}{\rho c}\cdot p^2$$

超音波は人体に対して安全であるといわれているが，超音波による熱の発生や超音波によって気泡が発生すること，また，内臓の振動などがあって，まったく無害という保証はない．波長を短くすると画像はきれいになるが，エネルギーが大きくなるので人体への影響を考慮する必要があり，現在の超音波診断装置は $I=10$ mW/cm² 以下となるように作られている．

音の強さの単位は W/m² であり，デシベル〔dB〕で表す．I は物理的強度とよばれ，I を使って，感覚的強度を α dB で表せば，

$$\alpha\,〔\mathrm{dB}〕=10\log_{10}\left(\frac{I}{I_0}\right)$$

I_0 は 10^{-12} W/m² で，音波の強さの基準である．

また，音圧の単位はマイクロバール〔μb〕，または N/m²，dyn/cm² である．

$$1\ \mathrm{N/m^2}=10\ \mu\mathrm{b}$$

物理的強度 I と音圧 p との関係は

$$\frac{I}{I_0}=\left(\frac{p}{p_0}\right)^2$$

であるから，これを α〔dB〕で表せば

$$\alpha\,〔\mathrm{dB}〕=20\log_{10}\left(\frac{p}{p_0}\right)$$

となる．ここで　$p_0=0.0002\,\mu$b である．

(4) 音響インピーダンス

音響インピーダンスの定義には次の三つの方法がある.

1．$Z=\dfrac{p}{v}$　〔Pa•s/m〕

　p は音圧，v は粒子速度〔m/s〕

2．$Z_1=\dfrac{p}{w}$　〔Pa•s/m³〕

　w は体積速度〔m³/s〕

3．$Z_2=\dfrac{pS}{v}$　〔Pa•m³/s〕

　S は面積〔m²〕

このうち，超音波に使われるインピーダンスは

$$Z=\frac{p}{v}=\rho c$$

で，媒質の固有インピーダンス，音響特性インピーダンスとよばれている（表8•3).

媒質の密度を ρ〔kg/m³〕とすれば，Z の単位は〔kg/m²•s〕または〔Pa•s/m〕となる.

物質中の音速 c は次の式で与えられる.

$$c=\sqrt{\frac{K}{\rho}}$$

K は体積弾性率，ρ は物質の密度

(5)　音波の反射，屈折と透過

音波はインピーダンス Z_1，Z_2 の異なる物質の境界では，一部は反射し一部

表 8・3　音響インピーダンス Z

	Z ($\times 10^6$ kg/m²/s)	音速(m/s)	減弱係数 dB/cm
頭蓋骨	7.8	4080	13
血　液	1.62	1570	0.2
腎　臓	1.62	1560	0.9
脳	1.60	1540	0.2
水	1.52	1480	0.002
脂　肪	1.35	1450	0.8
空　気	0.00043	340	12

は透過する．音波が異なる二つの媒質Ⅰ，Ⅱに入射角 i で入射し，屈折角 r で透過し，反射角 i で反射した（図8･27）．このときの反射強度を R_i，透過強度を T_i とする．

$$R_i=\left(\frac{Z_2\cos i-Z_1\cos r}{Z_2\cos i+Z_1\cos r}\right)^2$$

$$T_i=1-R_i$$

$$=\frac{4Z_1Z_2\cos i\cos r}{(Z_2\cos i+Z_1\cos r)^2}$$

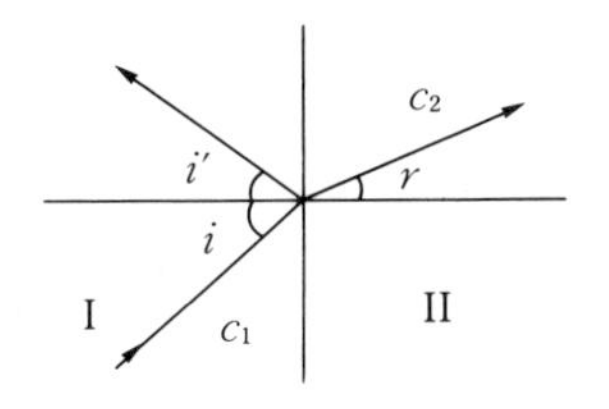

図8・27

媒質の境界面に音波が垂直に入射したときは

$$\cos i=\cos r=1$$

であるので，次のようになる．

$$R_i=\left(\frac{Z_2-Z_1}{Z_2+Z_1}\right)^2$$

$$T_i=\frac{4Z_1Z_2}{(Z_2+Z)^2}$$

また，音圧反射率 R_p，音圧透過率 T_p とすると

$$R_p=\frac{Z_2-Z_1}{Z_2+Z_1}$$

$$T_p=1-R_p=\frac{2Z_1}{Z_2+Z_1}$$

音波は，媒質が異なる境界面に入射したとき屈折して伝わる．これは媒質の密度に無関係で，媒質中の音速によってかわる（図8･27）．媒質Ⅰにおける速度を c_1，媒質Ⅱにおける速度を c_2 とすると次の関係式が成り立つ．

$$\frac{\sin i}{c_1}=\frac{\sin r}{c_2}$$

プローブと反射源との距離を L，音速を c とし，超音波が往復する時間を t とすると

$$t=\frac{2L}{c}$$

であるから

$$L=\frac{ct}{2}$$

となり，エコー源の深さを求めることができる．

(6)　超音波の減弱

超音波は媒質中を伝わってゆくうち，反射，吸収，散乱などが起こり，その強さがしだいに弱くなり，これらは周波数や距離により変化する．高周波から低周波までの広い周波数成分を含んでいる音波を送信したとき，生体内部から反射してくる音波は高周波成分が減少している．この理由は周波数に比例して減弱が起こるため，低周波成分が残るからで，このことを周波数依存性という．超音波が低周波になってくると指向性は悪くなる．

【例題 8－3】　図８・28 で厚さ 5 mm の吸収体に周波数 $f=5$ MHz の超音波を送信した．減弱係数を $\mu=0.8$〔dB/cm・MHz〕とすれば減弱は何 dB か．

【解】　求める減弱を A dB とすれば

$$A=0.8\times0.5\times5=2\,\text{dB}$$

【例題 8－4】　反射源までの距離を 15 cm とする．音速が 1500 m/s の超音波を発射したとき，往復に要する時間を求めよ．

【解】　$t=\dfrac{2\times15}{1500}=200\,\mu\text{s}$

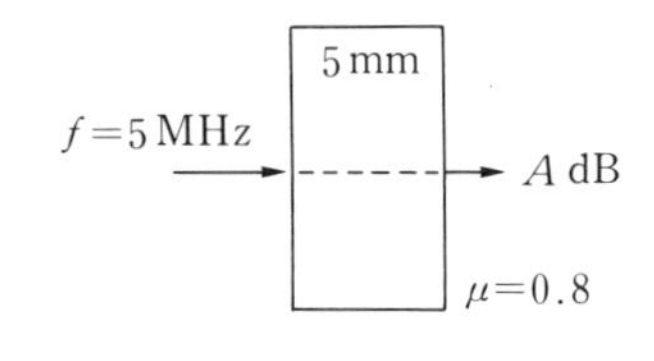

図８・28

(7)　超音波の吸収

超音波が物質の内部を通過してゆくと，次のような指数関数に従って減弱する．

$$I=I_0e^{-\mu x}$$

μ は減弱係数で，厚さ $x=0$ のときの音波の強さを I_0 とする．

一般的には，音波の吸収は音波の吸収体中で，単位長さ当たりの減弱で表すことができ，これを μ_0 とすると

$$\mu_0=\frac{\alpha_2-\alpha_1}{x}$$

と表すことができる（図 8・29）．

周波数が大きいほど減弱の割合も大きくなるが指向性はよくなる．

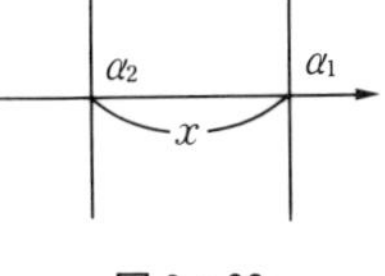

図 8・29

音波の減弱こ単位は dB で，減弱エネルギーのほとんどは熱にかわってしまう．

減弱〔dB〕＝距離〔cm〕×減弱係数〔dB/cm〕

また，最初の強さの半分になる吸収体の厚さを音波の場合は半減層または透過深度という．

$$\text{半減層}=\frac{3}{\text{減弱係数〔dB/cm〕}}$$

の関係式が成り立つ．

【例題 8－5】 腎臓における 1 MHz の減弱係数は 0.9 dB/cm である．半減層はいくらか．

【解】　$\text{半減層}=\dfrac{3}{0.9}=3.33\,\text{cm}$

8・3・2　分解能

(1)　音場

超音波が伝わってゆく空間を音場という．平面振動子から出た超音波が平面波で進む区間を近距離音場といい，ある距離以上は球面波となって進む．この区間を遠距離音場という（図 8・30）．

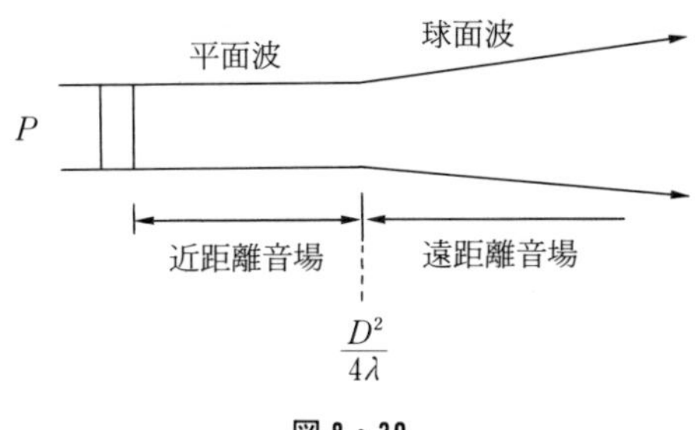

図 8・30

(2)　分解能

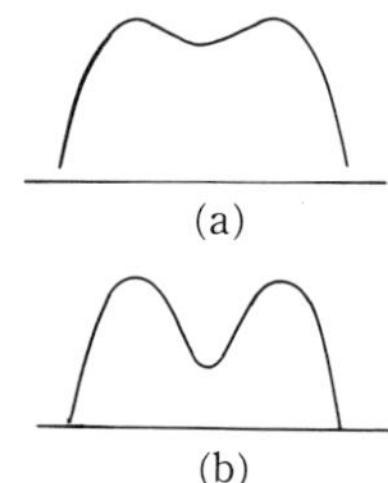

図8・31　分解能

分解能は二点を二点としてどこまで見分けられるかをよんでいる（図8•31(a),(b)）．超音波診断装置には距離分解能と方位分解能の二つがある．

(3)　距離分解能

距離分解能は送信パルスが進む方向に並んだ二点に対して，a，b 二点からの受信パルスが二つの信号としてとらえられる最小の距離をいう（図8•32）．

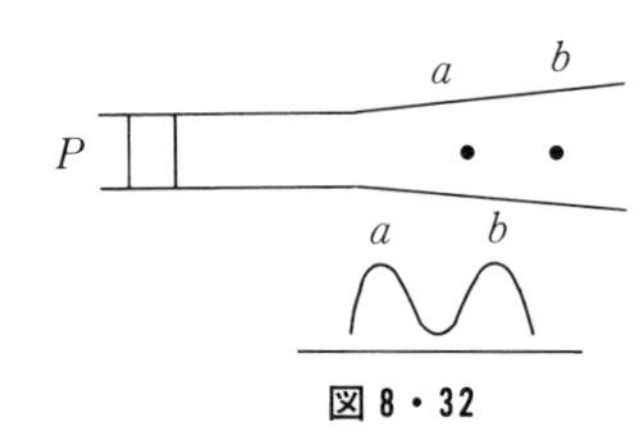

図8・32

距離分解能を x とすると．

$$x=\frac{n\lambda}{2}$$

で表される．n：波数，λ：波長．

x を小さくするには $n\lambda$ を小さくすればよい．

(4)　方位分解能

方位分解能は超音波の進む方向と直角に並んだ二点に対する最小の距離である（図8・33）．方位分解能 y は平面振動子から出る超音波の幅 D と表面からの深さ d，波長 λ によって決まり

$$y=\frac{1.22\lambda}{D}\cdot d$$

で求めることができる．距離分解能も，方位分解能も波長が短いほど良くなる．

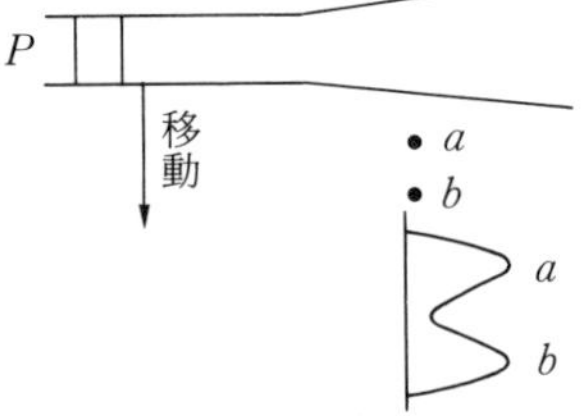

図8・33

8・3・3　電子走査型超音波診断装置の基本的構成

多数配列されたプローブに，一例として，2000回/秒で電子的に順次超音波が発信し，生体から発する反射エコーの受信を行う．その後受信回路で処理された受信信号を記憶回路に記憶し，ガンマ補正，ウインドウイング，リジェクションなどのポストプロセスを行い，同じ水平走査の周期でラスタ走査を行っているTVモニタをエコーの強さに対応して発光させ，断面像を得る（図8・34(a),(b)）．

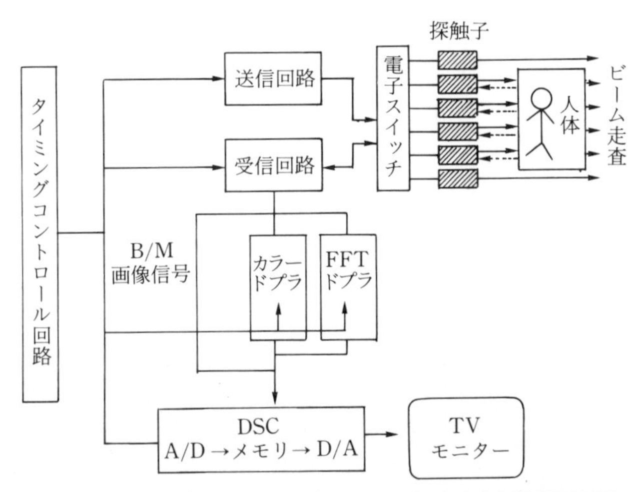

図 8・34(a)　Bモード表示電子走査型超音波診断装置原理図

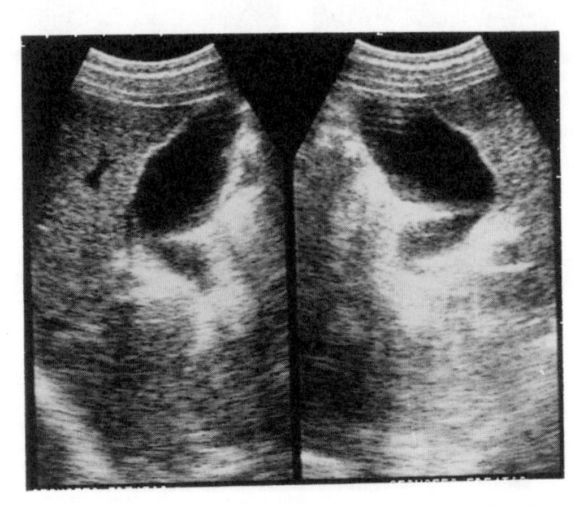

図 8・34(b)　胆のう(川島クリニック，布川明美)

超音波ビームの走査法に，上に述べた電子制御走査の他に，1個のプローブを手動で動かす方法，機械的に動かす方法があり，走査の形状により，リニア走査，セクタ走査，複合走査とよばれている．

(1)　Bモード

生体にプローブから発信された超音波を送信し，いろいろな深さから得られる反射エコーを受信する．反射してくるエコーの強さの変化に応じて輝度に変換する．このようにして得られた信号を横軸に時間，縦軸に反射強度を画けばグラフ状になる．この表示法をAモードというが，Bモードでは超音波ビームを動かし，再度送受信を行う（図8•35(a)）．現在ではAモードはあまり使われていない．

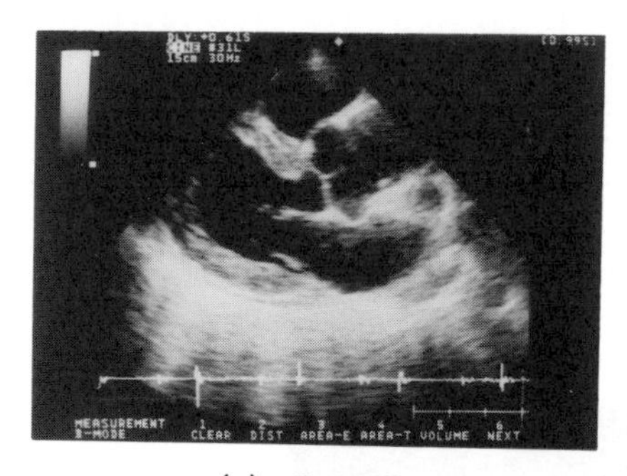

(a)　Bモード

(b)　B/Mモード

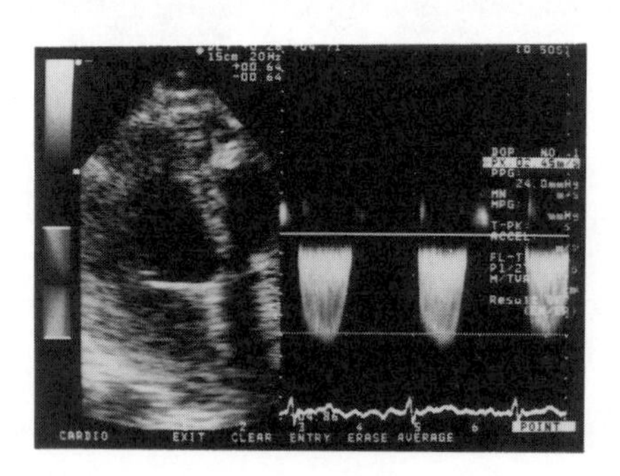

(c)　Bモード/連続波ドプラ法

図8.35　モード法による超音波画像(東大病院検査室，桜井進)

(2)　Mモード

Aモードと同じように，いろいろな深さからのエコー信号を受信する．Bモードではビームを動かし，画像を作ったが，Mモードでは超音波ビームを固定し，動いているエコー源に信号をくりかえし送信受信する．このようにしてエコー源の時間的変化を画面に写し出すことができる（図8•35(b)）．診断用には，Bモードと Mモード画像を同時に表示している．

8・3・4　ドプラ（Doppler）法

(1)　ドプラ効果

ドプラにより発見された現象であり，光波，音波に現れる性質である．

図8・36である時刻にO点で発音体が発した音波は t 秒後にA点まで進行している．その間に音源はO′まで進んでいるので，発音体の前方にいる人は波長 λ_1 の音波を聴くことになる．振動数が大きいので音は高くきこえる．いま，振動数 ν_0〔Hz〕, 音源Oの速度 v〔m/s〕, 音波の速度 Vとし，この波を速度 u〔m/s〕で動いている人が観測する見かけの振動数 ν〔Hz〕は

$$\nu=\frac{V-u}{V-v}\cdot\nu_0$$

で表される．

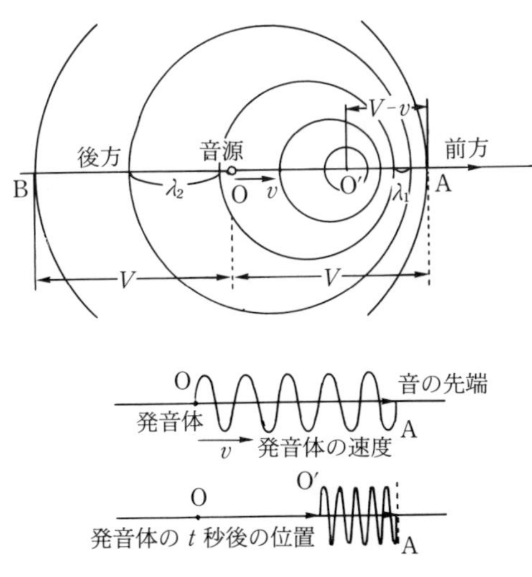

図8・36　ドプラ効果

これより，ドプラ効果というのは，音源と観測者が相対的に近づくと音は高くきこえ，遠ざかるときは低くきこえるということになる．u と v の符号は次のようにすればよい．

$$\text{音源が}\begin{cases}\text{観測者に近づく．} & v>0\\ \text{観測者からはなれる．} & v<0\end{cases}$$

$$\text{観測者が}\begin{cases}\text{音源に近づく．} & u<0\\ \text{音源からはなれる．} & u>0\end{cases}$$

ふみ切りで電車が近づき，通り過ぎる場合の現象を考えれば理解しやすい．

この場合，観測者は静止しているので $u=0$ とすると

$$\nu=\frac{V}{V-v}\cdot\nu_0$$

である．音源は近づくので見かけの振動数はもとの ν_0 より大きい（$\nu>\nu_0$）ことがわかる．音は高くきこえる．

すれちがって，観測者からはなれるときは $v<0$ であるから

$$\nu=\frac{V}{V+v}\cdot\nu_0$$

となって，もとの ν_0 より小さく（$\nu<\nu_0$）なることがわかる．音は低くきこえる．

ドプラ効果は電波でも光でも起こるし，また，反射音に対しても，反射体や音源，観測者が運動しているとドプラ効果が起こる．

血流に音波が反射する場合は，反射体が観測者と考え，次に同じ反射体が音源になると考えればよい．すなわち，発信された音波は周波数がずれて受信されるということになるので，血流は説明するのに都合がよい．

プローブから角度 θ で血管に向かって超音波が発信された（図8・37）．血流からの受信波は送信波 f_0 に対して，周波数が Δf だけドプラシ

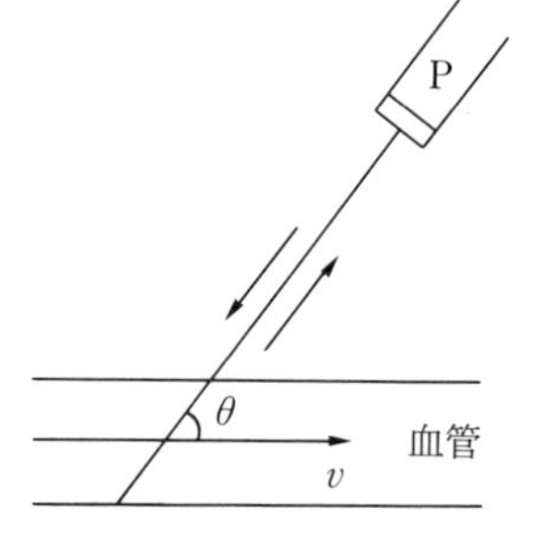

図8・37　ドプラ法

フトする．

$$\Delta f = \frac{2v\cos\theta}{c} \cdot f_0$$

v は血液の流速，c は音速である．

この式から，ドプラシフト $\Delta f = f_d$ を計測すれば，流速 v が求められる．

$$v = \frac{c}{2\cos\theta} \cdot \frac{\Delta f}{f_0}$$

血流の場合のドプラシフトは数 100 Hz から数 kHz である（図 8・41(d)）．

(2)　ドプラ法の種類と特徴

1.　連続波ドプラ法（図 8・35(c)）

主に心臓の高速な血流の検出に適している．

2.　パルスドプラ法

特定の場所の血流の時間的変化を検出するのに適している．

3.　カラードプラ法（血流イメージング法）

広い場所の血流の情報（流速，位置，方向）をカラーで表示する．表 8・4 はドプラ法とその特徴を示した．

表 8・4

	血流速	モニタ	周波数分析
連続波ドプラ法	高速な流れ	スペクトル表示	FFT 法
パルスドプラ法	低速な流れ	スペクトル表示	FFT 法
カラードプラ法	異常な流れ	カラー表示	自己相関法

(3)　波形とスペクトル

ある波形はいかなる基本周波数から成り立っているかを図示したものをスペクトルという．これは波形をフーリエ変換すると得られるので，フーリエスペクトルともいう．横軸に周波数，縦軸に強さをとると周波数 f_0 の連続波は一定周波数の波であるから，スペクトルは f_0 の 1 本である（図 8・38(a)）．強度最大値の $1/\sqrt{2}$ 倍になるスペクトルの幅を帯域幅という．パルス幅の短い波形はたくさんの周波数成分を含んでいるので帯域幅は広くなる（図 8・

38(b))．パルス幅が長くなってくると一定周波数成分が多くなるので帯域幅は小さくなる（図8・38(c))．

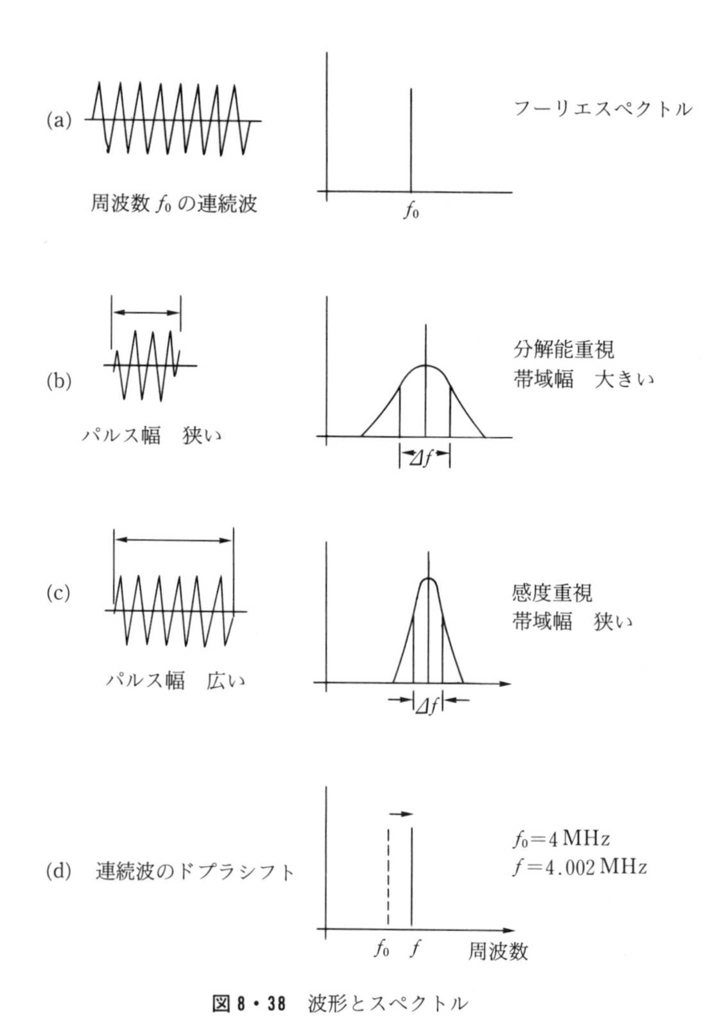

図8・38　波形とスペクトル

8・4　眼底写真

8・4・1　眼底の構造

眼底をみてまず最初に注目するのは，視神経乳頭である．中央やや鼻側に乳白色で類円形に見える部分で，脳からつながる視神経と眼球内に出入りする動脈と静脈がここを通過している（図8・39）．この部分には光を感ずる細胞はなく，俗に盲点と呼ばれている．

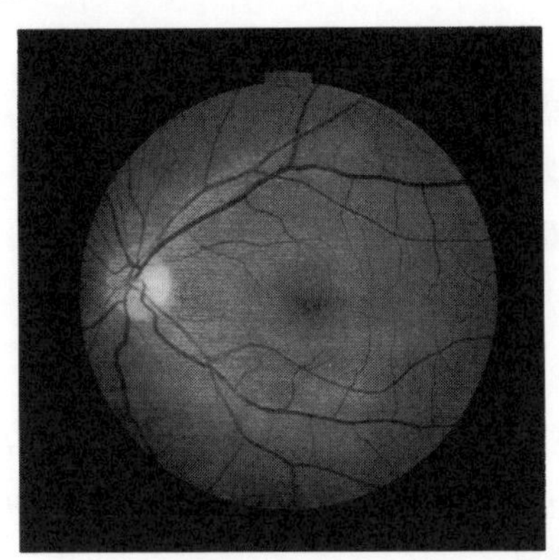

図8・39　正常の眼底（川島クリニック，布川明美）

静脈は赤く見え，動脈は少し黄味がかって見える．視神経乳頭から15°ほど耳側に向かうと黄斑中心窩が少し濃い，ぼやけた点として見える．この部分に錐体細胞が集まっており，視力はこの部分の細胞によって得られる．

眼科的目的のため，視力障害を起こす網膜の異常を発見することや，網膜血管の状態を通して，全身の血管の状態を推測し，高血圧，糖尿病，腎臓病，動脈硬化などの内科的全身的疾患をさがすことを目的に眼底写真を撮って記録する．

(1)　眼底カメラの取扱いと撮影の要点

広く使われている眼底カメラは表8・5に示したような装置がある．

表8・5　眼底カメラ

タイプ	TCR-NW5	NFC-50	f_x50R	CF-60U
画　角 撮影倍率	45° ×1.6	20°　30°　50° ×1.5 ×2.4 ×3.7	35°　50° ×2 ×2.6	30°　60° ×1.7 ×3.4

無散瞳型眼底カメラは眼底中心部を比較的簡単に写すように設計されている. 撮影したい部位は眼底の後極部の血管状態であるから, 黄斑部を中心にして, 乳頭部から伸びている網膜中心動脈, 網膜中心静脈の枝分かれの先端まで見えるように撮影する.

8・4・2　眼底カメラの分類と構成

(1)　分類

1. 型式による分類

①手持型　②卓上型

2. 画角による分類

①標準形(30°)　②広角形(45°)

3. 光学方式による分類

①無散瞳方式　②ミラーレンズ方式　③ハーフミラー方式　④コンタクトレンズ方式　⑤ Zeiss-Nordenson 方式　⑥ Dimmer-Krahn 方式

(2)　眼底カメラの構成

眼底カメラの外観を図8・40 に示した.

1. 光学部
2. 架台部
3. 撮影部
4. 電源部

以上より構成されている.

8・4・3　眼底写真撮影時の注意

(1)　散瞳

無散瞳眼底カメラは，暗いところでは瞳孔が開くという性質を利用している．ある程度瞳孔が開いていればよいが不十分なら，暗い室内で待つ．それでも開きが不十分なとき，散瞳剤を点眼して瞳孔を開いて撮影することもあるが，本人の病歴によっては使用できないこともあるので，散瞳剤を使用するときは十分な注意を要する．

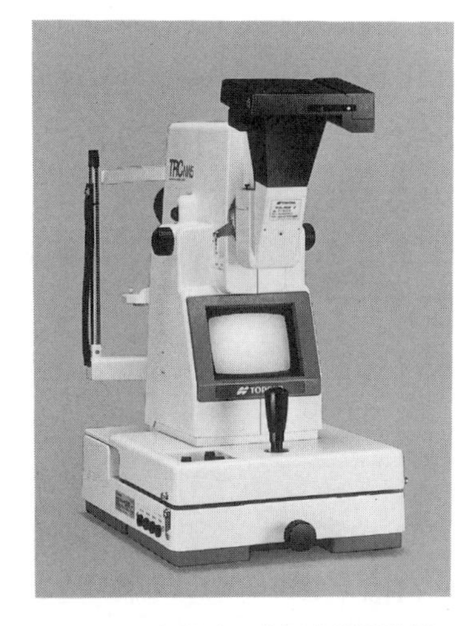

図 8・40　無散瞳眼底写真撮影装置 TRC NW 5 型(トプコン社製)

(2)　画質

眼瞼や睫毛がレンズ光路内にあると写真の一部がボヤケたり，白っぽくなったりして観察できない（図 8•41）．事前に，前眼部をテレビモニターで確認しておく．

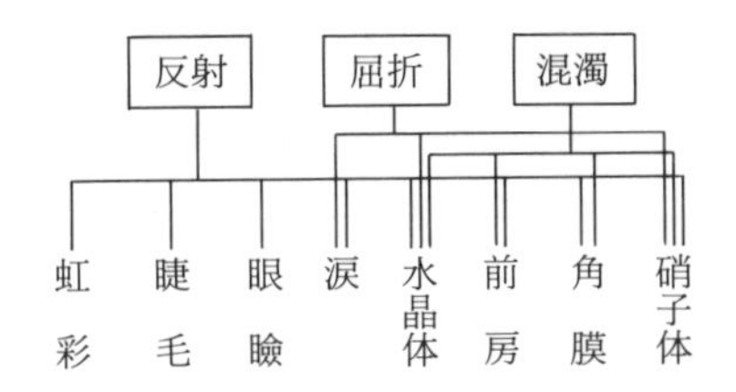

図 8・41　眼底写真の画質に影響を及ぼす眼組織

(3)　姿勢

撮影時，被検者の額と顎は顔受にしっかりと固定しておく．また，光学台が高すぎたり，低すぎたりしたときは無理な姿勢にならないように調整する．

(4)　露出

眼底カメラの露出条件設定では，フィルム感度に合わせ，適当な光量目盛にダイヤルをセットする．最近では機種が改良され，電源スイッチを入れると共にすべて自動的にセットされる構造になっている．

(5)　撮影

最近は機器が発達して広角無散瞳眼底カメラが使われている．TRC-NW 2

では合焦ハンドルでモニターテレビに映し出された2本のスプリット輝線を一直線にしてピントを合わせ，操縦桿の撮影ボタンを押してシャッターを切る．瞬時にして撮影が終了するようにコンピュータ内臓により簡単に使用できるようになった．用途に応じてポラロイドでも35mmカメラでも使用できる．また，最近では若干の付属装置をつけることによって，ビデオプリンタでプリントアウトすることも，フロッピーディスクに記録，保存することも自由に選択できるようになった．

練習問題

1．MRIに関する記述で誤っているのはどれか．
  1．スピン―格子緩和時間を縦緩和時間といい T_1 で表わす．
  2．共鳴周波数は静磁場の大きさに比例する．
  3．ラジオ周波数を加えると磁気モーメントの反転が起きる．
  4．歳差運動の位相はラーモアの方程式で求めることができる．
  5．横緩和時間は横磁化が元の値の $1/e$ に減少する時間を表わす．
2．磁気モーメントについて誤っているのはどれか．
  1．重水素の原子核 ^2_1H は磁気モーメントを持っている．
  2．磁気モーメントの運動は外部のコイルに誘起される信号で観察できる．
  3．原子番号，質量数ともに偶数の核は磁気モーメントも0である．
  4．中性子は電荷が0であるので磁気モーメントは0である．
  5．固有のモーメントを持つ元素は外部静磁場による共鳴現象を起こす．
3．次のうち誤っているものをA～Dから選べ．
  1．すべての原子核は磁気モーメントを持っている．
  2．磁気モーメントが歳差運動を行うと対応する周波数の電磁波が発生する．
  3．磁気モーメントの歳差運動の周波数は外部磁場の大きさに比例する．
  4．磁場中に置かれた磁気モーメントは偶力を受ける．
  5．原子核の磁気モーメントは核の全角運動量に関係がある．

4．X線CTに関する記述で誤っているのは次のうちどれか．

1．ヘリカルCTでは任意のスライス面の画像再構成ができる．

2．コントラスト分解能はX線写真がよい．

3．スライス幅はX線CTの分解能に影響しない．

4．X線管焦点の大きさは画質に影響を及ぼす．

5．フィルター関数は画像再構成で画像を決める関数である．

5．超音波に関する記述で誤っているのはどれか．

1．腸内にたまったガスは検査の妨げになる．

2．探触子は圧電効果を利用して作られている．

3．パルス幅が短いほど距離分解能が良くなる．

4．超音波ゼリーは電気の良導体のため用いる．

5．波長が長い探触子ほど浅い臓器に適している．

6．眼底検査に関する記述で誤っているのはどれか．

1．無散瞳眼底カメラは散瞳剤が全く不用である．

2．瞳孔を通して眼底部分の撮影を行う．

3．眼底は眼球の内部で後極部分をいう．

4．視神経乳頭から動脈と静脈が出入りする．

5．視神経乳頭に黄斑中心窩がある．

7．超音波画像でアーチファクトを図示し，なるべく簡単に説明せよ．

練習問題の解答

1．4　　2．4　　3．1　　4．2，3　　5．4，5　　6．1，5

7．いくつかをあげられるが，ここでは代表的な４例のみを示す．

1．多重反射

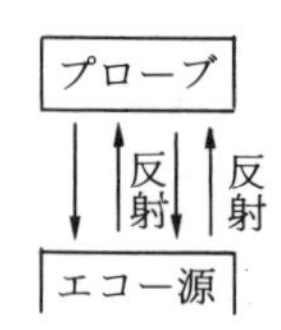

強い反射体で散乱された音波が再度反射され，虚像が生ずる．コメットサインもこの一種である．

2．音響陰影

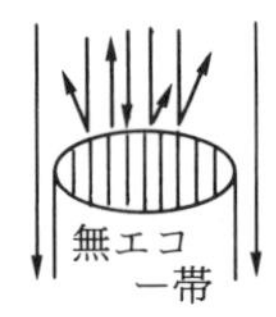

超音波の進行方向に空気や結石などがあると無エコー帯が生じる．これをアーコスティックシャドーという．

3．鏡面効果

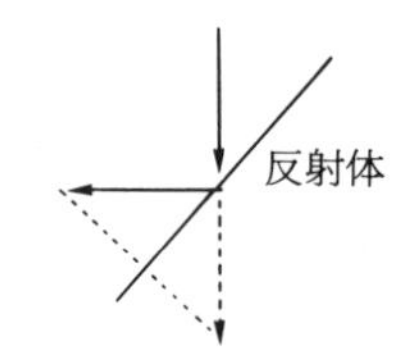

強い反射体に超音波が入射すると反射によりあたかも鏡に写ったような虚像が生ずる．

4．サイドローブ

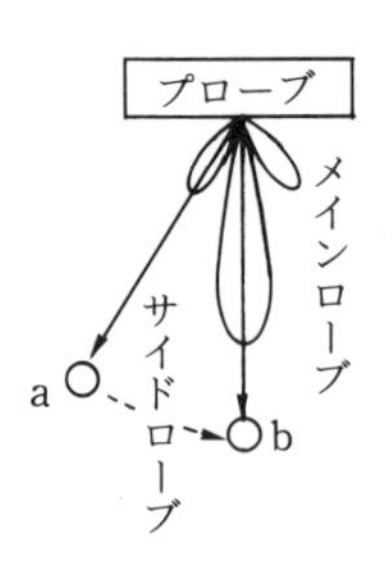

サイドローブから出た超音波がａの位置の反射体に反射され，ｂの位置に虚像を生ずる．

第9章　量子論のなりたち

カエルのX線写真

9・1　熱放射と光量子説

9・1・1　熱放射

気体の発する光は線スペクトルであるが，固体の発する光は連続スペクトルである．図9•1は固体の発する光の強さと波長の関係を示したものである．

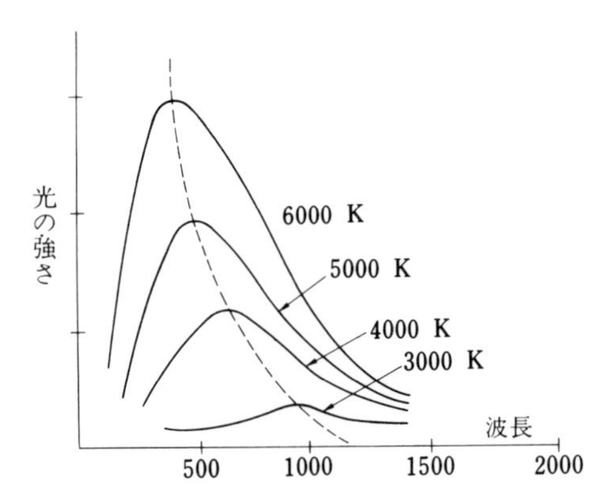

図9・1　各温度における光の波長と強さ

この曲線で最も強い波長を λ_m とすると

$$\lambda_m T = 一定\ (0.29\,\mathrm{cm\cdot deg})$$

が成り立つ．T は絶対温度である．この法則をウィーンの変位則という．

また，この曲線の全面積すなわち放射される光の全エネルギー量は，絶対温度の4乗に比例する．

$$E = \sigma T^4$$

これをステファンボルツマンの法則という．

$$\sigma = \frac{2\pi^5 k^4}{15c^2h^3} = 5.667\times10^{-6}\,\mathrm{erg/cm^2\cdot s\cdot deg^4}$$

図9・2は固体の発する連続スペクトルを示したものである．この曲線は，

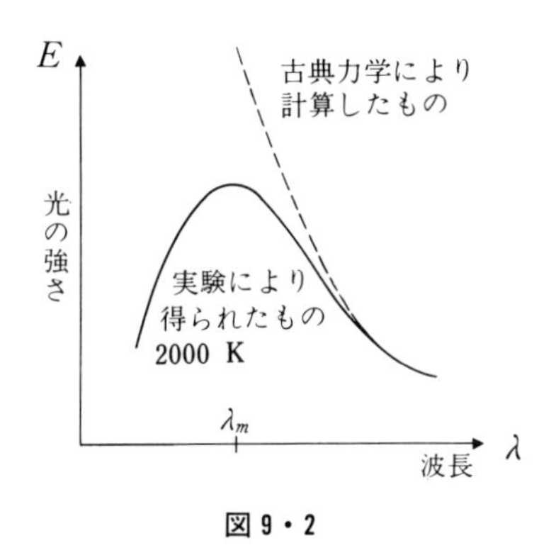

図 9・2

最も波長が強い λ_m が存在し，波長が短い所と長い所では光の強さが小さくなる．ところが古典力学によって，この光の強度を計算してグラフに表すと点線のようになり，波長の短い光ほど強度は大きくなるという，おかしな結論になる．

放射の公式をみい出すため当時の理論をもとにして導こうとする試みがなされ，まずウィーンの式

$$E=\frac{\alpha\nu^3}{c^2}e^{-\frac{\beta\nu}{T}} \tag{9.1}$$

続いて，レーリー・ジーンズの式

$$E=\frac{8\pi\nu^2}{c^3}kT \tag{9.2}$$

が発表された．しかし，ウィーンの式は光子エネルギー（$h\nu$）が大きいとき，レーリー・ジーンズの式は光子エネルギー（$h\nu$）が小さいとき観測値に一致し，どれも完全な放射の公式とは一致しなかった．

9・1・2　光量子の仮説

プランクは光量子の仮説をたて，観測値とみごと一致する放射の公式を導き出した．

$$E=\frac{8\pi h\nu^3}{c^3}\cdot\frac{1}{e^{\frac{h\nu}{kT}}-1} \tag{9.3}$$

h は 6.63×10^{-34} J•s でプランク定数といわれる．

この理論によれば，光は波動のように連続したものではなく，$h\nu$ の整数倍しか許されない．これを光量子説という．ここに初めて量子論が登場したことになる．

9・2　シュレーディンガーの式の導き方

9・2・1　量子状態とエネルギー

古典力学による力学的エネルギー保存則は運動エネルギーと位置エネルギーの和で与えられ，式で表せば

$$\frac{1}{2}mv^2+V(x)=E \quad (E\text{ は全エネルギー}) \tag{9.4}$$

である．したがって，

$$\text{運動量 } P=mv$$

$$\frac{1}{2m}m^2v^2+V(x)=E$$

$$\therefore \quad \frac{1}{2m}P^2+V(x)=E \tag{9.5}$$

9・2・2　古典力学から量子力学へ（シュレーディンガーの波動方程式）

(9.5) 式から量子力学に移るには次のようなおきかえを行う．

$$P=\frac{h}{2\pi i}\cdot\frac{\partial}{\partial x}$$

$$E=-\frac{h}{2\pi i}\cdot\frac{\partial}{\partial t}$$

$$\frac{1}{2m}\cdot\frac{h^2}{(-4\pi^2)}\cdot\frac{\partial^2}{\partial x^2}+V(x)=-\frac{h}{2\pi i}\cdot\frac{\partial}{\partial t} \tag{9.6}$$

これに $\Psi(x,\,t)$ をかけると

$$-\frac{h^2}{8m\pi^2}\cdot\frac{\partial^2\Psi}{\partial x^2}+V(x)\cdot\Psi=-\frac{h}{2\pi i}\cdot\frac{\partial\Psi}{\partial t} \tag{9.7}$$

となり，これがシュレーディンガーの波動方程式というものである．

9・2・3　シュレーディンガーの波動方程式の解法

$\Psi(x,\,t)$ は x だけの関数 $\Phi(x)$ と t だけの関数 $T(t)$ の積に等しいとおく．

$$\Psi(x,\,t)=\Phi(x)\cdot T(t)$$

$$\begin{cases}\dfrac{\partial\Psi}{\partial x}=\dfrac{\partial\Phi}{\partial x}\cdot T(t)\,(\Phi\text{ について偏微分})\\[2ex]\dfrac{\partial^2\Psi}{\partial x^2}=\dfrac{\partial^2\Phi}{\partial x^2}\cdot T(t)\,(\text{もう一度 }\Phi\text{ について偏微分})\end{cases}$$

$$\frac{\partial\Psi}{\partial t}=\Phi(x)\cdot\frac{\partial T}{\partial t}\,(T\text{ について偏微分})$$

$$-\frac{h^2}{8m\pi^2}\cdot\frac{\partial^2\Phi}{\partial x^2}\cdot T(t)+V(x)\Psi=-\frac{h}{2\pi i}\cdot\Phi\frac{\partial T}{\partial t}\,(\Psi(x,\,t)\text{ で割る})$$

$$-\frac{h^2}{8m\pi^2}\cdot\frac{\partial^2\Phi}{\partial x^2}\cdot T(t)\cdot\frac{1}{\Psi}+V(x)=-\frac{h}{2\pi i}\cdot\Phi\cdot\frac{\partial T}{\partial t}\cdot\frac{1}{\Psi}$$

$$-\frac{h^2}{8m\pi^2}\cdot\frac{\partial^2\Phi}{\partial x^2}\cdot\frac{1}{\Phi(x)}+V(x)=-\frac{h}{2\pi i}\cdot\Phi\cdot\frac{\partial T}{\partial t}\cdot\frac{1}{\Phi\cdot T}$$

$$\therefore\quad -\frac{h^2}{8m\pi^2}\frac{1}{\Phi}\cdot\frac{\partial^2\Phi}{\partial x^2}+V(x)=-\frac{h}{2\pi i}\cdot\frac{1}{T}\cdot\frac{\partial T}{\partial t}$$

左辺は x のみの関数であり，右辺は t だけの関数を表している．

この等式が成り立つのは左辺と右辺が定数 E に等しいときだけである．

$$-\frac{h^2}{8\pi^2 m}\frac{1}{\Phi}\cdot\frac{\partial^2\Phi}{\partial x^2}+V(x)=E \tag{9.8}$$

$$-\frac{h}{2\pi i}\cdot\frac{1}{T}\cdot\frac{\partial T}{\partial t}=E \tag{9.9}$$

E は定数，$\Phi=\Phi(x)$，$T=T(t)$ である．(9.8) 式から

$$-\frac{h^2}{8\pi^2 m}\cdot\frac{1}{\Phi}\cdot\frac{\partial^2\Phi}{\partial x^2}=(E-V(x))$$

$$\therefore\quad \frac{1}{\Phi}\cdot\frac{\partial^2\Phi}{\partial x^2}+\frac{8\pi^2 m}{h^2}(E-V(x))=0$$

$$\frac{\partial^2 \Phi}{\partial x^2}+\frac{8\pi^2 m}{h^2}(E-V(x))\Phi=0 \tag{9.10}$$

ここで，E はエネルギーとみなされ，$V(x)$ は位置エネルギーである．

粒子に力が働かない場合は $V(x)=0$ と考えてよいので，

$$\frac{\partial^2 \Phi}{\partial x^2}+\left(\frac{8\pi^2 m}{h^2}E\right)\Phi=0$$

ここで，$\alpha^2=\frac{8\pi^2 m}{h^2}\cdot E$ とおくと

$$\frac{\partial^2 \Phi}{\partial x^2}+\alpha^2\Phi=0$$

これを解いて

$$\Phi(x)=C_1\sin\alpha x+C_2\cos\alpha x \tag{9.11}$$

(9.9) 式は次のように書きかえられる．

$$\frac{dT}{T}=-\frac{2\pi i}{h}\cdot E\cdot dt$$

これを積分すると

$$\log_e T=-\left(\frac{2\pi i}{h}E\right)t+C$$

$$\therefore\quad T(t)=Ce^{-\left(\frac{2\pi i}{h}\cdot E\right)t} \tag{9.12}$$

ここに，$\Phi(x)$ ((9.11) 式) も $T(t)$ ((9.12) 式) も波動を表す式である．

(1)　固有値と固有関数

ポテンシャルエネルギー $V(x)$ が有限なシュレーディンガー方程式は式(7)より，$\Phi=\psi(x)$ とおいて

$$\frac{\hbar^2}{2m}\frac{d^2\psi(x)}{dx^2}+(E-V(x))\psi(x)=0$$

の形であった．ここでは $0\leqq x\leqq L$ で $V(x)=0$（図9・3）であるシュレーディンガー方程式は

$$\frac{\hbar^2}{2m}\frac{d^2\psi(x)}{dx^2}+E\cdot\psi(x)=0 \tag{9.13}$$

である．これを変形して

$$\frac{d^2\psi(x)}{dx^2}+k^2\psi(x)=0 \qquad (9.14)$$

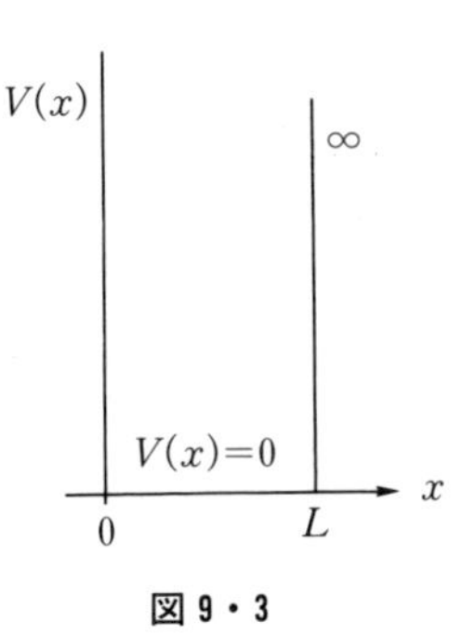

図 9・3

$\left(k^2=\dfrac{2mE}{\hbar^2}\right.$ とおいた）について，微分，積分とラプラス変換で比較的容易に解けるので解き方を示しながら固有値と固有関数を求めてみよう．

これは二階線型微分方程式であるからラプラス変換を使って解くと一般解は

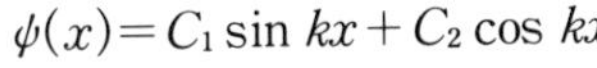

$$\psi(x)=C_1\sin kx+C_2\cos kx$$

である．C_1，C_2 は任意積分定数

C_1 と C_2 を決めるには，境界条件，$\psi(0)=\psi(L)=0$ を使う．

$$\therefore \quad \psi(0)=C_1\sin 0+C_2\cos 0=C_1\cdot 0+C_2\cdot 1=0$$

故に　$C_2=0$　でなければならない．

(9.14) 式が解を持つためには $C_1 \neq 0$ であるから，$\psi(L)=C_1\sin kL=0$

$$C_1\sin kL=0$$

$$\therefore \quad \sin kL=\sin n\pi$$

$$\therefore \quad kL=n\pi$$

これを $k^2=\dfrac{2mE}{\hbar^2}$ に代入すると

$$\left(\frac{n\pi}{L}\right)^2=\frac{2mE}{\hbar^2}$$

$$\therefore \quad E=\frac{\hbar^2\pi^2}{2mL^2}n^2 \quad (n=1, 2, 3, \cdots) \qquad (9.15)$$

これをエネルギー固有値といい，量子化されたという．エネルギーはとびとびの値をとり，ボーアの提唱した仮設が理論的に導かれたことになる．しかし，まだ C_1 の値は決まらない．

次に，ある場所での粒子の存在確率は波動関数の 2 乗で与えられ，すべての点で粒子の存在確率は 1 という規格化の条件から

$$\int_0^L |\psi(x)|^2 dx=1$$

$$\therefore \quad \int_0^L C_1{}^2 \sin^2 kx dx = 1$$

であるが，$\cos 2kx = 1 - 2\sin^2 kx$ より

$$\sin^2 kx = \frac{1}{2} - \frac{1}{2}\cos 2kx$$

$$\therefore \quad C_1{}^2 \int_0^L \sin^2 kx dx = C_1{}^2 \int_0^L \left(\frac{1}{2} - \frac{1}{2}\cos 2kx\right) dx$$

$$= C_1{}^2 \left[\frac{1}{2}x - \frac{1}{4k}\sin 2kx\right]_0^L$$

$$= C_1{}^2 \cdot \frac{L}{2} = 1$$

$$\therefore \quad C_1{}^2 = \frac{2}{L}$$

これより求める波動関数は次のようになる．

$$\psi_n(x) = \sqrt{\frac{2}{L}} \sin \frac{n\pi}{L} x \tag{9.16}$$

これを固有関数という．

(2)　量子力学における電子

電子を量子力学的に表現するとすればどんなものになるか．これを考えた代表的な学者はボルンとシュレーディンガーであった．

シュレーディンガーは電子が波動であるという立場をとり，ψ を波動関数とするとき，$|\psi|^2$ が波の干渉を表す電子波と考えられ，電子は連続的な値をとる波の強度であると結論していた．

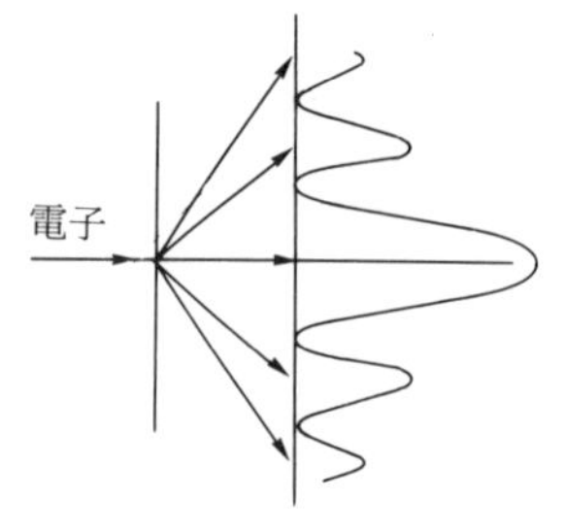

(a)　電子が存在する確率分布

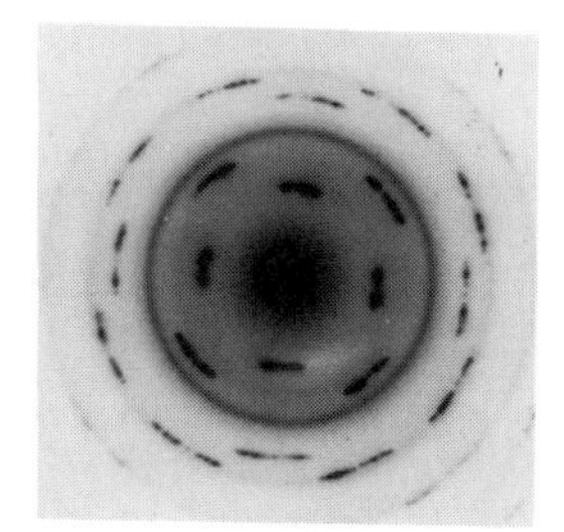

(b)　電子線回折

図9・4　電子の波動性

これに対して，ボルンは電子が粒子であるという立場をとり，$|\psi|^2$ が電子数の分布を表し，電子は離散的な値をとる波の確率と考えられると提唱していた．すなわち，波動関数 $|\psi|^2$ は電子が到達する確率と考えることができる（図9・4(a)，(b)）．$|\psi|^2=|\psi_n(x)|^2$ を確率密度関数とよぶ．

(3)　ハイゼンベルグの不確定性原理

ウィルソンの霧箱の中を通過する素粒子の飛跡（図9・5）はどのようにすれば納得のいく説明が与えられるのか．言い換えれば，シュレーディンガーの電子波の理論でも，また，ボルンの確率的解釈でもうまく説明することはできなかった．そこで，電子の位置と運動量がどのように表されるのか，これを不確定性原理というが，ハイゼンベルグの考えをまとめてみると次のようになる．

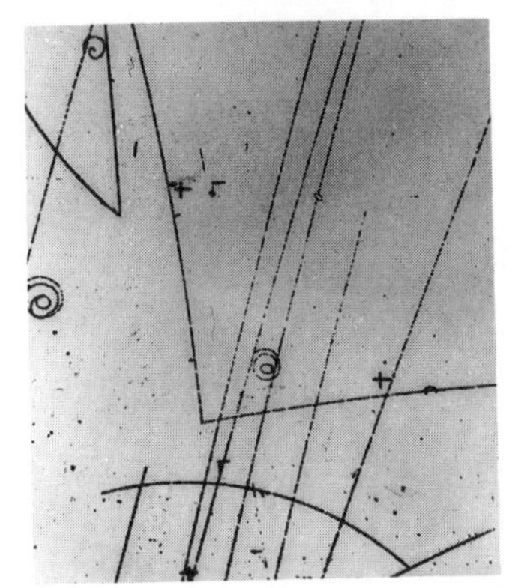

図9・5　素粒子の飛跡（玉川百科辞典3より）

模型的には波の回折を思い出してみるとよい（図9・6）．水門の幅 Δx のところに波長 λ の波が到達したものとする．波長 λ が大きいと回折の度合は大きい．次に波長を一定にして，水門を大きくすると回折の度合は小さくなり，波は直進するようになる．Δx が大きくなると $\Delta\theta$ は小さくなる．式で表すと

$$\Delta x \cdot \Delta\theta = 一定$$

となる．また，波長が大きくなると $\Delta\theta$ は小さくなるので，

$$\frac{\Delta\theta}{\lambda}=一定$$

と表すことができる．この二つをまとめて表せば

$$\frac{\Delta x\cdot\Delta\theta}{\lambda}=k(一定)$$

となる．これは回折の現象であった．

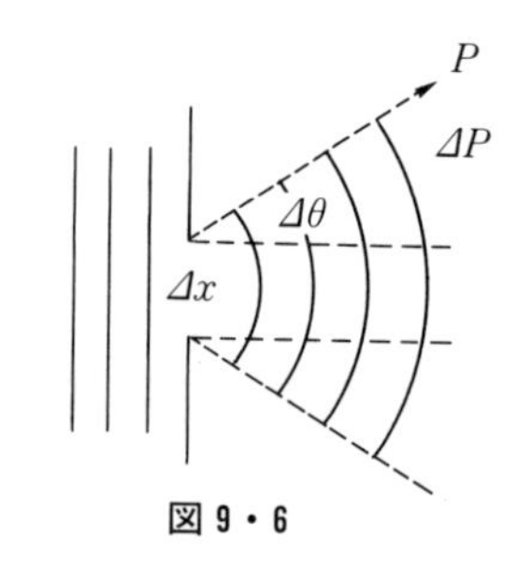

図9・6

ここで，$\Delta\theta$ を運動量の確率 Δp と考えてみる（図9・6）．$\Delta\theta$ が大きくなると運動量の確率 Δp も大きくなる．これを式で表すと

$$\frac{\Delta\theta}{\Delta p}=一定 \tag{9.17}$$

である．また，Δp が大きくなると運動量 p も大きくなるので

$$\frac{p}{\Delta p}=一定 \tag{9.18}$$

となる．(9.17) 式と (9.18) 式から

$$\frac{p\cdot\Delta\theta}{\Delta p}=一定$$

と表すことができる．これらは同一の現象と考えられるので，式も等しいと考えてよい．故に (9.17) 式と (9.18) 式を用いて

$$\frac{\Delta\theta\cdot p}{\Delta p}=\frac{\Delta x\cdot\Delta\theta}{\lambda}$$

$$\therefore\quad \Delta x\cdot\Delta p=p\cdot\lambda$$

ここで，ド・ブロイの物質波は (5.8) 式から

$$\lambda=\frac{h}{mv}=\frac{h}{p}$$

$$\therefore\quad p\cdot\lambda=h\quad h\,はプランク定数$$

$$\therefore\quad \Delta x\cdot\Delta p=h \tag{9.19}$$

これが，ハイゼンベルグが導き出した不確定性原理の式である．

古典力学では x と p をいくらでも小さくできるが，この式によれば，Δx と Δp は高々プランク定数 h までということになる．x と p は同時に現象を測定

できない．他には，エネルギーと時間の場合もあるが，このように同時に測定できないものを互いに相補的であるという．

(4)　電子の位置と運動量

これまでのことを電子を例にとって，具体的に説明してみよう．

電子の位置をなるべく正確に測定するには波長の短い光がよい．小さいものを写真に撮るには波長の短い光を使うとピントがきれいに合うことと同じである．しかし，波の波長が短くなると振動数が大きくなり，光の運動量 $h\nu/c$ も大きくなってしまう．このようにして，電子の位置と運動量は同時に正確に測定することはできない．うまくいって，プランク定数 h までということになる．電子はある確率でしかとらえることができない．すなわち，電子は見つけることができないということである．

このように考えれば今まで電子の軌道といっても許されなくなってしまう．電子の軌道 r_0 は電子が存在している確率が最も大きいところということを表していることになる（図 9•7）．

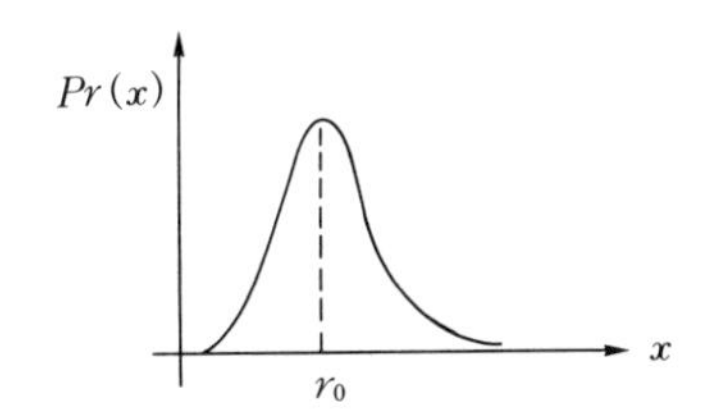

図 9・7　r_0 は電子の存在確率が最も高い位置

こうすれば，今までボーアの考えていた電子軌道は単なる軌道でなく，飛行機雲のような幅を持ったもので置き換えられたものとなる（図 9•8）．また，素粒子が霧箱の中を通るとき，位置がある確率で決まることになる．この確率の中心は素粒子が存在する確率の最も高いところである．このようにして素粒子の通った跡は飛行機雲のような形になって現れる．

ウィルソンの霧箱の粒子の飛跡も，ハイゼンベルグの不確定性原理をとり入れることによって，うまく説明することができた．また，シュレーディンガー

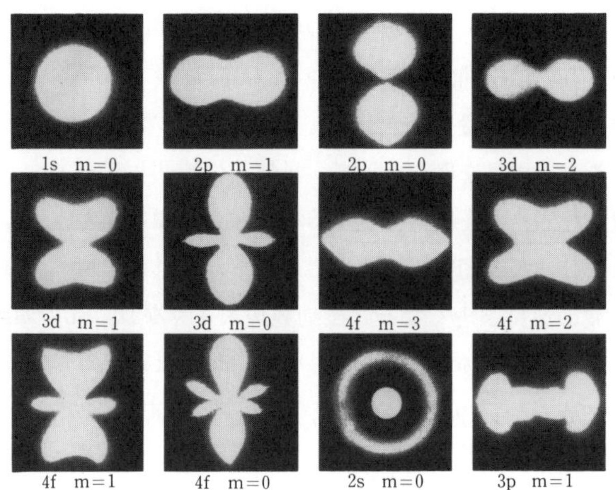

図9・8　シュレーディンガーの理論に基づく原子の中の電子雲の分布を示したもの（ボルン著『原子物理』より）。定常状態にある電子の位置は不確定でこの影のいずれにいるか決まらない．

（万有百科大辞典（小学館による））

やボルンが考えていた波動関数 $|\phi|^2$ の確率にも解答が与えられたことになる．

9・2・4　水素原子に対するシュレーディンガーの波動方程式

水素原子に対してもシュレーディンガーの波動方程式が得られるのであるが，ここではその形式とその解のみを表すことにし，その意味について考えてみる．

まず，水素原子に対するシュレーディンガーの波動方程式は三次元空間で

$$\frac{h^2}{8\pi^2 m}\left(\frac{\partial^2 \Psi}{\partial x^2}+\frac{\partial^2 \Psi}{\partial y^2}+\frac{\partial^2 \Psi}{\partial z^2}\right)+\left(E+\frac{e^2}{r}\right)\Psi=0$$

で表される．そこで，境界条件は r が 0 ～∞の極限で関数 $\Psi(x, t)$ が有限という条件で解くと

$$E_n=-\frac{2\pi^2 me^4}{h^2}\cdot\frac{1}{n^2}(n=1, 2, 3, \cdots) \tag{9.20}$$

となって，エネルギーは不連続な値をとることが得られる．$n=1$ では $E_1=-13.6\,\mathrm{eV}$，$n=2$ では $E_2=-3.4\,\mathrm{eV}$……という値だけが許される．

そのうえ，この式を解くことによって，主量子数 n の他に方位量子数 l，磁気量子数も得られるのである．

【例題 9－1】 図9・9のようなポテンシャルの壁が V_0 で与えられている．この壁に向かって粒子が飛んできたとき，この粒子は透過してしまうか，反射するか論ぜよ．ただし，領域 I，領域IIIすなわち $x<0$，$x>a$ では $V=0$．領域IIすなわち（$0<x<a$）では $V=V_0$ とする．

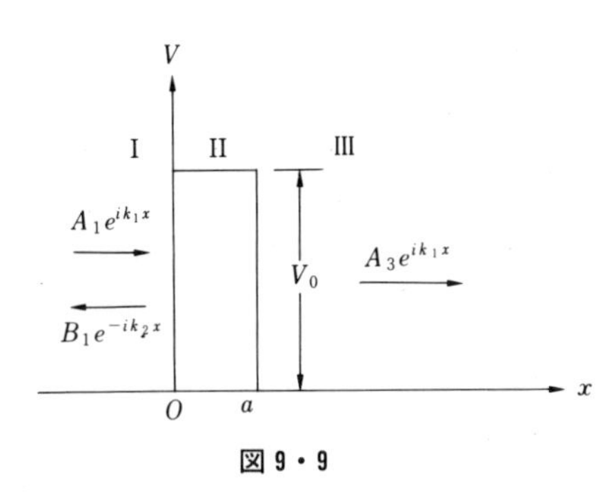

図 9・9

【解】 領域 I，IIIでは

$$\frac{\partial^2 \Phi}{\partial x^2}+\frac{2m}{\hbar}E\Phi=0$$

領域IIでは

$$\frac{\partial^2 \Phi}{\partial x^2}+\frac{2m}{\hbar}(E-V_0)\Phi=0$$

という schrödinger の方程式となる．これを解くことにより

$$\Phi_1=A_1e^{ik_1x}+B_1e^{-ik_1x} \tag{9.21}$$

$$\Phi_2=A_2e^{ik_2x}+B_2e^{-ik_2x} \tag{9.22}$$

$$\Phi_3=A_3e^{ik_1x} \tag{9.23}$$

ただし，A_1, A_2, A_3, B_1, B_2 は定数である．

$$k_1=\sqrt{\frac{2mE}{\hbar^2}} \qquad k_2=\sqrt{\frac{2m(E-V_0)}{\hbar^2}}$$

という式が得られる．

この式の意味について考えてみると，(9.21) 式の $A_1e^{ik_1x}$ は右へ飛んでくる粒子を表すことになり，$B_1e^{-ik_1x}$ は左へ飛んで行く粒子を表すと解釈できる．

また，境界条件は，Φ，$\dfrac{d\Phi}{dx}$ が，$x=0$，$x=a$ で連続ということから，A_1，A_2，A_3，B_1，B_2 の値が決められる．

$R=\left|\dfrac{B_1}{A_1}\right|^2$ は反射係数といわれ，$T=\left|\dfrac{A_3}{A_1}\right|^2$ は透過係数といわれるのである．

古典論では，$E>V_0$ では入射粒子は全部壁を通過するので $R=0$，$E<V_0$ では $R=1$ となるが，量子論では上の例のように $E>V_0$ でも反射する粒子が存在することになり，$E<V_0$ でも通過する粒子が存在することになる．

粒子のエネルギーが $E<V_0$ でも透過するという現象をトンネル効果という．

【例題 9－2】　電燈光の色温度が 2000 K で最強波長が 1.4 μ であった．太陽スペクトル中の最大波長は 0.5 μ として，太陽の表面温度を求めよ．

【解】　ウィーンの変化法則から　$\lambda_{max}\cdot T=$一定

よって $0.5T=1.4\times2000$

$\therefore\quad T=5600\,\mathrm{K}$

練 習 問 題

1．原子のエネルギー準位 E，主量子数 n，原子番号 Z に関するもので正しいものはどれか．

A．E は n の 2 乗に比例する．

B．E は n の 2 乗に逆比例する．

C．E は n の 2 乗と h の積に比例する．

D．E は nZ に比例する．

2．電子波の波長を表わすものはどれか．

A．$\dfrac{h}{mv}$　　B．$\dfrac{2h}{mv^2}$　　C．$\dfrac{2m}{v^2}$　　D．$\dfrac{hm}{c}$　　E．$\dfrac{h}{mc}$

3．1 辺が 2 Å の固い箱の中にとじ込められているとき（図 9・10），許される

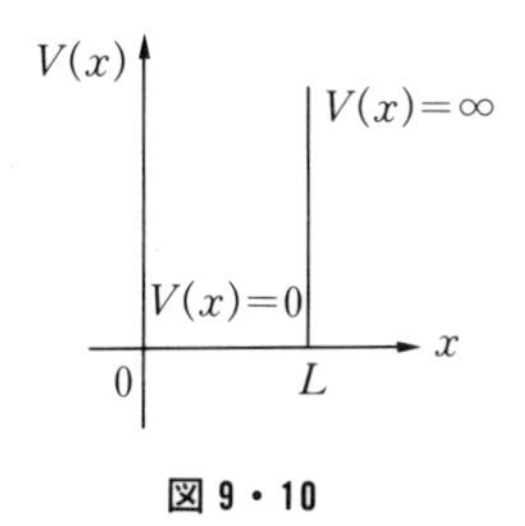

図 9・10

電子のエネルギー準位を求めよ．

4．プランクの公式 $E=\frac{8\pi h\nu^3}{c^3}\frac{1}{e^{\frac{h\nu}{kT}}-1}$ を用いて，ウィーンの式とレーリー・ジーンズの式を導け．

5．(9.14) 式　$\psi''(x)+k^2\psi(x)=0$ を解きなさい．ただし，$\psi'(0)=C_1$，$\psi(0)=C_2$ とする．

6．(9.16) 式において $L=2$ とおき，波動関数 $\psi_n(x)$ と確率密度関数 $|\psi_n(x)|^2$ を描きなさい．ただし，$n=1,2,3$ とする．

練習問題の解答

1．B

2．A

3．$E_n=\frac{h^2n^2}{8mL^2}=\frac{(6.63\times10^{-34})^2\times n^2}{8\times9.1\times10^{-31}(2\times10^{-10})^2}=1.509\times10^{-18}\times n^2\,\mathrm{J}=9.423\times n^2\,\mathrm{eV}$

より，$n=1$　$E_1=9.42\,\mathrm{eV}$，$n=2$　$E_2=37.69\,\mathrm{eV}$，$n=3$　$E_3=84.80\,\mathrm{eV}$，……

4．(1)　$h\nu\gg1$ のとき　$e^{\frac{h\nu}{kT}}\gg1$ であるから，　$e^{\frac{h\nu}{kT}}-1\fallingdotseq e^{\frac{h\nu}{kT}}$　∴　$E=\frac{8\pi h\nu^3}{c^3}\cdot e^{-\frac{h\nu}{kT}}$　これはウィーンの式である．　(2)　$h\nu\ll1$ のとき　$e^{\frac{h\nu}{kT}}-1\fallingdotseq\frac{h\nu}{kT}$　∴

$E=\frac{8\pi h\nu^3}{c^3}\cdot\frac{kT}{h\nu}=\frac{8\pi\nu^2}{c^3}kT$　これはレーリー・ジーンズの式である．

5．$\psi(x)$ のラプラス変換を $p(\mathrm{s})$ とおいて求める．

$L\{\psi''(x)\}+k^2L\{\psi(x)\}=0$

$$s^2 p(s) - s\psi(0) - \psi'(0) + k^2 p(s) = 0$$

$$(s^2 - k^2)\,p(s) = \psi'(0) + s\psi(0) = C_1 + sC_2$$

$$\therefore\quad p(s) = C_1 \cdot \frac{k}{s^2 + k^2} + C_2 \cdot \frac{s}{s^2 + k^2}$$ （$\frac{C_1}{k}$ を改めて C_1 とおいた.）

これを逆変換すれば $\psi(x)$ が得られる.

$$\psi(x) = C_1 \sin kx + C_2 \cos kx$$

6.

$\psi_n(x) = \sqrt{\frac{2}{L}} \sin \frac{n\pi}{L} x$ において

$L = 2$，$n = 1, 2, 3$ とおく.

$\psi_1(x) = \sin \frac{\pi}{2} x$　　$\{\psi_1(x)\}^2 = \sin^2 \frac{\pi}{2} x$

$\psi_2(x) = \sin \pi x$　　$\{\psi_2(x)\}^2 = \sin^2 \pi x$

$\psi_3(x) = \sin \frac{3\pi}{2} x$　　$\{\psi_3(x)\}^2 = \sin^2 \frac{3\pi}{2} x$

$\psi_3(x)$　$9\,E_1$　　$\{\psi_3(x)\}^2$

$\psi_2(x)$　$4\,E_1$　　$\{\psi_2(x)\}^2$

$\psi_1(x)$　$1\,E_1$　　$\{\psi_1(x)\}^2$

0

第10章　数　表

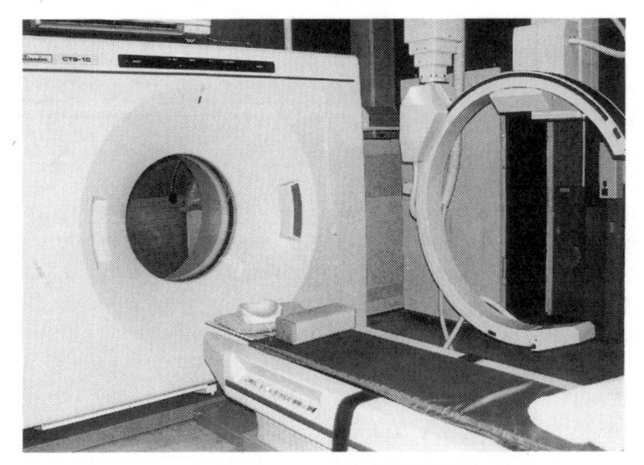

ハイパーサーミア（温熱療法装置）

10・1　統一原子量表（$^{12}\mathrm{C}=12$）

F. Everling, L. A. König, J. H. E. Mattauch : Nuclear physics 18（1960）529による.

原子番号	核種	質量	原子番号	核種	質量	原子番号	核種	質量	原子番号	核種	質量
0	$^{1}\mathrm{n}$	1.008665	9	$^{17}\mathrm{F}$	17.002088		$^{32}\mathrm{P}$	31.973908		$^{45}\mathrm{Ca}$	44.956189
1	$^{1}\mathrm{H}$	1.007825		$^{18}\mathrm{F}$	18.000937		$^{33}\mathrm{P}$	32.971726		$^{46}\mathrm{Ca}$	45.953689
	$^{2}\mathrm{H}$	2.014102		$^{19}\mathrm{F}$	18.998405		$^{34}\mathrm{P}$	33.973340		$^{47}\mathrm{Ca}$	46.954543
	$^{3}\mathrm{H}$	3.016049		$^{20}\mathrm{F}$	19.999985	16	$^{31}\mathrm{S}$	30.979599		$^{48}\mathrm{Ca}$	47.952533
2	$^{3}\mathrm{He}$	3.016030		$^{21}\mathrm{F}$	20.999972		$^{32}\mathrm{S}$	31.972072		$^{49}\mathrm{Ca}$	48.955662
	$^{4}\mathrm{He}$	4.002603	10	$^{18}\mathrm{Ne}$	18.005480		$^{33}\mathrm{S}$	32.971461	21	$^{40}\mathrm{Sc}$	39.977510
	$^{5}\mathrm{He}$	5.012296		$^{19}\mathrm{Ne}$	19.001892		$^{34}\mathrm{S}$	33.967867		$^{41}\mathrm{Sc}$	40.968667
	$^{6}\mathrm{He}$	6.018900		$^{20}\mathrm{Ne}$	19.992440		$^{35}\mathrm{S}$	34.969033		$^{42}\mathrm{Sc}$	41.965000
3	$^{5}\mathrm{Li}$	5.012541		$^{21}\mathrm{Ne}$	20.993845		$^{36}\mathrm{S}$	35.967079		$^{43}\mathrm{Sc}$	42.961163
	$^{6}\mathrm{Li}$	6.015123		$^{22}\mathrm{Ne}$	21.991385		$^{37}\mathrm{S}$	36.971040		$^{44}\mathrm{Sc}$	43.959409
	$^{7}\mathrm{Li}$	7.016005		$^{23}\mathrm{Ne}$	22.994475	17	$^{32}\mathrm{Cl}$	31.986030		$^{45}\mathrm{Sc}$	44.955910
	$^{8}\mathrm{Li}$	8.022488		$^{24}\mathrm{Ne}$	23.993597		$^{33}\mathrm{Cl}$	32.977446		$^{46}\mathrm{Sc}$	45.955173
4	$^{7}\mathrm{Be}$	7.016929	11	$^{20}\mathrm{Na}$	20.008890		$^{34}\mathrm{Cl}$	33.973683		$^{47}\mathrm{Sc}$	46.952410
	$^{8}\mathrm{Be}$	8.005308		$^{21}\mathrm{Na}$	20.997630		$^{35}\mathrm{Cl}$	34.968853		$^{48}\mathrm{Sc}$	47.952231
	$^{9}\mathrm{Be}$	9.012183		$^{22}\mathrm{Na}$	21.994435		$^{36}\mathrm{Cl}$	35.968307		$^{49}\mathrm{Sc}$	48.950022
	$^{10}\mathrm{Be}$	10.013535		$^{23}\mathrm{Na}$	22.989770		$^{37}\mathrm{Cl}$	36.965903		$^{50}\mathrm{Sc}$	49.951600
5	$^{8}\mathrm{B}$	8.024612		$^{24}\mathrm{Na}$	23.990964		$^{38}\mathrm{Cl}$	37.968011	22	$^{44}\mathrm{Ti}$	43.959693
	$^{9}\mathrm{B}$	9.013335		$^{25}\mathrm{Na}$	24.989920		$^{39}\mathrm{Cl}$	38.968003		$^{45}\mathrm{Ti}$	44.958129
	$^{10}\mathrm{B}$	10.012939	12	$^{23}\mathrm{Mg}$	22.994131		$^{40}\mathrm{Cl}$	39.970400		$^{46}\mathrm{Ti}$	45.952633
	$^{11}\mathrm{B}$	11.009305		$^{24}\mathrm{Mg}$	23.985045	18	$^{35}\mathrm{Ar}$	34.975275		$^{47}\mathrm{Ti}$	46.951765
	$^{12}\mathrm{B}$	12.014353		$^{25}\mathrm{Mg}$	24.985840		$^{36}\mathrm{Ar}$	35.967546		$^{48}\mathrm{Ti}$	47.947948
	$^{13}\mathrm{B}$	13.017780		$^{26}\mathrm{Mg}$	25.982595		$^{37}\mathrm{Ar}$	36.966776		$^{49}\mathrm{Ti}$	48.947871
6	$^{10}\mathrm{C}$	10.016830		$^{27}\mathrm{Mg}$	26.984343		$^{38}\mathrm{Ar}$	37.962732		$^{50}\mathrm{Ti}$	49.944786
	$^{11}\mathrm{C}$	11.011433		$^{28}\mathrm{Mg}$	27.983880		$^{39}\mathrm{Ar}$	38.964315		$^{51}\mathrm{Ti}$	50.946610
	$^{12}\mathrm{C}$	12.000000	13	$^{24}\mathrm{Al}$	24.000090		$^{40}\mathrm{Ar}$	39.962384	23	$^{46}\mathrm{V}$	45.960470
	$^{13}\mathrm{C}$	13.003354		$^{25}\mathrm{Al}$	24.990414		$^{41}\mathrm{Ar}$	40.964501		$^{47}\mathrm{V}$	46.954884
	$^{14}\mathrm{C}$	14.003242		$^{26}\mathrm{Al}$	25.986895	19	$^{37}\mathrm{K}$	36.973340		$^{48}\mathrm{V}$	47.952257
	$^{15}\mathrm{C}$	15.010600		$^{27}\mathrm{Al}$	26.981541		$^{38}\mathrm{K}$	37.969090		$^{49}\mathrm{V}$	48.948517
7	$^{12}\mathrm{N}$	12.018900		$^{28}\mathrm{Al}$	27.981913		$^{39}\mathrm{K}$	38.963708		$^{50}\mathrm{V}$	49.947161
	$^{13}\mathrm{N}$	13.005739		$^{29}\mathrm{Al}$	28.980530		$^{40}\mathrm{K}$	39.963999		$^{51}\mathrm{V}$	50.943963
	$^{14}\mathrm{N}$	14.003074	14	$^{27}\mathrm{Si}$	26.986705		$^{41}\mathrm{K}$	40.961825		$^{52}\mathrm{V}$	51.944779
	$^{15}\mathrm{N}$	15.000108		$^{28}\mathrm{Si}$	27.976928		$^{42}\mathrm{K}$	41.962402		$^{53}\mathrm{V}$	52.943370
	$^{16}\mathrm{N}$	16.006089		$^{29}\mathrm{Si}$	28.976496		$^{43}\mathrm{K}$	42.960731	24	$^{48}\mathrm{Cr}$	47.953760
	$^{17}\mathrm{N}$	17.008580		$^{30}\mathrm{Si}$	29.973772		$^{44}\mathrm{K}$	43.962040		$^{49}\mathrm{Cr}$	48.951271
8	$^{14}\mathrm{O}$	14.008601		$^{31}\mathrm{Si}$	30.975364	20	$^{39}\mathrm{Ca}$	38.970810		$^{50}\mathrm{Cr}$	49.946046
	$^{15}\mathrm{O}$	15.003065		$^{32}\mathrm{Si}$	31.974020		$^{40}\mathrm{Ca}$	39.962591		$^{51}\mathrm{Cr}$	50.944769
	$^{16}\mathrm{O}$	15.994915	15	$^{28}\mathrm{P}$	27.991740		$^{41}\mathrm{Ca}$	40.962279		$^{52}\mathrm{Cr}$	51.940510
	$^{17}\mathrm{O}$	16.999131		$^{29}\mathrm{P}$	28.981816		$^{42}\mathrm{Ca}$	41.958622		$^{53}\mathrm{Cr}$	52.940651
	$^{18}\mathrm{O}$	17.999160		$^{30}\mathrm{P}$	29.978310		$^{43}\mathrm{Ca}$	42.958770		$^{54}\mathrm{Cr}$	53.938882
	$^{19}\mathrm{O}$	19.003577		$^{31}\mathrm{P}$	30.973763		$^{44}\mathrm{Ca}$	43.955485		$^{55}\mathrm{Cr}$	54.941080

10・1　統一原子量表(^{12}C＝12)

25	^{50}Mn	49.954300
	^{51}Mn	50.948200
	^{52}Mn	51.945567
	^{53}Mn	52.941293
	^{54}Mn	53.940360
	^{55}Mn	54.938046
	^{56}Mn	55.938906
	^{57}Mn	56.938290
26	^{52}Fe	51.948121
	^{53}Fe	52.945578
	^{54}Fe	53.939612
	^{55}Fe	54.938295
	^{56}Fe	55.934941
	^{57}Fe	56.935396
	^{58}Fe	57.933278
	^{59}Fe	58.934878
27	^{54}Co	53.949100
	^{55}Co	54.942017
	^{56}Co	55.939843
	^{57}Co	56.936294
	^{58}Co	57.935754
	^{59}Co	58.933199
	^{60}Co	59.933820
	^{61}Co	60.932434
	^{62}Co	61.933949
28	^{57}Ni	56.939780
	^{58}Ni	57.935347
	^{59}Ni	58.934350
	^{60}Ni	59.930790
	^{61}Ni	60.931060
	^{62}Ni	61.928345
	^{63}Ni	62.929670
	^{64}Ni	63.927969
	^{65}Ni	64.930087
	^{66}Ni	65.929120
29	^{58}Cu	57.944490
	^{59}Cu	58.939496
	^{60}Cu	59.937382
	^{61}Cu	60.933444
	^{62}Cu	61.932586
	^{63}Cu	62.929599
	^{64}Cu	63.929766
	^{65}Cu	64.927792
	^{66}Cu	65.928871
	^{67}Cu	66.927750
30	^{61}Zn	60.939670
	^{62}Zn	61.934379
	^{63}Zn	62.933208
	^{64}Zn	63.929145
	^{65}Zn	64.929244
	^{66}Zn	65.926036
	^{67}Zn	66.927130
	^{68}Zn	67.924846
	^{69}Zn	68.926553
	^{70}Zn	69.925325
	^{71}Zn	70.927970
	^{72}Zn	71.927740
31	^{64}Ga	63.936680
	^{65}Ga	64.932733
	^{66}Ga	65.931599
	^{67}Ga	66.928221
	^{68}Ga	67.927982
	^{69}Ga	68.925582
	^{70}Ga	69.926028
	^{71}Ga	70.924707
	^{72}Ga	71.926365
	^{73}Ga	72.925020
	^{74}Ga	73.927220
32	^{67}Ge	66.932940
	^{68}Ge	67.928100
	^{69}Ge	68.927970
	^{70}Ge	69.924250
	^{71}Ge	70.924954
	^{72}Ge	71.922076
	^{73}Ge	72.923459
	^{74}Ge	73.921179
	^{75}Ge	74.922860
	^{76}Ge	75.921402
	^{77}Ge	76.923549
	^{78}Ge	77.922710
33	^{69}As	68.932270
	^{70}As	69.931300
	^{71}As	70.927114
	^{72}As	71.926750
	^{73}As	72.923834
	^{74}As	73.923930
	^{75}As	74.921596
	^{76}As	75.922393
	^{77}As	76.920649
	^{78}As	77.921750
	^{79}As	78.920990
	^{80}As	79.922950
34	^{71}Se	70.931970
	^{73}Se	72.926710
	^{74}Se	73.922477
	^{75}Se	74.922524
	^{76}Se	75.919214
	^{77}Se	76.919914
	^{78}Se	77.917309
	^{79}Se	78.918497
	^{80}Se	79.916522
	^{81}Se	80.917860
	^{82}Se	81.916700
	^{83}Se	82.918910
35	^{75}Br	74.925430
	^{76}Br	75.924157
	^{77}Br	76.921373
	^{78}Br	77.921070
	^{79}Br	78.918337
	^{80}Br	79.918528
	^{81}Br	80.916379
	^{82}Br	81.916802
	^{83}Br	82.915205
	^{84}Br	83.916550
	^{85}Br	84.915440
	^{87}Br	86.921960
36	^{77}Kr	76.924490
	^{78}Kr	77.920388
	^{79}Kr	78.920089
	^{80}Kr	79.916388
	^{81}Kr	80.916580
	^{82}Kr	81.913483
	^{83}Kr	82.914131
	^{84}Kr	83.911504
	^{85}Kr	84.912537
	^{86}Kr	85.910617
	^{87}Kr	86.913370
	^{88}Kr	87.914200
37	^{80}Rb	79.921900
	^{81}Rb	80.919010
	^{82}Rb	81.918180
	^{84}Rb	83.914384
	^{85}Rb	84.911792
	^{86}Rb	85.911178
	^{87}Rb	86.909180
	^{88}Rb	87.911320
	^{89}Rb	88.911220
38	^{84}Sr	83.913426
	^{85}Sr	84.912940
	^{86}Sr	85.909273
	^{87}Sr	86.908890
	^{88}Sr	87.905625
	^{89}Sr	88.907458
	^{90}Sr	89.907746
	^{91}Sr	90.909780
	^{92}Sr	91.910520
39	^{86}Y	85.915791
	^{87}Y	86.910889
	^{88}Y	87.909503
	^{89}Y	88.905848
	^{90}Y	89.906160
	^{91}Y	90.906301
	^{92}Y	91.908460
	^{93}Y	92.909190
	^{94}Y	93.911510
40	^{87}Zr	86.914470
	^{89}Zr	88.908900
	^{90}Zr	89.904702
	^{91}Zr	90.905643
	^{92}Zr	91.905038
	^{93}Zr	92.906477
	^{94}Zr	93.906314
	^{95}Zr	94.908037
	^{96}Zr	95.908275
	^{97}Zr	96.910946
41	^{89}Nb	88.912650
	^{90}Nb	89.910890
	^{91}Nb	90.906960
	^{92}Nb	91.907195
	^{93}Nb	92.906376
	^{94}Nb	93.906832
	^{95}Nb	94.906720
	^{96}Nb	95.907910
	^{97}Nb	96.908093
42	^{90}Mo	89.913610
	^{91}Mo	90.911730
	^{92}Mo	91.906810
	^{93}Mo	92.906530
	^{94}Mo	93.905086
	^{95}Mo	94.905840
	^{96}Mo	95.904678
	^{97}Mo	96.906018
	^{98}Mo	97.905476
	^{99}Mo	98.907709
	^{100}Mo	99.907470
43	^{91}Tc	90.914460
	^{92}Tc	91.913200
	^{93}Tc	92.909930
	^{94}Tc	93.909380
	^{95}Tc	94.907660
	^{96}Tc	95.907870
	^{98}Tc	97.907210
	^{99}Tc	98.906252
	^{102}Tc	101.908120
44	^{95}Ru	94.909860
	^{96}Ru	95.907600
	^{98}Ru	97.905278
	^{99}Ru	98.905938
	^{102}Ru	101.904348
	^{103}Ru	102.906322
	^{104}Ru	103.905430
	^{105}Ru	104.907740
	^{106}Ru	195.907320
45	^{98}Rh	97.910000
	^{99}Rh	98.908200
	^{102}Rh	101.906840
	^{103}Rh	102.905504
	^{104}Rh	103.906180
	^{105}Rh	104.905680
	^{106}Rh	105.907280
	^{107}Rh	106.906620
46	^{99}Pd	98.912400
	^{102}Pd	101.905607
	^{103}Pd	102.906090
	^{104}Pd	103.904034
	^{105}Pd	104.905083
	^{106}Pd	105.903484
	^{107}Pd	106.905130
	^{108}Pd	107.903894
	^{109}Pd	108.905952

	^{110}Pd	109.905153
	^{111}Pd	110.907640
	^{112}Pd	111.907490
47	^{104}Ag	103.908150
	^{105}Ag	104.906800
	^{106}Ag	105.906678
	^{107}Ag	106.905093
	^{108}Ag	107.905960
	^{109}Ag	108.904756
	^{110}Ag	109.906113
	^{111}Ag	110.905280
	^{112}Ag	111.907170
	^{113}Ag	112.906760
	^{114}Ag	113.908500
	^{115}Ag	114.908740
48	^{106}Cd	105.906548
	^{107}Cd	106.906520
	^{108}Cd	107.904183
	^{109}Cd	108.904950
	^{110}Cd	109.903006
	^{111}Cd	110.904182
	^{112}Cd	111.902757
	^{113}Cd	112.904401
	^{114}Cd	113.903358
	^{115}Cd	114.905430
	^{116}Cd	115.904756
	^{117}Cd	116.907230
49	^{108}In	107.909470
	^{109}In	108.907040
	^{110}In	109.907330
	^{111}In	110.905100
	^{112}In	111.905640
	^{113}In	112.904062
	^{114}In	113.905911
	^{115}In	114.903879
	^{116}In	115.905260
	^{117}In	116.904520
50	^{111}Sn	110.908180
	^{112}Sn	111.904822
	^{113}Sn	112.905170
	^{114}Sn	113.902783
	^{115}Sn	114.903347
	^{116}Sn	115.901745
	^{117}Sn	116.902955
	^{118}Sn	117.901608
	^{119}Sn	118.903311
	^{120}Sn	119.902198
	^{121}Sn	120.904239
	^{122}Sn	121.903442
	^{123}Sn	122.905721
	^{124}Sn	123.905274
	^{125}Sn	124.907780
51	^{116}Sb	115.907160
	^{117}Sb	116.905010
	^{119}Sb	118.903940
	^{120}Sb	119.905080
	^{121}Sb	120.903822
	^{122}Sb	121.905182
	^{123}Sb	122.904216
	^{124}Sb	123.905944
	^{125}Sb	124.905259
	^{127}Sb	126.906810
52	^{120}Te	119.904026
	^{122}Te	121.903055
	^{123}Te	122.904271
	^{124}Te	123.902818
	^{125}Te	124.904435
	^{126}Te	125.903304
	^{127}Te	126.905222
	^{128}Te	127.904461
	^{129}Te	128.906595
	^{130}Te	129.906222
	^{131}Te	130.908533
	^{132}Te	131.908520
53	^{120}I	119.909880
	^{122}I	121.907450
	^{124}I	123.906220
	^{125}I	124.904626
	^{126}I	125.905562
	^{127}I	126.904468
	^{128}I	127.905818
	^{129}I	128.904987
	^{130}I	129.906671
	^{131}I	130.906119
	^{132}I	131.907995
	^{133}I	132.907780
	^{136}I	135.914740
54	^{124}Xe	123.905895
	^{126}Xe	125.904263
	^{127}Xe	126.905190
	^{128}Xe	127.903305
	^{129}Xe	128.904799
	^{130}Xe	129.903510
	^{131}Xe	130.905076
	^{132}Xe	131.904148
	^{133}Xe	132.905890
	^{134}Xe	133.905400
	^{135}Xe	134.907040
	^{136}Xe	135.907221
55	^{126}Cs	125.909320
	^{127}Cs	126.907340
	^{128}Cs	127.907830
	^{130}Cs	129.906750
	^{131}Cs	130.905468
	^{132}Cs	131.906420
	^{133}Cs	132.905447
	^{134}Cs	133.906700
	^{135}Cs	134.905890
	^{136}Cs	135.907290
	^{137}Cs	136.907080
	^{138}Cs	137.910200
	^{139}Cs	138.913230
56	^{130}Ba	129.906311
	^{132}Ba	131.905056
	^{133}Ba	132.905990
	^{134}Ba	133.904504
	^{135}Ba	134.905684
	^{136}Ba	135.904571
	^{137}Ba	136.905822
	^{138}Ba	137.905242
	^{139}Ba	138.908830
	^{140}Ba	139.910590
57	^{134}La	133.908290
	^{136}La	135.907580
	^{138}La	137.907108
	^{139}La	138.906349
	^{140}La	139.909480
	^{141}La	140.910620
58	^{136}Ce	135.907140
	^{138}Ce	137.905986
	^{139}Ce	138.906640
	^{140}Ce	139.905435
	^{141}Ce	140.908280
	^{142}Ce	141.909240
	^{143}Ce	142.912390
	^{144}Ce	143.913650
	^{145}Ce	144.916240
	^{146}Ce	145.918270
59	^{139}Pr	138.908490
	^{140}Pr	139.908782
	^{141}Pr	140.907648
	^{142}Pr	141.910050
	^{143}Pr	142.910830
	^{144}Pr	143.913310
	^{145}Pr	144.914100
	^{146}Pr	145.917200
60	^{141}Nd	140.909322
	^{142}Nd	141.907719
	^{143}Nd	142.909810
	^{144}Nd	143.910083
	^{145}Nd	144.912569
	^{146}Nd	145.913113
	^{147}Nd	146.916110
	^{148}Nd	147.916889
	^{149}Nd	148.920160
	^{150}Nd	149.920887
	^{151}Nd	150.924220
61	^{143}Pm	142.910940
	^{145}Pm	144.912750
	^{146}Pm	145.914720
	^{147}Pm	146.915150
	^{149}Pm	148.918340
	^{150}Pm	149.921090
	^{151}Pm	150.921220
62	^{143}Sm	142.914560
	^{144}Sm	143.911990
	^{145}Sm	144.913410
	^{146}Sm	145.913060
	^{147}Sm	146.914894
	^{148}Sm	147.914818
	^{149}Sm	148.917180
	^{150}Sm	149.917272
	^{151}Sm	150.919940
	^{152}Sm	151.919792
	^{153}Sm	152.922110
	^{154}Sm	153.922206
	^{155}Sm	154.924170
63	^{147}Eu	146.916710
	^{150}Eu	149.919750
	^{151}Eu	150.919846
	^{152}Eu	151.921760
	^{153}Eu	152.921227
	^{154}Eu	153.923000
	^{155}Eu	154.922890
	^{156}Eu	155.924960
	^{157}Eu	156.925860
64	^{148}Gd	147.918120
	^{149}Gd	148.918920
	^{150}Gd	149.918460
	^{151}Gd	150.920380
	^{152}Gd	151.919789
	^{153}Gd	152.921510
	^{154}Gd	153.920862
	^{155}Gd	154.922619
	^{156}Gd	155.922120
	^{157}Gd	156.923957
	^{158}Gd	157.924101
	^{159}Gd	158.926400
	^{160}Gd	159.927051
	^{161}Gd	160.928600
65	^{158}Tb	157.925420
	^{159}Tb	158.925343
	^{160}Tb	159.927170
	^{161}Tb	160.927570
66	^{152}Dy	151.924380
	^{153}Dy	152.925370
	^{154}Dy	153.924430
	^{159}Dy	158.925740
	^{160}Dy	159.925194
	^{161}Dy	160.926930
	^{162}Dy	161.926795
	^{163}Dy	162.928728
	^{164}Dy	163.929171
	^{165}Dy	164.931710
	^{166}Dy	165.931900
67	^{163}Ho	162.929300
	^{164}Ho	163.929600
	^{165}Ho	164.930319
	^{166}Ho	165.932300
	^{167}Ho	166.932100

68	^{164}Er	163.929197
	^{166}Er	165.930290
	^{167}Er	166.932046
	^{168}Er	167.932368
	^{170}Er	169.935461
69	^{163}Tm	162.932500
	^{164}Tm	163.933540
	^{166}Tm	165.933510
	^{168}Tm	167.934190
	^{169}Tm	168.934211
	^{170}Tm	169.935810
	^{171}Tm	170.936530
	^{172}Tm	171.938380
	^{173}Tm	172.939480
70	^{166}Yb	165.933800
	^{168}Yb	167.933895
	^{170}Yb	169.934759
	^{171}Yb	170.936323
	^{172}Yb	171.936378
	^{173}Yb	172.938207
	^{174}Yb	173.938858
	^{175}Yb	174.941290
	^{176}Yb	175.942569
71	^{170}Lu	169.938470
	^{173}Lu	172.938950
	^{174}Lu	173.940350
	^{175}Lu	174.940768
	^{176}Lu	175.942827
	^{177}Lu	176.943770
72	^{176}Hf	175.941413
	^{177}Hf	176.943220
	^{178}Hf	177.943698
	^{179}Hf	178.945830
	^{180}Hf	179.946548
	^{181}Hf	180.949110
	^{183}Hf	182.952000
73	^{177}Ta	176.944480
	^{180}Ta	179.947466
	^{181}Ta	180.948010
	^{182}Ta	181.950170
	^{183}Ta	182.496400
	^{185}Ta	184.952400
74	^{180}W	179.946706
	^{181}W	180.948220
	^{182}W	181.948205
	^{183}W	182.950224
	^{184}W	183.950932
	^{185}W	184.953440
	^{186}W	185.954362
	^{187}W	186.953440
75	^{185}Re	184.952955
	^{186}Re	185.955010
	^{187}Re	186.955750
	^{188}Re	187.958130
76	^{185}Os	184.954070
	^{186}Os	185.953838
	^{187}Os	186.955747
	^{188}Os	187.955835
	^{189}Os	188.958145
	^{190}Os	189.958445
	^{191}Os	190.960940
	^{192}Os	191.961479
	^{193}Os	192.964160
77	^{188}Ir	197.958860
	^{191}Ir	190.960591
	^{192}Ir	191.962610
	^{193}Ir	192.962923
	^{194}Ir	193.965100
78	^{188}Pt	187.959430
	^{190}Pt	189.959993
	^{192}Pt	191.961035
	^{193}Pt	192.963010
	^{194}Pt	193.962663
	^{195}Pt	194.964774
	^{196}Pt	195.964934
	^{197}Pt	196.967330
	^{198}Pt	197.967875
	^{199}Pt	198.970560
79	^{188}Au	187.964330
	^{192}Au	191.964820
	^{194}Au	193.965370
	^{195}Au	194.965030
	^{196}Au	195.966550
	^{197}Au	196.966560
	^{198}Au	197.968230
	^{199}Au	198.968760
	^{200}Au	199.970810
	^{201}Au	200.971930
80	^{196}Hg	195.965819
	^{198}Hg	197.966769
	^{199}Hg	198.968270
	^{200}Hg	199.968320
	^{201}Hg	200.970290
	^{202}Hg	201.970630
	^{203}Hg	202.972860
	^{204}Hg	203.973482
	^{205}Hg	204.976230
81	^{200}Tl	199.970995
	^{201}Tl	200.970820
	^{202}Tl	201.972100
	^{203}Tl	202.972340
	^{204}Tl	203.973860
	^{205}Tl	204.974410
	^{206}Tl	205.976080
	^{207}Tl	206.977446
	^{208}Tl	207.982214
	^{209}Tl	208.985295
	^{210}Tl	209.990002
82	^{202}Pb	201.972150
	^{203}Pb	202.973380
	^{204}Pb	203.973028
	^{205}Pb	204.974480
	^{206}Pb	205.974449
	^{207}Pb	206.975880
	^{208}Pb	207.976636
	^{209}Pb	208.981094
	^{210}Pb	209.984177
	^{211}Pb	210.988030
	^{212}Pb	211.991896
	^{214}Pb	213.999760
83	^{203}Bi	202.976830
	^{204}Bi	203.977700
	^{205}Bi	204.977380
	^{206}Bi	205.978490
	^{207}Bi	206.978474
	^{208}Bi	207.979731
	^{209}Bi	208.980384
	^{210}Bi	209.984110
	^{211}Bi	210.987294
	^{212}Bi	211.991271
	^{213}Bi	212.994329
	^{214}Bi	213.998634
	^{215}Bi	215.001900
84	^{206}Po	205.980470
	^{207}Po	206.981594
	^{208}Po	207.981240
	^{209}Po	208.982420
	^{210}Po	209.982866
	^{211}Po	210.986649
	^{212}Po	211.988859
	^{213}Po	212.992837
	^{214}Po	213.995192
	^{215}Po	214.999469
	^{216}Po	216.001917
	^{218}Po	218.008930
85	^{207}At	206.985720
	^{208}At	207.986500
	^{209}At	208.936140
	^{210}At	209.986970
	^{211}At	210.987496
	^{213}At	212.993090
	^{214}At	213.996330
	^{215}At	214.998658
	^{216}At	216.002405
	^{217}At	217.004647
	^{218}At	218.008554
	^{219}At	219.001360
86	^{212}Rn	211.990726
	^{215}Rn	214.998670
	^{216}Rn	216.000234
	^{217}Rn	217.003917
	^{218}Rn	218.005592
	^{219}Rn	219.009480
	^{220}Rn	220.011396
	^{222}Rn	222.017573
87	^{212}Fr	211.996100
	^{217}Fr	217.004780
	^{218}Fr	218.007520
	^{219}Fr	219.009249
	^{220}Fr	220.012330
	^{221}Fr	221.014176
	^{223}Fr	223.019802
88	^{219}Ra	219.010030
	^{220}Ra	220.010972
	^{221}Ra	221.013860
	^{222}Ra	222.015365
	^{223}Ra	223.018502
	^{224}Ra	224.020200
	^{225}Ra	225.023604
	^{226}Ra	226.025406
	^{227}Ra	227.029220
	^{228}Ra	228.031069
89	^{221}Ac	221.015690
	^{222}Ac	222.017750
	^{223}Ac	223.019119
	^{224}Ac	224.021690
	^{225}Ac	225.023220
	^{226}Ac	226.026088
	^{227}Ac	227.027751
	^{228}Ac	228.031169
90	^{223}Th	223.020890
	^{224}Th	224.021379
	^{225}Th	225.023660
	^{226}Th	226.024890
	^{227}Th	227.027704
	^{228}Th	228.028730
	^{229}Th	229.031756
	^{230}Th	230.033131
	^{231}Th	231.036299
	^{232}Th	232.038049
	^{233}Th	233.041580
	^{234}Th	234.043590
91	^{226}Pa	226.027800
	^{227}Pa	227.028789
	^{228}Pa	228.030950
	^{229}Pa	229.032080
	^{230}Pa	230.034531
	^{231}Pa	231.035881
	^{232}Pa	232.038580
	^{233}Pa	233.040244
	^{234}Pa	234.043370
	^{235}Pa	235.045440
92	^{227}U	227.030920
	^{228}U	228.031278
	^{229}U	229.033280
	^{230}U	230.033930
	^{231}U	231.036270
	^{232}U	232.037140
	^{233}U	233.039629
	^{234}U	234.040944

	^{235}U	235.043925	94	^{232}Pu	232.041080		^{242}Am	242.059541		^{248}Bk	249.074984
	^{236}U	236.045563		^{233}Pu	233.042770		^{243}Am	243.061374		^{250}Bk	250.078490
	^{237}U	237.048726		^{234}Pu	234.043290		^{244}Am	244.064520	98	^{244}Cf	244.065933
	^{238}U	238.050786		^{235}Pu	235.045330		^{245}Am	245.066420		^{245}Cf	245.067890
	^{239}U	239.054291		^{236}Pu	236.046040		^{246}Am	246.069830		^{246}Cf	246.068810
	^{240}U	240.056560		^{237}Pu	237.048400	96	^{238}Cm	238.053010		^{248}Cf	248.072190
93	^{231}Np	231.038260		^{238}Pu	238.049561		^{240}Cm	240.055510		^{249}Cf	249.074849
	^{233}Np	233.040600		^{239}Pu	239.052158		^{241}Cm	241.057650		^{250}Cf	250.076403
	^{234}Np	234.042890		^{240}Pu	240.053804		^{242}Cm	242.058831	99	^{249}Es	249.076220
	^{235}Np	235.044057		^{241}Pu	241.056711		^{243}Cm	243.061381		^{251}Es	251.079980
	^{236}Np	236.046625		^{242}Pu	242.058710		^{244}Cm	244.062747		^{253}Es	253.084823
	^{237}Np	237.048169		^{243}Pu	243.061990		^{245}Cm	245.065487		^{254}Es	254.088020
	^{238}Np	238.050930		^{246}Pu	246.070230		^{246}Cm	246.067220	100	^{250}Fm	250.079480
	^{239}Np	239.052932	95	^{237}Am	237.049780	97	^{243}Bk	243.062920		^{252}Fm	252.082650
	^{240}Np	240.056180		^{239}Am	239.052970		^{245}Bk	245.066356		^{254}Fm	254.087000
	^{241}Np	241.058460		^{241}Am	241.056825		^{247}Bk	247.070300			

10・2　物理定数

原子質量単位	1amu＝1.66053873×10^{-27}kg＝931.5016 MeV
電子ボルト	1eV＝$1.602176462\times10^{-12}$ erg
エネルギー	1erg＝671amu＝6.24145×10^{5}MeV
光速度	$c=2.99792458\times10^{8}$m/s
電気素量	$e=1.602176462\times10^{-19}$ C＝4.803242×10^{-10}esu
リードベリー定数	$R_\infty=1.0973731534\times10^{7}\mathrm{m}^{-1}$
アボガドロ数	$N_0=6.02214199\times10^{23}\mathrm{mol}^{-1}$
プランク定数	$h=6.62606876\times10^{-34}$J•s
ボルツマン定数	$k=1.3806503\times10^{-23}$J/K
ファラデー定数	$F=9.64853415\times10^{4}$ C
重力加速度	$g=9.80665$ m/s^2
万有引力定数	$G=6.67259\times10^{-8}$dyn・cm^2/g^2
電子質量	$m_e=9.10938188\times10^{-31}$kg＝0.5110034 MeV
電子の比電荷	$e/m=1.758820174\times10^{11}$C/kg
電子のコンプトン波長	$\lambda=2.426310215\times10^{-10}$cm
0℃，1気圧の体積	$V=22.413996$ l/mol
気体定数	$R=8.314472\times10^{7}$erg/mol•K
基底エネルギー(水素原子)	$E=2.179907\times10^{-11}$erg＝13.6058 eV
陽子の質量	$m_p=1.67262158\times10^{-27}$kg
中性子の質量	$m_n=1.67492716\times10^{-27}$kg
断面積(バーン)	$b=1\times10^{-28}$m^2
熱の仕事当量	$J=4.1868$ J/cal
円周率	$\pi=3.14159265$
自然対数の底	$e=2.718281828459$
常用対数変換	$\log_{10}e=0.4342945$
自然対数変換	$\log_e 10=2.3025849$
電子の磁気モーメント	9.2847701×10^{-24}J/T

10・3 元素の物質定数

(アイソトープ手帳(1980))

元素記号	Z	元素名	原子量 (1979)	比重 (20℃) 〔g/cm³〕	融点 〔℃〕	沸点 〔℃〕	線膨張係数 (室温) ($\times10^{-6}$)	熱伝導率 (300K) $w\cdot m^{-1}\cdot K^{-1}$〕	固有抵抗 〔$\mu\Omega\cdot$cm〕
Ag	47	銀	107.868	10.50	961.93	2184	19	427	1.62(20℃)
Al	13	アルミニウム	26.98154	2.69	660.4	2486	23	237	2.75(20℃)
As	33	ヒ素	74.9216	5.73	817	613	4.7	—	35(20℃)
Au	79	金	196.9665	19.3	1064.43	2710	14	315	2.4(20℃)
B	5	ホウ素	10.81	2.53	2300	2527	8.3(20~75℃)	27.6	1.8×10^{12}(0℃)
Ba	56	バリウム	137.33	3.5	725	1639	18.1~21.0 (0~300℃)	—	—
Be	4	ベリリウム	9.01218	1.84	1278	2399	14.0(20~)	200	6.4(20℃)
Bi	83	ビスマス	208.9804	9.8	271.4	1560	13	9.15	106.8(0℃)
C	12	炭素	12.011	2.25	>3500	4918	0.6~4.3 (20~100℃)	9.5	1375(0℃)
Ca	20	カルシウム	40.08	1.54	848	1487	22(0~300℃)	—	4.6(20℃)
Cd	48	カドミウム	112.41	8.64	321.1	764.3	30	96.8	7.4(20℃)
Ce	58	セリウム	140.12	6.8	795	2527	—	11.4	78(20℃)
Co	27	コバルト	58.9332	8.8	1494	2747	約12	99.2	6.37(0°)
Cr	24	クロム	51.996	7.20	1890	2212	約7	90.3	17(20°)
Cs	55	セシウム	132.9054	1.87	28.5	703.3	—	35.9	21(20°)
Cu	29	銅	63.546	8.93	1084.5	2580	16.7	398	1.72(20°)
Fe	26	鉄	55.847	7.86	1535	2754	11.7	80.3	9.8(20°)
Ga	31	ガリウム	69.72	5.9	29.78	2403	18	40.6	53.4(0°)
Ge	32	ゲルマニウム	72.59	5.4	958.5	2691	6.0	59.9	89000(0°)
Hg	80	水銀	200.59	13.59	−38.86	356.72	—	(8.34)	94.08(0°)
In	49	インジウム	114.82	7.3	156.63	(2000)	9(0°~1750°)	81.7	8.2(0°)
Ir	77	イリジウム	192.22	22.5	2457	4527	6.8	147	6.5(20°)
K	19	カリウム	39.0983	0.86	63.5	765.5	85	102	6.9(20°)
La	57	ランタン	138.905	6.15	—	—	—	13.5	59(18°)
Li	3	リチウム	6.941	0.534	179	1327	56(0~100°)	76.8	9.4(20°)
Mg	12	マグネシウム	24.305	1.74	651	1097	25	156	4.5(20°)
Mn	25	マンガン	54.9380	7.42	1244	2152	22.3(0~20°)	7.82	185(20°)
Mo	42	モリブデン	95.94	10.2	2610	4804	3.7~5.3 (20~100°)	138	5.6(20°)
Na	11	ナトリウム	2.98977	0.97	97.81	881	70(0~50°)	132	4.6(20°)
Nb	41	ニオブ	92.9064	8.56	—	—	7.1	53.7	13.1(18°)
Ni	28	ニッケル	58.69	8.85	1455	2731	12.8	90.5	7.24(20°)
Os	76	オスミウム	190.2	22.	2700	(5500)	6.6(40°)	87.6	9.5(20°)
P	15	リン	30.97376	1.83	589.5	280	125	12.1	—
Pb	82	鉛	207.2	11.34	327.5	1750	29	35.2	21(20°)
Pd	46	パラジウム	106.42	12.16	1554	3167	約11	75.5	10.8(20°)
Pt	78	白金	195.08	21.37	1772	3827	8.9	71.4	10.6(20°)
Rb	37	ルビジウム	85.4678	1.532	38.89	679.5	90	58.2	12.5(20°)

Rh	45	ロジウム	102.9055	12.44	1963	3727	8.4	150	5.1 (20°)
Ru	44	ルテニウム	101.07	12.06	2250	3900	9.1	117	7.6 (0°)
S	16	硫黄	32.06	2.07	112.8	444.6	64	0.269	2×10^{23} (20°)
Sb	51	アンチモン	121.75	6.69	630.7	1617	11	24.3	38.7 (0°)
Se	34	セレン	78.96	4.82	220.2	684.9	20.3　多結晶 (−78°〜19°)	4.52	—
Si	14	ケイ素	28.0855	2.34	1414	2642	2.4 (20°〜50°)	148	10^5 (0°)
Sn	50	スズ	118.69	7.28	231.97	2270	21	66.6	11.4 (20°)
Sr	38	ストロンチウム	87.62	2.6	769	1383	—	—	30.3 (0°)
Ta	73	タンタル	180.9479	16.6	2996	5425	6.6 (20°〜100°)	57.5	15 (20°)
Te	52	テルル	127.60	6.25	449.8	989.8	16.8	3.96	2×10^5 (19.6°)
Th	90	トリウム	232.0381	11.7	(1800)	(3000)	11.3 (20°〜100°)	49.1	18 (20°)
Ti	22	チタン	47.88	4.50	1675	3262	約9	21.9	54.98 (25°)
Tl	81	タリウム	204.383	11.85	302.5	1457	28	46.1	19 (20°)
U	92	ウラン	238.0289	18.7	1133	3887	—	27.6	60 (18°)
V	23	バナジウム	50.9415	5.8	1890	(3000)	7.8	31.5	26 (20°)
W	74	タングステン	183.85	19.1	3387	5927	4.5	178	5.5 (20°)
Zn	30	亜鉛	65.38	7.12	419.58	903	約30**	121	5.9 (20°)
Zr	40	ジルコニウム	91.22	6.53	1852	3578	5.4 (20°〜200°)	22.7	49 (30°)

実効原子番号

	$\overline{Z}$	密度
脂肪	5.92	0.91
水	7.42	1.00
筋肉	7.42	1.00
空気	7.64	0.001293

気体の性質

	Z	(g/l)	比熱	融点	沸点
ヘリウム(He)	2	0.1785	3.278	−272.2	−268.9
水素(H_2)	1	0.0899	14.35	−259.14	−252.8
空気		1.293	1.006		
酸素(O_2)	8	1.429	0.922	−218.92	−182.92
ラドン(Rn)	86	9.96		−71	−62

10・4　おもな放射性同位元素の崩壊図式

(アイソトープ便覧 日本アイソトープ協会編(1992))

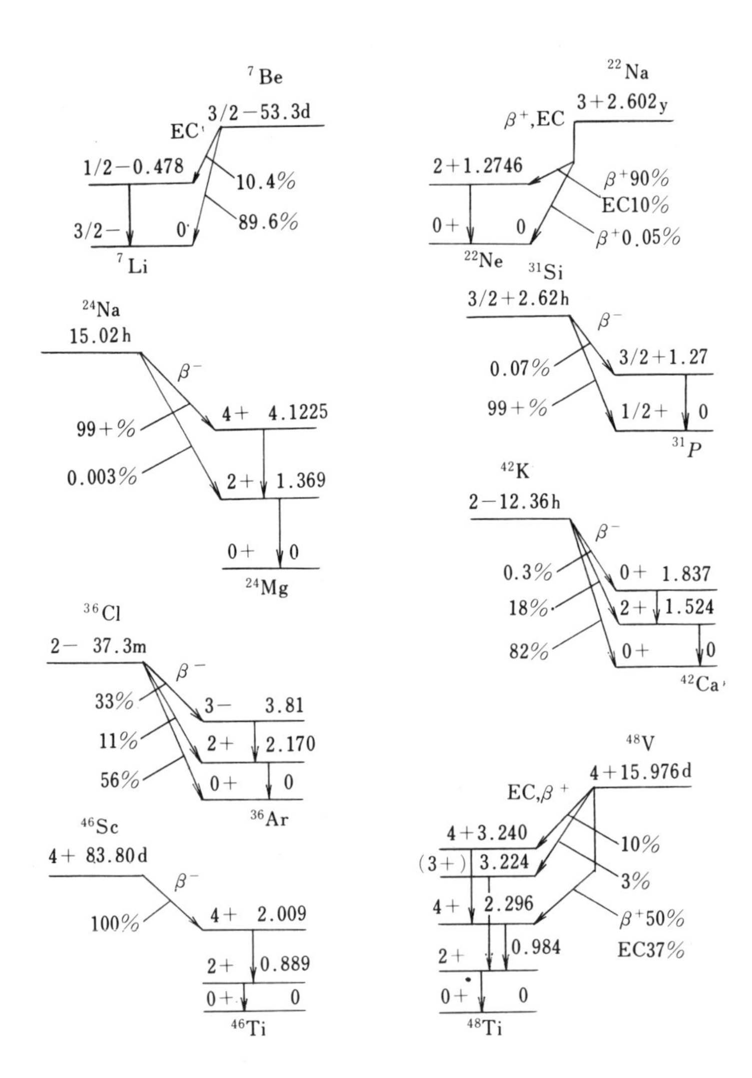

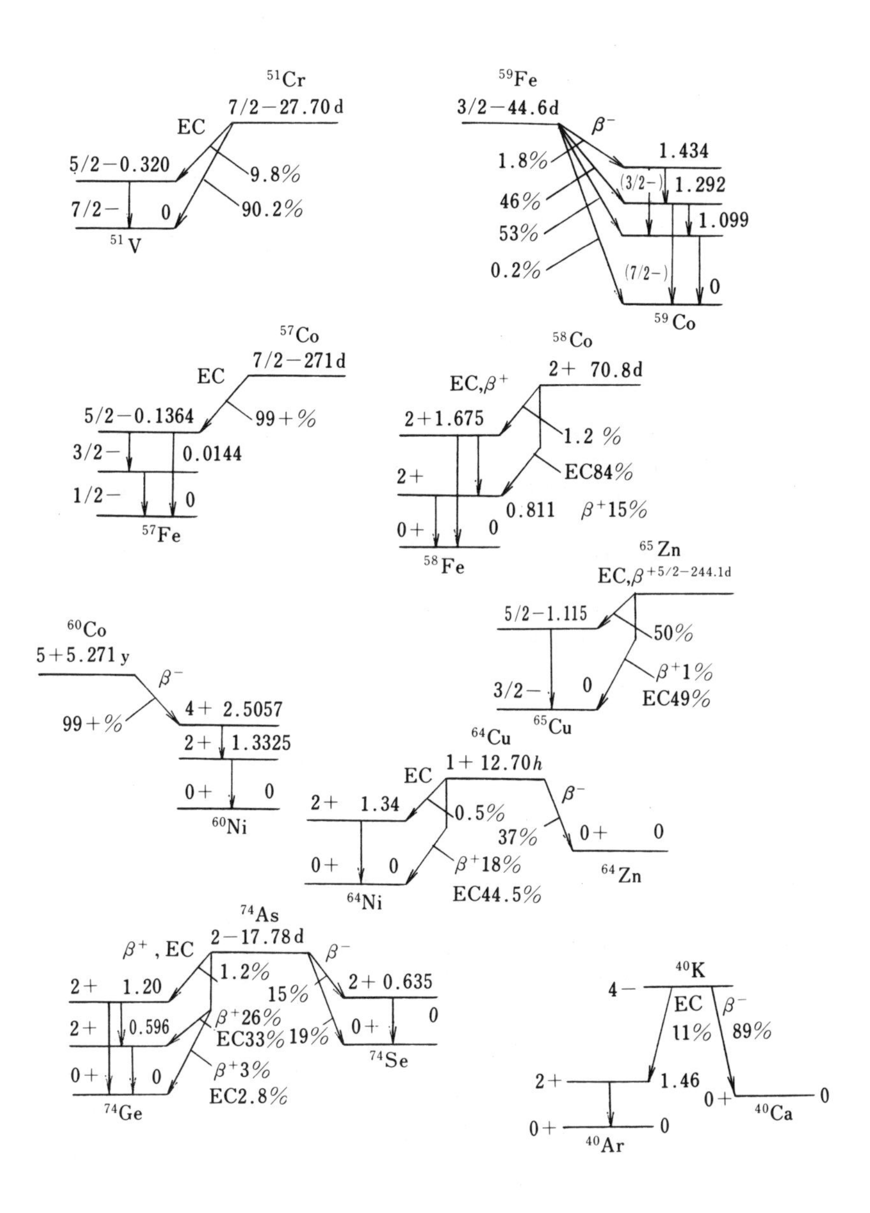

51Cr
7/2−27.70 d
EC
5/2−0.320
9.8%
7/2−
0
90.2%
51V
59Fe
3/2−44.6d
β−
1.434
1.8%
(3/2−)
1.292
46%
1.099
53%
0.2%
(7/2−)
0
59Co
57Co
7/2−271d
EC
5/2−0.1364
99+%
3/2−
0.0144
1/2−
0
57Fe
58Co
2+ 70.8d
EC,β+
2+1.675
1.2 %
2+
EC84%
0.811
β+15%
0+
0
58Fe
65Zn
EC,β+5/2−244.1d
5/2−1.115
50%
β+1%
3/2−
0
EC49%
65Cu
60Co
5+5.271 y
β−
99+%
4+ 2.5057
2+
1.3325
0+
0
60Ni
64Cu
1+ 12.70h
EC
β−
2+ 1.34
0.5%
37%
0+
0
0+
0
β+18%
64Zn
64Ni
EC44.5%
74As
2−17.78 d
β+, EC
β−
1.2%
2+ 1.20
15%
2+ 0.635
2+
0.596
β+26%
0
EC33%
19%
0+
0+
0
β+3%
74Se
EC2.8%
74Ge
40K
4−
EC
β−
11%
89%
2+
1.46
0+
0
0+
0
40Ca
40Ar

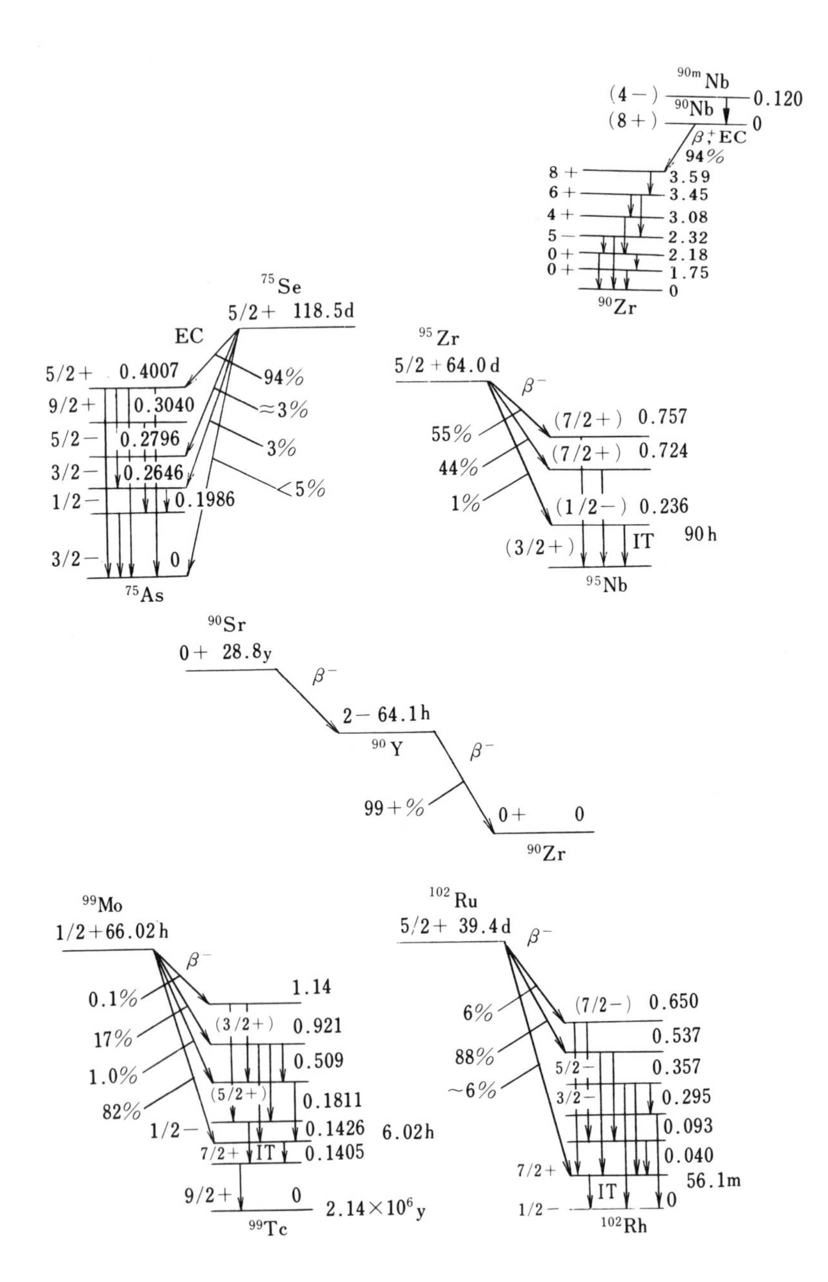

^{90m}Nb
(4−) 0.120
^{90}Nb
(8+) 0
β+, EC
94%
8+ 3.59
6+ 3.45
4+ 3.08
5− 2.32
0+ 2.18
0+ 1.75
0
^{90}Zr
^{75}Se
5/2+ 118.5d
EC
5/2+ 0.4007
94%
9/2+ 0.3040
≈3%
5/2− 0.2796
3%
3/2− 0.2646
<5%
1/2− 0.1986
3/2− 0
^{75}As
^{95}Zr
5/2+64.0d
β−
(7/2+) 0.757
55%
(7/2+) 0.724
44%
1%
(1/2−) 0.236
(3/2+) IT 90h
^{95}Nb
^{90}Sr
0+ 28.8y
β−
2− 64.1h
^{90}Y
β−
99+%
0+ 0
^{90}Zr
^{99}Mo
1/2+66.02h
β−
0.1%
1.14
17%
(3/2+) 0.921
1.0%
0.509
82%
(5/2+) 0.1811
1/2− 0.1426 6.02h
7/2+ IT 0.1405
9/2+ 0 2.14×10^{6}y
^{99}Tc
^{102}Ru
5/2+ 39.4d
β−
6%
(7/2−) 0.650
88%
0.537
~6%
5/2− 0.357
3/2− 0.295
0.093
0.040
7/2+ 56.1m
IT
1/2− 0
^{102}Rh

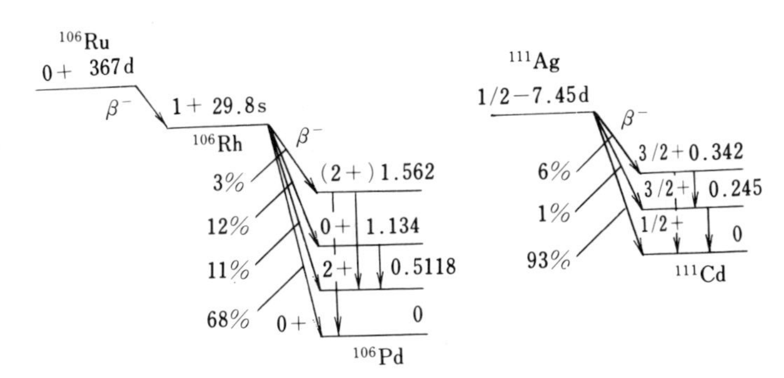

106Ru
0+ 367d
β−
1+ 29.8s
106Rh
β−
(2+) 1.562
0+ 1.134
2+ 0.5118
0+ 0
3%
12%
11%
68%
106Pd
111Ag
1/2−7.45d
β−
3/2+ 0.342
3/2+ 0.245
1/2+ 0
6%
1%
93%
111Cd

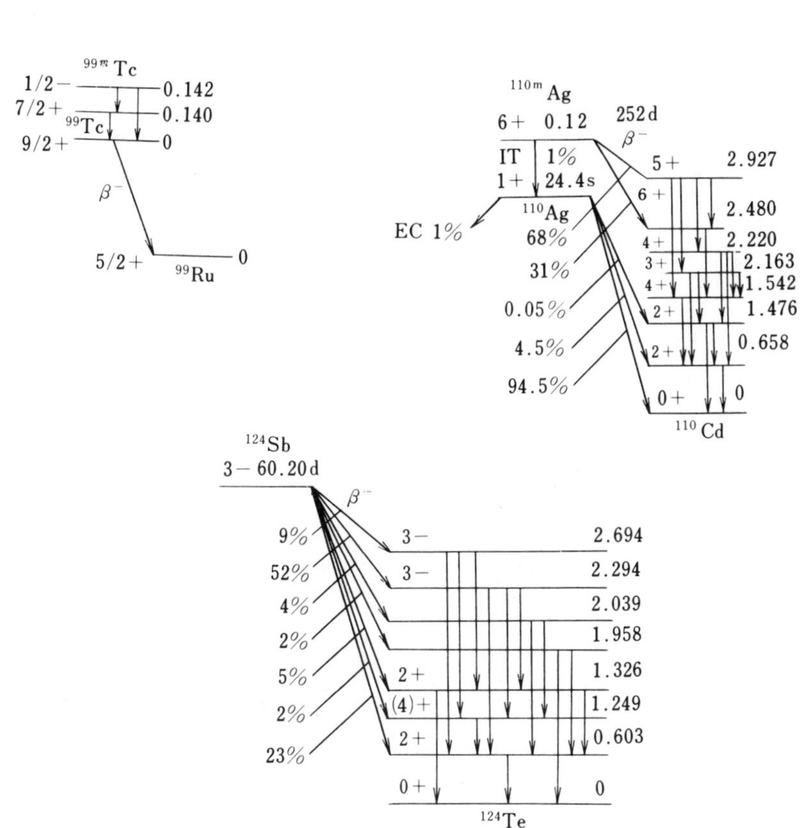

99m Tc
1/2− 0.142
7/2+ 0.140
99Tc
9/2+ 0
β−
5/2+ 0
99Ru
110m Ag
6+ 0.12
252d
β−
IT 1%
1+ 24.4s
110Ag
EC 1%
5+ 2.927
6+ 2.480
4+ 2.220
3+ 2.163
4+ 1.542
2+ 1.476
2+ 0.658
0+ 0
68%
31%
0.05%
4.5%
94.5%
110 Cd
124Sb
3− 60.20d
β−
3− 2.694
3− 2.294
2.039
1.958
2+ 1.326
(4)+ 1.249
2+ 0.603
0+ 0
9%
52%
4%
2%
5%
2%
23%
124Te

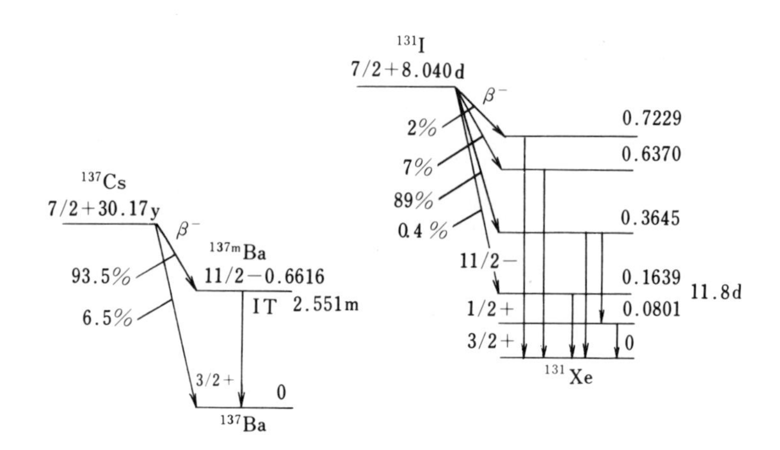

137Cs
7/2+30.17y
β−
137mBa
11/2−0.6616
93.5%
6.5%
IT 2.551m
3/2+
0
137Ba
131I
7/2+8.040d
β−
2%
7%
89%
0.4%
11/2−
1/2+
3/2+
0.7229
0.6370
0.3645
0.1639
0.0801
0
11.8d
131Xe

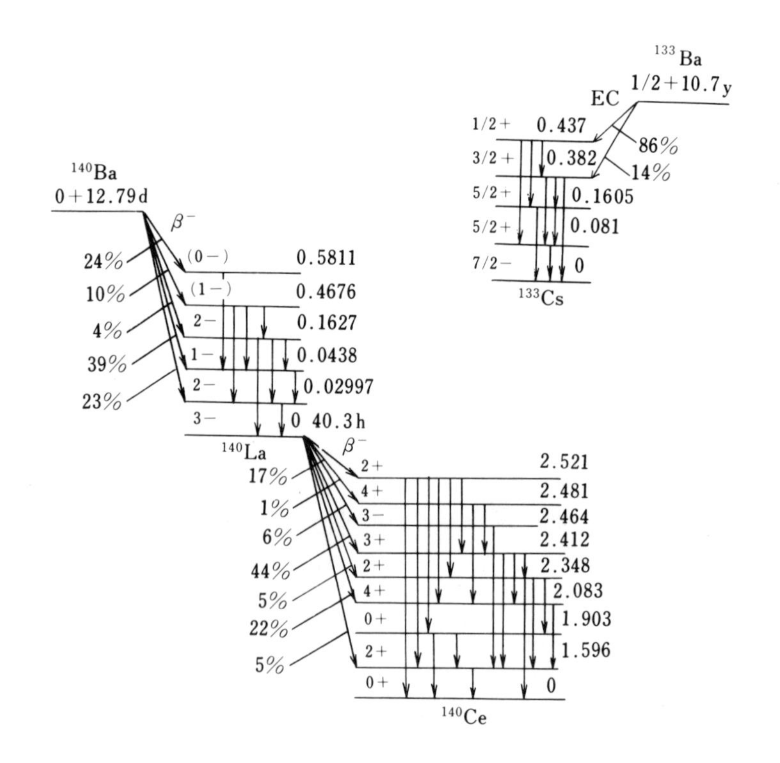

133Ba
1/2+10.7y
EC
86%
14%
1/2+ 0.437
3/2+ 0.382
5/2+ 0.1605
5/2+ 0.081
7/2− 0
133Cs
140Ba
0+12.79d
β−
24%
10%
4%
39%
23%
(0−) 0.5811
(1−) 0.4676
2− 0.1627
1− 0.0438
2− 0.02997
3− 0 40.3h
140La
β−
17%
1%
6%
44%
5%
22%
5%
2+ 2.521
4+ 2.481
3− 2.464
3+ 2.412
2+ 2.348
4+ 2.083
0+ 1.903
2+ 1.596
0+ 0
140Ce

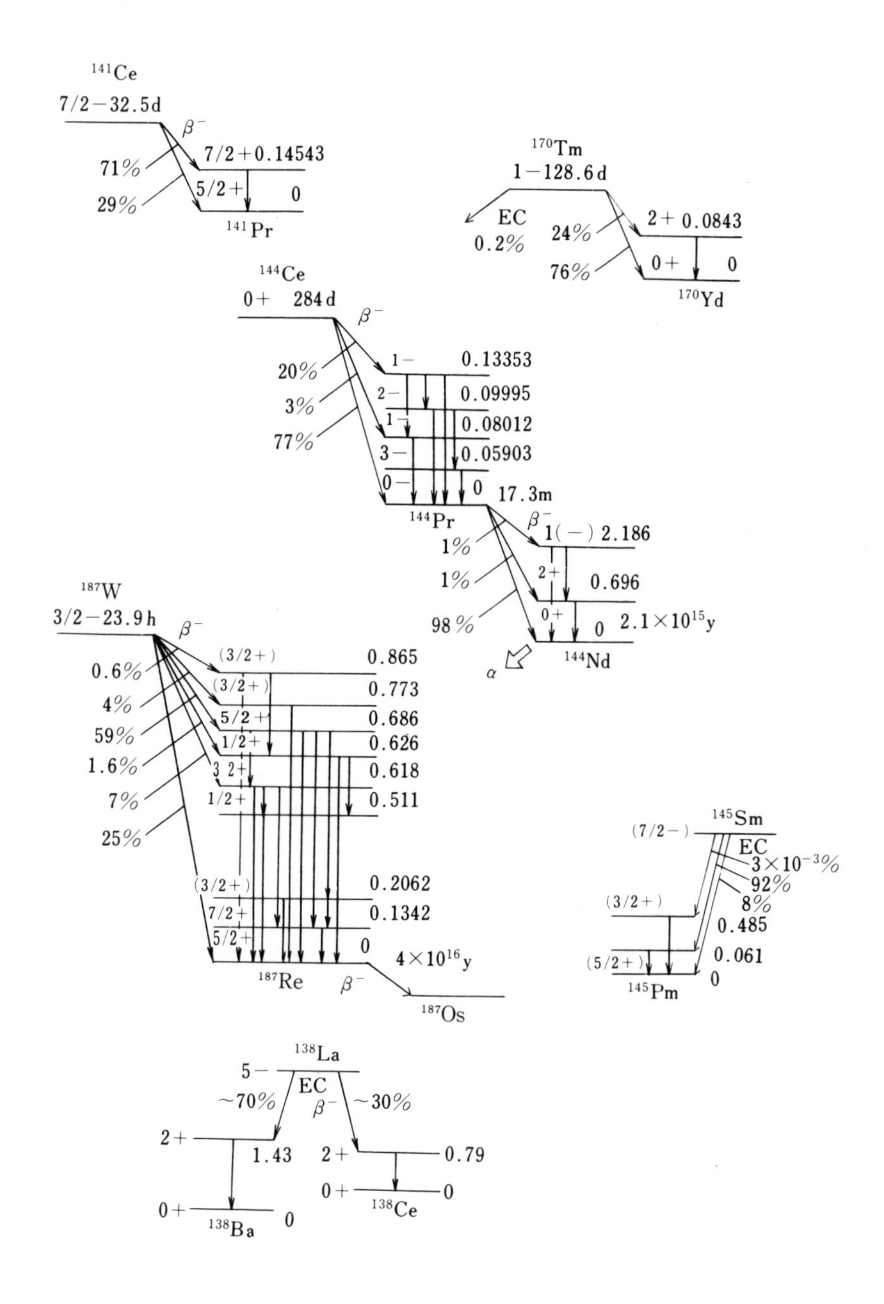

^{141}Ce
7/2−32.5d
β⁻
7/2+0.14543
71%
5/2+ 0
29%
^{141}Pr
^{170}Tm
1−128.6d
EC
0.2%
24%
2+ 0.0843
76%
0+ 0
^{170}Yd
^{144}Ce
0+ 284d
β⁻
20%
1− 0.13353
3%
2− 0.09995
77%
1− 0.08012
3− 0.05903
0− 0
^{144}Pr
17.3m
β⁻
1(−) 2.186
1%
1%
2+ 0.696
98%
0+ 0 2.1×10^{15}y
α
^{144}Nd
^{187}W
3/2−23.9h
β⁻
(3/2+) 0.865
0.6%
(3/2+) 0.773
4%
5/2+ 0.686
59%
1/2+ 0.626
1.6%
3 2+ 0.618
7%
1/2+ 0.511
25%
(3/2+) 0.2062
7/2+ 0.1342
5/2+ 0
4×10^{16}y
^{187}Re
β⁻
^{187}Os
(7/2−) ^{145}Sm
EC
3×10^{-3}%
92%
8%
(3/2+) 0.485
(5/2+) 0.061
0
^{145}Pm
^{138}La
5−
EC
~70%
β⁻
~30%
2+ 1.43
2+ 0.79
0+ 0
^{138}Ce
0+ 0
^{138}Ba

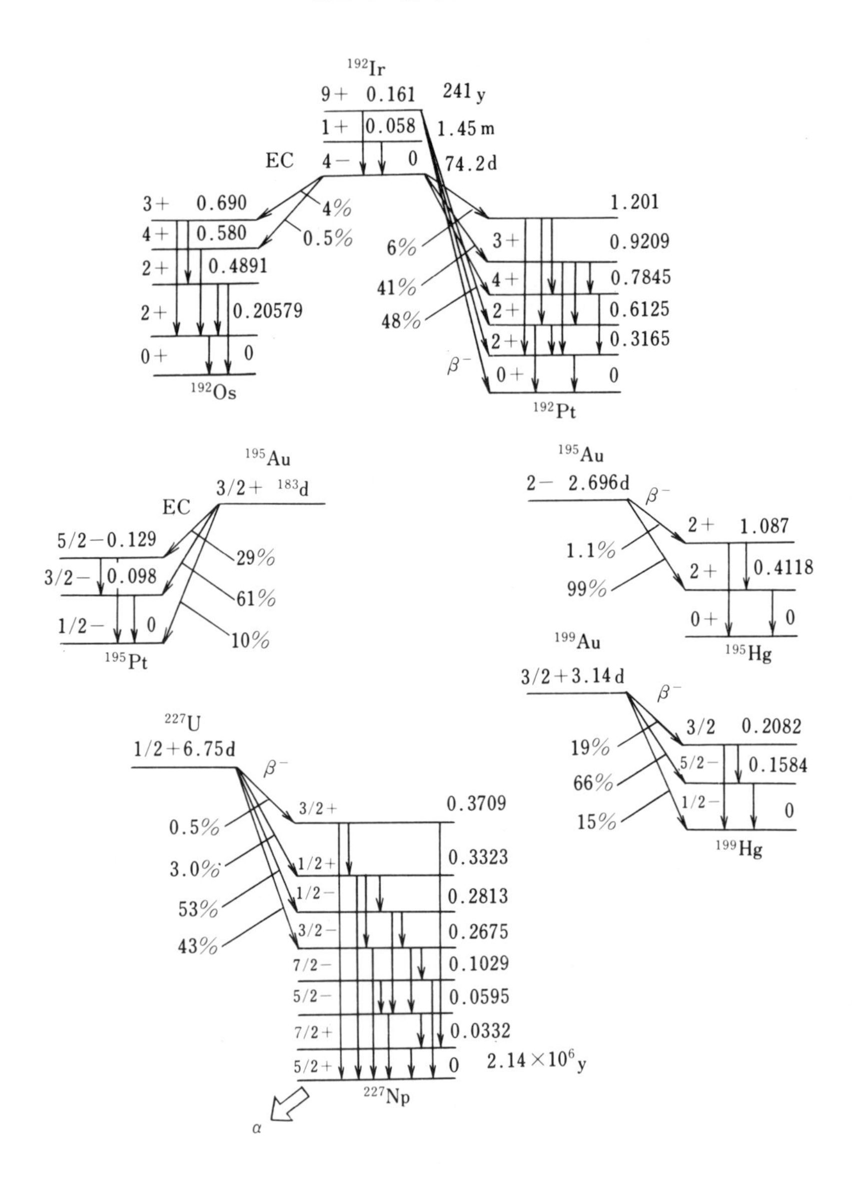

^{192}Ir
9+ 0.161 241 y
1+ 0.058 1.45 m
EC 4− 0 74.2 d
3+ 0.690
4%
4+ 0.580
0.5%
2+ 0.4891
2+ 0.20579
0+ 0
^{192}Os
1.201
6%
3+ 0.9209
41%
4+ 0.7845
48%
2+ 0.6125
2+ 0.3165
β⁻
0+ 0
^{192}Pt
^{195}Au
3/2+ 183 d
EC
5/2− 0.129
29%
3/2− 0.098
61%
1/2− 0
10%
^{195}Pt
^{195}Au
2− 2.696 d
β⁻
2+ 1.087
1.1%
2+ 0.4118
99%
0+ 0
^{195}Hg
^{199}Au
3/2+3.14 d
β⁻
3/2 0.2082
19%
5/2− 0.1584
66%
1/2− 0
15%
^{199}Hg
^{227}U
1/2+6.75 d
β⁻
3/2+ 0.3709
0.5%
1/2+ 0.3323
3.0%
1/2− 0.2813
53%
3/2− 0.2675
43%
7/2− 0.1029
5/2− 0.0595
7/2+ 0.0332
5/2+ 0 2.14×10⁶ y
^{227}Np
α

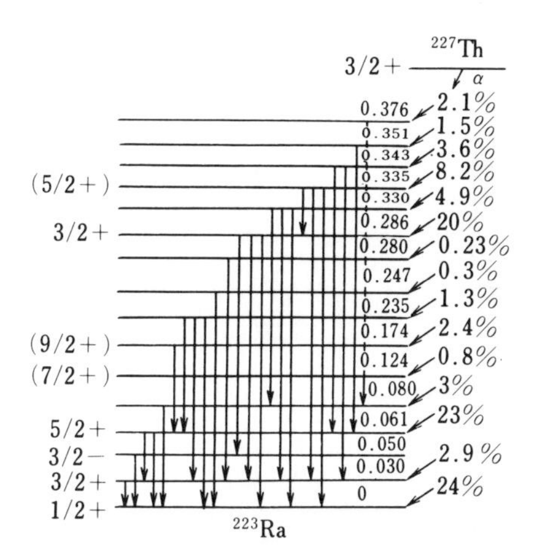
^{227}Th
3/2+
α
0.376 2.1%
0.351 1.5%
0.343 3.6%
(5/2+) 0.335 8.2%
0.330 4.9%
3/2+ 0.286 20%
0.280 0.23%
0.247 0.3%
0.235 1.3%
(9/2+) 0.174 2.4%
(7/2+) 0.124 0.8%
0.080 3%
5/2+ 0.061 23%
3/2− 0.050
3/2+ 0.030 2.9%
1/2+ 0 24%
^{223}Ra

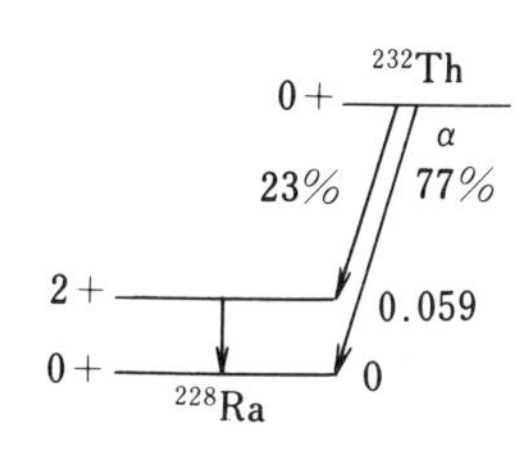
^{232}Th
0+
α
23%
77%
2+ 0.059
0+ 0
^{228}Ra

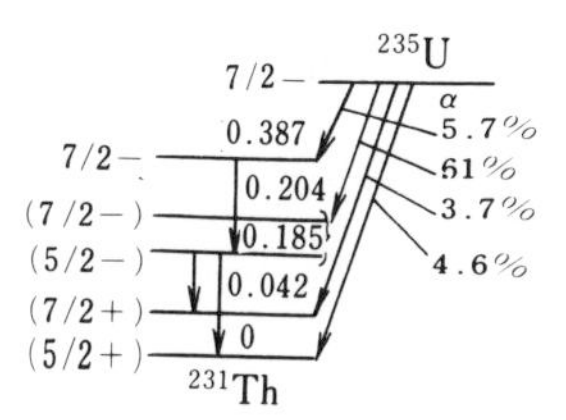
^{235}U
7/2−
α
5.7%
61%
3.7%
4.6%
7/2− 0.387
(7/2−) 0.204
(5/2−) 0.185
(7/2+) 0.042
(5/2+) 0
^{231}Th

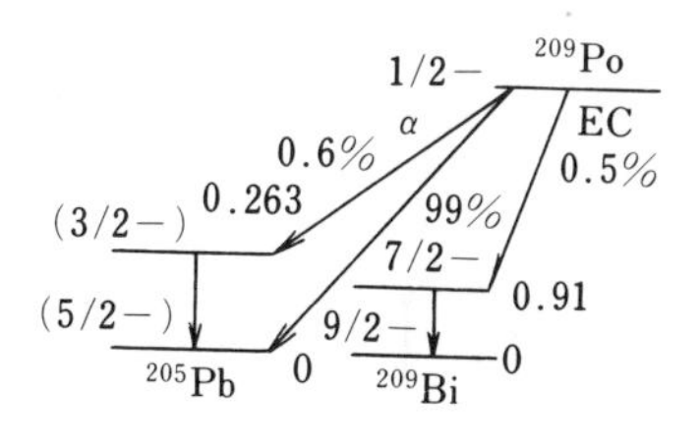
^{209}Po
1/2−
α
0.6%
EC
0.5%
(3/2−) 0.263
99%
7/2− 0.91
(5/2−) 0
9/2− 0
^{205}Pb
^{209}Bi

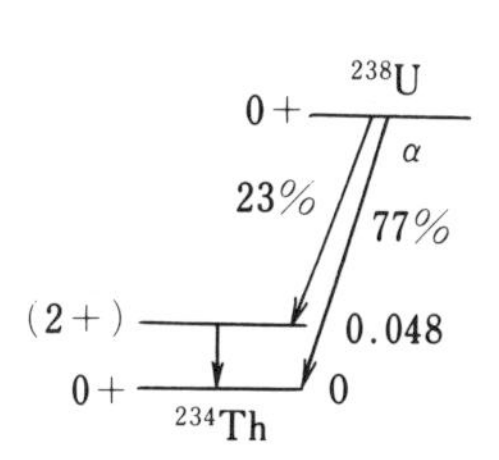
^{238}U
0+
α
23%
77%
(2+) 0.048
0+ 0
^{234}Th

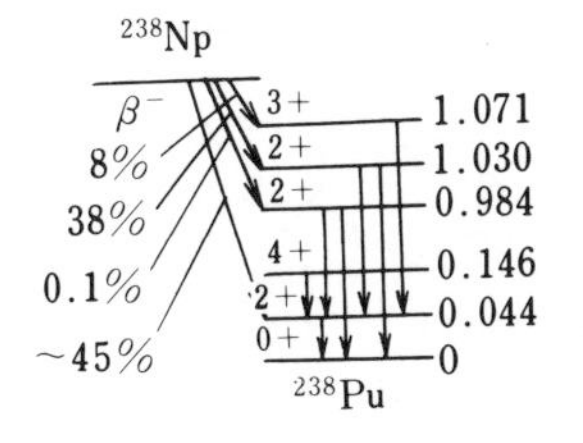
^{238}Np
β⁻
8%
38%
0.1%
~45%
3+ 1.071
2+ 1.030
2+ 0.984
4+ 0.146
2+ 0.044
0+ 0
^{238}Pu

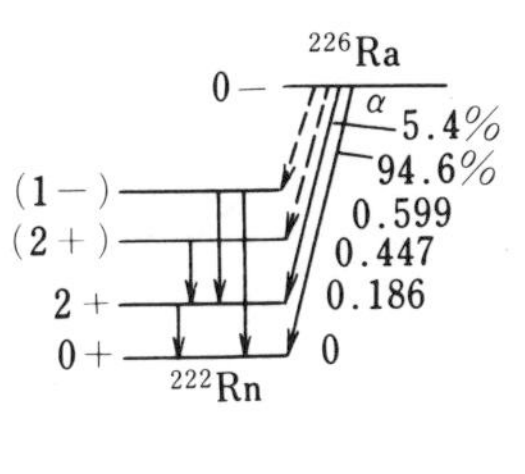
^{226}Ra
0−
α
5.4%
94.6%
(1−) 0.599
(2+) 0.447
2+ 0.186
0+ 0
^{222}Rn

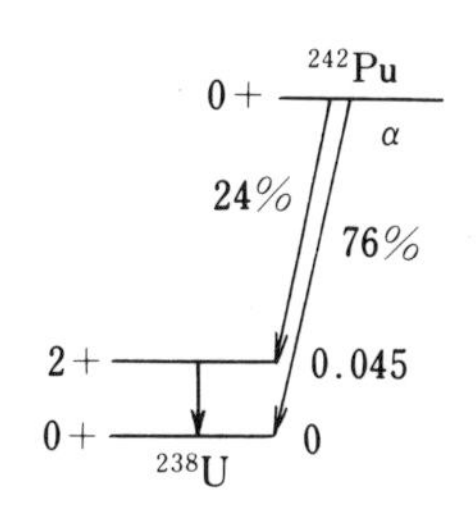
^{242}Pu
0+
α
24%
76%
2+ 0.045
0+ 0
^{238}U

10・5　放射性崩壊系列（アイソトープ手帳（1980）による）

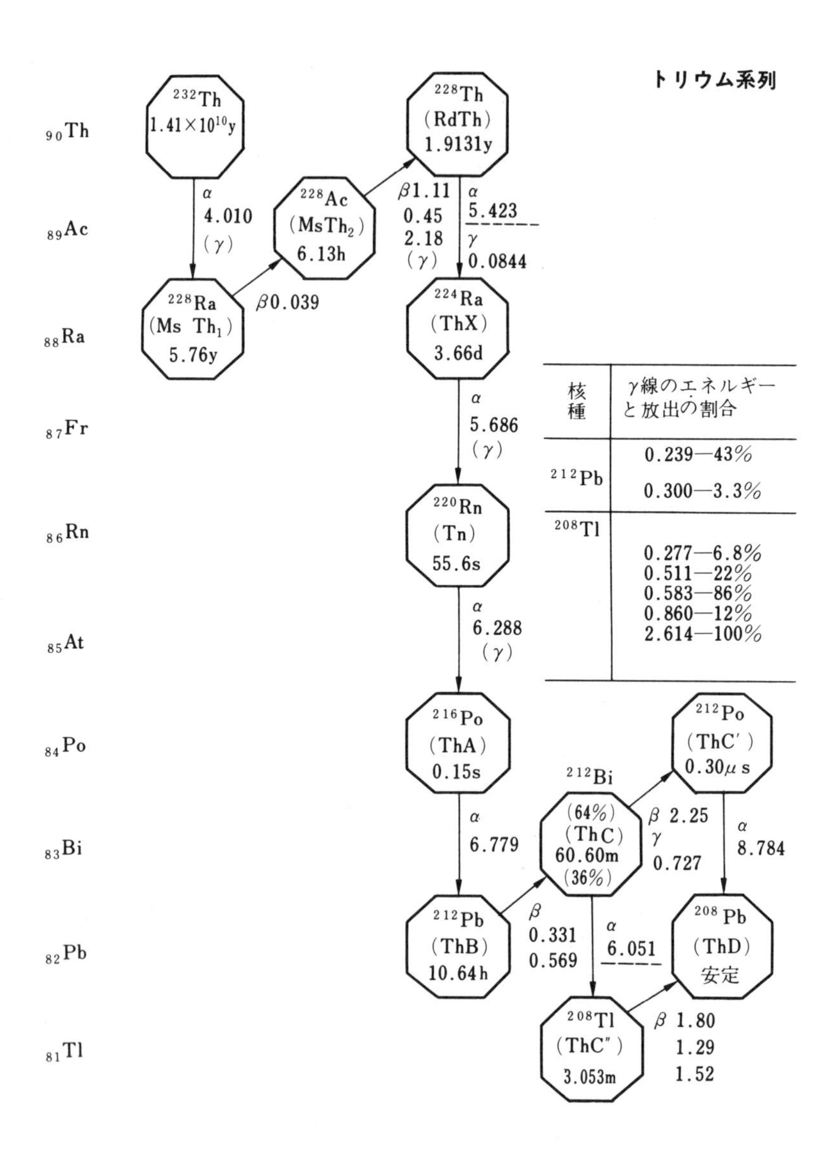

核種	γ線のエネルギーと放出の割合
^{212}Pb	0.239—43% 0.300—3.3%
^{208}Tl	0.277—6.8% 0.511—22% 0.583—86% 0.860—12% 2.614—100%

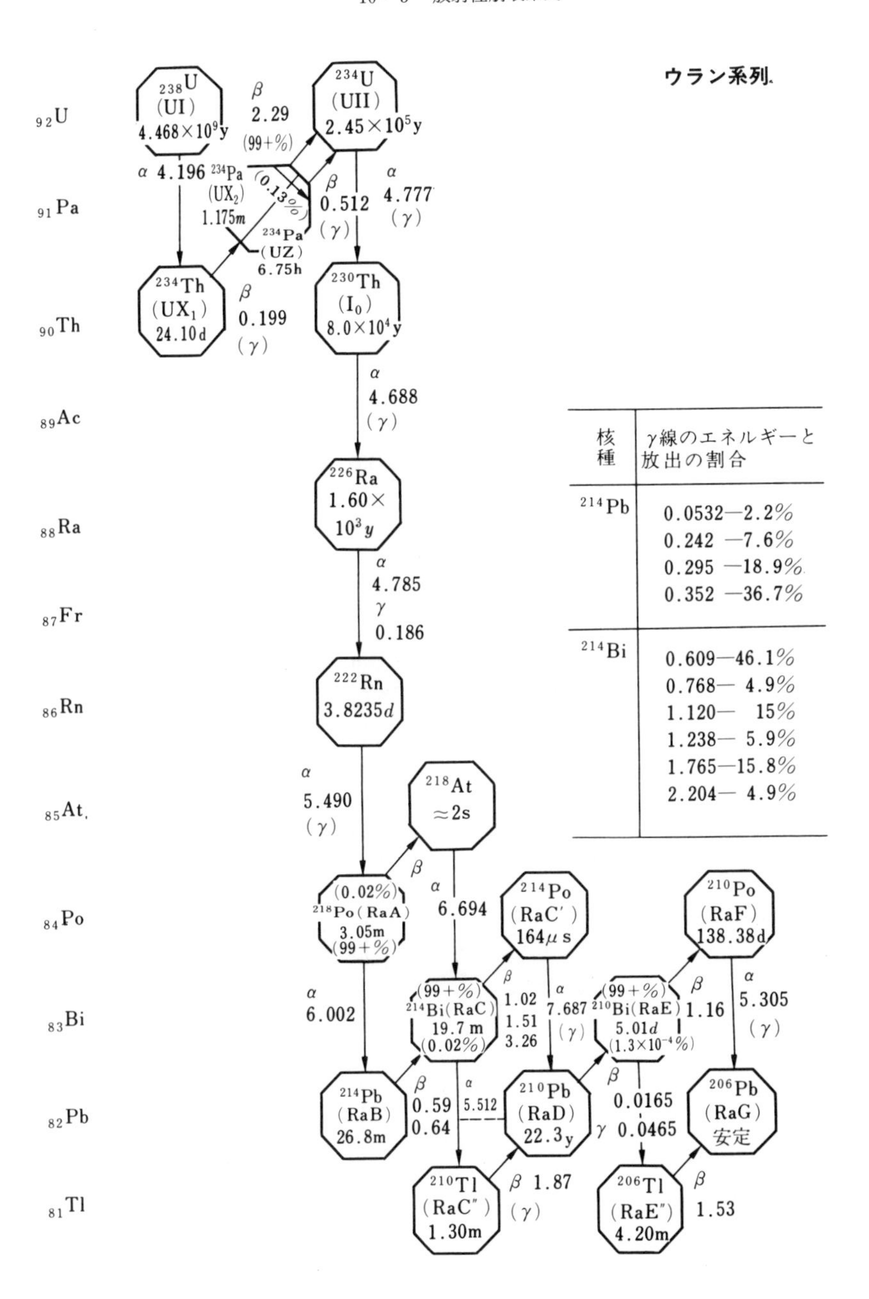

核種	γ線のエネルギーと放出の割合
^{214}Pb	0.0532—2.2% 0.242 —7.6% 0.295 —18.9% 0.352 —36.7%
^{214}Bi	0.609—46.1% 0.768— 4.9% 1.120— 15% 1.238— 5.9% 1.765—15.8% 2.204— 4.9%

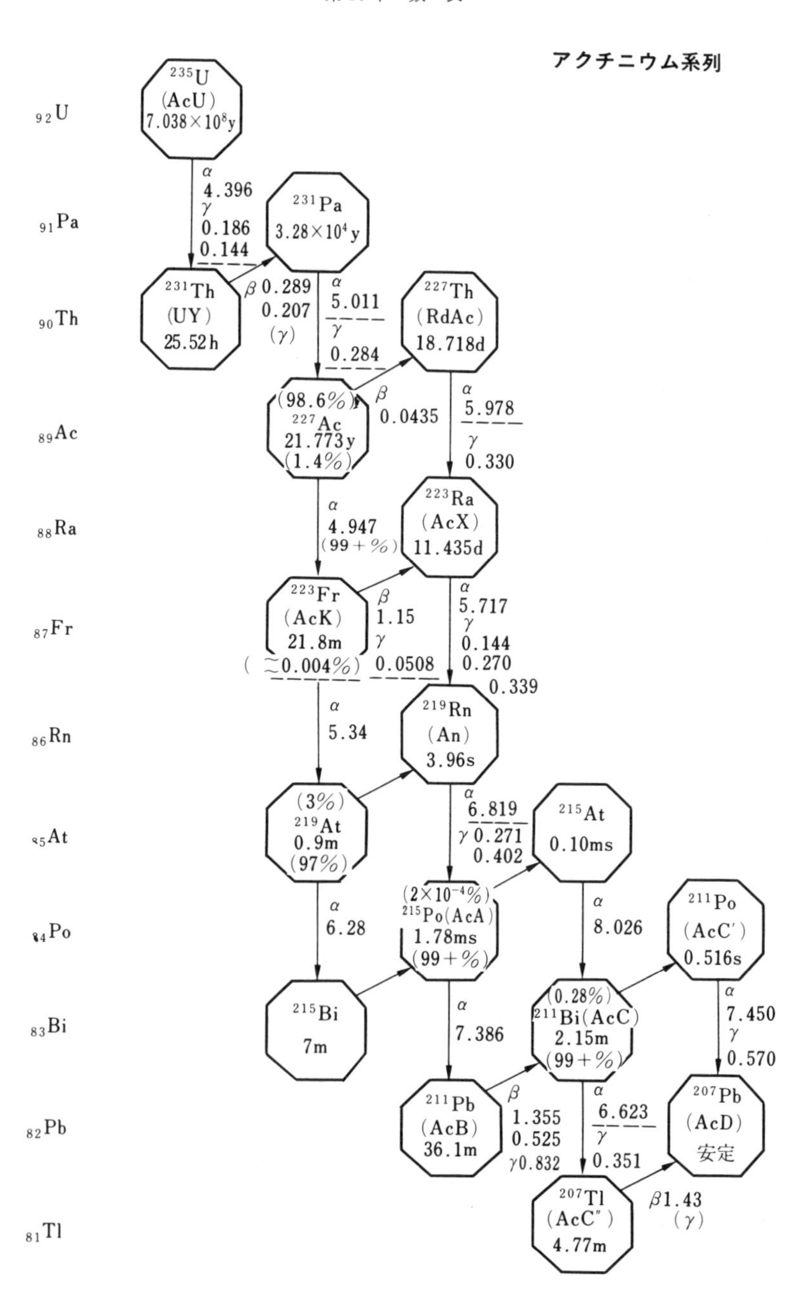
アクチニウム系列
$_{92}$U
$_{91}$Pa
$_{90}$Th
$_{89}$Ac
$_{88}$Ra
$_{87}$Fr
$_{86}$Rn
$_{85}$At
$_{84}$Po
$_{83}$Bi
$_{82}$Pb
$_{81}$Tl
^{235}U (AcU) 7.038×10^{8}y
α 4.396 γ 0.186 0.144
^{231}Pa 3.28×10^{4}y
^{231}Th (UY) 25.52h
β 0.289 0.207 (γ)
α 5.011 γ 0.284
^{227}Th (RdAc) 18.718d
(98.6%) ^{227}Ac 21.773y (1.4%)
β 0.0435
α 5.978 γ 0.330
α 4.947 (99+%)
^{223}Ra (AcX) 11.435d
^{223}Fr (AcK) 21.8m (≃0.004%)
β 1.15 γ 0.0508
α 5.717 γ 0.144 0.270 0.339
α 5.34
^{219}Rn (An) 3.96s
(3%) ^{219}At 0.9m (97%)
α 6.819 γ 0.271 0.402
^{215}At 0.10ms
α 6.28
(2×10^{-4}%) ^{215}Po(AcA) 1.78ms (99+%)
α 8.026
^{211}Po (AcC′) 0.516s
^{215}Bi 7m
α 7.386
(0.28%) ^{211}Bi(AcC) 2.15m (99+%)
α 7.450 γ 0.570
^{211}Pb (AcB) 36.1m
β 1.355 0.525 γ0.832
α 6.623 γ 0.351
^{207}Pb (AcD) 安定
^{207}Tl (AcC″) 4.77m
β1.43 (γ)

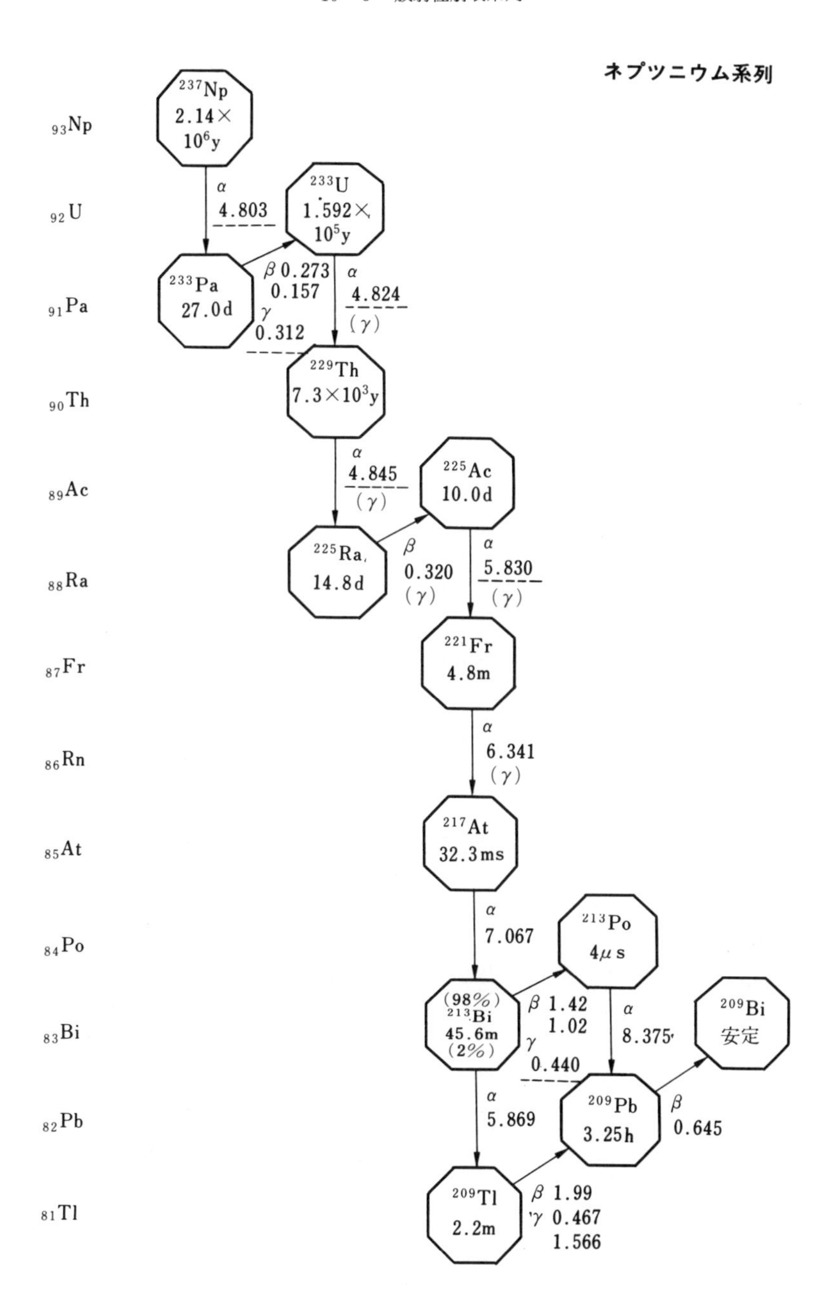

ネプツニウム系列
$_{93}$Np
$_{92}$U
$_{91}$Pa
$_{90}$Th
$_{89}$Ac
$_{88}$Ra
$_{87}$Fr
$_{86}$Rn
$_{85}$At
$_{84}$Po
$_{83}$Bi
$_{82}$Pb
$_{81}$Tl
^{237}Np 2.14× 10^{6}y
α 4.803
^{233}U 1.592× 10^{5}y
^{233}Pa 27.0d
β 0.273 0.157
γ 0.312
α 4.824 (γ)
^{229}Th 7.3×10^{3}y
α 4.845 (γ)
^{225}Ac 10.0d
^{225}Ra 14.8d
β 0.320 (γ)
α 5.830 (γ)
^{221}Fr 4.8m
α 6.341 (γ)
^{217}At 32.3ms
α 7.067
^{213}Po 4μs
(98%) ^{213}Bi 45.6m (2%)
β 1.42 1.02
γ 0.440
α 8.375
^{209}Bi 安定
α 5.869
^{209}Pb 3.25h
β 0.645
^{209}Tl 2.2m
β 1.99
γ 0.467 1.566

10・6　原子の核外電子配置

（アイソトープ手帳（1980））

電子の殻	K	L		M			N				O			イオン化ポテンシャル	
元素名	1s	2s	2p	3s	3p	3d	4s	4p	4d	4f	5s	5p	5d	I〔eV〕	II〔eV〕
1 H	1													13.599	—
2 He	2													24.588	54.418
3 Li	2	1												5.392	75.641
4 Be	2	2												9.323	18.211
5 B	2	2	1											8.298	25.156
6 C	2	2	2											11.266	24.383
7 N	2	2	3											14.53	29.602
8 O	2	2	4											13.618	35.118
9 F	2	2	5											17.423	34.98
10 Ne	2	2	6											21.565	40.964
11 Na	2	2	6											5.139	47.29
12 Mg	2	2	6	2										7.644	15.035
13 Al	2	2	6	2	1									5.986	18.828
14 Si	2	2	6	2	2									8.152	16.346
15 P	2	2	6	2	3									10.487	19.72
16 S	2	2	6	2	4									10.360	23.4
17 Cl	2	2	6	2	5									12.967	23.80
18 Ar	2	2	6	2	6									15.760	27.62
19 K	2	2	6	2	6		1							4.341	31.81
20 Ca	2	2	6	2	6		2							6.113	11.872
21 Sc	2	2	6	2	6	1	2							6.54	12.80
22 Ti	2	2	6	2	6	2	2							6.82	13.557
23 V	2	2	6	2	6	3	2							6.74	14.65
24 Cr	2	2	6	2	6	5	1							6.765	16.49
25 Mn	2	2	6	2	6	5	2							7.432	15.640
26 Fe	2	2	6	2	6	6	2							7.87	16.18
27 Co	2	2	6	2	6	7	2							7.864	17.05
28 Ni	2	2	6	2	6	8	2							7.635	18.15
29 Cu	2	2	6	2	6	10	1							7.726	20.292
30 Zn	2	2	6	2	6	10	2							9.394	17.964
31 Ga	2	2	6	2	6	10	2	1						5.999	20.51
32 Ge	2	2	6	2	6	10	2	2						7.900	15.935
33 As	2	2	6	2	6	10	2	3						9.81	18.63
34 Se	2	2	6	2	6	10	2	4						9.75	21.5
35 Br	2	2	6	2	6	10	2	5						11.814	21.6
36 Kr	2	2	6	2	6	10	2	6						14.000	24.56
37 Rb	2	2	6	2	6	10	2	6			1			4.177	27.5
38 Sr	2	2	6	2	6	10	2	6			2			5.696	11.030
39 Y	2	2	6	2	6	10	2	6	1		2			6.377	12.233
40 Zr	2	2	6	2	6	10	2	6	2		2			6.837	13.13
41 Nb	2	2	6	2	6	10	2	6	4		1			6.883	14.32
42 Mo	2	2	6	2	6	10	2	6	5		1			7.10	16.15
43 Tc	2	2	6	2	6	10	2	6	6		1			7.28	15.26
44 Ru	2	2	6	2	6	10	2	6	7		1			7.366	16.76
45 Rh	2	2	6	2	6	10	2	6	8		1			7.461	18.07
46 Pd	2	2	6	2	6	10	2	6	10					8.33	19.42
47 Ag	2	2	6	2	6	10	2	6	10		1			7.576	21.48
48 Cd	2	2	6	2	6	10	2	6	10		2			8.994	16.908
49 In	2	2	6	2	6	10	2	6	10		2	1		5.786	18.833
50 Sn	2	2	6	2	6	10	2	6	10		2	2		7.344	14.632
51 Sb	2	2	6	2	6	10	2	6	10		2	3		8.642	16.5
52 Te	2	2	6	2	6	10	2	6	10		2	4		9.01	18.6
53 I	2	2	6	2	6	10	2	6	10		2	5		10.459	19.135
54 Xe	2	2	6	2	6	10	2	6	10		2	6		12.130	21.21

電子の殻		K	L	M	N				O					P					Q	イオン化ポテンシャル	
元素名					4s	4p	4d	4f	5s	5p	5d	5f	5g	6s	6p	6d	6f	6g	7s…	I [eV]	II[eV]
55	Cs	2	8	18	2	6	10		2	6				1						3.894	25.1
56	Ba	2	8	18	2	6	10		2	6				2						5.212	10.001
57	La	2	8	18	2	6	10		2	6	1			2						5.61	10.85
58	Ce	2	8	18	2	6	10	2	2	6	1			2						5.65	10.55
59	Pr	2	8	18	2	6	10	3	2	6				2						5.42	10.73
60	Nd	2	8	18	2	6	10	4	2	6				2						5.49	10.55
61	Pm	2	8	18	2	6	10	5	2	6				2						5.55	10.90
62	Sm	2	8	18	2	6	10	6	2	6				2						5.63	11.02
63	Eu	2	8	18	2	6	10	7	2	6				2						5.68	11.245
64	Gd	2	8	18	2	6	10	7	2	6	1			2						6.16	12.1
65	Tb	2	8	18	2	6	10	9	2	6				2						5.98	—
66	Dy	2	8	18	2	6	10	10	2	6				2						5.93	11.67
67	Ho	2	8	18	2	6	10	11	2	6				2						6.02	11.80
68	Er	2	8	18	2	6	10	12	2	6				2						6.10	11.93
69	Tm	2	8	18	2	6	10	13	2	6				2						6.18	12.05
70	Yb	2	8	18	2	6	10	14	2	6				2						6.25	12.17
71	Lu	2	8	18	2	6	10	14	2	6	1			2						6.15	13.9
72	Hf	2	8	18	2	6	10	14	2	6	2			2						7.0	14.9
73	Ta	2	8	18	2	6	10	14	2	6	3			2						7.88	16.2
74	W	2	8	18	2	6	10	14	2	6	4			2						7.98	17.7
75	Re	2	8	18	2	6	10	14	2	6	5			2						7.87	16.6
76	Os	2	8	18	2	6	10	14	2	6	6			2						8.7	17
77	Ir	2	8	18	2	6	10	14	2	6	7			2						9.2	—
78	Pt	2	8	18	2	6	10	14	2	6	9			1						9.0	18.56
79	Au	2	8	18	2	6	10	14	2	6	10			1						9.22	20.5
80	Hg	2	8	18	2	6	10	14	2	6	10			2						10.437	18.757
81	Tl	2	8	18	2	6	10	14	2	6	10			2	1					6.108	20.42
82	Pb	2	8	18	2	6	10	14	2	6	10			2	2					7.415	15.032
83	Bi	2	8	18	2	6	10	14	2	6	10			2	3					7.287	16.68
84	Po	2	8	18	2	6	10	14	2	6	10			2	4					8.43	—
85	At	2	8	18	2	6	10	14	2	6	10			2	5					—	—
86	Rn	2	8	18	2	6	10	14	2	6	10			2	6					10.745	—
87	Fr	2	8	18	2	6	10	14	2	6	10			2	6				1	—	—
88	Ra	2	8	18	2	6	10	14	2	6	10			2	6				2	5.277	10.14
89	Ac	2	8	18	2	6	10	14	2	6	10			2	6	1			2	6.9	12.1
90	Th	2	8	18	2	6	10	14	2	6	10			2	6	2			2	—	11.5
91	Pa	2	8	18	2	6	10	14	2	6	10	2		2	6	1			2	—	—
92	U	2	8	18	2	6	10	14	2	6	10	3		2	6	1			2	6.08	—
93	Np	2	8	18	2	6	10	14	2	6	10	4		2	6	1			2	5.8	—
94	Pu	2	8	18	2	6	10	14	2	6	10	6		2	6				2	5.8	—
95	Am	2	8	18	2	6	10	14	2	6	10	7		2	6				2	6.05	—
96	Cm	2	8	18	2	6	10	14	2	6	10	7		2	6	1			2	—	—
97	Bk	2	8	18	2	6	10	14	2	6	10	9		2	6				2	—	—
98	Cf	2	8	18	2	6	10	14	2	6	10	10		2	6				2	—	—
99	Es	2	8	18	2	6	10	14	2	6	10	11		2	6				2	—	—
100	Fm	2	8	18	2	6	10	14	2	6	10	12		2	6				2	—	—
101	Md	2	8	18	2	6	10	14	2	6	10	13		2	6				2	—	—
102	No	2	8	18	2	6	10	14	2	6	10	14		2	6				2	—	—
103	Lr	2	8	18	2	6	10	14	2	6	10	14		2	6	1			2	—	—

American Institute of Physics Handbook (3rd Ed.) McGraw-Hill Inc., New York (1972) による．
I および II はそれぞれ 1 価および II 価のイオンに対する値を示している．

10・7 質量減弱曲線

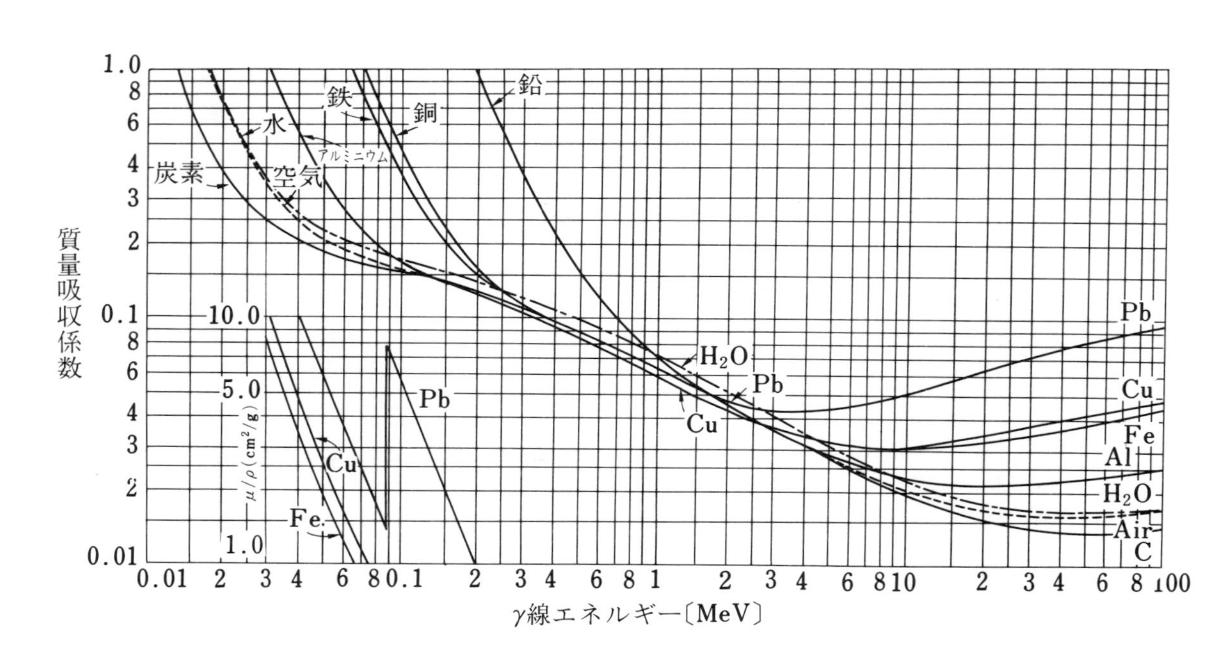

鉛
鉄
銅
水
アルミニウム
炭素
空気
質量吸収係数
1.0
8
6
4
3
2
0.1
0.01
10.0
5.0
1.0
μ/ρ (cm²/g)
Pb
Cu
Fe
Al
H₂O
Air
C
0.01
0.1
1
10
100
γ線エネルギー〔MeV〕

10・8　いろいろな物質の質量吸収係数

(NBS Handbook85)

光量子エネルギー (MeV)	H	C	N	O	Na	Mg	P	S	Ar	K	Ca	水	空気	骨	筋肉
0.010	0.00992	1.94	3.42	5.50	15.4	20.9	40.1	49.7	62.0	77.0	89.8	4.89	4.66	19.0	4.96
.015	0.0110	0.517	0.916	1.49	4.43	6.09	11.9	15.2	19.4	24.6	28.9	1.32	1.29	5.89	1.36
.020	0.0133	0.203	0.360	0.587	1.77	2.47	5.00	6.41	8.31	10.5	12.5	0.523	0.516	2.51	0.544
.030	0.0186	0.0592	0.102	0.163	0.482	0.684	1.45	1.85	2.46	3.12	3.75	0.147	0.147	0.743	0.154
.040	0.0230	0.0306	0.0465	0.0700	0.194	0.274	0.570	0.731	0.974	1.25	1.52	0.0647	0.0640	0.305	0.0677
.050	0.0270	0.0226	0.0299	0.0410	0.0996	0.140	0.282	0.361	0.484	0.626	0.764	0.0394	0.0384	0.158	0.0409
.060	0.0305	0.0203	0.0244	0.0304	0.0637	0.0845	0.166	0.214	0.284	0.367	0.443	0.0304	0.0292	0.0979	0.0312
.080	0.0362	0.0201	0.0218	0.0239	0.0369	0.0456	0.0780	0.0971	0.124	0.158	0.191	0.0253	0.0236	0.0520	0.0255
.10	0.0406	0.0213	0.0222	0.0232	0.0288	0.0334	0.0500	0.0599	0.0725	0.0909	0.111	0.0252	0.0231	0.0386	0.0252
.15	0.0485	0.0246	0.0249	0.0252	0.0258	0.0275	0.0315	0.0351	0.0368	0.0433	0.0488	0.0278	0.0251	0.0304	0.0276
.20	0.0530	0.0267	0.0267	0.0271	0.0265	0.0277	0.0292	0.0310	0.0302	0.0339	0.0367	0.0300	0.0268	0.0302	0.0297
.30	0.0573	0.0288	0.0289	0.0289	0.0278	0.0290	0.0290	0.0301	0.0278	0.0304	0.0319	0.0320	0.0288	0.0311	0.0317
.40	0.0587	0.0295	0.0296	0.0296	0.0283	0.0295	0.0290	0.0301	0.0274	0.0299	0.0308	0.0329	0.0296	0.0316	0.0325
.50	0.0589	0.0297	0.0297	0.0297	0.0284	0.0293	0.0288	0.0300	0.0271	0.0294	0.0304	0.0330	0.0297	0.0316	0.0327
.60	0.0588	0.0296	0.0296	0.0296	0.0283	0.0292	0.0287	0.0297	0.0270	0.0291	0.0301	0.0329	0.0296	0.0315	0.0326
.80	0.0573	0.0288	0.0289	0.0289	0.0276	0.0285	0.0280	0.0287	0.0261	0.0282	0.0290	0.0321	0.0289	0.0306	0.0318
1.0	0.0555	0.0279	0.0280	0.0280	0.0267	0.0275	0.0270	0.0280	0.0252	0.0272	0.0279	0.0311	0.0280	0.0297	0.0308
1.5	0.0507	0.0255	0.0255	0.0255	0.0243	0.0250	0.0245	0.0254	0.0228	0.0247	0.0253	0.0283	0.0255	0.0270	0.0281
2.0	0.0464	0.0234	0.0234	0.0234	0.0225	0.0232	0.0228	0.0235	0.0212	0.0228	0.0234	0.0260	0.0234	0.0248	0.0257
3.0	0.0398	0.0204	0.0205	0.0206	0.0199	0.0206	0.0204	0.0210	0.0193	0.0208	0.0213	0.0227	0.0205	0.0219	0.0225
4.0	0.0351	0.0184	0.0186	0.0187	0.0184	0.0191	0.0192	0.0199	0.0182	0.0199	0.0204	0.0205	0.0186	0.0199	0.0203
5.0	0.0316	0.0170	0.0172	0.0174	0.0173	0.0181	0.0184	0.0192	0.0176	0.0193	0.0200	0.0190	0.0173	0.0186	0.0188
6.0	0.0288	0.0160	0.0162	0.0166	0.0166	0.0175	0.0179	0.0187	0.0175	0.0190	0.0198	0.0180	0.0163	0.0178	0.0178
8.0	0.0249	0.0145	0.0148	0.0154	0.0158	0.0167	0.0175	0.0184	0.0172	0.0190	0.0197	0.0165	0.0150	0.0165	0.0164
10.0	0.0222	0.0137	0.0142	0.0147	0.0154	0.0163	0.0174	0.0183	0.0173	0.0191	0.0201	0.0155	0.0144	0.0159	0.0154

10・9　いくつかの放射性同位元素

元　素		半減期	崩壊形式	放射線のエネルギー [MeV]	β線の平均エネルギー [MeV]	γ線の放射定数 **	生産方法
水素	^{3}H	12.33年	β^-	0.0186	0.006	—	$^{6}Li(n,\ \alpha)^{3}H$
炭素	^{14}C	5,730年	β^-	0.155	0.049	—	$^{14}N(n,\ p)^{14}C$
ナトリウム	^{24}Na	15.02時間	β^-	β:1.389 γ:1.3685 2.7539	0.55	18.4	$^{23}Na(n,\ \gamma)^{24}Na$
りん	^{32}P	14.28日	β^-	1.69	0.69	—	$^{31}P(n,\ \gamma)^{32}P$ $^{34}S(d,\ \alpha)^{32}P$
いおう	^{35}S	87.4日	β^-	0.167	0.049	—	$^{34}S(n,\ \gamma)^{35}S$ $^{37}Cl(d,\ \alpha)^{35}S$
塩素	^{36}Cl	3.0×10^{5}年	β^-	0.7087	0.24	—	$^{35}Cl(n,\ \gamma)^{36}Cl$
カリウム	^{40}K	1.28×10^{9}年	β^- EC	β：1.33 X：1.46	0.46*	7.2	
カルシウム	^{45}Ca	165日	β^-	β：0.254 γ：0.0125	0.076	—	$^{44}Ca(n,\ \gamma)^{45}Ca$
コバルト	^{60}Co	5.271年	β^-	β：0.319 γ：1.173 1.332	0.095	13.2	$^{59}Co(n,\ \gamma)^{60}Co$
ストロンチウム イットリウム	^{90}Sr ^{90}Y	28.8年 64時間	β^- β^-	0.544 2.27 }	1.0	—	
沃素	^{131}I	8.04日	β^-	β：0.608, 0.335 0.250 γ：0.722, 0.637 0.365, 0.284 0.080	0.19	2.2	
セシウム	^{137}Cs	30.17年	β^-	β：1.176, 0.514 γ：0.6616	0.23	3.1	
金	^{198}Au	2.69日	β^-	β：0.962, 0.29 γ：0.4118, 0.6759	0.33	2.3	$^{197}Au(n,\ \gamma)^{198}Au$ $^{198}Pt(p,\ n)^{198}Au$

＊X線も含む．＊＊1mCi の点線源から 1 cm 離れた位置における 1 時間あたりの線量[R]

(Andrews (1961)，アイソトープ便覧 日本アイソトープ協会編 (1979))

10・10　元素の周期律表

（アイソトープ手帳（1979年））

I A	II A	IIIA	IVA	V A	VIA	VIIA	VIII	VIII	VIII	I B	II B	IIIB	IVB	V B	VIB	VIIB	0
		金属元素										非金属元素					
1 H 1.0079 水素																	2 He 4.00260 ヘリウム
3 Li 6.941 リチウム	4 Be 9.01218 ベリリウム											5 B 10.811 ホウ素	6 C 12.011 炭素	7 N 14.0067 窒素	8 O 15.999_4 酸素	9 F 18.998403 フッ素	10 Ne 20.179 ネオン
11 Na 22.98977 ナトリウム	12 Mg 24.305 マグネシウム											13 Al 26.89154 アルミニウム	14 Si 28.0855 ケイ素	15 P 30.97376 リン	16 S 32.06 硫黄	17 Cl 35.453 塩素	18 Ar 39.948 アルゴン
19 K 39.0983 カリウム	20 Ca 40.06 カルシウム	21 *Sc* 44.9559 スカンジウム	22 *Ti* 47.8_4 チタン	23 *V* 50.9415 バナジウム	24 *Cr* 51.996 クロム	25 *Mn* 54.9380 マンガン	26 *Fe* 55.847 鉄	27 *Co* 58.9332 コバルト	28 *Ni* 58.69 ニッケル	29 *Cu* 63.54_6 銅	30 *Zn* 65.38 亜鉛	31 Ga 69.72 ガリウム	32 Ge 72.59 ゲルマニウム	33 As 74.9216 ヒ素	34 Se 78.9_6 セレン	35 Br 79.904 臭素	36 Kr 83.80 クリプトン
37 Rb 85.4678 ルビジウム	38 Sr 87.62 ストロンチウム	39 *Y* 88.9059 イットリウム	40 *Zr* 91.22 ジルコニウム	41 *Nb* 92.9064 ニオブ	42 *Mo* 95.94 モリブデン	43 *Tc* (98) テクネチウム	44 *Ru* 101.0_7 ルテニウム	45 *Rh* 102.9055 ロジウム	46 *Pd* 106.42 パラジウム	47 *Ag* 107.868 銀	48 *Cd* 112.41 カドミウム	49 In 114.82 インジウム	50 Sn 118.69 スズ	51 Sb 121.75 アンチモン	52 Te 127.60 テルル	53 I 126.9045 ヨウ素	54 Xe 131.29 キセノン
55 Cs 132.9054 セシウム	56 Ba 137.33 バリウム	57～71 ―― ランタノイド元素	72 *Hf* 178.49 ハフニウム	73 *Ta* 180.9479 タンタル	74 *W* 183.85 タングステン	75 *Re* 186.207 レニウム	76 *Os* 190.2 オスミウム	77 *Ir* 192.2_2 イジリウム	78 *Pt* 195.0_7 白金	79 *Au* 196.9665 金	80 *Hg* 200.5_9 水銀	81 Tl 204.383 タリウム	82 Pb 207.2 鉛	83 Bi 208.9804 ビスマス	84 Po (209) ポロニウム	85 At (210) アスタチン	86 Rn (222) ラドン
87 Fr (223) フランシウム	88 Ra 226.0254 ラジウム	89～103 ―― アクチノイド元素	104 Rf (261) ラザホージウム	105 Db (262) ドブニウム	106 Sg (263) シーボーギウム	107 Bh (264) ボーリウム	108 Hs (269) ハッシウム	109 Mt (268) マイトネリウム	110 Ds (269) ダルムスタチウム	111 Uuu (272) ウンウンウニウム	112 Uub (277) ウンウンビウム		114 Uuq (289) ウンウンクワジウム		116 Uuh (292) ウンウンヘキシウム		

ランタノイド元素	57 *La* 138.9055 ランタン	58 *Ce* 140.12 セリウム	59 *Pr* 140.9077 プラセオジム	60 *Nd* 144.24 ネオジウム	61 *Pm* (145) プロメチウム	62 *Sm* 150.36 サマリウム	63 *Eu* 151.96 ユウロピウム	64 *Gd* 157.25 ガドリニウム	65 *Tb* 158.9254 テルビウム	66 *Dy* 162.50 ジスプロシウム	67 *Ho* 164.9304 ホルミウム	68 *Er* 167.26 エルビウム	69 *Tm* 168.9342 ツリウム	70 *Yb* 173.0_4 イッテルビウム	71 *Lu* 174.96_7 ルテチウム
アクチノイド元素	89 *Ac* 227.0278 アクチニウム	90 *Th* 232.0381 トリウム	91 *Pa* 231.0359 プロトアクチニウム	92 *U* 238.0289 ウラン	93 *Np* 237.0482 ネプツニウム	94 *Pu* (244) プルトニウム	95 *Am* (243) アメリシウム	96 *Cm* (247) キュリウム	97 *Bk* (247) バークリウム	98 *Cf* (251) カリホルニウム	99 *Es* (252) アインスタイニウム	100 *Fm* (257) フェルミウム	101 *Md* (258) メンデレビウム	102 *No* (259) ノーベリウム	103 *Lr* (260) ローレンシウム

備考：イタリック体は遷移金属元素。元素気号の上の数字は原子番号、下の数字は原子量（1979年）をそれぞれ示す。本表の原子量は、地球上に自然に存在する元素ならびにいくつかの人工放射性元素に適用される。値の信頼度は、最後の桁で±1、小活字の場合は±3である。（　）を付した数字は半減期の最も長い同位体の質量数である。

族に付したA,Bは遷移元素とそれ以上外のものとを区別するための記号で、従来のa,b亜族を表すものとは無関係である。

10・11　主要数学公式

指数

$a^{x+y}=a^x\cdot a^y$

$a^{x-y}=a^x\div a^y$

$a^{xy}=(a^x)^y$

$a^{\frac{m}{n}}=\sqrt[n]{a^m}$

$a^{-n}=\dfrac{1}{a^n}$

対数

$\log_{10}xy=\log_{10}x+\log_{10}y$

$\log_{10}\dfrac{y}{x}=\log_{10}y-\log_{10}x$

$\log_{10}x^n=n\log_{10}x$

$\log_y x=\dfrac{\log_c x}{\log_c y}$

$\log_e 2=0.69315\cdots$

$\log_{10}2=0.3010\cdots$

三角関数

$\sin(-x)=-\sin x$

$\cos(-x)=\cos x$

$\tan(-x)=-\tan x$

$\sin(\pi\pm x)=\mp\sin x$

$\cos(\pi\pm x)=-\cos x$

$\tan(\pi\pm x)=\pm\tan x$

$\sin(x\pm y)=\sin x\cos y\pm\cos x\sin y$

$\cos(x\pm y)=\cos x\cos y\mp\sin x\sin y$

$\tan(x\pm y)=\dfrac{\tan\pm\tan y}{1\mp\tan x\tan y}$

$\sin 2x=2\sin x\cos x$

$\cos 2x=\cos^2 x-\sin^2 x$

$\tan 2x=\dfrac{2\tan x}{1-\tan^2 x}$

展開

$e^x=1+\dfrac{1}{1!}x+\dfrac{1}{2!}x^2+\dfrac{1}{3!}x^3+\cdots\cdots\cdots$　$(-\infty<x<\infty)$

$(1+x)^{-1}=1-x+x^2-x^3-x^4-\cdots\cdots\cdots$　$(|x|<1)$

$\dfrac{1}{\sqrt{1+x}}=1-\dfrac{1}{2}x+\dfrac{1\cdot3}{2\cdot4}x^2-\dfrac{1\cdot3\cdot5}{2\cdot4\cdot6}x^3+\cdots\cdots\cdots$　$(|x|<1)$

$\sin x=x-\dfrac{1}{3!}x^3+\dfrac{1}{5!}x^5-\cdots\cdots\cdots$　$(-\infty<x<\infty)$

積分

$\int x^n dx=\dfrac{1}{n+1}x^{n+1}+c\ (n\neq-1)$

$\int\dfrac{1}{x}dx=\log_e x+c$

$\int e^{ax}dx=\dfrac{1}{a}e^{ax}+c$

$\int_a^b f(x)\,dx=[F(x)]_a^b=F(b)-F(a)$

$\int_a^b f(x)\,dx=\int_a^c f(x)\,dx+\int_c^b f(x)\,dx$

$\int_a^b f(x)\,dx=-\int_b^a f(x)\,dx$

$\int\sin(ax+b)\,dx=-\dfrac{1}{a}\cos(ax+b)+c$

$\int\cos(ax+b)\,dx=\dfrac{1}{a}\sin(ax+b)+c$

$\int\tan^2 x\,dx=\tan x-x+c$

$\int kf(x)\,dx=k\int f(x)\,dx$

$\int\{f(x)\pm g(x)\}\,dx=\int f(x)\,dx\pm\int g(x)\,dx$

$\int f(x)\,dx=\int f\{g(x)\}g'(x)\,dx$

索　　引

[あ]

アクチニウム系列 ……180
圧力 ……30
アボガドロ係数 ……29
α 壊変 ……161
α 線 ……160

[い]

位置エネルギー ……17
一次放射性核種 ……181
逸脱ピーク ……208
イメージングプレート ……232
陰極線 ……36

[う]

ウィーン ……265
ウィンド幅 ……235
ウィンドレベル ……235
宇宙線 ……154
ウラニウム—鉛法 ……183
ウラニウム系列 ……180
運動エネルギー ……16
運動質量 ……100
運動量 ……23,106
運動量保存則 ……25,106

[え]

永続平衡 ……178
A モード ……252
X 線 ……68
X 線 CT ……233
X 線写真 ……234
エネルギー準位 ……126,141
エネルギー束密度 ……89
エネルギーフルエンス ……89
エネルギー保存則 ……25,106
M モード ……252
遠距離音場 ……249
遠心力 ……12

[お]

オージェ効果 ……169
オージェ電子 ……166
音圧透過率 ……247
音圧反射率 ……247
音響インピーダンス ……246

[か]

カーマ ……91
ガイガー・ヌッタル ……162
回折 ……49
外挿飛程 ……192
外部照射 ……193
壊変図 ……167
壊変定数 ……163
ガウス分布 ……185
核異性体転移 ……167
核磁気共鳴 ……220
核種 ……138
核スピン ……141
角速度 ……11
核融合反応 ……147
核力 ……139,142
カスケードシャワー ……155
加速度 ……6

過渡平衡 ……178
カラードプラ法 ……255
カリウム-アルゴン法 ……183
感覚的強度 ……245
干渉 ……49
間接電離放射線 ……68
完全弾性衝突 ……24
眼底カメラ ……258
眼底写真 ……257
管電圧 ……73
γ 壊変 ……167
γ 線 ……160
γ 線放射定数 ……92

[き]

規格化 ……269
気体定数 ……28
軌道電子 ……36
軌道電子捕獲 ……165
基本単位 ……2
基本粒子 ……153
逆投影法 ……237
吸収係数 ……94
吸収線量 ……85
吸収端 ……104
キュリー ……161
強制振動 ……51
共鳴 ……51
共鳴周波数 ……223
距離分解能 ……250
近距離音場 ……249

[く]

空間分解能 ……234
空気カーマ率定数 ……93
クーロン力 ……40
クォーク ……153
屈折率 ……51
組立単位 ……2
グラム当量 ……43

[け]

蛍光作用 ……69
蛍光収量 ……168
傾斜磁場 ……228
結合エネルギー ……143
限界波長 ……101
原子核 ……126, 138
原子質量単位 ……142
原子番号 ……76
減弱曲線 ……94

[こ]

格子定数 ……76
高周波 ……55
高速中性子 ……200
光速度 ……56
光電効果 ……100
光電子 ……36
光電ピーク ……204
黄斑中心窩 ……257
後方散乱ピーク ……208
光量子説 ……99
コッククロフト・ウォルトン ……210
古典力学 ……266
固有関数 ……270
固有振動数 ……51
固有線 ……70
固有値 ……269
コントラストスケール ……234
コンプトン効果 ……105, 205
コンプトン端 ……205
コンプトン波長 ……107

[さ]

サイクロトロン ……212
再構成 ……236
歳差運動 ……222

再生係数 ……94
最大飛程 ……192
最短波長 ……73
サムピーク ……208
三電子生成 ……110
散瞳剤 ……259
散乱X線 ……105

[し]

CT 値 ……234
磁界 ……38
磁気回転比 ……221
磁気モーメント ……39,141,221
磁気量子数 ……132
指向性 ……248
仕事 ……15
仕事関数 ……101
仕事率 ……15
視神経乳頭 ……257
自然放射性元素 ……160
磁束密度 ……38,220
実効原子番号 ……120
実在気体 ……28
シッペ ……241
質量エネルギー吸収係数 ……91
質量エネルギー転移係数 ……91
質量欠損 ……143
質量減弱係数 ……91
質量数 ……138
質量阻止能 ……203
自発核分裂 ……201
シャールの法則 ……27
写真作用 ……69
重荷電粒子 ……203
周期律表 ……76
自由振動 ……51
集積線量 ……86
自由電子 ……36
自由誘導信号 ……227
縮退 ……132
シュレーディンガー ……267
準安定核 ……167
照射線量 ……83
照射線量率定数 ……92
衝突損失 ……74
消滅放射線 ……110,196
消滅放射性核種 ……181
人工放射性元素 ……160
振動数条件 ……128

[す]

水素原子 ……126
スカラー量 ……2
ステファンボルツマン ……264
スピン・エコー ……228
スピン量子数 ……134
スペクトル系列 ……130
静止質量 ……63

[せ]

制動放射線 ……70
生物学的効果比 ……86
生物学的半減期 ……170
ゼーマン効果 ……134
絶縁ベルト ……210
絶対温度 ……28
絶対測定 ……184
線エネルギー付与 ……87,204
線吸収係数 ……95
線質 ……97
線質係数 ……85
全質量阻止能 ……91
線スペクトル ……130
線量当量 ……85

[そ]

相対性原理 ……59
相対測定 ……184

相対阻止能 ……193
相補的 ……273
速度 ……8
素元波 ……50
阻止 X 線 ……70
阻止能 ……193

[た]

体積効果 ……140
第二法則 ……6
縦緩和 ……225
縦波 ……48
W 値 ……86
単振動 ……20
弾性衝突 ……24
炭素 14 法 ……183

[ち]

中間子 ……139,152
中性子 ……199
中性子過剰 ……140
中性微子 ……164
超ウラン元素 ……140
超音波 ……243
超音波診断装置 ……242
直接電離放射線 ……68
直線加速器 ……211
チレンコフ効果 ……197

[て]

D 型電極 ……212
低周波 ……55
デシベル ……245
テスラ ……39,220
デルター線 ……192
電位差 ……41
転換効率 ……81
電気素量 ……43
電気分解 ……42
電子 ……36
電子回折 ……136
電子顕微鏡 ……136
電子制御走査 ……251
電子対生成 ……110
電子対生成ピーク ……206
電磁波 ……54
電磁放射線 ……68
電子密度 ……116
点像分布関数 ……237
電流 ……36

[と]

同位元素 ……138
投影データ ……237
透過係数 ……276
透過作用 ……69
透過深度 ……249
等加速度運動 ……9
透過率 ……96
同重元素 ……138
同重同位元素 ……138
等速円運動 ……11
同中性子元素 ……138
同余体 ……138
ドーナツ管 ……211
特性 X 線 ……70
ドプラ効果 ……253
ドプラシフト ……255
トムソン散乱 ……111
トリウム系列 ……180
ドリフトチューブ ……211
トンネル効果 ……163,276

[な]

ナイキスト周波数 ……240
内部照射 ……194
内部転換 ……167
内部転換係数 ……167

索　　引

軟部組織 ……84

[に]

二次放射性核種 ……181
２線源法 ……186

[ね]

熱外中性子 ……200
熱中性子 ……200
熱電子 ……36
熱平衡 ……222
熱放射 ……264
ネプツニウム系列 ……180
年代測定法 ……182

[は]

バーン ……5
ハイゼンベルグ ……271
倍電圧整流器 ……210
波長 ……48
波動 ……48
波動関数 ……270
ハドロン ……154
パルスドプラ法 ……255
パルス波 ……244
バルマー系列 ……128
半価層 ……95
半減期 ……170
半減層 ……249
反射係数 ……276
半対数方眼紙 ……98
反中性微子 ……164
反跳電子 ……108
バン・デ・グラフ ……210
反発係数 ……24

[ひ]

B モード ……252
ピエゾ電気 ……243
光壊変 ……111
光核反応 ……111
比 γ 線定数 ……93
比質量欠損 ……143
非弾性衝突 ……24, 194
飛程 ……192
比電荷 ……43
比電離 ……193
比放射能 ……93
標準偏差 ……185
表面効果 ……140

[ふ]

フィルター ……97
フィルター関数 ……240
フーリエ変換 ……238
不確定性原理 ……272
不均等度 ……114
物質波 ……136
物理現象 ……2
物理的半減期 ……170
ブラッグ曲線 ……193
プランク ……265
分解時間 ……186

[へ]

平均角加速度 ……14
平均自由行程 ……199
平均寿命 ……170
平均飛程 ……192
β 壊変 ……164
β 線 ……160
ベータートロン ……211
ベクレル ……161
ベクトル量 ……2
ヘリカルスキャン ……240
変調波 ……244

[ほ]

ボイルの法則 ……27
方位分解能 ……250
方位量子数 ……132
放射損失 ……74,194
放射長 ……195
放射平衡 ……178
放物運動 ……11
ボーア半径 ……127
補正関数 ……240
補正係数 ……28
ボルツマン定数 ……30
ボルン ……271
ポワッソン分布 ……184,185

[ま]

マイケルソン・モーレー ……57
マックスウェル ……56
魔法の数 ……146

[み]

密度効果 ……203
密度分解能 ……234
μ 粒子 ……61
ミルキング ……178

[む]

無散瞳眼底カメラ ……259

[も]

モーズレー ……76

[ゆ]

有効半減期 ……170
誘導放射性核種 ……181
湯川ポテンシャル ……152

[よ]

陽電子 ……110
横緩和 ……225
横波 ……48

[ら]

ラーモア周波数 ……222
ラッド ……85
ラマチャンドラン ……240
ラム値 ……92
ランダム現象 ……184

[り]

力学的エネルギー ……18
力積 ……23
理想気体 ……28
粒子束密度 ……89
粒子フルエンス ……87
粒子放射線 ……68
量子条件 ……126
量子数 ……126
量子力学 ……266
臨界エネルギー ……195

[れ]

レーリー散乱 ……111
レーリー・ジーンズ ……265
レプトン ……154
連続 X 線 ……70
連続スペクトル ……71,164
連続波 ……244
連続波ドプラ法 ……255

[ろ]

ローガン ……241
ローレンツ ……58
ローレンツ変換 ……60
ローレンツ力 ……13

<著者紹介>
福田　覚（ふくだ　さとる）
1942年　長崎県に生まれる。
1968年　東京理科大学卒
1986年　名古屋市立大学医学部解剖学　医学博士
現　在　東京大学医学部附属病院放射線科電子顕微鏡室
文部科学技官，中央医療技術専門学校講師

放射線技師のための物理学
[3訂版]

価格はカバーに
表示してあります

1991年　3月28日　初版 発行
1996年　3月　5日　改訂版 第1刷 発行
2000年10月31日　三訂版 第1刷 発行
2013年　3月25日　三訂版 第4刷 発行
2016年　1月21日　三訂版 第5刷 発行

著　者　福田　覚（ふくだ　さとる）©
発行人　古屋敷　信一
発行所　株式会社 医療科学社
〒113-0033　東京都文京区本郷3－11－9
TEL 03(3818)9821　　FAX 03(3818)9371
ホームページ　http://www.iryokagaku.co.jp

ISBN978-4-86003-473-3　（乱丁・落丁はお取り替えいたします）

2015年5月出版元の東洋書店廃業により、2016年1月より刊行の上記書籍は医療科学社が発行元となります。